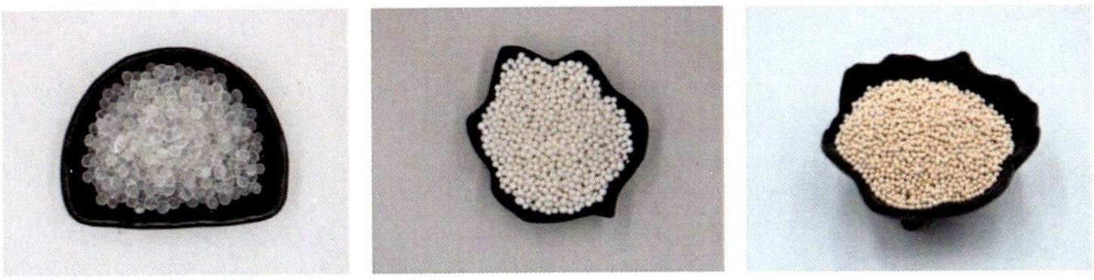

a　　b

彩图 4.1　常见的干燥剂

彩图 4.28　TOPCRYO 时间-温度指示器(绿色:新鲜;紫色:警示)

a　　b

彩图 4.29　Food fresh™ 标签(a)和 Food fresh™ 标签的颜色变化(b)

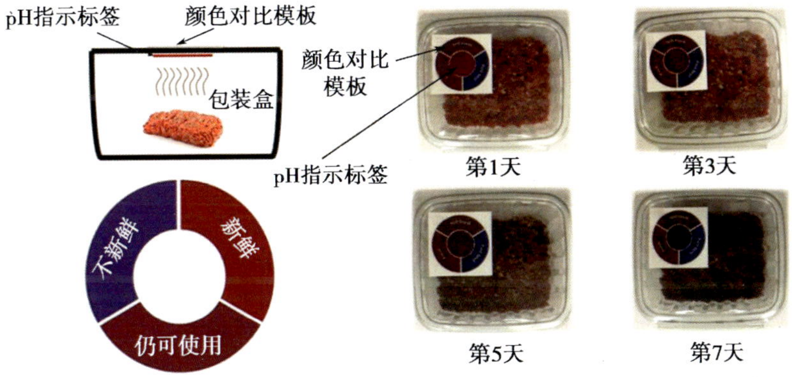

彩图 4.30　新鲜度指示器用于牛肉品质的监测

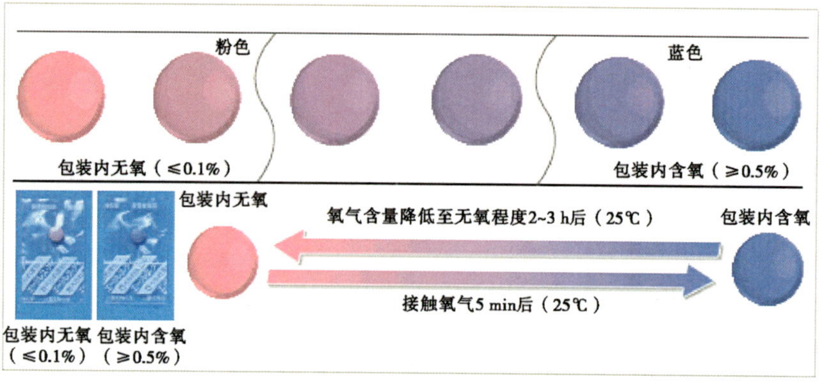

彩图 4.31　Ageless Eye 氧气指示器(粉色:氧气含量低于 0.1%;蓝色:氧气含量高于 0.5%)

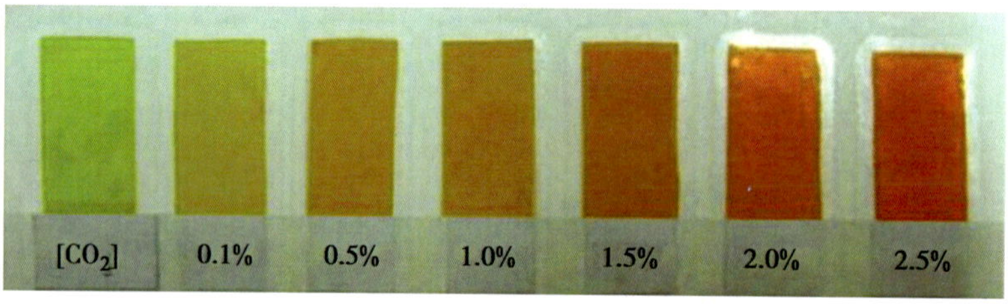

a

b

彩图 4.32　CO_2 指示器颜色变化(a)和 CO_2 指示器在食品中的应用(b)(绿色:新鲜;黄色:警示)

彩图 6.7　玻璃瓶装酒

彩图 6.8　陶瓷瓶装酒

(秦杨等,2015)

彩图 6.9　金属罐装酒

彩图 6.13　水井坊酒瓶设计

彩图 6.14　良品铺子系列包装产品图片

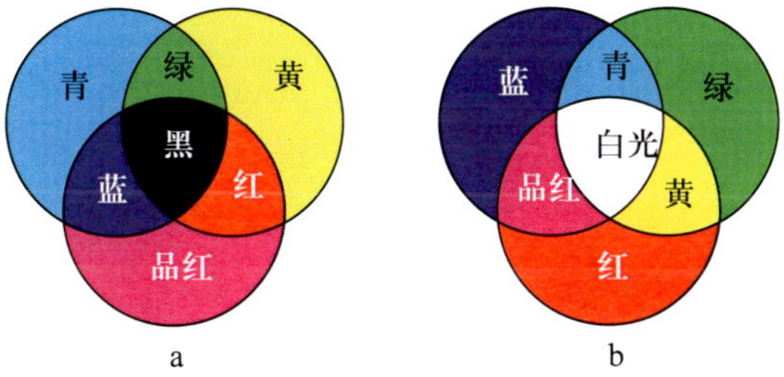

彩图 7.5　色料三原色减色混合(a)与色光三原色加色混合(b)

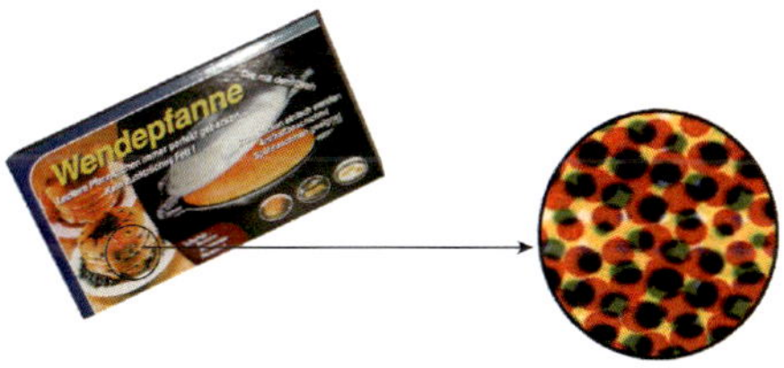

彩图 7.6　彩色包装印刷品中网点的排列

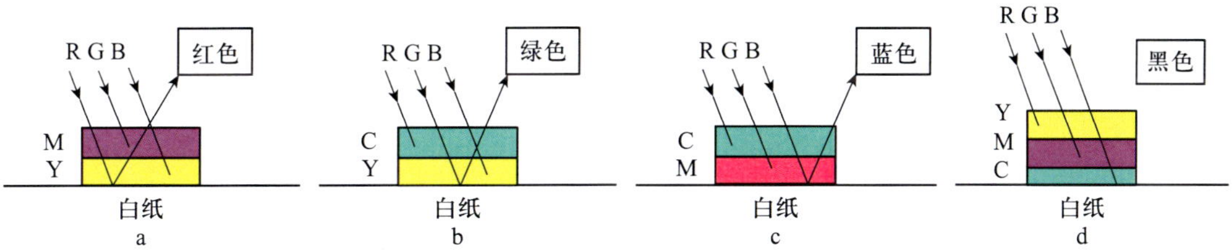

彩图 7.7　网点的叠合呈色

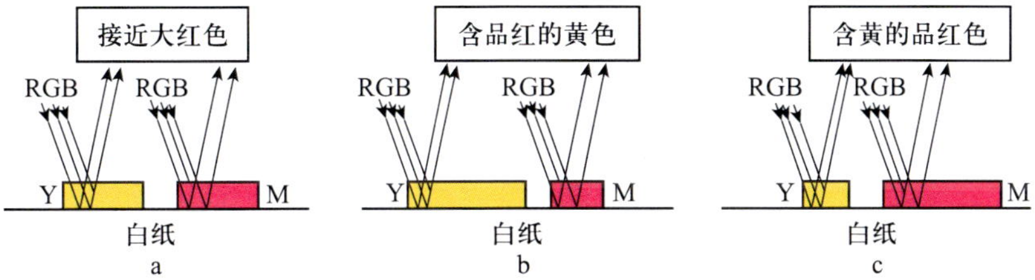

彩图 7.8　网点的并列呈色

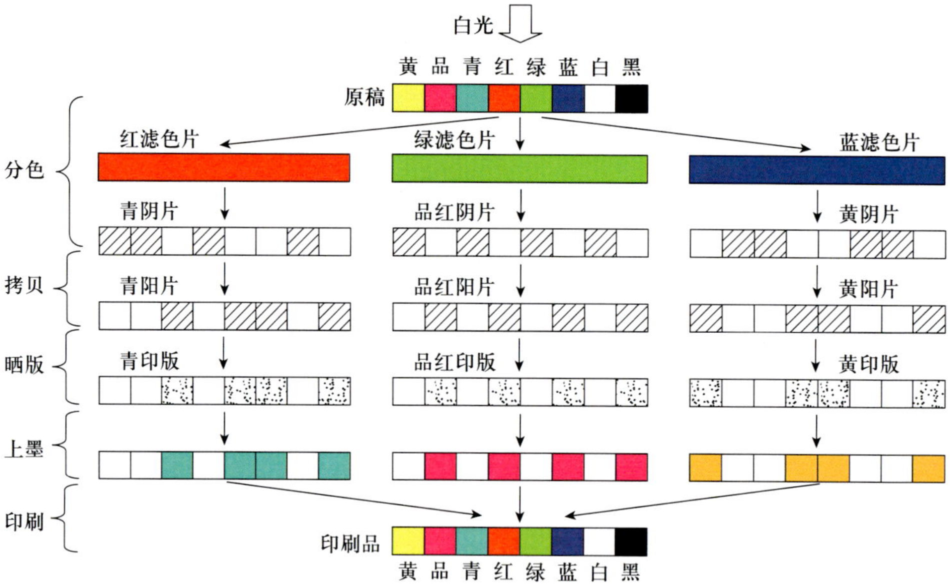

彩图 7.9　印刷工艺中的颜色分解与合成

彩图 7.31　印后加工与食品包装

普通高等教育农业农村部“十四五”规划教材

“大国三农”系列规划教材

普通高等教育“十四五”规划教材

食品包装学

第2版

张　昊　郑宝东　张钦发　任发政　主编

孙宝国　主审

中国农业大学出版社

·北京·

内容简介

食品包装是食品生产的重要环节，与食品加工、储藏、流通及消费等诸多环节密切相连。全书系统地介绍了食品包装的原理、材料、技术、设备、设计方法、印刷工艺及相关法规。在保持第1版教材编写体量基本不变的基础上，本次修订将食品包装原理作为独立章节，为后续包装材料和技术的选择提供理论基础，使全书结构更加科学合理。本版更新了最新的法律法规、标准和文献，特别增加了与专业知识有机融合的思政元素，发挥专业课程的育人主渠道作用。本版还增加了数字化资源（视频），使教材内容更加丰富和生动。

本书内容丰富，简明精练，既注重理论性又注重实用性。本书可作为高等学校食品类专业及其他相关专业的本科教材，也可供相关方面的工程技术人员参考使用。

图书在版编目(CIP)数据

食品包装学 / 张昊等主编. —2版. —北京：中国农业大学出版社，2021.8(2023.7重印)
ISBN 978-7-5655-2616-9

Ⅰ.①食… Ⅱ.①张… Ⅲ.①食品包装-高等学校-教材 Ⅳ.①TS206

中国版本图书馆CIP数据核字(2021)第181427号

书　　名　食品包装学　第2版
作　　者　张　昊　郑宝东　张钦发　任发政　主编　孙宝国　主审

策划编辑　宋俊果　王笃利　魏　巍　　**责任编辑**　韩元凤
封面设计　郑　川　李尘工作室
出版发行　中国农业大学出版社
社　　址　北京市海淀区圆明园西路2号　　**邮政编码**　100193
电　　话　发行部 010-62733489,1190　　读者服务部 010-62732336
　　　　　编辑部 010-62732617,2618　　出　版　部 010-62733440
网　　址　http://www.caupress.cn　　**E-mail** cbsszs@cau.edu.cn
经　　销　新华书店
印　　刷　北京虎彩文化传播有限公司
版　　次　2021年10月第2版　　2023年7月第2次印刷
规　　格　787×1092　　16开本　　21.25印张　　530千字　　彩插2
定　　价　59.00元

普通高等学校食品类专业系列教材

编审指导委员会委员

（按姓氏拼音排序）

第2版编写人员

主　　编　张　昊（中国农业大学）

郑宝东（福建农林大学）

张钦发（华南农业大学）

任发政（中国农业大学）

副 主 编　聂少平（南昌大学）

马　涛（渤海大学）

陈志周（河北农业大学）

编写人员　（按姓氏拼音排序）

常雪妮（沈阳农业大学）

陈志周（河北农业大学）

丁　甜（浙江大学）

范小平（华南农业大学）

郭鸣鸣（浙江大学）

李　昌（南昌大学）

李　良（东北农业大学）

马　涛（渤海大学）

聂少平（南昌大学）

任发政（中国农业大学）

汪立君（中国农业大学）

曾红亮（福建农林大学）

张佰清（沈阳农业大学）

张　昊（中国农业大学）

张　明（北京工商大学）

张钦发（华南农业大学）

张双灵（青岛农业大学）

郑宝东（福建农林大学）

周大宇（渤海大学）

主　　审　孙宝国（北京工商大学）

第 1 版编写人员

主　　编　任发政（中国农业大学）
郑宝东（福建农林大学）
张钦发（华南农业大学）

副 主 编　马　涛（沈阳农业大学）
陈志周（河北农业大学）
葛克山（中国农业大学）

编写人员　（按姓氏拼音排序）
陈志周（河北农业大学）
崔建云（中国农业大学）
葛克山（中国农业大学）
李代明（西南大学）
李　良（东北农业大学）
马　涛（沈阳农业大学）
任发政（中国农业大学）
任文明（内蒙古农业大学）
汪立君（中国农业大学）
张佰清（沈阳农业大学）
张　敏（西南大学）
张钦发（华南农业大学）
张双灵（青岛农业大学）
郑宝东（福建农林大学）

出版说明
（代总序）

岁月如梭，食品科学与工程类专业系列教材自启动建设工作至现在的第4版或第5版出版发行，已经近20年了。160余万册的发行量，表明了这套教材是受到广泛欢迎的，质量是过硬的，是与我国食品专业类高等教育相适宜的，可以说这套教材是在全国食品类专业高等教育中使用最广泛的系列教材。

这套教材成为经典，作为总策划，我感触颇多，翻阅这套教材的每一科目、每一章节，浮现眼前的是众多著作者们汇集一堂倾心交流、悉心研讨、伏案编写的景象。正是大家的高度共识和对食品科学类专业高等教育的高度责任感，铸就了系列教材今天的成就。借再一次撰写出版说明（代总序）的机会，站在新的视角，我又一次对系列教材的编写过程、编写理念以及教材特点做梳理和总结，希望有助于广大读者对教材有更深入的了解，有助于全体编者共勉，在今后的修订中进一步提高。

一、优秀教材的形成除著作者广泛的参与、充分的研讨、高度的共识外，更需要思想的碰撞、智慧的凝聚以及科研与教学的厚积薄发。

20年前，全国40余所大专院校、科研院所，300多位一线专家教授，覆盖生物、工程、医学、农学等领域，齐心协力组建出一支代表国内食品科学最高水平的教材编写队伍。著作者们呕心沥血，在教材中倾注平生所学，那字里行间，既有学术思想的精粹凝结，也不乏治学精神的光华闪现，诚所谓学问人生，经年积成，食品世界，大家风范。这精心的创作，与敷衍的粘贴，其间距离，何止云泥！

二、优秀教材以学生为中心，擅于与学生互动，注重对学生能力的培养，绝不自说自话，更不任凭主观想象。

注重以学生为中心，就是彻底摒弃传统填鸭式的教学方法。著作者们谨记“授人以鱼不如授人以渔”，在传授食品科学知识的同时，更启发食品科学人才获取知识和创造知识的思维与灵感，于润物细无声中，尽显思想驰骋，彰耀科学精神。在写作风格上，也注重学生的参与性和互动性，接地气，说实话，“有里有面”，深入浅出，有料有趣。

三、优秀教材与时俱进，既推陈出新，又勇于创新，绝不墨守成规，也不亦步亦趋，更不原地不动。

首版再版以至四版五版，均是在充分收集和尊重一线任课教师和学生意见的基础上，对新增教材进行科学论证和整体规划。每一次工作量都不小，几乎覆盖食品学科专业的所有骨干课程和主要选修课程，但每一次修订都不敢有丝毫懈怠，内容的新颖性，教学的有效性，齐头并进，一样都不能少。具体而言，此次修订，不仅增添了食品科学与工程最新发展，又以相当篇幅强调食品工艺的具体实践。每本教材，既相对独立又相互衔接互为补充，构建起系统、完整、实用的课程体系，为食品科学与工程类专业教学更好服务。

四、优秀教材是著作者和编辑密切合作的结果，著作者的智慧与辛劳需要编辑专业知识和奉献精神的融入得以再升华。

同为他人作嫁衣裳，教材的著作者和编辑，都一样的忙忙碌碌，飞针走线，编织美好与绚丽。这套教材的编辑们站在出版前沿，以其炉火纯青的编辑技能，辅以最新最好的出版传播方式，保证了这套教材的出版质量和形式上的生动活泼。编辑们的高超水准和辛勤努力，赋予了此套教材蓬勃旺盛的生命力。而这生命力之源就是广大院校师生的认可和欢迎。

第 1 版食品科学与工程类专业系列教材出版于 2002 年，涵盖食品学科 15 个科目，全部入选"面向 21 世纪课程教材"。

第 2 版出版于 2009 年，涵盖食品学科 29 个科目。

第 3 版(其中《食品工程原理》为第 4 版)500 多人次 80 多所院校参加编写，2016 年出版。此次增加了《食品生物化学》《食品工厂设计》等品种，涵盖食品学科 30 多个科目。

需要特别指出的是，这其中，除 2002 年出版的第 1 版 15 部教材全部被审批为"面向 21 世纪课程教材"外，《食品生物技术导论》《食品营养学》《食品工程原理》《粮油加工学》《食品试验设计与统计分析》等为"十五"或"十一五"国家级规划教材。第 2 版或第 3 版教材中，《食品生物技术导论》《食品安全导论》《食品营养学》《食品工程原理》4 部为"十二五"普通高等教育本科国家级规划教材，《食品化学》《食品化学综合实验》《食品安全导论》等多个科目为原农业部"十二五"或农业农村部"十三五"规划教材。

本次第 4 版(或第 5 版)修订，参与编写的院校和人员有了新的增加，在比较完善的科目基础上与时俱进做了调整，有的教材根据读者对象层次以及不同的特色做了不同版本，舍去了个别不再适合新形势下课程设置的教材品种，对有些教材的题目做了更新，使其与课程设置更加契合。

在此基础上，为了更好满足新形势下教学需求，此次修订对教材的新形态建设提出了更高的要求，出版社教学服务平台“中农 De 学堂”将为食品科学与工程类专业系列教材的新形态建设提供全方位服务和支持。此次修订按照教育部新近印发的《普通高等学校教材管理办法》的有关要求，对教材的政治方向和价值导向以及教材内容的科学性、先进性和适用性等提出了明确且具针对性的编写修订要求，以进一步提高教材质量。同时为贯彻《高等学校课程思政建设指导纲要》文件精神，落实立德树人根本任务，明确提出每一种教材在坚持食品科学学科专业背景的基础上结合本教材内容特点努力强化思政教育功能，将思政教育理念、思政教育元素有机融入教材，在课程思政教育润物细无声的较高层次要求中努力做出各自的探索，为全面高水平课程思政建设积累经验。

教材之于教学，既是教学的基本材料，为教学服务，同时教材对教学又具有巨大的推动作用，发挥着其他材料和方式难以替代的作用。教改成果的物化、教学经验的集成体现、先进教学理念的传播等都是教材得天独厚的优势。教材建设既成就了教材，也推动着教育教学改革和发展。教材建设使命光荣，任重道远。让我们一起努力吧！

罗云波

2021 年 1 月

第 2 版前言

《食品包装学》从第 1 版（2009 年）出版至今，面向读者已 10 余年，在此期间我们收到了使用单位广大的教师和学生的反馈意见，也得到了中国农业大学出版社的大力支持，在此，我们向广大读者和出版社表示诚挚的谢意。根据国家高等教育发展方向和人才培养模式的调整，编写组在第 1 版（2009 年）基础上对教材内容进行了较大改动，在保持第 1 版教材编写体量基本不变的基础上，将食品包装原理作为独立章节，为后续包装材料和技术的选择提供理论基础，也使全书结构更加科学合理。本版还更新了近几年的法律法规、标准和文献。食品包装学是一门应用性很强的专业课，本书在编写内容上考虑了该门课的特点，力争处理好内容的先进性与系统性、基础与应用的关系，努力做到理论与生产实际相结合，图文并茂，以培养学生学习兴趣。此外，为更好发挥专业课思政育人功能，我们还特别增加了与专业知识有机融合的思政元素，如通过介绍我国国产包装材料和机械设备行业所取得的各项成就，激发学生的民族自信心和爱国情怀；列举过度包装对生态环境造成的恶劣影响，引导学生从爱护“绿水青山”的角度，高度重视包装材料的环境污染问题，树立可持续发展的科学发展观和生态环保理念。另外，本次改版增加了数字化资源（视频），使教材内容更加丰富和生动。

本教材共 8 章，张昊、郑宝东、张钦发、任发政任主编，负责组织与全书修正工作。聂少平、马涛、陈志周任副主编，协助修正工作。编写分工如下：第 1 章由张昊编写；第 2 章由张明编写；第 3 章第 1 节由陈志周编写，第 2 节由张双灵编写，第 3 节由李良编写，第 4～7 节由曾红亮编写；第 4 章第 1～3 节由汪立君编写，第 4 和 5 节由郑宝东编写，第 6 节由郭鸣鸣、丁甜编写；第 5 章由张佰清、常雪妮编写；第 6 章由李昌、聂少平编写；第 7 章由张钦发、范小平编写；第 8 章由马涛、周大宇编写。

由于退休或主讲课程变动等原因，中国农业大学崔建云老师、葛克山老师，西南大学李代明老师、张敏老师，内蒙古农业大学任文明老师未能继续参加本次编写。他们在第 1 版教材编写中做了大量的工作，这些工作对本次编写有很大帮助，对此，本版编写组深表感谢。

另外由于本教材的特点，有时需要引用包装案例图片，以利教学，我们在使用时尽量使内容保持客观，避免广告、侵权等嫌疑，如有触及请给予理解。

由于编者的水平所限，书中难免会有一些错误和不当之处，敬请读者批评指正。

本次重印在思考题和思政案例处融入了党的二十大精神，便于读者学习掌握，提高教学效果。

编　者

2023 年 7 月于北京

第 1 版前言

食品包装是食品工业的重要环节，与食品加工、储藏、流通与消费等诸多环节密切相连。产品进入流通就称为商品，而包装是产品生产的继续，是产品转变为商品的必要手段，包装从一个侧面反映了经济发展水平，是商品化及工业化程度的测定仪和风向标。随着食品包装材料、包装技术和方法的不断创新与发展，食品包装学成为一门独立的学科，并日益受到重视。

我国食品包装的系统研究起步较晚，与发达国家相比仍存在较大的差距，有关食品包装的系统性论著或专业教材仍然较少。鉴于此，中国农业大学出版社组织中国农业大学、东北农业大学、华南农业大学、沈阳农业大学、福建农林科技大学等十所院校联合编写了《食品包装学》这本教材。本书系统地介绍了食品包装的材料、包装技术和方法、机械设备以及设计方法，同时论述了近年来国外食品包装的研究成果和最新进展。

本书内容丰富，简明精练，既注重理论性又注重实用性，可作为食品科学与工程专业、农畜产品储藏与加工专业的专业课教材及相关专业的教学参考书，也可供相关方面的工程技术人员参考、使用。

本书由任发政、郑宝东和张钦发任主编，马涛、陈志周和葛克山任副主编。编写分工如下：第 1 章由任发政和葛克山编写；第 2 章第 1 节由陈志周编写，第 2 节由张双灵编写，第 3 节由李良编写，第 4～7 节由郑宝东编写；第 3 章第 1、2、9、10 节由任文明编写，第 3～5 节由汪立君编写，第 6～8 节由郑宝东编写；第 4 章第 1～4 节由张佰清编写，第 5～7 节由崔建云编写；第 5 章由李代明编写；第 6 章由张钦发编写；第 7 章第 1、2 节由张敏编写，第 3、4、5 节由马涛编写；全书最后由任发政和葛克山统稿。

由于编者的水平所限，书中难免会有一些错误和不当之处，敬请读者批评指正。

编　者

2009 年 4 月于北京

目　录

第 1 章

绪　　论

本章学习目的与要求

1. 了解包装及包装的作用、现状及其发展趋势；
2. 熟悉食品包装的任务及研究内容。

1.1 包装的定义、作用与分类

包装起源于人类的生存与发展。在远古时代,人类就开始了简单的包装。到人类社会有商品交换和贸易活动时,包装逐渐成为商品的组成部分。现代包装工业的发展则是近几十年的事情。食品包装是包装工程的重要分支。随着食品工业的不断发展,对食品包装的要求也越来越高。近年来,食品包装工业应用化工、生物工程、物理、机械、电子等多学科知识,采用先进的技术、装备与材料,形成了完整的机械化、自动化工业体系,成为食品工业的重要组成部分。

1.1.1 包装的定义

包装是为在流通过程中保护产品、方便储运、促进销售,按一定的技术方法而采用的容器、材料和辅助物品等的总称。也指为了达到上述目的而采用容器、材料和辅助物的过程中施加一定技术方法的操作活动。

各个国家对现代包装的定义不尽相同,但其基本含义是一致的,可归纳成两方面的内容:一是关于包装商品的容器、材料及辅助物品;二是关于实施包装封缄等的技术活动。

1.1.2 包装的作用

现代商品社会中,包装对商品流通起着极其重要的作用。包装的科学合理性会影响到商品的质量可靠性,以及能否以完美的状态传递到消费者手中。包装的设计和装潢水平直接影响商品本身的市场竞争力乃至品牌、企业形象。现代包装的功能有以下 4 个方面:

1. 保护商品

包装最重要的作用就是保护商品。商品在储运、销售、消费等流通过程中常会受到各种不利条件及环境因素的破坏和影响,采用科学合理的包装可使商品免受或减少这些破坏和影响,达到保护商品的目的。

对食品产生破坏的因素大致有两类:一类是自然因素,包括光线、氧气、水及水蒸气、温度、微生物、昆虫、尘埃等,可引起食品变色、氧化、变味、腐败和污染;另一类是人为因素,包括冲击、振动、跌落、承压载荷、人为盗窃、污染等,可引起内装物变形、破损和变质等。

包装对产品的保护作用主要表现在以下几个方面:

物理防护,包括防振动、防冲击、防压挤、隔热、防尘、防静电、阻光、阻氧、阻水蒸气、阻隔异味等。

化学防护,包括防氧化、防老化、防锈蚀、防分解等。

生物防护,包括防虫、防鼠、防腐烂和霉变等。

另外还要防泄漏、防盗窃、防止其他意外事故等。

不同食品、不同的流通环境对包装保护功能的要求不同。因此,包装工作者应首先根据包装产品的定位,分析产品的特性及其在流通过程中可能发生的质变及其影响因素,选择适当的包装材料、容器及技术方法对产品进行适当的包装,保护产品在一定保质期内的品质。

2. 方便储运

包装能为生产、流通、消费等环节提供诸多方便:能方便厂家及运输部门搬运装卸、仓储部门堆放保管、商店陈列销售，也方便消费者的携带、取用和消费。现代包装还注重包装形态的展示方便、自动售货方便及消费时的开启和定量取用的方便。一般来说，产品没有包装就不能储运和销售。

3.促进销售

包装是提高商品竞争能力、促进销售的重要手段。精美的包装能在心理上征服消费者，增加其购买欲望。在超级市场中，包装更是充当着无声推销员的角色。随着市场竞争由商品内在质量、价格、成本竞争转向更高层次的品牌形象竞争，包装形象将直接反映一个品牌和一个企业的形象。

现代包装设计已成为企业营销战略的重要组成部分。企业竞争的最终目的是使自己的产品为广大消费者所接受，而产品的包装包含了企业名称、企业标志、商标、品牌特色以及产品性能、成分容量等商品说明信息，因而包装形象比其他广告宣传媒体更直接、更生动、更广泛地面对消费者。消费者在决定是否购买时可以从产品包装上得到更直观精确的品牌和企业形象。食品作为商品具有普遍和日常消费性的特点，因此通过包装来传达和树立企业品牌形象更显重要。

4.提高商品价值

包装是商品生产的延续，产品通过包装才能免受各种损害，避免降低或失去其原有的价值。投入包装的价值不但在商品出售时得到补偿，而且能给商品增加价值。

包装的增值作用不仅体现在包装直接给商品增加价值，而且更体现在通过包装塑造名牌所体现的品牌价值这种无形而巨大的增值方式。适当运用包装增值策略，将取得事半功倍的效果。

1.1.3 包装的分类

包装分类的意义：便于管理，便于制定各项政策，便于分工和协作，便于区分不同包装，便于包装教育、包装研究、包装交流等工作的进行。

现代包装种类很多，因不同的分类角度形成多种分类方法。

1.按流通过程中的作用分类

按流通过程中的作用，包装可分为运输包装和销售包装。

运输包装又称大包装。运输包装应具有很好的保护功能以及方便储运和装卸功能。运输包装外表面对储运注意事项应有明显的文字说明或图示。例如，“由此处开启”“请勿用挂钩”“防雨”“易燃”“有毒”“不可倒置”等。瓦楞纸箱、木箱、金属大桶、各种托盘、集装箱等都属运输包装。

销售包装又称小包装或商业包装。销售包装不仅应对商品有直接保护功能，如阻氧气性、阻水蒸气性、密封性（或一定透气性）等，而且应具有美化、宣传、陈列商品的功能。同时应方便消费者识别、携带和使用商品。瓶、罐、盒、袋及其组合包装一般属于销售包装。

2.按包装结构形式分类

按包装结构形式，包装可分为贴体包装、泡罩包装、热收缩包装、开窗式包装、可携带包装、托盘包装和组合包装等。

贴体包装是将产品封合在用塑料片制成的、与产品形状相似的型材和盖材之间的一种包装形式。

泡罩包装是将产品封合在用透明塑料片材料制成的泡罩与盖材之间的一种包装形式。

热收缩包装是将产品用热收缩薄膜裹包或装袋，通过加热使薄膜收缩而形成产品包装的一种包装形式。

开窗式包装是在不透明的包装盒上装配一块透明塑料或玻璃纸“窗”，或者在塑料袋上留一块不印刷的透明“窗”，方便购买者观察到内装商品的一种包装形式。

可携带包装是在包装容器上制有提手或类似装置，以便于携带的包装形式。

托盘包装是将产品或包装件堆码在托盘上，通过扎捆、裹包或黏结等方法固定而形成包装的一种包装形式。

组合包装是将同类或不同类商品组合在一起进行适当包装，形成一个搬运或销售单元的包装形式。

此外，还有悬挂式包装、可折叠式包装、喷雾式包装等。

3. 按包装材料和容器分类

按包装材料和容器，包装可分为纸包装容器，塑料包装容器，金属包装容器，复合材料软包装容器，组合容器，玻璃、陶瓷容器，木容器等。

纸包装容器，有纸盒、纸箱、纸袋、模塑纸浆容器等。

塑料包装容器，有塑料袋、塑料膜、中空塑料容器、编织袋、拉伸膜裹包、热收缩膜包装、塑料软管、软塑箱、钙塑箱、塑料片材热成型容器(杯、盘、碟、贴体包装和泡罩包装的型材)等。

金属包装容器，有铝箔、金属罐、听、金属软管、金属大桶等。

复合材料软包装容器，有纸与塑料复合、塑料与铝箔及纸多层复合、塑料与塑料复合、纸与铝箔复合等软包装袋及复合软管。

组合容器，有铁皮罐身铝罐盖的组合罐、塑料罐身金属罐盖的组合罐、复合纸板罐身金属罐盖的组合罐等。

玻璃、陶瓷容器，有瓶、罐、坛、缸等。

木容器，有木箱、板条箱、胶合板箱、花格木箱等。

其他，如麻袋、布袋、草或竹容器等。

4. 按被包装产品分类

按被包装产品，包装可分为食品包装、化工产品包装、有毒物品包装、易碎物品包装、易燃品包装、工艺品包装、家电产品包装、杂品包装等。不同产品对包装有不同的要求，某些特殊产品还有相应的包装法规规范。

5. 按销售对象分类

按销售对象，包装可分为出口包装、内销包装、军用包装和民用包装等。

6. 按包装技术方法分类

按包装技术方法，包装可分为真空和充气包装、控制气氛包装、脱氧包装、防潮包装、冷冻包装、软罐头包装、无菌包装、热成型、热收缩包装、缓冲包装等。

1.2 食品包装的任务及研究内容

食品包装工程是一门综合性的应用科学。它涉及化学、物理学、生物学等基础学科及包装材料、包装机械等专业知识。要搞好食品包装应掌握以下相关内容。

1.2.1 食品的特性和保护条件

首先应了解食品的主要成分、特性及其可能发生的内在反应，包括非生物的内在化学反应和生物所引起的腐变反应机理；了解食品中的主要成分的敏感因素，包括温度、湿度、氧气、光线、辐射、微生物及物理、机械等方面的因素的影响。

只有掌握了被包装食品的生物学、化学、物理学特性及其敏感因素（即对防护条件的要求），才能确定应该选用什么样的包装材料和包装工艺来包装特定食品，才能达到其保护性要求及延长其储存期的目的。

1.2.2 包装材料的性能、适用范围及条件

了解常用包装材料的物理、化学和机械性能、应用范围、成本等条件，才能根据被包装食品的防护要求，在众多的材料中选择出保护功能好且成本适宜的包装材料。

1.2.3 包装技术方法

对于给定的食品，除需要选取合适的包装材料和容器外，还应采用最适宜的包装技术方法。同一种食品往往可以采用不同的包装技术方法而达到相同或相近的包装要求和效果。例如，对于易氧化的食品，可采用真空或充气包装，也可采用封入脱氧剂进行包装。但有时为了达到设定的要求和效果，必须采用特定的包装技术。包装技术是食品包装的关键，也体现了一个企业的技术水平和经济实力。包装技术的选用与包装材料的选用密切相关，也与包装食品的市场定位密切相关。对于被包装物品的特殊防护要求，如防潮、防水、防霉、防锈、保鲜、灭菌等，在包装工艺过程中均有相应的工序，采取特殊的技术措施。

1.2.4 包装整体结构和包装材料对食品质量的影响

要了解包装材料中的添加剂等成分向食品中迁移的情况，以及食品中某些组分向包装容器中渗透和被吸附情况等。

1.2.5 商品的销售对象、运输方式以及流通区域的气候和地理条件

不同销售对象的商品包装和装潢要求不同，不同运输方式往往对包装的保护性要求也不一样，例如公路运输对缓冲包装要求较高。在设计包装时也要考虑到流通区间的气候条件，例如，在赤道地区应该避免使用易于自动热收缩的塑料膜及低软化点的热熔胶，而运往寒冷地区的产品包装应避免使用遇冷脆化变硬的高分子材料。

1.2.6 合理的结构设计和装潢设计

要根据食品所需要的保护性要求、预计包装成本、包装量等诸方面条件进行合理的包装设计，包括容器形状、耐压强度、结构形式、尺寸、封合方式等。应做到包装结构合理、节省材料、节约运输空间，尽量做到一器多用（例如有的包装容器既可包装、陈列，又可当餐具），并应避免过分包装或欺骗性包装。装潢设计应与内装商品相适应，图案要有吸引力并迎合销售地消费者的喜好，图案和色泽要避免出口国消费者的禁忌，文字说明要简明，商标应醒目。

1.2.7 包装测试

现代包装是根据科学的分析计算、合理的选材、采用正确的包装技术方法和先进的包装机械完成的。合格的产品也必须有合格的包装。除对产品本身进行检测外，对包装也必须检测，合格后方能进入流通领域。包装测试项目很多，大致可分成下面两大类：

一是对包装材料或容器的检测。这方面检测项目包括包装材料或容器的氧气透过率、水蒸气透过率、二氧化碳透过率、透光率，薄膜类材料的耐折性、耐撕裂强度、断裂伸长、拉伸强度、软化温度、脆化温度，黏合部分的剥离强度和剪切强度，包装材料与内装食品间反应，印刷油墨和增塑剂等有害成分向食品的迁移量，包装容器的耐霉实验和耐锈蚀实验等。

二是对已装入食品的包装件的检测。包括耐跌落试验、耐压缩试验、耐振动试验、耐冲击试验等测试项目。

包装检验项目非常多，但并非每一包装都要进行如此多的测试。对于给定的包装究竟要进行哪些测试，应根据食品的特性及其敏感因素、包装材料种类及国家标准和法规要求而定。例如，包装食品的金属罐通常需要测定内涂料在食品中的溶解情况，对氧气敏感的袋装食品应测定透氧率，防潮包装应测水蒸气透过率等。

1.2.8 包装标准及法规

包装作业自始至终每一步骤都应严格按照标准、条例、法规进行选材、密封、印刷、捆扎、贴标等。规范化和标准化贯穿整个包装过程，有利于原材料供应、商品流通及国际贸易等的顺利进行。

一个好的包装应符合以下 7 个方面要求：

①保护性好，包括物理保护性能、化学保护性能、生物保护性能及具有其他相关保护性。

②安全性好，包括包装材料、涂料、油墨等不向食品释放有害物质，并且不与食品中的成分反应；食品或药品的包装要做到一旦被开启过，就能被消费者发现；包装作业不能对食品造成污染。

③加工性好，包括包装材料易于加工、成型，包装操作简单易行，包装工艺应与食品生产工艺相配套。

④包装成本合理。

⑤包装应方便适销。

⑥包装废弃物易回收，且不污染环境。

⑦符合包装标准及法规。

1.3 包装的现状及问题解决对策

1.3.1 包装的现状

我国的包装教育原是一片空白，现在已大为改观。目前全国开设包装工程专业或开设包装课程的高校有百余所，已培养了一批专业人才，包装标准质量监督体系得到逐步完善，横向联系日趋紧密。

我国食品包装工业高速发展的同时，目前也还存在以下问题：

(1)技术结构不合理。技术层次不合理，目前中级技术人员少；技术分布不均衡，包装工业的技术基础主要由包装材料、包装容器和包装机械组成，而我国的技术力量主要集中在包装容器的生产上，材料和设备落后于国外同类技术产品。

(2)包装材料缺口大。包装材料是包装工业的基础，我国一些包装基础材料的缺口很大，大多关键性和性能优异的包装材料仍需进口。

(3)包装科研力量薄弱。包装科研落后，所涉及领域几乎无处不在。

(4)包装质量差。每年因包装破损而使商品受到的损失超过 100 亿元，特别是出口商品。

(5)包装机械不能满足需要。目前包装机械的品种、性能、数量均不能满足需要，性能较高的包装机械或是进口，或是仿造。

(6)包装污染日益严重。包装废弃物污染环境问题虽早已引起重视，但仍未能很好解决。

1.3.2　解决包装问题的对策

(1)发展绿色包装。发展绿色包装不仅可以改善人类生活质量，保护人类身体健康，而且可以促进生产发展，扩大产品销量，有利于经济可持续发展。

(2)开发新型绿色包装材料，取代原有会造成环境污染的包装材料。如可降解包装，它主要以青草、秸秆、谷壳、甘蔗等农业废弃物为原料，采用专门设计制造的设备生产，工艺简单，原料来源广，生产过程无污染，成本低，而且在自然环境中短期内即可降解。

(3)在食品包装方面，开发可食性包装。食品工业产品包装占包装工业的 70%左右，食品包装废弃物对环境污染也最大。当前，食品包装工业兴起可食性包装，这是解决废弃物问题的好办法。但这方面的研究在我国还刚刚起步，有必要下大力气在可食性包装品种开发、性能改良和降低成本上下大功夫。

(4)搞好包装废弃物的回收和利用，建立健全回收体制。注重回收品的再生利用，将回收品分门别类，重新还原为材料，制造新包装。这样，既减少了环境污染，也增加了商品包装的经济效益。

(5)提高我国包装行业整体水平。一方面，我国需尽快努力培养出一大批包装方面受过高等教育的人才，加强包装工业从业人员的培训学习，努力提高他们的专业素质；另一方面，大力投资改造一批重点包装企业的生产线，在包装材料的生产上尽快与国际包装市场接轨，在包装工艺上，利用现代化的包装生产线使商品包装更加先进和完善。

(6)用法律来规范商品包装。加强在包装方面的立法工作，用法律手段来约束和打击利用商品包装制假贩假的行为。另外，需提高商品包装的防伪技术，使不法分子无可乘之机。例如，西方出现了一种崭新的纳米高端防伪技术，实行色彩防伪、理化防伪等，我国企业可以在这方面加以借鉴。

(7)规范包装思想。抛弃那些华而不实的包装思想和行为，提倡适度包装，尽量简化包装，既达到包装目的，又节约成本。如在选材时注重包装的减量化，注重包装材料的节约，不要盲目使用进口材料，在包装容器的设计上力求严谨实用等。

思考题

1. 如何理解包装及其作用?
2. 按照不同的分类方法,包装可分为几大类?
3. 如何选择合适的包装技术方法?
4. 包装测试的内容有哪些?
5. 如何解决我国包装方面存在的问题?
6. 试阐述我国新时代科技发展对食品包装产业的影响。

第2章

食品包装原理

本章学习目的与要求

1. 了解包装食品货架期预测方法；
2. 熟悉环境和生物因素对包装食品品质的影响；
3. 掌握包装食品品质的影响因素及质量控制方法。

2.1 环境因素对食品品质的影响

食品的品质包括食品的色香味、营养价值、应具有的形态、质量及应达到的卫生指标。然而，由于食品从原料加工到消费的整个流通环节是复杂多变的，它会受到生物性和化学性的侵染，受到流通过程中出现的诸如光、氧、水分、温度等各种环境因素的影响。图 2.1 显示了包装食品在流通过程中因环境因素影响而发生的质量变化，研究这些因素对食品品质的影响规律是食品包装设计的重要依据。

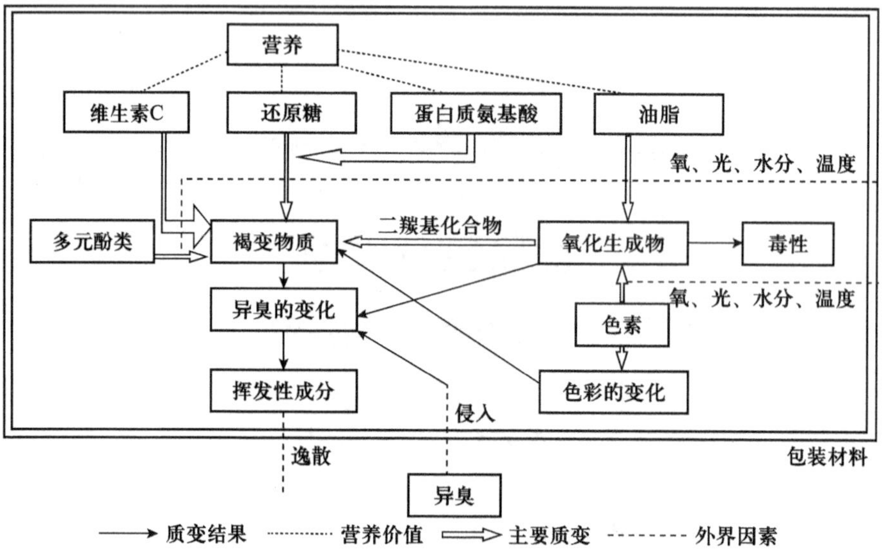

图 2.1 包装食品在流通过程中可能发生的质变

（章建浩，2000）

2.1.1 光对食品品质的影响

光照能够促使食品的化学成分发生一系列的变化，造成这些变化的主要原因是光具有很高的能量，而食品化学成分中一些对于光敏感的成分能够吸收并且转换光线中的能量，从而激发食品内部化学物质的变化。而且，在这一过程中，吸收的能量越高，转移传递的程度越深，食品的成分变化也就越快、越严重。这其中比较典型的变化有：油脂的氧化、色素的氧化、维生素的破坏以及蛋白质氨基酸的变化等。影响这些氧化反应的因素主要有光线本身和食品成分两方面的因素。

1. 光密度及波长

食品吸收光能量的多少用光密度表示，光密度越高，光能量越大，对食品中营养成分的破坏作用就越强。根据 Beer-Lambert 定律，光照食品的光密度向内层渗透的规律为：

$$I_x = I_i e^{-\mu x}$$

式中：I_x 为光线透入食品内部 x 深处的光密度；I_i 为光线照射在食品表面处的光密度；μ 为特

定成分的食品对特定波长的光波的吸收系数，cm^{-1}；x 为光线透入食品内部的深度，cm。

要减少或避免光线对食品品质的影响，主要的防护方法是通过包装将光线遮挡、吸收或反射，从而减少或避免光线直接照射食品；同时防止某些有利于光催化反应的因素，如水分和氧气透过包装材料，从而起到间接防护效果。

根据 Beer-Lambert 定律，光照包装食品的光密度透过包装材料照射到食品表面的光密度为：

$$I_i = I_0 e^{-\mu_p x_p}$$

式中：I_0 为食品包装表面的入射光密度；x_p 为包装材料厚度，cm；μ_p 为包装材料的吸光系数，cm^{-1}。

将此式代入式 $I_x = I_i e^{-\mu x}$ 得光线透过包装材料照射到食品表面的光密度为：

$$I_x = I_0 e^{-(\mu x + \mu_p x_p)}$$

式中：I_x 为光线透入食品内 x 深处的光密度；I_0 为光线照射到食品包装表面的光密度；μ 为特定成分的食品对特定波长光波的吸收系数；μ_p 为包装材料的吸光系数；x_p 为包装材料的厚度。显然，入射光密度越高，透入食品的光密度也越高，深度也越深，对食品的影响也越大。

图 2.2 表示光线在包装食品的传播和透入食品的光密度分布规律，包装材料反射或吸收部分光线，可有效减弱光波射入食品的强度，甚至可以全部阻挡光线射入食品。因此，选用不同成分和不同厚度的包装材料可达到不同程度的遮光效果。

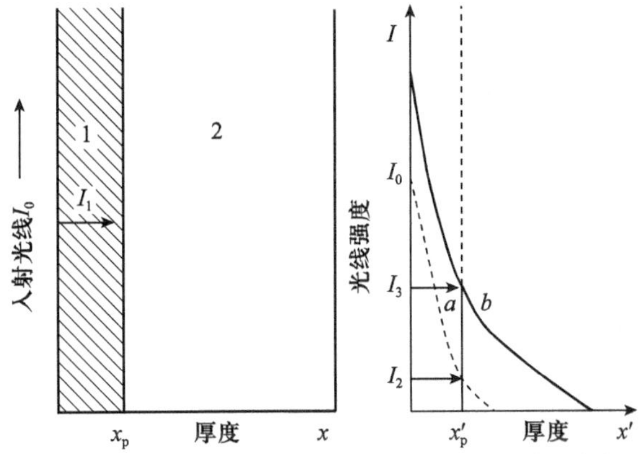

1—包装物质　2—食品　a—短波长光波　b—长波长光波

图 2.2　包装食品对光的吸收和透入

（章建浩，2000）

2. 各类食品中的光敏物质

光对食品中的一些重要的营养成分具有破坏作用，其主要作用机理是光氧化作用。但是，需要指出的是单一的光线由于其能量低，一般不引起食物基本成分的变化，不易使食品变质。但当光照和氧气同时存在时极易引发光氧化反应，破坏食品的安全，导致食品变质。

食物中的光敏剂也成为食品发生光氧化反应所必需的元素。众所周知，天然的氧分子可以分为基态氧、游离态氧和单线态氧 3 种，而单线态氧属于活性氧，是基态氧的激发态，可以直接氧化—C ═C—生成氢过氧化物。而食物中的一些对光线敏感的成分能够吸收紫外光能量使基态氧最终生成单线态氧。常见食品中,容易发生光氧化的食品成分主要为油脂、蛋白质、维生素和色素。

(1)植物源油脂的光氧化　油脂尤其是植物油常常会发生光氧化反应,主要原因是油脂提取加工过程中,常常会带入植物中的脂溶性色素的成分,如叶绿素、脱镁叶绿素、酸性红、甲基蓝、核黄素等。而这些脂溶性成分都属于光敏剂,能够吸收外界光线中的能量将基态氧转变为单线态氧,从而进一步破坏油脂中的多不饱和脂肪酸——油酸、亚油酸、亚麻酸和花生四烯酸等有益成分,产生脂肪族醛等羰基化合物。脂肪族醛是过氧化物分解产物中最重要的一种产物,是导致食品不良气味的主要因素。

叶绿素是典型的自然界中最普遍的光敏剂。如图 2.3 所示,叶绿素分子是由两部分组成的:核心部分是其头部的一个卟啉环(porphyrin ring),其主要功能是吸收光线中的能量;叶绿素的尾部是一个很长的脂肪烃侧链,称为叶绿醇(phytol)。在光氧化过程中,叶绿素分子通过卟啉环中单键和双键的改变来吸收可见光的能量,并持续利用光能使基态氧最终生成单线态氧,对食品产生氧化损伤。

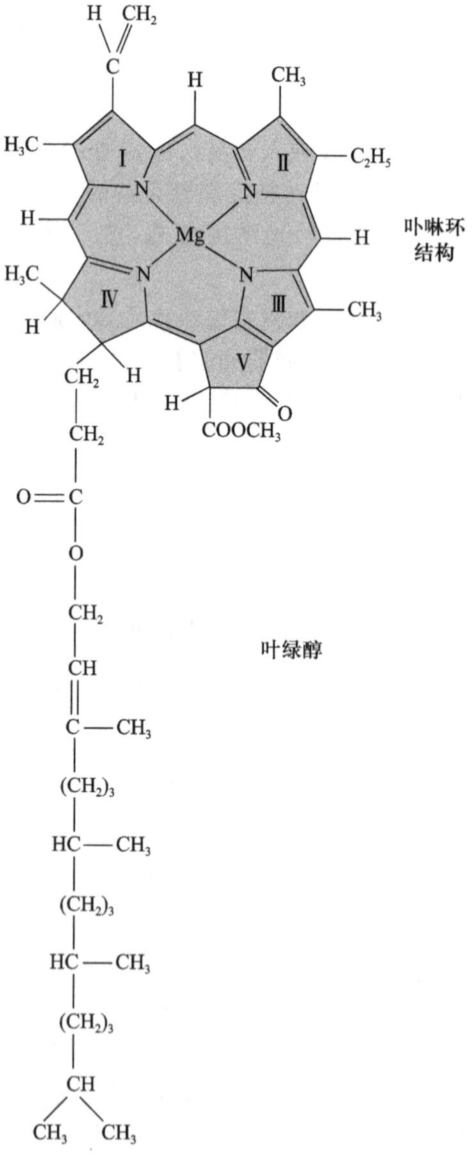

图 2.3　光敏剂叶绿素的化学结构

(2)蛋白质的光氧化　光线对蛋白质的作用主要分为两种情况:一是无光敏剂存在下,光线直接对蛋白质造成破坏:蛋白质中的芳香族氨基酸如色氨酸、酪氨酸和苯丙氨酸等在波长小于 310 nm 的紫外线照射下,这些氨基酸可能会吸收紫外光的能量,引起一些肽链的断裂,使蛋白质发生变性。其中酪氨酸和色氨酸的紫外吸收峰出现在 280 nm,苯丙氨酸的紫外吸收峰为 260 nm。二是由于食品中色素等光敏剂的存在,由光氧化造成肽链的断裂,使蛋白质的一级结构发生改变,影响蛋白质的营养作用和生理功能。其中,一个典型的例子是将牛奶在光的照射下,其中的光敏剂核黄素吸收波长在 400～550 nm 的光的能量,产生单线态的氧,单线态氧将蛋氨酸氧化成硫醇、硫化物、二甲基二硫化物等能使牛奶产生异味而变质的物质。

(3)维生素的光氧化　维生素是人类健康的重要物质。人类生存所需的维生素绝大多数靠从食物中摄取。然而光氧化对食品中维生素的破坏是十分严重的。尤其在光敏剂存在时,食品中含有的各种维生素在光线的照射下均会发生光氧化。原因是维生素都含有不饱和—C═C—双键或—C≡C—叁键,光敏剂吸收光能产生单线态氧，氧化维生素分子上的—C═C—或—C≡C—而使其破坏，从而使食品的营养价值降低，甚至产生有毒有害物质，给食品安全带来严重危害。

关于微生物的光氧化作用，目前研究最为清晰的是牛奶中维生素的光氧化作用。由于牛奶中含有光敏物质——核黄素（维生素 B_2），在日光照射后就容易产生“日光复”。Wishner（1964）等发现，牛奶中的维生素 B_2 在光照下 30 min 会损失掉 30%，而烹饪相同时间的牛奶仅仅损失了 12%。可见维生素 B_2 在光照下损失很快，在 450 nm 波长最快，原因是它在 450 nm 时对光的吸收最大。Satter（1997）等的研究得出，包装材料不同，维生素 B_2 损失不同，包装材料透光率越小则损失越少。

光敏剂维生素 B_2 的光氧化，还会连带对其他敏感的维生素造成严重的损失，Satter（1997）等的研究表明，将牛奶暴露在阳光下仅仅 1 h 就会损失 80%～100%的维生素 C；其原因是光敏剂核黄素的 λ_{max}=450 nm 恰好在 400～550 nm 波段内，核黄素产生的单线态氧强烈，对维生素 C 破坏作用极大。同时，牛奶中核黄素的激活也会使牛奶中的维生素 D 氧化成 5,6-环氧化物而使维生素 D 破坏。

3.包装材料对光氧化的抑制

影响光氧化的因素有很多，比如食品的水分、形态、环境温度、光照时间和强度、光的波长范围、包装中的残氧量及包装材料等。在这些影响因素中主要的有光照时间和强度、光的波长范围、氧的分压及包装材料。实验表明增加光对食品的照射时间会增加光对食品的破坏作用，因此在食品的生产、流通、销售和消费过程中应尽量减少与光的接触时间。不同光源由于所发出光线的相对能量不同，食品成分（主要是光敏剂）对不同波长的光的敏感程度不同，导致对食品的破坏程度不同，光敏剂产生强烈吸收且相对能量又高的波长对食品的破坏程度大。如核黄素对波长为 450 nm 的光有最大吸收峰，叶绿素对波长为 408 nm 和 655 nm 的光都有吸收峰，因此这些波长的光对含有核黄素和叶绿素的食品具有最大的破坏作用。

包装材料对光具有遮挡、反射和散射作用，对食品具有一定的保护作用。包装材料不同对光氧化的阻止作用不同。对常用的食品包装材料的实验结果表明：两面镀金属的聚酯＞单面镀金属的聚酯＞蜡纸＞低密度聚乙烯＞尼龙，材料越厚越能阻挡光线。另外，不同颜色的包装材料对光氧化的防护能力不同，其防护能力为：黑色＞棕色＞绿色＞蓝色＞红色＞黄色＞无色。这为防护光氧化选材提供了依据。

2.1.2 氧对食品品质的影响

氧对食品中的营养成分有一定破坏作用，氧气对食品品质的影响主要体现在以下 4 个方面：

（1）油脂氧化产生的过氧化物，不但使食品失去食用价值而发生异臭，还会产生有毒物质；

（2）使维生素和多种氨基酸失去营养价值；

（3）加剧食品氧化褐变反应，使色素氧化褪色或变成褐色；

（4）促进好氧腐败微生物生长繁殖，造成食品败坏。

氧对食品的变质作用程度与食品储存环境的氧分压和接触程度有关。图 2.4 表示了亚油酸相对氧化速率随氧分压变化的规律和食品与氧接触面积的关系。显然，环境氧分压越高，氧与食品的接触面积越大，油脂的氧化速率越高。此外，食品氧化与食品储存环境的温、湿度和时间等因素也有关。

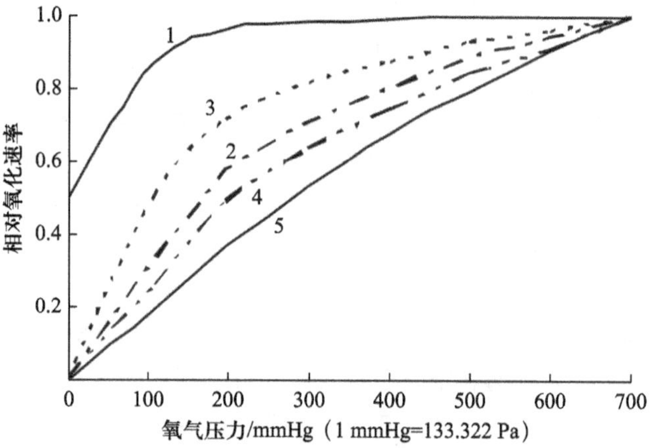

图 2.4 亚油酸相对氧化速率与氧分压和接触面积的关系

（章建浩，2000）

1. 温度为 45℃，摇动样品 2. 温度为 37℃，表面积为 12.6 cm^2 3. 温度为 57℃，表面积为 12.6 cm^2 4. 温度为 37℃，表面积为 3.2 cm^2 5. 温度为 37℃，表面积为 0.515 cm^2

当氧浓度降至 2%以下时，各种氧化反应速度、微生物繁殖速度等明显下降。包装食品中的氧来源主要有以下 4 个方面：①正常包装时，环境中的氧气；②真空包装时抽真空程度不够；③包装袋透气；④食品中溶解的氧气释放出来。

氧气对生鲜果蔬的作用属另一种情况，由于生鲜果蔬储运过程中仍在呼吸，细胞的代谢作用在延续，需吸收一定量的 O_2，呼出 CO_2 和 H_2O，并消耗一部分营养物质。

2.1.3 水分或湿度对食品品质的影响

一般食品都含有不同程度的水分，这些水分是食品维持其固有性质所必需的，但水分对食品品质的影响很大，一定水分含量会促使食品中微生物的繁殖，助长油脂氧化分解，促使褐变反应和色素氧化。另一方面，水分将使一些食品发生某些物理变化，如食品受潮发生结晶、结块或失去脆性和香味等现象。对于包装食品来说，其货架期内水分含量的变化与氧化反应在货架期的限制有相似的重要性。由于不同食品中的水分含量差异很大，对包装的要求也不同，所以我们将食品分为两类：

一类是干燥产品，对水分的吸收导致其质地从脆变软，粉状产品结块，甚至创造了允许微生物生长的条件。

另一类是潮湿产品，水分从潮湿的产品中流失，也会导致不同类型的质地变化及食物总量的损失，对新鲜产品来说，会导致快速衰老。

2.1.4 温度对食品品质的影响

温度对食品品质的影响主要有生物性和非生物性两方面。在适当的湿度和氧气等条件下，温度对食品中微生物繁殖和食品腐变反应速度的影响都是相当明显的。一般地，在一定温度范围内，食品在恒定水分含量条件下，温度每升高 10℃，其腐变反应速度加快 4～6 倍。为有效减缓温度对食品品质不良影响，现代食品工业中采用了食品冷藏技术和食品流通中的低温防护技术，可有效地延长食品保质期。

思政案例

“航天食品”——食品人的保家卫国情怀

航天食品是指航天员在太空飞行时所食用的食品。可以这样说，航天食品是为在特定的环境、特定的人群而研制出的一种特殊食物。这种食品是根据合乎膳食标准的航天食谱制成的，其中必须包含足够和完善的营养。

由于航天食品安全要求“零风险”的特殊性，我国研究人员一直致力于航天食品安全控制技术研究。对航天食品的要求，首先就是要确保安全，保障食品的品质，不能发生任何食源性疾病和食物中毒。航天食品及包装必须能经受住航天特殊环境因素的影响，如冲击、振动、加速度等的考验而不失效。航天食品还必须符合失重条件下航天员生理改变的要求。航天飞行导致航天员骨钙流失、肌肉萎缩、红细胞减少等，那么，食品就要提供充足的优质蛋白质和钙，以及适宜的钙磷比例和维生素；飞行初期航天食品的脂肪量不宜太高，以免加重空间运动病的症状；为防止心血管系统功能失调，就要求限制航天食品中钠的供给，保证钾的供给等。

2016 年 10 月 17 日，神舟十一号载人飞船在酒泉卫星发射中心点火升空，之后与天宫二号空间实验室“牵手”太空。景海鹏和陈冬开启中国航天员迄今时间最长的太空驻留，这次他们要在天上待 33 天。这段时间，他们都是怎么吃饭的呢？

中国航天员科研训练中心航天营养与食品研究室副主任曹平介绍，“神十一”航天员的食谱是 5 天一个周期。摄入热量的高低也不是随便定的，通常根据航天员在轨的工作负荷来确定。飞行后期，会适当安排低膳食纤维的食谱，增加复合营养素的补充。地面人员会记录航天员的进食情况，定期评估，必要时也会提醒该吃什么、吃多少。神舟十一号飞船于 10 月 17 日 7 时 40 分入轨，景海鹏和陈冬在太空享用的第一顿美餐是 11 时许。两个人一起共吃了 8 种食品。分别是主食：五谷饼干；副食：苹果罐头、五香鲅鱼、香辣豆干、酱香鸡肉肠、美味雪菜；饮品：柠檬茶、温胃饮。

航空食品是一种特殊的“工程食品”，也是很多食品从业人员集体智慧的结晶，反映了食品从业人员对于祖国振兴的热切希望和保家卫国的朴素情怀。

（人民网 http://health.people.com.cn/n1/2016/1018/c398004-28786418.html）

2.2　生物因素对食品品质的影响

人类生活在微生物的包围之中，空气、土壤、水及食品中都存在着无数的微生物。如猪肉火腿和香肠，在原料肉腌制加工后的细菌总数 $10^5 \sim 10^6$ 个/g，其中大肠杆菌 $10^2 \sim 10^4$ 个/g。完全无菌的食品只限于蒸馏酒、高温杀菌的包装食品和无菌包装食品等少数几类。虽然大部分微生物对人体无害，但食品中微生物繁殖量超过一定限度时，食品就会腐败变质。因此，了解各类微生物的含量、种类、来源及特性非常重要，本节内容将从食品微生物的污染途径、微生物种类及控制手段等角度讲述微生物对于食品品质的影响及作用规律。

2.2.1　食品的微生物污染途径

食品的全产业链包含了饲养种植、屠宰、加工、贸易物流、销售等多个环节。由于污染食品的微生物无处不在，所以各类微生物可以从多个途径进入食物：

(1)种植、饲养环节　农场、牧场或渔业捕捞过程是微生物侵入的重要途径之一。粪便可能是农业灌溉水中潜在的病原微生物的来源,最终可能污染农产品。各种粪便污染物和病原体(如大肠杆菌、沙门氏菌、李斯特菌、霍乱弧菌和假单胞菌)已从灌溉水和相关沉积物中分离出来。牧场也通常是与人类感染有关的人畜共患病原体的主要来源,致病微生物可以通过受感染牲畜和家禽传播至动物源食品中。

(2)加工环节　食品加工过程中的微生物监控是保障食品安全的重要手段,食品加工厂的环境微生物、操作人员所携带微生物以及与食品发生接触的所有表面都有可能成为食品的污染源。

(3)准备环境　家庭中的厨房、食物零售等食品的准备过程也是造成微生物污染的重要途径之一。零售环境中食源性病原体的交叉污染是一个重大的公共卫生问题,导致食源性疾病的风险增加。特别是一些即食加工食品,例如熟食肉、凉拌菜、面食等,在某些情况下(如夏天的高温、高湿环境),极容易发生腐败微生物甚至致病微生物(如单核细胞增生性李斯特菌)的污染。新鲜农产品如果处理不当沾染了过多的环境微生物,也会造成食品腐败变质甚至食源性疾病的暴发。

2.2.2　细菌污染

细菌也是大多数食品变质的主要原因,这在食品存储过程中造成了巨大的经济损失。理想状况下,某些细菌每隔 20 min 就会分裂一次,那么在短短 8 h 内,细菌的数量就会激增得到 1 600 万个细胞,在此期间,微生物会消耗食品中的大量营养成分,并代谢产生气体、酸、毒素等各种副产物,对食品的风味、营养、外观产生严重影响。细菌还会向细胞外释放蛋白酶、淀粉酶、脂肪酶等酶类,这些酶在产生它们的微生物死后还会对食品品质造成持续性的影响。

虽然细菌污染只是包括酵母菌、霉菌的三种常见食品微生物污染之一,但细菌的普遍性、多样性和独特性使其成为一个非常重要的食品微生物污染主题。微生物的活动性、芽孢形成能力、毒素产生或细胞结构都决定了根除污染食品的细菌所涉及的处理方法。有许多不同的分类用于定义与食品有关的细菌,其中最大的两个类别是致病性细菌和腐败细菌。

1.致病性细菌的种类和危害

致病性细菌是食源性疾病暴发和流行的源头,可导致从胃痉挛到死亡的疾病。时至今日,细菌导致的食源性暴发在世界范围内还在产生持续性的严重影响。美国每年的食源性疾病造成约 4 800 万人患病,3 000 人死亡,每年因食品污染造成的经济损失高达 1 520 亿美元。尽管食品中可能出现的细菌种类很多,但是与食源性疾病最相关的细菌种类并不多,主要集中于单增李斯特菌、沙门氏菌、克罗诺杆菌属(阪崎肠杆菌)、粪链球菌、金黄色葡萄球菌、蜡样芽孢杆菌、致泻大肠埃希氏菌、弧菌属、弯曲菌、嗜热脂肪芽孢杆菌等几个细菌种属,这也是所有细菌污染中研究最为集中的病原微生物。例如,源于粪便污染的大肠杆菌,源于海洋食用鱼类或贝类自身携带的弧菌属等。

致病性细菌导致的临床症状主要以恶心、呕吐、腹泻、腹痛等胃肠道疾病为主。原因是多数致病性细菌首先在肠道中定植、增殖,达到一定数量后损害并穿过肠道黏膜屏障,造成胃肠道的炎症症状,临床表现为呕吐、腹泻、腹痛。然而致病性细菌的危害不仅限于胃肠道,严重情况下还可能会出现高烧持续不退、脑膜炎、败血症等更为严重的疾病。图 2.5 展示了单增李斯特菌感染人体各个器官的主要过程。单增李斯特菌产生的毒素等经血液循环至肝脏及脾脏等器官,随后又经血液运输侵入并穿过血脑、胎盘屏障。食源性致病菌的感染与宿主免疫力的强弱有关，儿童、孕妇、老人等体弱者易感染。

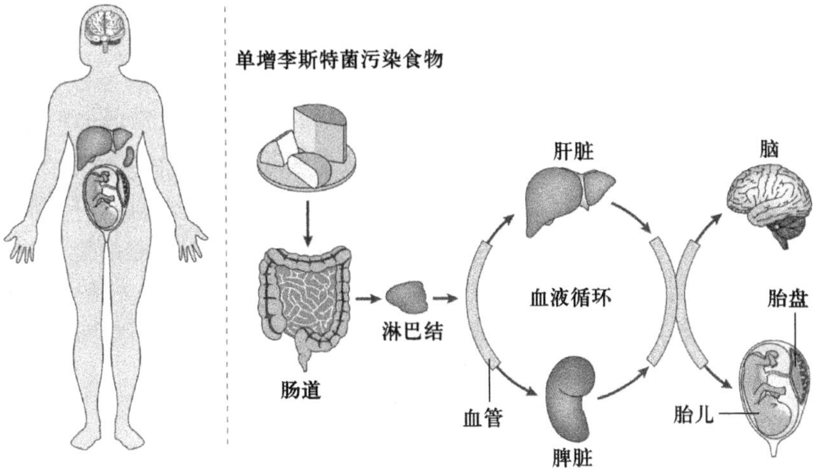

图 2.5　单增李斯特菌感染人体各个器官的主要过程

(Radoshevich，Cossart，2018)

由于致病性细菌存在着巨大健康风险，因而致病性细菌的污染是食品加工及食品包装过程中首先需要解决的问题。为控制食品中致病菌污染，预防微生物性食源性疾病发生，同时整合分散在不同食品标准中的致病菌限量规定，国家卫生计生委委托国家食品安全风险评估中心牵头起草《食品中致病菌限量》(GB 29921—2013，以下简称 GB 29921)。GB 29921 规定了肉制品、水产制品、即食蛋制品、粮食制品、即食豆类制品、巧克力类及可可制品、即食果蔬制品、饮料、冷冻饮品、即食调味品、坚果籽实制品 11 类食品中沙门氏菌、单增李斯特菌、大肠埃希氏菌 O157∶H7、金黄色葡萄球菌、副溶血性弧菌 5 种致病菌限量规定。

2. 腐败细菌的种类和危害

食品腐败变质的过程实质上是食品中蛋白质、糖、脂肪在污染微生物的代谢作用下分解破坏的化学过程，腐败菌在食品腐败变质的过程中发挥了重要的作用。除了在食品中引起色、香、味等感官性状异常外，更重要的是其代谢过程中还破坏食物的营养组分，甚至产生多种代谢产物。相比于致病性细菌，腐败菌对人体的危害较小，但却通过限制人们获得食物的来源而间接地影响了整个食物的供给和加工业。

腐败细菌在食品腐败变质过程中的作用大小主要取决于微生物对食品中蛋白质、脂肪和碳水化合物等宏量营养素的分解和代谢能力。因此，我们可以据此将腐败细菌分为三大类：

(1)分解蛋白类腐败细菌　腐败细菌可以通过分泌胞外蛋白酶来分解蛋白质类食品，细菌中芽孢杆菌属、梭状芽孢杆菌属、假单胞菌属、变形杆菌属、链球菌属等分解蛋白质能力较强；小球菌属、葡萄球菌属、黄杆菌属、产碱杆菌属、埃希杆菌属等分解蛋白质能力较弱；而肉毒梭状芽孢杆菌分解蛋白质能力很弱。需要说明的是，蛋白质在细菌胞外酶的水解作用下分解成多肽氨基酸，一般在 3 000 U 下易产生苦味肽，苦味肽中的疏水性氨基酸则是引起蛋白质产生苦味的主要因素，这也是一些高蛋白类食物贮藏过程中产生苦味的重要原因之一。

(2)分解脂肪类腐败细菌　腐败细菌可以通过分泌胞外脂肪酶来分解脂质类食品，将甘油三酯转化为游离脂肪酸、甘油一酯、甘油二酯等产物。而这些产物尤其是不饱和游离脂肪酸的产生会加速后续的脂质氧化反应，使得食品产生明显的脂肪氧化的味道。细菌中的假单胞菌属、无色杆菌属、黄色杆菌属、产碱杆菌属和芽孢杆菌属中的许多种，都有分解脂肪的特性。一般来讲，对蛋白质分解能力强的需氧细菌，同时大多数也能分解脂肪。

(3)分解碳水化合物类腐败细菌　绝大多数细菌都具有很强的分解小分子碳水化合物(尤其是单糖和二糖)的能力，这一能力也是这些腐败细菌在食物中快速增殖的重要原因。但是，细菌中能高效分解高分子碳水化合物的菌种并不多，如淀粉、果胶、纤维素等大分子量碳水化合物，仅有少量的细菌能够利用其作为生长碳源。芽孢杆菌属和梭状芽孢杆菌属的某些种，如蜡样芽孢杆菌、枯草杆菌、淀粉梭状芽孢杆菌、巨大芽孢杆菌等分解淀粉的能力较强，所以这些菌株经常引起米饭发酵、面包黏液化。能分解果胶的细菌主要为芽孢杆菌属、梭状芽孢杆菌属、欧氏植病杆菌属中的部分菌株，它们能引起果蔬的腐败。能分解纤维素和半纤维素的细菌则只有芽孢杆菌属、梭状芽孢杆菌属和八叠球菌属的一些种。

2.2.3　霉菌污染

霉菌是食品污染的重要来源。所谓霉菌，实际上就是丝状真菌的通俗名称，是一种发霉的真菌。这些真菌能够产生纷杂茂盛的菌丝体，但是却和蘑菇这种真菌有着明显区别，没有大型子实体，该真菌种类繁多，且分布极为广泛。

一般而言，霉菌较细菌和酵母菌更能耐受酸碱度的变化和温度的波动。当霉菌污染食物或在农作物上生长繁殖时，就会使食品发霉或使农作物发生病害，不仅造成巨大的经济损失，使食物腐败变质，有些霉菌污染食物时还会产生有毒的代谢产物——霉菌毒素。这些霉菌毒素极易污染粮食谷物，以粮食谷物为原料的动物饲料将直接受到污染，动物在摄取这些饲料后会导致动物的生产性能下降、免疫机能受影响，更会通过食物链威胁消费者的身体健康。

现如今，由霉菌毒素引起的食品安全问题已经成为威胁人类健康的重要因素，霉菌毒素对农产品的污染已经被世界卫生组织列为食源性疾病的重要根源。常见的霉菌毒素大部分来源于曲霉菌属、镰刀菌属、青霉菌属，主要包括黄曲霉毒素、黄绿青霉毒素、桔青霉毒素、镰刀菌毒素、杂色曲霉毒素、展青霉毒素、青霉酸、赭曲霉毒素。

1.黄曲霉毒素及其危害

1960年在英国发生10万火鸡中毒事件，从而发现了黄曲霉毒素，黄曲霉毒素主要由黄曲霉、寄生曲霉和特曲霉等产毒真菌侵染寄主后产生，并且具有强致癌性和毒性，世界卫生组织的癌症研究机构已将其列为Ⅰ类致癌物。黄曲霉毒素急、慢性中毒一般表现症状有精神障碍，腹部胀痛，肝区触痛，恶心呕吐，抽搐，肺水肿，出血，食欲减退，食物消化、吸收或代谢的中断，较为严重的可出现水肿昏迷，甚至死亡。

2.黄变米毒素及其危害

该毒素的种类可以分成两种：其一是黄绿青霉毒素，其二是桔青霉毒素。

黄绿青霉毒素是由黄绿青霉菌产生的，其具有心血管毒性、神经毒性、遗传毒性和肝脏毒性，慢性毒性主要表现为肝细胞萎缩和多形性及贫血。在适宜的温度、酸碱度和湿度的条件下，粮食受到黄绿青霉菌污染，可产生大量的毒素，极易进入食物链，导致人畜中毒。

桔青霉毒素是一种由青霉、曲霉、红曲霉属的某些菌株产生的对革兰氏阳性菌具有强烈抑菌效果的真菌次级代谢产物。主要发生在储藏的谷物、玉米、小麦、大米、大麦和坚果中，且会与其他毒素共同存在。体内体外的大量研究已经证明桔青霉毒素对人体和动物具有肾毒性、胚胎毒性、致畸性、致癌性。

3.镰刀菌毒素及其危害

该霉毒素的来源为镰刀菌。此菌在自然界广泛分布，且容易感染各类农作物，这种真菌所产生的镰刀菌毒素会对人类以及畜禽的健康造成极大的威胁。当前已发现的镰刀菌毒素种类，依据化学分子式可以细分如下：单端孢霉烯族以及玉米赤霉烯酮、丁烯酸内酯。人类吸收这类毒素 1 h 之后就会出现恶心、眩晕以及全身乏力等现象，少数情况下会存在头痛、面部潮红和腹泻等临床症状。

4.杂色曲霉毒素及其危害

杂色曲霉毒素主要由杂色曲霉等真菌在霉变的谷物及其制品、坚果、奶酪等食品中产生。此毒素水溶性极差，对动物的肝脏、肾脏和肺器官以及皮肤等具有强致癌性，其致癌性仅比黄曲霉毒素低。我国 3 种粮食作物杂色曲霉毒素污染率均较高，除大米污染率为 72%外，小麦、玉米污染率均在 90%左右。流行病学资料显示，我国消化道肿瘤的发生也与其有关。另外它耐高温的特点又提示我们，粮食一旦被杂色曲霉毒素污染，在以后的食品加工过程中很不容易去除。

5.展青霉毒素及其危害

扩展青霉是一种多细胞的丝状真菌，也是导致果实采后青霉病的主要致病菌，几乎在所有腐烂的水果中都可以分离得到。它不仅会引起水果由外到内的腐烂，造成巨大的经济损失，而且在侵染的过程中会分泌真菌毒素——展青霉素。展青霉素具有多种毒性，可引发机体急性病症、慢性病症和细胞水平病变等病症。急性病症包括兴奋、抽搐、肺部肿胀、充血、胃溃疡、肠炎和上皮细胞恶化。慢性病症包括神经毒性、遗传毒性、免疫毒性、免疫抑制、致畸和致突变。

6.青霉酸及其危害

青霉酸是由不同株系的青霉菌和曲霉菌产生的次生代谢产物，其中圆弧青霉和软毛青霉是主要产青霉酸真菌，主要存在于谷物中，污染玉米、高粱、大麦、小麦、燕麦等粮食作物。青霉酸能促使人呼吸道上皮细胞死亡，阻断细胞的能量传导，降低细胞的呼吸作用。不仅如此，青霉酸还主要侵害肝、肾及心肌细胞，引起肾脏疾病和心脏功能障碍。

7.赭曲霉毒素及其危害

赭曲霉毒素是由曲霉属和青霉属产生的系列化学结构相似的衍生物，农作物包括花生、玉米、小麦等都会被赭曲霉毒素污染。赭曲霉毒素进入人体后与肝微粒体混合功能氧化酶反应，进而损害人体肾脏与肝脏。赭曲霉毒素还是一种致癌物质，并有强致畸性。

2.2.4　酵母菌污染

在食品中，酵母比细菌少，生长也慢，所以成为食品中微生物群落优势菌的情况较少。多数酵母对蛋白质和脂肪的分解活性较低，因此成为食品变质的直接原因的情况不多。但是，大量酵母的存在往往可引起食品风味下降或变质，从而导致细菌的生长。各类食品污染程度经统计学处理有显著性差异，其中饮料污染严重，其次是乳制品，糕点、小食品污染较轻。

1.酵母在调味品食品中的污染

酵母在调味品食品中的污染，主要是指在泡菜类食品中的应用。在制作泡菜时的盐水表面生长的酵母，主要是德巴利酵母属的产膜酵母，在内部有产气的炼乳球拟酵母、异常汉逊酵母、接合酵母属和酒香酵母属的酵母。

酵母菌对泡菜独特的风味和质地以及储藏有着重要的影响，在利用可发酵糖方面起有益的作用，但如果对其发酵不加以控制，酵母菌的产醇增加会有损泡菜的风味，降低泡菜的口感。泡菜发酵时的酵母菌不仅有产醇能力，还有产气能力、产酸能力和产香能力。酵母菌的产气能力能使泡菜的质地疏松，但如果产气过多会使泡菜易膨胀；产酸能力可以改变泡菜的酸度和风味，产酸过多会影响泡菜的风味；产香能力也对泡菜的风味极其重要。研究发现，辣椒、花椒、生姜、大蒜对部分酵母菌会产生抑制作用，因此，可以加入一些辣椒等调料对酵母菌进行适当抑制。

2. 酵母在饮料类食品中的污染

酵母菌一旦寄存在饮料产品中，可通过将糖类转化成为二氧化碳和乙醇来获取能量，从而导致饮料变质，饮料表面会产生大量的气泡或形成浅白色环状物，底部积淀沉淀物，还有变色、异味等现象。果汁类饮料具有适合微生物生存的环境条件，如含糖量较高、pH 较低，因而特别适合酵母的生长。已从柑橘类果汁中分离出的酵母属，有孢汉逊酵母属、假丝酵母属、克勤克酵母属和球拟酵母属等。而这些酵母具有很强的产生丁二酮的能力，这就是产生异味的原因。

针对以上问题，相关工作者可以从以下几个方面来制定和采取措施，防止酵母的过量滋生：①保持生产车间整洁卫生，尤其是冲瓶、灌装、封盖设备要保证密闭正压。②生产人员进入车间要穿好工作服、工作鞋，戴好工作帽，在清洗、消毒、吹干并风淋后再进入车间。③设备和管道要尽量选用不锈钢等方便清洗的材料，无死角。④容器、设备、管道和阀门要定期进行彻底的消毒杀菌，饮料瓶盖消毒后才能使用。⑤加强原辅材料管理。

3. 酵母在乳制品中的污染

已报道的奶制品中污染酵母的种类很多，且多数乳制品适合酵母生长。已知乳糖发酵性酵母可使奶油和酸乳酪变质，红色酵母和球拟酵母属、假丝酵母属、丝孢酵母属可在黄油表面形成菌落，分解脂肪。黄红酵母和白地霉可使乳酪失去乙酰甲基甲醇而使其丧失独特风味。发酵乳中酵母菌的种类主要有假丝酵母、孢圆酵母、季也蒙酵母和棒孢酵母等，发酵乳在贮存和销售等过程中出现的胀包现象，也是由于污染了酵母菌，产气而出现“鼓盖”。此外，添加水果的发酵乳污染问题更为突出，已有报道表明食品中加入果粒污染酵母菌的概率会提高。

酵母污染控制措施的重点应基于良好卫生规范的实施，以及生产线的卫生设计和维护、包装材料处理过程中的卫生控制和对暴露产品的适当防护，避免环境中的其他酵母进入产品。不仅如此还要对设备和冷链等进行重点管控，实时监测、风险评估、主动预警，以保障消费者的食用安全。

2.2.5 环境因素对食品微生物的影响

在整个食品生产链中，微生物污染存在于食品加工、运输以及贮藏等各个阶段。温度、水分活度、氧气、酸碱度等环境因素的差异，导致微生物的发生情况不同。因此，研究环境因素调控微生物的形成对微生物污染的防治具有重要意义。

1. 水分

水分是微生物生长繁殖的必要条件。大部分细菌在水分活度 $a_w=0.9$ 以上的环境中生长活跃，大部分霉菌在水分活度 a_w＝0.80 以上的环境中繁殖，部分霉菌和酵母在水分活度较低的环境中也能繁殖。

食品微生物在水分活度较低的干燥环境中不能繁殖，但值得注意的是干燥食品从环境中吸收水分的能力较强，一旦吸湿，水分活度又将提高而适宜微生物繁殖。要想降低食品的水分活度，就得使食品干燥或在食品中添加盐、糖等易溶于水的小分子物质。

2. 温度

微生物生存的温度范围较广（－10～90℃），表 2.1 表示几种微生物繁殖的温度范围。

表 2.1　3 种微生物的繁殖温度

（章建浩，2000）　℃

种类	最低生存温度	最适温度	最高生存温度	微生物
低温菌	－10～5	10～20	20～40	水生菌、腐败菌的部分霉菌，酵母菌
中温菌	－10～15	25～40	40～50	细菌、大部分病原菌
高温菌	40～45	55～75	60～80	生活于温泉、堆肥中的菌类

根据适宜繁殖的温度范围微生物可分为：嗜冷细菌（0℃以下），嗜温性细菌（0～55℃）和嗜热性细菌（55℃以上）。

食品在储存、运输和销售过程中所处的环境温度一般在 50℃以下，这一温度范围正处在低温性和中温菌繁殖生长威胁之中，而且侵入食品的细菌随温度的升高而繁殖速度加快，一般在 20～30℃时细菌增殖最快。

3. 氧气

氧的存在有利于需氧细菌的繁殖，且繁殖速度与氧分压有关，细菌繁殖速率随氧分压的增大而急速增高。即使仅有 0.1％的氧，也就是空气中氧分压的 1/200 的残留量，细菌的繁殖仍不会停止，只不过缓慢而已。这个问题在食品进行真空或充气包装时应特别注意。

4. pH

适合微生物生长的 pH 范围为 1～11。一般食品微生物得以繁殖的 pH 范围：细菌为 5～9.5，霉菌和酵母菌为 2～11。对食品微生物最适宜的 pH：细菌 pH 7 左右，霉菌和酵母 pH 6 左右。大多数食品均呈酸性，酸性条件下微生物繁殖的下限：细菌 pH 4.0～5.0，乳酸菌 pH 3.3～4.0，霉菌和酵母菌 pH 1.6～3.2。适当控制食品的 pH 也能适当地控制微生物的生长和繁殖。

5. 渗透压

各种微生物对渗透压的要求有一定的范围，一般微生物适宜在等渗的食盐溶液中生存。霉菌的嗜高渗透压的能力更强，一般在 20％～25％浓度的盐中才能被抑制，它能引起很多糖分高的食品、腌制食品、低水粮食霉变。

6. 营养成分

微生物像任何其他生物一样，在其生命过程中需要食物。尽管微生物种类繁多，成分千差万别，但一般来说，可以提供其生长繁殖所必需的碳源、氮源、无机盐、生长因子和水等关键要素的营养成分，就可以使微生物繁殖。

7. 其他

此外，光照、氧化还原电位、生物性结构等因素也会影响微生物的生长繁殖。

综上所述，微生物的生长受多个因素的影响，基于这些影响因子，我们可以进行防腐方法的开发，如高温处理、低温冷藏或冻结、降低水分活度、酸化、降低氧化还原值等。通常，我们把存在于食品的这些起控制作用的因子，称为栅栏因子。在实际生产中，应将不同的栅栏因子，科学合理地组合起来，发挥其协同作用，从不同的侧面抑制引起食品腐败的微生物，形成对微生物的多靶攻击，从而改善食品质量，保证食品的卫生安全性。

2.3 包装食品的质量变化及其控制

2.3.1 包装食品的褐变、变色及其控制

1. 食品的主要褐变及变色

食品褐变指食品加工或储存时，食品或原料失去原有色泽而变褐或发暗。褐变反应有3类：食品成分由酶促氧化而引起的酶促性褐变，非酶促性氧化或脱水反应引起的非酶促性褐变，油脂因酶和非酶促性氧化引起酸败而褐变。在导致褐变的食品成分中，以具有还原性的糖类、油脂、酚及抗坏血酸等较为严重，尤其是还原糖引起的褐变，如果与游离的氨基酸共存，则反应非常显著，即所谓美拉德反应。

典型的非酶褐变有氨基、羰基反应和焦糖反应等，从影响食品质量的角度来分析，氨基、羰基反应又可分为基本上无氧也能进行的加热褐变和在有氧条件下发生的氧化褐变，前者在食品加工过程中赋予食品以令人满意的色香味，后者是由于褐变而呈暗色和产生异臭。

典型的酶促褐变如苹果、香蕉及茄子、山药等果蔬受伤去皮之后，其组织与氧接触时所引起的褐变，其反应是在多酚氧化酶、过氧化酶等作用下酚类物质氧化成醌类，并使其聚合而着色，酶促性褐变需有酚类、氧化酶和氧等基质，因此，可通过加热使酶失活、降低pH或使用亚硫酸盐来抑制酶促褐变；真空或充气包装也可有效减缓褐变反应。

食品的变色主要是食品中原有颜色在光、氧、水分、温度、pH、金属离子等因素影响下的褪色和色泽变化。

2. 影响褐变、变色的因素

(1)光线　光线对包装食品的变色和褪色有明显的促进作用，特别是紫外线的作用更显著。天然色素中叶绿素和类胡萝卜素是一种在光线照射下较易分解的色素。图2.6和图2.7表示了光的波长对β胡萝卜素和叶绿素分解的影响。由图可知，波长300 nm以下的紫外线部分对色素分解的影响最为显著。

玻璃和塑料包装材料虽能阻挡大部分的紫外线，但所透过的光线也会使食品变色和褪色，缩短食品保质期。为减少光线对食品色泽的影响，选择的包装材料必须能阻挡使色素分解的光波。

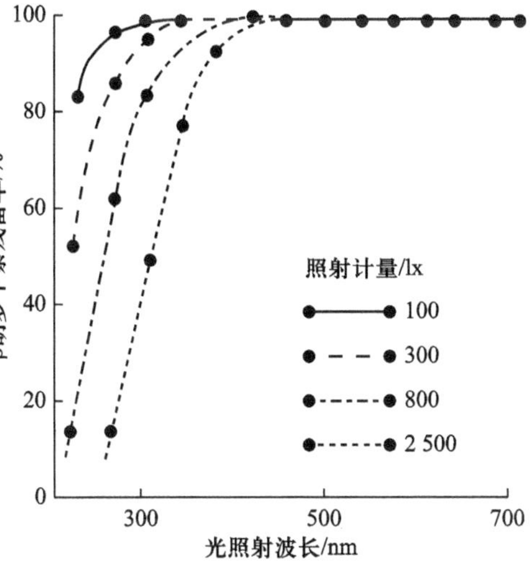

图 2.6 光的波长对 β 胡萝卜素的影响

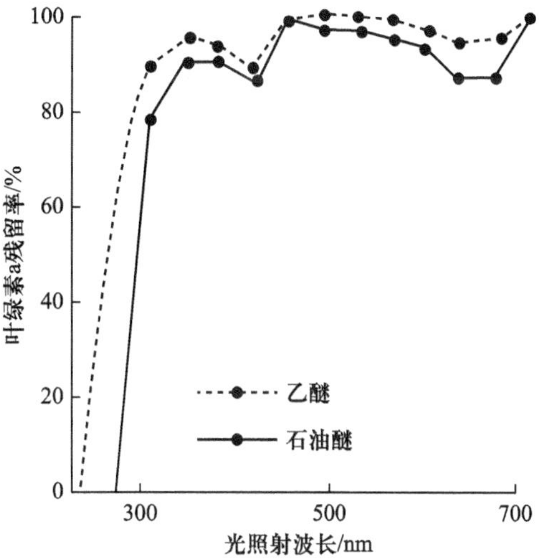

图 2.7 光的波长对叶绿素的影响

(章建浩,2001)

(2)氧气　氧是氧化褐变和色素氧化的必需条件。色素是容易氧化的,类胡萝卜素、肌红蛋白、还原血红色素、醌类、花色素等都是易氧化的天然色素,苯酚化合物中,如苹果、梨、香蕉中含有绿原酸、白花色等单宁成分,还原酮类中的维生素 C、氨基还原酮类,羰基化合物中的油脂、还原糖等,这些物质的氧化会引起食品的褐变、变色或褪色,随之而来的是风味降低、维生素等微量营养成分的破坏。因此,包装食品对氧化的控制是至关重要的保质措施。

(3)水分　褐变是在一定水分条件下发生的,一般认为,参与多酚氧化酶的酶促褐变是在水分活度 a_w 为 0.4 以上,非酶褐变 a_w 为 0.25 以上,反应速度随 a_w 上升而加快,在 a_w 为 0.55～0.90 的中等水分活度中反应最快。若水分含水量再增加时,其基质浓度被稀释而不易引起反应。

水分对色素稳定性的影响因色素性质不同而有较大差异,类胡萝卜素在活体上非常稳定,但在干燥后暴露在空气中就非常不稳定;叶绿素、花色素系色素在干燥状态下非常稳定,但在水分达 6%以上时,就明显地迅速分解,尤其在光氧存在条件下很快褪色。

(4)温度　温度也会引起食品的变色,温度越高,变色反应越快。干燥食品吸湿就会褐变或褪色,这种反应与环境温度关系密切;由氨基、羰基反应引发的非酶促褐变,温度提高 1℃其褐变程度增高 2～5 倍。高温会使食品失去原有的色泽,如干菜、绿茶、海带等含有叶绿素、类胡萝卜素的食品,高温能破坏色素和维生素类物质而使风味降低,若长期储存,应关注环境温度的影响。

(5)pH　褐变反应一般在 pH 3 左右最慢,pH 越高褐变反应越快。从中等水分到高水分的食品中,pH 对色素的稳定性影响很大,叶绿素和氨基酸随 pH 下降,分子中 Mg^{2+} 和 H^+ 换位,变为黄褐色脱镁叶绿素,色泽变化显著;花色素系和蒽醌系色素,pH 对色素稳定性的影响各异,红色素在 pH 5.5 以上时易变成青紫色,檀色素、青色素等在 pH 4 左右的环境中时变成不溶性而不能食用,故包装食品的色泽保护应考虑 pH 的影响。

(6)金属离子　Cu、Fe、Ni、Mn 等金属离子对色素分解起促进作用,如番茄中的胭脂红、橘子汁中的叶黄素等类胡萝卜素只要有 1～2 mg/kg 的铜、铁离子就能促进色素氧化。

3. 控制包装食品褐变、变色的方法

食品变色是食品变质中最明显的一项，尽管褐变变色的因素很多，但通过适当的包装技术手段可有效地加以控制。

(1)隔氧包装　在常温下，氧化褐变反应速度比加热褐变反应速度快得多，对易褐变食品必须进行隔氧包装。对于诸如浓缩肉汤和调味液汁类风味食品，即使包装内有少量的残留氧，也能引起褐变变色，降低食品的风味和品质。真空包装和充气包装是常用的隔氧包装，要求完全地除去包装内部的氧，特别是吸附在食品上的微量氧，在技术上是困难的。解决问题的方法就是在包装中封入脱氧剂，用以吸除包装内的残留氧，并可吸除包装食品在储运过程中透过包装材料的微量氧，这样处理可长期地保持包装内部的低氧状态，有效防止食品氧化褐变。目前大部分食品采用软塑包装材料，隔氧包装应选用以高阻氧的如 PET、PA、PVDC、铝箔等为主要阻隔层的复合包装材料。

(2)避光包装　利用包装材料对一定波长范围内光波的阻隔性，防止光线对包装食品的影响，选用的包装材料既不失内装食品的可视性，又能阻挡紫外线等对食品的影响。例如，能阻挡 400 nm 以下光的包装材料适用于油脂食品包装，用在含有类胡萝卜素及花色素类的食品也有效。然而，对于一般色素，由于可见光也会加速光变质，对长时间暴露在光照下的食品，可对包装材料着色或印刷红、橙、黄褐色等色彩，这样虽部分丧失了包装的可视性，但能有效地阻挡光线对食品品质的影响，而且通过丰富多彩的图案装潢设计，可增加食品的陈列效果和广告促销作用。

现代食品包装也采用阻光阻氧阻气兼容的高阻隔包装材料，如铝箔、金属罐等，防止光氧对食品的联合影响，大大延长了保质期。

(3)防潮包装　水分对食品色泽的影响包括两方面含义：其一是对含一定水分(20%～30%)的食品，如半带馅的点心等糕点食品，由于脱水而发生变色。其二是干燥食品会因吸湿增大食品中的水分而变色。前者防止变色的方法是采用适当的包装材料保持其原有水分，而后者主要是保持食品干燥而使色素处于稳定状态，采用阻湿防潮性能较好的包装材料或采用防潮包装方法，能较好地控制因水分发生的褐变变色。

2.3.2　包装食品的香味变化及其控制

在食品的感官指标中，香味或滋味是评判一种食品优劣的重要指标，控制食品的香味变化也是食品包装所要研究和解决的一大课题。

1. 包装食品产生异味的主要因素

包装食品的香味变化主要是由于包装及内部食品的变质因素产生的异味所造成。追溯风味变化的起因是非常复杂的问题，图 2.8 形象地示出了这种变化及主要因素。

(1)食品主要成分所固有的芳香物或在加工过程中产生的挥发性成分，一般是人们较为欢迎的香味，这种香味成分应用保香性较好的包装材料来包装，尽可能减少透过包装的逸散。

(2)包装食品储运过程中因油脂、色素、碳水化合物等食品成分的氧化或褐变反应而产生异味，食品氧化、褐变是由残留在包装内部或透过包装材料的氧所引起，故对易氧化褐变食品应采用高阻隔性，特别是阻氧性较好的包装材料进行包装，还可采用控制气氛包装、遮光包装

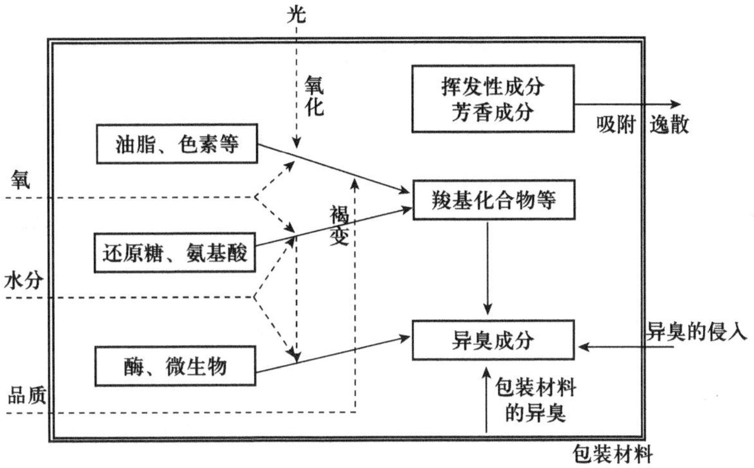

图 2.8　包装食品的风味变化

（章建浩，2001）

来控制氧化和褐变的产生。

(3)食品由于微生物或酵素作用会产生异臭味，这种因素可以根据食品的性质状态选择加热杀菌、低温储藏、调节气体介质、加入添加剂等各种适当的食品质量保全技术和包装方法来加以抑制和避免。

(4)包装材料本身的异臭成分引起食品风味变化也是一个严重的问题，特别是塑料及其复合包装材料的异味。这并非是由于食品本身的变质所产生，应严格控制直接接触食品的包装材料质量，并控制包装操作过程中可能产生的塑料包装材料过热分解所产生的异味异臭污染食品。

图 2.9 说明了食品在加工流通过程中产生异味的主要途径。这些因素可通过严格的质量管理及流通储运过程中严格的防范措施来避免和减少。

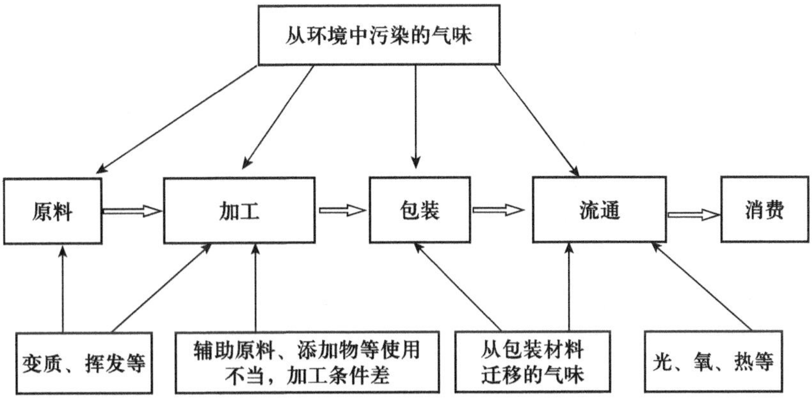

图 2.9　加工流通过程中产生异味的主要途径

（马桃林，1999）

2. 塑料包装材料的渗透性引起的异味变化

因塑料包装材料的透氧性和透气性引发的食品氧化、褐变及微生物腐变而产生的异臭或风味变化，在包装时可选用各种新型的高阻气性复合包装材料，并采用各种食品质量保全新技术加以控制。从保护食品质量和风味角度考虑，包装材料对挥发性物质的渗透性也是至关重要的。

不同塑料薄膜对挥发性芳香物的渗透性有很大的差异，表 2.2 为塑料薄膜对各种香精的渗透性比较，它是用塑料薄膜把香精包装后，用人体器官功能判断气味残留情况而得到的。

表 2.2 各种薄膜的香气透过性

(章建浩，2000)

香精种类	低密度聚乙烯	高密度聚乙烯	聚丙烯	氧化乙烯基	聚酰胺	聚酯	聚碳酸酯	聚氯乙烯	防潮玻璃纸
华尼拉(香草)香精	○	○	◎	⊙	○	●	◎	◎	○
熏制香精	○	○	◎	◎	○	●	●	◎	○
杨梅(草莓)香精	○	○	◎	◎	○	⊙	◎	◎	○
橘香精	○	○	◎	◎	○	○	◎	○	○
柠檬香精	○	○	◎	◎	○	◎	●	○	○
咖喱香精	○	○	⊙	⊙	○	⊙	●	⊙	⊙
姜香精	○	◎	⊙	⊙	○	◎	●	◎	○
大蒜香精	○	○	○	⊙	○	●	●	◎	◎
咖啡香精	○	○	◎	◎	○	●	●	⊙	●
可可茶香精	◎	◎	⊙	⊙	○	●	●	◎	●
辣酱油香精	○	○	◎	⊙	○	⊙	◎	◎	○
酱油香精	○	○	◎	◎	○	⊙	◎	◎	○
咸辣椒	○	○	○	◎	○	●	⊙	◎	◎

○表示 1 h 内；◎表示 1 d 内；⊙表示 1 周内；表●示 2 周以上。

包装食品受环境异臭的影响，这也是由薄膜对挥发性物质的渗透性这一因素所造成的。一般地，异臭分子易吸附在食品中的蛋白质、脂肪等分子极性强的部分。若食品储存环境有异臭源，或者把包装食品存放在有异臭的仓库、货车或冷库等场所，常常由于异臭成分的侵入及香味的逸散而导致食品风味下降。这种事件经常发生却不被人们所重视。表 2.3 列出了用各种塑料小袋封入乙醇，用质量测定法测定的乙醇渗透速度。

2.3.3 包装食品的油脂氧化及其控制

现代加工食品构成中大多含有油脂成分，油脂不仅能改善食品的风味，且在营养上其单位重量能提供更多的热量，对人体发育和生理机能也起着重要作用。油脂一旦氧化变质会发生异臭，不仅失去食用价值，其氧化生成物即过氧化物(用 POV 表示)对人体也有一定的毒害。

表 2.3　各种薄膜对乙醇的渗透速度

(章建浩,2000)

包装材料的组成(厚度/μm)	渗透速度/[g/(m² · 24 h)]		
	20℃	30℃	40℃
PE(100)	1.29	5.5	1.35
CPP	—	1.0	—
ONY(15)/PE(60)	1.26	5.3	12.6
K 玻璃(#350)/PE(60)	0.17	1.2	4.2
OPP(20)/PE(60)	0.12	0.9	3.0
KOPP(22)/PE(60)	0.083	0.66	2.1
OPP(26)/EVAL(15)/PE(60)	—	0.87	2.93
OPP(30)/EVAL(17)/PE(85)	—	0.42	—
EVA(17)/OPP(35)		0.11	0.4

1. 油脂的氧化方式

根据氧化的条件和机理可分为以下 3 类：

(1)自动氧化　这是油脂在常温下放置在空气中的氧化现象,其中的不饱和脂质在环境条件(光、水分、金属离子)作用下的一个连锁复杂的反应过程,从而使油脂分解生成有害的氧化生成物。自动氧化在低温环境中也会缓慢进行。

(2)热氧化　油脂在与空气中氧接触状态下加热所产生的氧化现象,此时明显产生有较强毒性的羰基化合物和聚合物,且不饱和脂肪酸和饱和脂肪酸一起被氧化。

(3)酶促氧化　主要发生在肉类等畜产品尤其是乳制品中。氧化过程中食品原料本身脂肪氧化酶发挥了主要作用;另外如棒曲霉、镰刀霉、酒曲霉等环境微生物的脂肪氧化酶也发挥作用,二者联合促进食物不饱和脂肪酸和饱和脂肪酸的氧化。

2. 油脂类食品变质的影响因素及控制方法

(1)光线　光能明显地促进油脂的氧化,其中紫外线的影响最大。对于包装食品,直接暴露在阳光下的机会很少,主要受到橱窗和商店内部荧光灯产生的紫外线照射。表 2.4 表示了光波波长和油脂氧化的关系,500 nm 以下的光线对氧化的影响极大,为防止包装食品因透明薄膜引发的光氧化,最好采用红褐色薄膜或者采用铝箔等作为富含油脂食品的包装材料。

表 2.4　各种波长光对玉米油和棉籽油过氧化值的影响

(章建浩,2000)　　mmoL/kg

滤纸的透过性范围/μm	玉米油		棉籽油	
	试料 1	试料 2	试料 1	试料 2
360～420	20.9	20.2	17.6	17.3
420～490	8.7	8.5	12.4	12.5
490～590	4.5	4.9	8.1	7.9
590～680	1.1	1.4	3.1	3.4
680～790	1.0	1.2	2.1	1.8

表 2.5 表示了荧光灯照射对低温保存的奶油、奶酪氧化的影响。奶油、奶酪对空气中的氧是相对稳定的，当受到荧光照射时就会迅速氧化，当用 5 000 lx 荧光灯照射时仅几个小时，奶油、奶酪就会产生异味，但使用蛋白的奶油、奶酪可抑制光氧化，这是因蛋白质阻挡了部分光线的作用。

表 2.5　奶油、奶酪在低温保存时受荧光灯照射的影响(过氧化值)

(章建浩，2000)

种类	照度 1 000 lx			照度 3 000 lx			照度 5 000 lx		
	1 d	3 d	5 d	1 d	3 d	5 d	1 d	3 d	5 d
奶油乳	2.52	3.77	6.18	4.80	9.58	12.36	7.89	13.67	25.33
使用蛋白的奶油、奶酪	1.33	1.69	2.43	1.93	3.41	4.72	2.08	4.60	6.57
猪油混合奶油、奶酪	1.89	3.37	4.65	4.12	7.81	11.00	4.94	12.10	17.70

保存温度：10℃，每天荧光灯照射时间为 10 h，使用油脂的 AOM 稳定度：奶油 27 h，猪油 85 h。

因此，对光氧化敏感的食品，必须采用避光包装材料和包装方法。近年来铝箔及其复合包装材料的大量采用，使光线对食品氧化的作用减少了，但为了提高包装食品的透视性以便吸引消费者，大部分食品依然采用透明性包装，故光线对食品氧化变质的影响一直存在着。解决这个问题的方法只能局部或大部分地牺牲包装食品的可视性，采用装潢印刷，制成完全避光的包装材料来保全光氧化敏感食品的风味和品质。

(2)氧气　食品中油脂氧化与氧分压密切相关，当 O_2 浓度降至 2%以下时，氧化速度明显下降，故油脂食品常采用真空或充气包装。

食品油脂氧化还与接触面积和油脂稳定性有关，若食品中油脂稳定性差则极易氧化变质，这时可采用封入脱氧剂的包装方法，使包装内的氧浓度降低到 0.1%以下。

(3)水分　食品中的水分以游离水和化合水两种形式存在。干燥食品其化合水的存在对保护食品质量稳定是非常重要的，过度干燥并失去了化合水的食品，其氧化速度很快；水分活度的增加又会助长水分解而使游离脂肪酸增加，并且会使霉菌和脂肪氧化酶增殖，故应尽可能保持食品的较低水分活度。水分对油脂氧化的影响是复杂的，对油脂食品的包装，一般以严格控制其透湿度为保质措施，即不论包装外部的湿度如何变化，采用的包装材料必须使包装内部的相对湿度保持稳定。

(4)温度　油脂的氧化速度随温度的升高而加快，低温储藏能明显减缓食品中油脂的氧化。

思政案例

确保"舌尖上的安全"！三部门重拳治乱

食品药品安全直接关系人民群众的身体健康和生命安全，19 日，最高人民检察院、国家市场监督管理总局和国家药品监督管理局，联合发布 15 件落实食品药品安全"四个最严"要求专项行动典型案例。

2019 年 9 月至 2020 年 12 月，最高人民检察院、国家市场监督管理总局、国家药品监督管理局联合开展了落实食品药品安全"四个最严"要求专项行动。期间，全国检察机关、市场监管部门、药品监管部门因地制宜，加大协作力度，采取多种有效措施，取得积极成效。

据初步统计，全国市场监管部门查办涉食品安全违法案件 28.48 万件，罚没款 27.25 亿元，吊销食品类行政许可 775 件，移送公安机关 3 346 件；药品监管部门查办药品、化妆品和医疗器械领域违法案件 10.77 万件，罚没款 18.40 亿元，责令停产停业 2 041 家，移送公安机关 1 306 件，完成对全部在产的 37 家疫苗生产企业年度巡查，有力保障流感疫苗等供应；检察机关批准逮捕涉食品药品安全犯罪案件 3 945 件 7 298 人，起诉 8 791 件 17 066 人；建议行政执法机关移送此类刑事案件 1 369 件 1 499 人，监督公安机关立案 731 件 810 人；立案涉食品药品安全公益诉讼案件 35 381 件，办理诉前程序案件 30 800 件，提起公益诉讼 1 683 件。

“我们会继续严守食品药品安全底线，保持打击危害食品药品安全违法犯罪力度不减，狠抓案件查办，完善治理体系，实实在在增强人民群众获得感、幸福感、安全感。”上述相关负责人说。

（人民网 http://finance.people.com.cn/n1/2021/0219/c1004-32031845.html）

2.4　包装食品的货架期

2.4.1　食品货架期的概念

货架期是指食品在贮运过程中，在推荐条件下能够保证食品安全，保持理想的感官、理化和微生物特性，并保留标签上所声明的营养数据的一段时间。

2.4.2　影响食品货架期的因素

有许多因素可以影响食品的货架期，这些因素可以分为内部因素（包括微生物数量、酶类和生化反应等）、外部环境因素（包括温度、相对湿度、pH、压力和辐射等）以及包装材料与包装形式的影响。以上因素都可通过一些反应变化来影响食品的货架期，这些反应变化可以被简单地归纳为以下几类。

1. 微生物的影响

在食品贮藏过程中，一些特定微生物的生长主要依赖于以下一些因素：在食品贮藏的初始阶段，微生物的原始数目；食品的物化性质，比如湿度、pH、食品的外在环境、食品加工过程中使用的处理方法。食品中的微生物主要分为三大类：细菌、霉菌和酵母菌。细菌的最适 pH 范围是 4.0～9.0，酵母菌是 2.5～8.5，霉菌是 1.5～11.0，pH 为 6.5～7.0 是一般微生物的最适生长范围，pH 对食品货架期有直接影响。氧化还原电位主要受环境中氧的影响，如假单胞菌属于严格需氧菌，在无氧条件则无法存活。一些食品包装采用充氮包装，使需要氧气的微生物无法生存。一般嗜氧微生物在氧化还原电位为正时都能生长，而厌氧微生物要求氧化还原电位为负值，通过改变氧化还原电位控制微生物的生长可以延长产品货架期。温度对微生物的生长十分重要，对货架期的影响也很大，不同温度下微生物含量不同，适当提高温度可加快微生物的生长速度。

2. 温度的影响

温度的变化也会导致食品的变质。在处理食品的适度温度范围内，温度每升高 10℃，化学反应速率约可加快 1 倍。过度受热会使蛋白质变性、乳状液破坏、因脱水使食品变干以及破坏维生素。未加控制的低温也会使食品变质，比如引起果蔬的“冻害”。冻结也会导致液体食品的变质，如果将牛奶冻结，乳状液即受到破坏，脂肪就会分离出来。冻结还会使牛乳蛋白质变性而凝固。另外在冻结食品时，温度的波动会使食品内部的冰晶发生变化，从而缩短该食品的保质期。

3. 物理条件的影响

在对食品品质产生影响的物理作用中，水分迁移是一个比较大的影响因素。由于水分的丢失，由它引起的一些变化可以很容易地被观察到。比如，干面包片、饼干等脆性食品会因外界环境的水分迁移而失去它们的脆性。沙拉食品同样可以由于水分从蔬菜到拌料的迁移作用而发生品质改变。冷冻食品贮藏中发生的干耗也是由于在冻结食品时，因食品中水分从表面蒸发，而造成的食品质量减少。在包装食品中，一些渗透变化可以随着时间的延长而导致外界气体和水分渗入包装材料内，从而改变包装内部气体的成分和相对湿度，引起食品的化学变化和微生物变化。另外，包装材料的化学物质也可迁移到食品表面，而引起食品的污染。以上的这些情况都会对食品的货架期产生严重的不良影响，使食品的保质期缩短。

4. 化学条件的影响

许多变质能随着食品内部化学反应的加剧而发生。

(1)脂质氧化　脂肪氧化有不同的方式，自由基和不饱和脂肪酸反应形成酒精、乙醛和游离脂肪酸；脂肪氧化酶催化不饱和脂肪酸和氧气之间的反应；光催化氧化，需要感光物如叶绿素的参与。脂质氧化会产生很多一级、二级产物从而影响食品品质，会导致营养成分和质量的流失以及形成有颜色的褐色物质。

(2)维生素降解　维生素降解的因素有氧气、水、光线、时间、pH 等，不同维生素分解快慢不同，可用以预测货架期。

(3)褐变　褐变是食品中普遍存在的一种变色现象，尤其当新鲜果蔬原料进行加工时或经贮藏或受机械损伤时。没有酶参与的褐变为非酶褐变；有酶在氧气的参与下，将酚类物质转变为有色的多聚体，为酶促褐变。多酚氧化酶和过氧化酶是水果中常见的酶。

5. 包装材料的影响

不同的包装材料其透气性、密封性、透光性、阻湿性等都不同，从而影响产品的货架期。

包装材料按其组成分为以下几类：纸质材料(纸、纸板、瓦楞纸)，合成高分子材料(塑料、橡胶、黏合剂、涂料)，金属材料(钢铁、铝、锡、铅等)，玻璃与陶瓷材料，复合材料，纤维材料，木材，其他材料。其中高分子材料的使用较为普遍。据统计，以人类对材料总需求为 100%，则高分子材料占 60%。根据性能和用途将其分为橡胶、纤维和塑料三大类，其中又以软塑包装较为多见。材料不同，其性能就不同，要根据产品的特性选择合适的包装材料，才能发挥其有效的阻隔作用。不仅如此，包装材料对货架期的影响也与产品所处的环境条件有关，有研究指出在扩散的气体或水分不与阻隔材料发生相互关系的情况下，包装的渗透性与温度呈指数相关。

2.4.3　包装食品货架期的计算

食品从生产到最终消费的过程中，在化学反应和微生物的共同作用下，品质会逐渐发生变化，产生腐败、变质，以及不良气味等现象，直至货架期终点。整个过程会受到温度、水分、气体环境等因素的影响。因此，食品品质变化通常是化学反应与微生物作用的结果，可以通过检测食品初始品质指标，集成所监测的环境历程，实现食品剩余货架期的预测。

货架期预测研究方法主要有 2 种类型。第 1 种是在不考虑食品品质变化过程中所发生的具体化学变化或内在原因的基础上，将食品品质变化过程作为黑盒，仅通过数据相关性分析研究食品所经历的环境历程与食品整体品质变化的关系。第 2 种是选择有代表性的、关键的食品品质指标，基于化学或微生物学的相关原理研究其变化规律，进而研究食品品质的整体变化规律，实现剩余货架期预测。这种指标一般又可以分为 2 类：①指标本身是消费者判断食品品质与货架期终点的关键参考因素，如颜色、气味等感官指标。②与包括感官评价在内的其他品质指标具有同步变化规律的代表性指标，如维生素 C、菌落总数等。

从建模的角度看，基于不同的原理，主要有 5 种方法，如表 2.6 所示。

表 2.6　食品货架期预测主要模型原理及特点

原理	模型	适用指标	特点
化学动力学	一级、二级反应模型	理化指标、菌落总数	形式简单，适用性比较强，通常与方程结合使用，且只考虑温度的影响
微生物生长动力学	一级、二级、三级模型	菌落总数、特定腐败菌	更接近食品品质变化的本质，除温度外，还考虑 pH、水分活度等因素
人工智能	BP 神经网络	多指标综合分析	不依赖于明确的品质变化模型，从而在一定程度上减少系统误差，具有自学习能力
统计学	威布尔危险值分析（WHA）	感官评价	易受评价主观性的影响
基于温度	Q10 模型	理化指标、菌落总数	通常只适用于较小的温度范围

1. 基于化学动力学的食品货架期预测方法

基于化学动力学预测方法的出发点是：食品品质指标的变化大多是由化学反应引起的，其变化速率会受到环境因素的影响，比如温度、湿度、气体环境等。该建模方法最早可以溯源到 1978 年 Labuza 等所提出的“食品品质变化规律通常符合零级或一级反应”。基于该理论，可得波动温度下的食品品质指标变化动力学模型：

$$F(Q)=\int_{Q_0}^{Q}-Q^{-n}\mathrm{d}Q=\int_0^t A\exp[-E_\alpha/(RT(t))]\mathrm{d}t$$

式中：A 为前因子或称为阿伦尼乌斯常数；E_α 为反应活化能，温度变化不大时，可以视为常数，kJ/mol；R 为气体常数，kJ/(mol · K)；T 为绝对温度，K；$F(Q)$ 为品质指标 Q 的函数，最右边式子为时间 t 的函数，结合货架期终点所选指标的检测值，可以实现食品货架期预测。

在实际应用过程中，基于化学动力学的货架期预测建模过程是：第 1 步，设定温度梯度，进行食品恒温存储试验，定期检测相关指标，选择零级或一级反应描述其变化规律。第 2 步，如果拟合效果良好，可以通过对试验数据的回归分析确定对数化 Arrhenius 方程中参数的值。从而获得变温条件下品质变化模型。结合货架期终点品质指标的值，实现对食品剩余货架期的预测。

2. 基于微生物生长动力学的方法

该方法认为食品品质变化主要是由微生物生命活动引起的，因此，可以通过构建合适的模型来描述其生长规律，通过预测食品经历不同环境后微生物的生长状况，实现对剩余货架期的预测。Whiting 等提出将微生物生长动力学模型分为一级模型、二级模型和三级模型(表 2.7)。其中,一级模型通常用于描述一定生长条件下微生物数量变化与时间的关系;二级模型描述环境因子(温度、pH、水分活度等)的变化对一级模型中参数的影响;三级模型主要指建立在一级和二级模型基础上的应用程序软件。下列表中对比分析了主要的微生物生长动力学模型。

表 2.7 食品货架期预测的主要一级、二级和三级模型特点汇总

分类	模型	特点
一级模型	Monod 模型	最早提出的微生物生长动力学模型之一,应用广泛
	修正的 Gompertz 模型	体现了良好的拟合效果,易于使用
	修正的 Logistic 模型	形式简单,在一些三级模型中仍有应用
	Baranyi 模型	适用于变温的情况,当前在一级模型中应用最广
	ROSSO 模型	应用于三级模型中的微生物生长规律描述
二级模型	修正的平方根模型	应用最广的二级模型,有多种修正形式,可以综合分析温度、水分活度、pH 等因素对食品微生物生长的影响
三级模型	Arrhenius 模型	用于分析温度对微生物的影响,适用于温度波动范围较小的情况
	Z 值模型	应用于基于杀菌效果的罐头或其他食品货架期分析
	响应面模型	当影响因素超过 3 个时,会变得很复杂
	Sym'Previus	法国机构研发并维护,是当前比较完备的三级模型数据库
	ComBase SSSP	当前应用最广泛的三级模型,用于水产品腐败和安全预测
	Pathogen Modeling Program	美国农业部开发,可分析多种环境因素对微生物的影响

3. *基于温度的方法*

货架期预测中所采用的基于温度的方法,主要是 Q_{10} 模型和 Z 值模型。Q_{10} 是指温度增加 10℃,物理或化学系统的改变率,应用于食品货架期预测或食品品质变化动力学中,Q_{10} 模型可表示为:

$$F_{k(T)} = F_{k(T_0)} Q_{10}^{(T_0 - T)/10}$$

式中:$F_{k(T)}$ 为 T 温度下食品的货架期,$F_{k(T_0)}$ 表示 T_0 温度下食品的剩余货架期。对不同温度下的试验数据进行回归分析可得 $F_{k(T_0)}$ 和 Q_{10},从而得到一定温度范围内的货架期预测模型。罐头类食品感官品质指标的 Q_{10} 值在 1.5～2 之间,酸败变质的 Q_{10} 值在 1.5～3 之间,褐变反应的 Q_{10} 值在 4～10 之间,对于冷冻水果和蔬菜的质量损失 Q_{10} 值在 20～40 之间。

Q_{10} 模型为经验模型,应用范围比较有限,结合 Arrhenius 方程使用时,反应活化能通常被视为常数,因此一般只能在比较小的温度范围内取得比较理想的预测效果。

4. *BP 神经网络方法*

BP 神经网络是一种人工智能建模方法,由 Rumelhart 等于 1986 年提出,近年来在食品货架期预测领域的应用相对比较广泛。比如,潘治利等应用 BP 神经网络研究了波动温度下速冻水饺有效积温与剩余货架期的关系,验证试验表明,预测效果优于传统动力学的方法。

基于 BP 神经网络的食品货架期预测优势在于：不需要事先确定品质指标变化规律，可以减少系统误差；并且 BP 神经网络的自学习功能可以在应用中不断提高预测模型的准确性，结合信息技术可能会在实际应用中取得更好的发展。但是同时，BP 神经网络的应用也有一定的局限性：一方面 BP 神经网络的应用通常需要对评价数据进行训练，训练时间可能比较长；另一方面，关于隐含层的层数和节点数当前并没有可靠的理论指导，一般基于经验和试验数据分析来确定。

5. 威布尔危险值分析法

威布尔分布（WHA）是一种连续性概率分布。Gacula 等将其应用于食品货架期失效，提出了威布尔危险值分析方法。假设 $t_i(i=1,2,\cdots,n)$ 表示观察到的按时间倒序排列的一系列失效样本，则危险函数为：

$$\lg t=(1/\beta)\lg H+\lg \alpha_1$$

式中：H 表示危害积累率，α_1 表示尺度参数，β 表示形状参数。使用 WHA 模型预测食品货架期需要满足 2 个前提条件，即形状参数与温度不具有相关性，预测货架期与温度的关系符合 Arrhenius 方程中反应速率常数与温度的关系。一般认为 $H=69.3\%$ 时，食品到达货架期终点。

基于 WHA 模型的食品货架期研究通常以感官评价为基础，评价人员的主观性在一定程度上限制了其应用。

思政案例

不可随意更改的保质期

食品保质期是保障食品安全的重要环节，如果食品生产经营者主观故意地更改食品的保质期或生产日期，将对消费者的安全产生不可估量的影响。

2019 年 8 月，上海市松江区市场监督管理局接到举报，反映上海和亦食品有限公司涉嫌篡改产品生产日期。由于举报人无法提供更多更准确的信息，松江区市场监管局组成调查组进行现场摸排，发现企业在相对隐蔽的仓库内通过错时的方式进行生产，生产区域从里面反锁并安装了监控，稍有惊动便可能导致证据的灭失。调查组仔细分析了生产车间厂房平面图，通过实时监控系统掌握当事人的生产时间、人员、规律等情况，制订了完备的调查方案。

2019 年 8 月 7 日上午 8 时，在企业员工开门倾倒垃圾的时刻，执法人员兵分两路，快速出击，在企业的外包装间查见从业人员正在使用抹布和喷码机清洗剂擦拭奶酪熏肠上的生产日期标识：2019/4/17，同时用喷码机进行重新喷码，喷码机字样显示为 2019/08/07A1，两者字体、字号完全一致。松江区市场监管局当日对企业立案调查，查扣违法生产的食品、用于篡改生产日期的喷码机、清洗剂、不干胶贴纸、抹布等违法工具设备，并对现场操作人员进行逐一询问。经查，上海和亦食品有限公司为延长产品销售期限，从 2019 年 8 月 1 日起，对积压的临近保质期以及已经过期的“奶酪熏肠”等产品篡改生产日期，截至案发，共篡改奶酪熏肠 1 487 包，德式经典煎肠 3 757 包，德式图林根煎肠 441 包，德式纽伦堡煎肠 698 包，货值金额 177 081 元，已销售生产日期被篡改的德式经典煎肠 54 包。

案发后，上海和亦食品有限公司对已出厂销售的 54 包德式经典煎肠全部召回。当事人篡改临近保质期及超过保质期食品的生产日期的行为违反了《中华人民共和国食品安全法》第三十四条的规定，松江区市场监管局依据《中华人民共和国食品安全法》第一百二十四条，吊销该企业食品生产许可证，没收违法生产的产品及工具、设备等，并处罚款301万元。

该案系打击篡改保质期违法行为，维护食品安全的典型案例，同时也为其他食品生产企业敲响了警钟，食品安全的红线不能随意践踏。

（新浪网 https://tousu.sina.com.cn/articles/view/68084/）

思考题

1. 分析食品中光氧化发生的原因。
2. 食品的细菌性污染的分类是什么？各类细菌性污染的特征及危害是什么？
3. 分析预包装食品色泽发生改变的原因及控制措施。
4. 分析预包装食品香气成分发生变化的原因及控制措施。
5. 基于化学动力学与基于微生物生长动力学的食品货架期预测方法有何异同？原因是什么？

参考文献

[1]陈晓宇，朱志强，张小栓，等. 食品货架期预测研究进展与趋势. 农业机械学报. 2015，46(8)：192-199.

[2]马桃林. 包装技术. 武汉：武汉测绘大学出版社，1999.

[3]章建浩. 食品包装技术. 北京：中国轻工业出版社，2001.

[4]David Ribet, Pascale Cossart. How bacterial pathogens colonize their hosts and invade deeper tissues. Microbes and Infection, 2015, 17(3): 173-183.

[5]Gordon L. Robertson. Food packaging principles and practice. Taylor & Francis, 2013.

[6]Jorge Barros-Velazquez. Antimicrobial food packaging. Elsevier Academic Press. 2016.

[7]Jung H. Han. Innovations in food packaging. Elsevier Academic Press, 2014.

[8]Lilliana Radoshevich, Pascale Cossart. Listeria monocytogenes: towards a complete picture of its physiology and pathogenesis. Nature Review Microbiology, 2018, 16: 32-46.

[9]Matteo Alessandro Del Nobile, Amalia Conte. Packaging for food preservation. Springer, 2013.

[10]Richard Coles. Food and beverage packaging technology. Wiley-Blackwell, 2011.

[11]Scott A. Morris. Food and package engineering. Wiley-Blackwell, 2011.

[12]Radoshevich L, Cossart P. Listeria monocytogenes: towards a complete picture of its physiology and pathogenesis. Nat Rev Microbiol, 2018, 16: 32-46.

第3章

食品包装材料及包装制品

本章学习目的与要求

1.了解食品包装材料的历史、现状和发展趋势；
2.熟悉常见食品包装材料及制品的性能优缺点；
3.掌握常见食品包装材料的应用范围。

3.1 纸类包装材料及其包装制品

3.1.1 包装性能及质量指标

纸是一种古老而传统的包装材料，自从公元105年中国发明了造纸术以后，纸不仅带来了文化的普及，而且促进了科学技术的发展。

在现代化的包装工业体系中，纸和纸包装容器占有非常重要的地位，纸包装材料占包装材料总量的40%～50%。从发展趋势来看，纸包装材料的用量会越来越大。纸包装材料在包装领域独占鳌头，其有一系列独特的优点：

①加工性能好。纸和纸板折叠性优良，便于成型，适于多种加工方法。

②印刷性能优良。纸和纸板能很好地吸收油墨和涂料，易于印刷，图案、字迹清晰牢固。

③具有一定的机械性能。用纸板制成的包装容器，具有一定的弹性和强度，能有效地保护商品。

④品种多样。纸与纸板的品种有几十种，可以满足不同商品的包装需要，可以根据某些商品的要求设计生产出各式各样的箱型、盒型容器，且加工快捷。

⑤便于复合加工。纸和纸板是复合材料的基材之一，纸和纸板可与塑料薄膜、铝箔等材料复合，成为性能更优良的包装材料。

⑥原料来源广泛，生产工艺较简单，容易形成大批量生产，成本低廉。

⑦无毒、无味，对包装物品不产生污染。

⑧重量较轻，便于运输；可以回收利用，废弃物在自然界中会很快分解，不会造成环境污染。

1. 包装性能

纸类包装材料应用广泛，作为食品包装材料其性能主要体现在以下几方面。

(1)机械性能　纸和纸板具有一定的强度和挺度，机械适应性较好。它的强度大小主要决定于纸的厚度、质量、加工工艺、表面状况及一定的温、湿度条件等。纸和纸板的强度受环境温、湿度的影响明显，空气温度和湿度的变化引起纸和纸板平衡水分的变化，纸和纸板所含水分的不同，使其机械性能和物理性能发生不同程度的变化。因此，在测定纸和纸板的强度等性能指标时必须保持一个相对温、湿度条件。根据国家标准规定，测量纸和纸板性能时的标准大气为温度(23±1)℃、相对湿度(50±2)%RH，测试时偏离标准温、湿度的时间15 min内不应多于1 min。另外，纸还具有折叠性、弹性及撕裂性等，很适合制作成型包装容器或用于裹包。

(2)阻隔性能　纸和纸板主要由多孔性的纤维组成，对水分、气体、光线、油脂等具有一定程度的渗透性，而且其阻隔性受温度和湿度的影响较大。单一的纸类包装材料一般不能用于包装水分、油脂含量较高的食品及阻隔性要求高的食品，但可以通过适当的表面加工来改善其阻隔性能。纸和纸板的阻隔性较差对某些商品的包装是有好处的，如水果包装、袋泡茶包装等。

(3)印刷性能　纸和纸板吸收和黏结油墨的能力较强，印刷性能好，因此包装上常用于提供印刷表面。纸和纸板的印刷性能主要决定于表面平滑度、施胶度、弹性及黏结力等。

(4)加工使用性能　纸和纸板具有良好的加工使用性能。容易实现机械化加工操作，生产工艺成熟；容易加工成具有各种性能的包装容器；容易设计各种功能性结构，如开窗、提手、间壁及设计展示台等，且可折叠处理，采用多种封合方式。另外，纸和纸板还可以方便地在表面进行浸渍、涂布、复合等加工处理，以提供必要的防潮性、防虫性、阻隔性、热封性、强度及物理性能等，扩大其使用范围。

(5)卫生安全性能　单纯的纸是卫生、无毒、无害的，且在自然条件下能够被微生物降解，对环境无污染。但是，由于生产包装纸的原材料受到污染，或在加工处理中纸和纸板中通常会有一些杂质、细菌和某些化学残留物，如清洁剂、涂料、改良剂，从而影响包装食品的安全性。因此，必须根据包装内容物安全要求正确合理地选择各种纸和纸板。

2. 质量指标

纸和纸板由于用途不同，其质量指标也不同。包装所用纸和纸板的质量要求主要包括外观、物理性质、机械性质、光学性质等几方面。

(1)外观　纸的外观质量要求是根据纸的不同用途，对各种外观纸病加以限制或不允许存在，外观纸病是用感官鉴别的。外观纸病的产生原因很多，如原料处理不当，操作掌握欠佳，生产规程不严，包装运输疏忽等。常见的外观纸病如透光点、折子、破洞等，根据等级不同分别规定不允许存在或加以限制。

(2)物理性质

①定量(W)　每平方米纸的重量，单位 g/m^2。用精度 0.001 g 的水平能准确称量出试样重量，然后计算出定量。

②厚度(d)　纸和纸板在两侧压板间规定压力[(100±10) kPa]下直接测量的结果，单位用 mm 或 μm。厚度是影响纸和纸板技术性能的一项关键指标，厚度用厚度测量仪测量。

③紧度(D)　纸的单位体积重，指纸的结实与松弛程度，单位 g/cm^3。

④成纸方向　与造纸机运行方向平行的方向为纵向，与造纸机运行方向垂直的方向为横向。纸与纸板的许多性能都有显著的方向性。如抗拉强度和耐折度，纵向大于横向，撕裂度则横向大于纵向。

⑤纸面　正面指抄纸时与毛毯接触的一面，也称毯面；反面指抄纸时贴向抄纸网的一面，也称网面。纸张的反面由于有铜网纹，比较粗糙，也比较疏松，正面则比较平滑、紧密。

⑥水分　指单位重量的试样在 100～105℃温度烘干至重量不变时所减少的重量与试样原重量的百分比，以百分率表示。

⑦平滑度(s)　指在一定真空度下，一定容积的空气通过受一定压力的试样表面与玻璃面间隙所需要的时间。平滑度是评价包装纸和纸板印刷装潢效果的重要指标，它主要取决于纸页表面纤维与填料的分布状况。测定平滑度通常采用别克式平滑度测定仪测量。

⑧施胶度　表示纸和纸板的抗润湿性能，一般采用墨水划线法，即用标准墨水在纸面上划出由粗到细的线条，不扩散亦不渗透时线条宽度即为施胶度，单位 mm。施胶度对许多包装纸和纸板是一个重要的测试项目，尤其是纸袋纸、牛皮纸、白纸板等。

⑨透气度　单位压差作用下，在单位时间内通过单位面积试样的平均气流量，单位 m^3/s。

(3)机械性质

①抗张性能　包装纸和纸板最重要的机械性能之一，可以用抗张强度、裂断长和伸长率来表示。

抗张强度:纸和纸板单位横截面积所能承受的最大张力,单位 MPa。测量抗张强度的仪器如图 3.1 所示。

裂断长:宽度一致的纸和纸板在自身重量作用下断裂时的长度称为裂断长,单位 m 或 km。

伸长率:指纸和纸板断裂时的伸长对原试样长度的比率,用%表示。伸长率表明纸张的韧性,适当的伸长率对于提高包装适性十分重要,尤其是纸袋纸,伸长率越大,保护性能越好;箱纸板、白纸板的伸长率大有利于压痕和折叠时不破裂。

②破裂强度　又称耐破度,指单位面积纸或纸板所能承受的均匀增大的垂直最大压力,单位 kPa。这是一个综合性能指标,对包装用纸具有特别意义。

③撕裂度　撕裂预先切口的纸和纸板至一定长度时所做的功称为撕裂度,由于撕裂长度是固定的[(43±0.5)mm],因此一般用力来表示撕裂度的大小,单位 mN。它表明纸和纸板的抗撕破能力,是包装纸、箱板纸的重要质量指标。测量撕裂度采用爱利门道夫(Elmendorf)撕裂度仪,如图 3.2 所示。

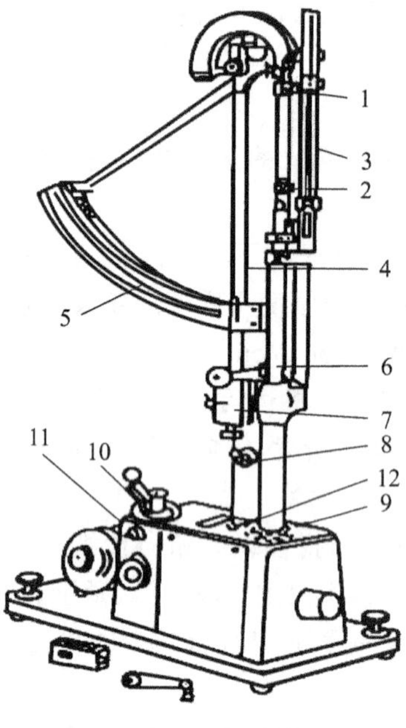

图 3.1　抗张强度测试仪

(王建清,2004)

1. 上试样夹　2. 下试样夹　3. 伸长标尺　4. 摆杆　5. 刻度盘　6. 操作手柄　7. 重铊　8. 开关　9. 传动箱　10. 调速盘　11. 电动机　12. 水准器

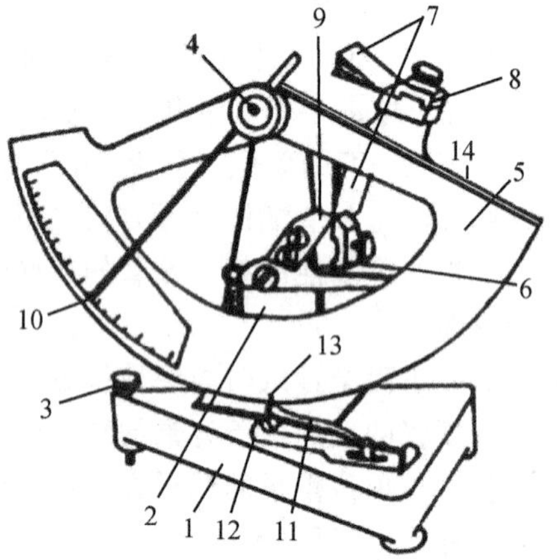

图 3.2　爱利门道夫(Elmendorf)撕裂度仪

(王建清,陈金周,2017)

1. 台座　2. 支梁　3. 水平调节螺栓　4. 摆轴　5. 摆　6. 固定试样夹　7. 试样　8. 移动试样夹　9. 切刀　10. 指针　11. 制动爪　12. 指针棘爪　13. 零点　14. 摆边

④耐折度　在一定张力下将纸或纸板往返折叠,直至折缝断裂为止的双折次数,分为纵向和横向两项,单位为折叠次数。耐折度能直接反映纸和纸板制成包装以后的使用性能,如纸箱、纸盒摇盖的可折叠次数与耐折度关系十分密切。

⑤戳穿强度　在流通过程中,纸或纸板突然受到外部冲击时所能承受的冲击力的强度,单位用冲击能 J 表示。

(4)光学性质

①白度　白色或接近白色的纸或纸板的表面对蓝光的反射率，以相对于蓝光照射氧化镁标准板表面的反射百分率表示。

②透明度　可见光透过纸的程度。在划有墨汁线条的白纸上覆盖若干张试样，以能看清楚线条的最多层数表明其透明度。

3.包装用纸和纸板的种类

造纸的产品可分为纸与纸板两大类，凡定量在225 g/m^2 以下或厚度小于0.1 mm的称为纸；定量在225 g/m^2 以上或厚度大于0.1 mm的称为纸板。但这一划分标准不是很严格。如有些折叠盒纸板、瓦楞原纸的定量虽小于225 g/m^2，通常也称为纸板；有些定量大于225 g/m^2 的纸，如白卡纸、绘图纸等通常也称为纸。

包装纸和纸板的种类繁多，根据加工工艺可分为包装纸、包装纸板、加工纸和纸板等三大类。

(1)包装纸　主要用来制造纸袋、裹包和包装标签等一类纸包装制品的纸张，主要品种有牛皮纸、纸袋纸、铜版纸、鸡皮纸、食品包装纸、中性包装纸等。

(2)包装纸板　普通包装纸板主要用来制造加工成纸盒、瓦楞纸板、纸管、纸桶或其他包装制品，常用的纸板有白纸板、箱纸板、瓦楞原纸、黄纸板等品种。白纸板多用来制造折叠纸盒包装普通商品；箱纸板和瓦楞原纸用来制造瓦楞纸板，最终制成瓦楞纸箱包装产品。

(3)加工纸和纸板　为了增加纸和纸板的包装适性，对纸和纸板进行表面涂布、浸渍、改性、复合及其他加工技术处理后得到的产品称为加工纸或纸板。加工纸主要品种有羊皮纸、玻璃纸、防锈纸、保鲜纸、防油纸、真空镀铝纸；加工纸板包括涂布纸板(单面、双面涂布白纸板、铸涂纸板)、复合纸板(纸/塑复合、纸/铝复合、纸/铝/塑复合)、蜂窝纸板等品种。

3.1.2　包装用纸和纸板

1.包装用纸

包装用纸品种很多，包装食品时必须选择适宜的包装用纸，使其质量指标符合保护被包装食品质量完好的要求。常用食品包装用纸有以下几种：

(1)牛皮纸　牛皮纸(kraft paper)是用针叶木硫酸盐本色浆制成的质地坚韧、强度大、纸面呈黄褐色的高强度包装纸，具有高施胶度。因其坚韧结实似牛皮而得名。定量一般在40～120 g/m^2。

牛皮纸分单面牛皮纸和双面牛皮纸，其中双面光牛皮纸有压光和不压光两种。多为本色纸，色泽为黄褐色。

牛皮纸机械强度高，并富有弹性，抗水性、防潮性和印刷性良好。大量用于食品的销售包装和运输包装。如包装点心、粉末等食品，多采用强度不太大，表面涂树脂等材料的牛皮纸。牛皮纸主要技术指标见表3.1。

(2)羊皮纸　羊皮纸(parchment paper)又称硫酸纸，是用未施胶的高质量化学浆纸，在15～17℃浸入72%硫酸中3 s，待表面纤维胶化后(即纤维交织形态基本消失)，成为半透明乳白色磨砂玻璃状的双面平滑纸张。经洗涤残酸，用碱中和，再用甘油浸渍，使纸形固定。

表 3.1　牛皮纸主要技术指标(GB/T 22865—2008)

指标名称		单位	规定		
			优等品	一等品	合格品
定量		g/m²	40±2.0		
			50±2.5		
			60±3.0		
			70±3.5		
			80±4.0		
			90±4.5		
			100±5.0		
			120±5.0		
耐破度≥	40 g/m²	kPa	135	120	80
	50 g/m²		175	155	110
	60 g/m²		215	190	145
	70 g/m²		255	225	185
	80 g/m²		305	265	225
	90 g/m²		345	305	260
	100 g/m²		390	345	295
	120 g/m²		470	420	360
纵向撕裂度≥	40 g/m²	mN	290	245	135
	50 g/m²		435	380	225
	60 g/m²		580	495	335
	70 g/m²		725	610	450
	80 g/m²		900	705	545
	90 g/m²		1 080	815	650
	100 g/m²		1 220	910	740
	120 g/m²		1 480	1 130	950
吸水性(cobb,60 s)≤		g/m²	30.0		
交货水分		%	8.0±2.0		

羊皮纸是一种变性加工纸,经过处理后,防潮性、气密性、耐油性和机械性能明显提高,适于油性食品、冷冻食品、防氧化食品的防护要求,可以用于乳制品、油脂、糖果、鱼肉、点心、茶叶等食品的包装。食品包装用羊皮纸定量为 45 g/m²、60 g/m²,但应注意羊皮纸的酸性对金属制品的腐蚀作用。食品羊皮纸的主要技术指标见表 3.2。

表 3.2　食品包装用羊皮纸技术指标(GB/T 24696—2009)

指标名称		单位	规定		
			优等品	一等品	合格品
定量		g/m^2	45.0±2.5　60.0±3.0		
抗张指数(纵横平均)　≥		(N·m)/g	54.0	47.0	42.0
耐折度(纵横平均)　≥		次	250	220	200
耐破指数	干　≥	$(kPa·m^2)/g$	4.50	4.00	3.50
	湿　≥		3.00	2.50	2.00
透油度	≤0.25 mm	个/100 cm^2	2		
	>0.25 mm		不应有		
尘埃度	0.2～1.5 mm^2≤	个/m^2	20	30	50
	>1.5 mm^2		不应有		
水抽提液 pH		—	7.0±1.0		
交货水分		%	7.0±2.0		

(3)食品包装纸　根据 QB/T 1014—2010,食品包装纸(food package paper)按用途分为两种类型:

Ⅰ型为糖果包装原纸,原纸为卷筒纸,按订货合同应可生产平板纸。平板纸规格为:787 mm×1 092 mm,或按订货合同规定,卷筒纸规格应按订货合同规定。

Ⅱ型为普通食品包装纸,分双面光和单面光两种,色泽可根据订货合同规定。普通食品包装纸有平板纸,或按订货合同规定生产卷筒纸。平板纸尺寸:889 mm×1 194 mm、787 mm×1 092 mm,其他尺寸和卷筒规格应按订货合同规定。食品接触用纸和纸板材料及制品应符合 GB 4806.8—2016《食品安全国家标准　食品接触用纸和纸板材料及制品》规定,使用的原料不应对人体健康产生危害。纤维原料应以植物纤维原料为主。

普通食品包装纸技术指标如表 3.3 所示。

表 3.3　普通食品包装纸技术指标(QB/T 1014—2010)

指标名称			单位	规定		
				B 等	C 等	D 等
定量			g/m^2	40±2.0 50±2.5 60±3.0		
耐破度	40 g/m^2 50 g/m^2 60 g/m^2	不小于	kPa	80.0 100.0 120.0	70.0 90.0 105.0	50.0 65.0 75.0
断裂长	纵横平均	不小于	km	3.00	2.80	2.50
施胶度	40～50 g/m^2 60 g/m^2	不小于	mm	0.50 0.75		
尘埃度 其中	0.3～2.0 mm^2 2.0～3.0 mm^2 >3.0 mm^2	不多于	个/m^2	160 10 不许有		
交货水分			%	5.0～9.0		

(4)半透明纸　半透明纸(semitransparent paper)是一种柔软的薄型纸,分 A、B、C 3 个等级,定量为 31 g/m²。是用漂白硫酸盐木浆,经长时间的高黏度打浆而制成的双面光纸,具有半透明的光学特性,具有防油、防水和较高的施胶度,但遇水后强度大大降低。

半透明纸可用于土豆片、糕点等脱水食品的包装,也可作为乳制品、糖果等油脂食品包装,另外还可作为卷烟和药品等的包装。半透明纸的技术指标详见(QB/T 2691—2005)。

(5)玻璃纸　玻璃纸(glass paper)又称纤维素薄膜或赛璐玢,是一种高级包装纸。它是以木浆为原料,先用碱处理,然后与 CS_2 反应生成纤维素磺酸钠,将其溶解在稀碱液中成为橙黄色浓稠液黏胶。将黏胶从一条狭缝中喷入凝固液中,得到再生纤维素薄膜,经一系列洗涤、脱硫、漂洗、塑化后得到透明度较高的玻璃纸。

玻璃纸透明性极好,质地柔软,厚薄均匀,有优良的光泽度、印刷性、阻气性、耐油性、耐热性,且不带静电。但是,它的防潮性差,有吸湿性,遇潮后易起皱和粘连,撕裂强度较小,干燥后发脆,不能热封。

玻璃纸是一种透明性最好的包装材料,可见光透过率达 100%,多用于中、高档商品包装,主要用于糖果、糕点、化妆品、药品等商品美化包装,也可用于纸盒的开窗包装。玻璃纸技术指标见表 3.4。

表 3.4　食品包装用玻璃纸的技术指标(GB/T 24695—2009)

指标名称		单位	规定			
定量		g/m²	≤40		>40	
定量偏差			一等品	合格品	一等品	合格品
			±2	±3	±2	±3
厚度横幅差 ≤	平板	μm	4	5	4	5
	卷筒		3	4	3	4
抗涨强度 ≥	纵	N/15mm	20	15	25	20
	横		10	8	15	10
伸长率 ≥	纵	%	7	7	10	8
	横		15	12	20	15
含硫量	≤	%	0.03			
抗黏性	≥	%	70			
交货水分		%	8.0±2.0			
小于 0.5 mm 的气泡	≤	个/m²	0	5	0	5

玻璃纸和其他材料复合,可以改善其性能。为了提供其防潮性,可在普通玻璃纸上涂一层或两层树脂(硝化纤维素、PVDC 等)制成防潮玻璃纸。

(6)涂布纸　涂布纸(coated paper)主要是在纸表面涂布沥青、LDPE、PVDC 乳液、改性蜡等,使纸的性能得到改善。如 PVDC 涂布纸表面非常光滑,无嗅无味,可用于极易受水蒸气损害，特别是需要隔绝氧气的食品包装。此外，还可以涂布防锈剂、防霉剂、防虫剂等制成防锈纸、防霉纸、防虫纸等。

2. 包装用纸板

(1)箱纸板　箱纸板(case board)用来作瓦楞纸板的面层和里层，制成箱后它就是纸箱箱面、箱里，因此要求箱纸板具有较高的耐压、耐折、耐磨、耐戳穿等强度性能和一定的耐水性，纸质坚挺而富有韧性，同时还必须具有良好的外观性能及适印性能。普通箱纸板和牛皮挂面箱纸板分为优等品、一等品和合格品3个等级。箱纸板的技术指标见表3.5。

表3.5　箱纸板的技术指标(GB/T 13024—2016)

指标名称		单位	规定		
			优等品	一等品	合格品
定量		g/m²	90±4　100±5　110±6　125±7 160±8　180±9　200±10　220±10 250±11　280±11　300±12 320±12　340±13　360±14		
横幅定量差≤	幅宽≤1 600 mm	%	6.0	7.5	9.0
	幅宽>1 600 mm		7.0	8.5	10.0
紧度≥	≤220 g/m²	g/m³	0.70	0.68	0.60
	>220 g/m²		0.72	0.70	0.60
耐破指数≥	<125 g/m²	(kPa·m²)/g	3.50	3.10	1.85
	≥125 g/m²，<160 g/m²		3.40	3.00	1.80
	≥160 g/m²，<200 g/m²		3.30	2.85	1.70
	≥200 g/m²，<250 g/m²		3.20	2.75	1.60
	≥250 g/m²，<300 g/m²		3.10	2.65	1.55
	≥300 g/m²		3.00	2.55	1.50
环压指数(横向)≥	<125 g/m²	(N·m)/g	8.50	6.50	5.00
	≥125 g/m²，<160 g/m²		9.00	7.00	5.30
	≥160 g/m²，<200 g/m²		9.50	7.50	5.70
	≥200 g/m²，<250 g/m²		10.0	8.00	6.00
	≥250 g/m²，<300 g/m²		11.0	8.50	6.50
	≥300 g/m²		11.5	9.00	7.00
平滑度(正面)	≥	s	8	5	—
耐折度(横向)	≥	次	60	35	6
吸水性(正/反)	≤	g/m²	35.0/50.0	40.0/100.0	60.0/—
交货水分		%	8.0±2.0	9.0±2.0	
横向短距压缩指数≥	<250 g/m²	(N·m)/g	21.4	19.6	18.2
	≥250 g/m²		17.4	16.4	14.2

(2)瓦楞原纸　瓦楞原纸(corrugating base paper)在生产过程中被压制成瓦楞形状，制成

瓦楞纸板以后它将提供纸板弹性、平压强度，并且影响垂直压缩强度等性能，因此瓦楞原纸必须具有较好的耐破度、耐折度和横向压缩强度等。瓦楞纸在瓦楞纸板中起到了支撑、骨架的作用。因此，提高瓦楞原纸的质量是提高纸箱抗压强度的一个重要方面。

瓦楞原纸是一种低定量的薄纸板，具有一定的耐压、抗拉、耐破、耐折叠的性能。瓦楞原纸按质量分为优等品、一等品、合格品三个等级，优等品又分为三个等级，分别是：AAA 级——瓦楞原纸优等品中的最高等级；AA 级——瓦楞原纸优等品中的第二等级；A——瓦楞原纸优等品中的第三等级。瓦楞原纸的纤维组织应均匀，纸幅间厚薄一致；纸面应平整，不许有影响使用的折子、窟窿、硬杂物等外观纸病；瓦楞原纸切边应整齐，不许有裂口、缺角、毛边等现象；水分应控制在 8%～12%，如果水分超过 15%，加工时会出现纸身软、挺力差、压不起楞、不吃胶、不黏合等现象。如果水分低于 8%，纸质发脆，压楞时会出现破裂现象。瓦楞原纸的技术指标如表 3.6 所示。

表 3.6　瓦楞原纸的技术指标(GB/T 13023—2008)

指标名称	单位	规定			
		等级	优等品	一等品	合格品
定量（80、90、100、110、120、140、160、180、200）	g/m^2	AAA	（80、90、100、110、120、140、160、180、200）±4%	(80、90、100、110、120、140、160、180、200)±5%	
		AA			
		A			
紧度　≥	g/m^3	AAA	0.55	0.50	0.45
		AA	0.53		
		A	0.50		
横向环压指数 ≤90 g/m^2 90～140 g/m^2 140～180 g/m^2 ≥180 g/m^2	(N·m)/g	AAA	7.5 8.5 10.0 11.5	5.0 5.3 6.3 7.7	3.0 3.5 4.4 5.5
		AA	7.0 7.5 9.0 10.5		
		A	6.5 6.8 7.7 9.2		
平压指数　≥	$(N·m^2)/g$	AAA	1.40	1.00	0.80
		AA	1.30		
		A	1.20		

续表3.6

指标名称	单位	规定			
		等级	优等品	一等品	合格品
纵向断裂长 ≥	km	AAA	5.00	3.75	2.50
		AA	4.50		
		A	4.30		
吸水性 不超过	g/m^3	—	100	—	—
交货水分	%	AAA	8.0±2.0	8.0±2.0	8.0±3.0
		AA			
		A			

(3)白纸板　白纸板(white board)是一种具有2或3层结构的白色挂面纸板,是一种比较高级的包装用纸板,主要用于销售包装。经彩色印刷后制成各种类型的纸盒、箱,起着保护商品、装潢美化商品的促销作用,也可用于制作吊牌、衬板和吸塑包装的底板。

白纸板有单面和双面两种,其结构由面层、芯层、底层组成。单面白纸板面层通常是用漂白的化学木浆制成,表面平整、洁白、光亮;芯层和底层用废纸浆、机械原浆等低级原料制成。双面白纸板底层原料与面层相同,仅芯层原料较差。

为了改善白纸板的表面性能,用于包装的白纸板大多经过涂布加工处理,进一步提高纸板的平滑度、白度和光泽度,使外观柔和细腻,印刷色彩还原性好,获得良好的装潢装饰效果。

(4)加工纸板　加工纸板是为了改善原有纸板的包装性能,对纸板进行再加工的一类纸板。如在纸板表面涂蜡、涂聚乙烯或聚乙烯醇等,处理后纸板的综合包装性能大大提高。

3.1.3　瓦楞纸板

将瓦楞原纸加工成瓦楞形状以后按一定的方式与箱纸板黏合在一起而形成的多层纸板叫作瓦楞纸板。瓦楞波纹宛如一个个连接的小型拱门,相互并列支撑形成类似三角的结构体,既坚固又富弹性,能承受一定重量的压力。瓦楞波纹的形状直接关系到瓦楞纸板的抗压强度及缓冲性能。瓦楞纸板是在1871年由美国工程师爱伯特·琼斯(Albert L. Jones)发明的。当时仅用单楞单面瓦楞纸板作为缓冲材料来包裹易碎的玻璃、陶瓷器皿,保护它们不致碰坏。后经奥利尔·朗(Oliver Long)改进以后才形成类似于现在常用的双面瓦楞纸板,使其不仅具有良好的弹性,而且大大增强了强度与挺度。

1. 瓦楞纸板的楞形分类

瓦楞楞形即瓦楞的形状。一般可分为V形、U形和UV形3种(图3.3)。目前广泛使用的是UV形瓦楞来制造的瓦楞纸板。

U形瓦楞的圆弧半径较大,在弹性限度内,瓦楞吸收能量的能力大,富有弹性,当压力消除后,仍能恢复原状。所以,其缓冲性能好,抗极限压力弱些,黏合剂的施涂面大,容易黏合。但是,黏合剂和纸板较V形瓦楞用量大,成本较高。

V形瓦楞的圆弧半径较小,在加压初期抗压性较好,但超过最高点后即迅速破坏,瓦楞不能恢复到起始形状,所以缓冲性能差。由于V形瓦楞的波峰半径较小且尖,楞顶面与面

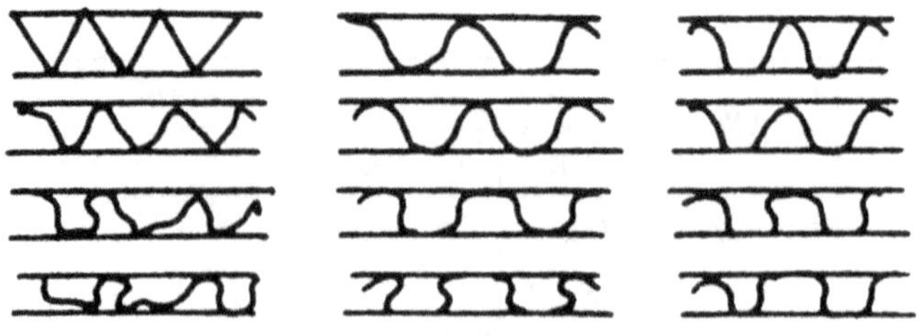

图 3.3 瓦楞的形状

（章建浩，2017）

纸板黏结面窄，故黏合剂用量少，黏结强度低，但纸板用量较 U 形瓦楞少，故成本较 U 形瓦楞低。

UV 形是介于 V 形和 U 形之间的一种楞形，其圆弧半径大于 V 形，小于 U 形，因而兼有二者的优点。它的抗压强度高，弹性好，恢复力强，黏结强度好，所以得到了广泛的应用。

2. 瓦楞纸板的楞型分类

所谓楞型，是指瓦楞的型号种类，即瓦楞的大小、密度与特性的不同分类。同一楞型，其楞形可以不同。按国家标准 GB/T 6544—2008 规定，所有楞型的瓦楞形状均采用 UV 形，瓦楞纸板的楞型有 A、B、C、E 、F、G 6 种。我国瓦楞纸板的楞型标准见表 3.7。

表 3.7 我国瓦楞纸板的楞型标准(GB/T 6544—2008)

楞型	楞高 h/mm	楞数/(个/300 mm)
A	4.5～5.0	34 ±3
C	3.5～4.0	41 ±3
B	2.5～3.0	50 ±4
E	1.1～2.0	93 ±6
F	0.6～0.9	136 ±20
G	0.4～0.55	185 ±22

A 型大瓦楞在单位长度内的瓦楞数量少而瓦楞高度大。瓦楞高而宽，富有弹性，缓冲性好，A 楞纸箱适于包装较轻的物品，一般利用其缓冲保护性包装容易破裂的玻璃制品、水果、玩具、洗衣粉等，另外也用作衬垫隔板。

B 型小瓦楞在单位长度内的瓦楞数量多而瓦楞高度小，瓦楞低而密，使之具有光滑的印刷表面。B 楞纸箱适于包装较重和较硬的物品，多用于罐头等瓶装物品的包装。由于 B 楞坚硬且不易破坏，近年来多用它制造形状复杂的组合箱。

C 型中瓦楞在单位长度内的瓦楞数及瓦楞高度介于 A 型与 B 型之间，性能则接近于 A 楞。既具有良好的缓冲保护性能，又具有一定的刚性，近年来，随着保管及运输费用的上涨，纸板厚度低于 A 楞的 C 楞纸板受到人们的重视。

E 型、F 型和 G 型微小瓦楞在单位长度内的瓦楞数目多，瓦楞高度小，具有平坦的表面和高的平面刚度。用它制造的瓦楞折叠纸盒，比普通纸板缓冲性能好，而且开槽切口美观，表面光滑，可进行较复杂的印刷，大量用于食品销售包装。

国外还使用一种特大形瓦楞，称为 K 型瓦楞，楞高 7 mm，具有良好的缓冲和耐冲击、耐捆扎性能，尤其适合制作箱衬隔板。

3. 瓦楞纸板的种类

瓦楞纸板按其材料的组成可分为以下几种(图3.4)：

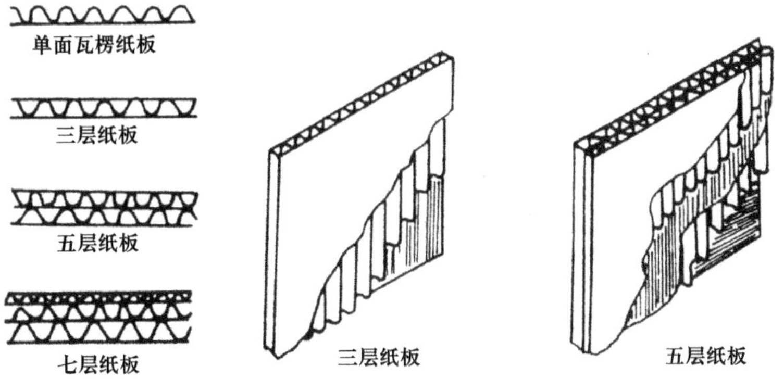

图3.4 瓦楞纸板的种类

(1)单面瓦楞纸板 单面瓦楞纸板仅在瓦楞芯纸的一侧贴有面纸,一般不用于制作瓦楞纸箱,而是作为缓冲材料和固定材料。一般用作玻璃、陶瓷器皿的缓冲保护性包装。

(2)单楞双面(三层)瓦楞纸板 单楞双面(三层)瓦楞纸板是由一层瓦楞芯纸和两层面纸贴合在一起而形成的瓦楞纸板,故亦称三层瓦楞纸板。它适合于做内箱、展销包装和一般运输包装。

(3)双楞双面(五层)瓦楞纸板 双楞双面(五层)瓦楞纸板由两层瓦楞芯纸、一层夹层和两层面纸组成,中央层可以用纸板,也可以用瓦楞原纸和质量、定量较低的薄纸板。在结构上,可以采用各种楞型的组合形式,如AB、BC、AC、AA等结构。组合形式不同,其性能也各不相同,一般外层用抗戳穿能力好的楞型,而内层用抗压强度高的楞型。一般用它来制作包装较重、体积较大的物品的纸箱,主要用于运输包装,其特点是强度高、能承担重物的各向作用力。

(4)三楞双面(七层)瓦楞纸板 三楞双面(七层)瓦楞纸板是由三层芯纸、二层夹层和二层面纸贴合而形成的瓦楞纸板,在结构上也可以采用A、B、C、E、F、G各种楞型的组合,常用AAB、AAC、CCB、BAE结构。其强度比双瓦楞纸板又要强一些,可以用来包装重物品以代替木箱,一般与托盘或集装箱配合使用。

4. 瓦楞纸板技术标准

用于制造瓦楞纸箱的瓦楞纸板技术指标可参照(GB/T 6544—2008)有关规定。我国将瓦楞纸板分为单瓦楞、双瓦楞和三瓦楞三大类。其中单瓦楞、双瓦楞纸板根据使用的原纸质量与定量不同,分为两个等级五个种类,三瓦楞纸板分为两个等级四个种类,共28种瓦楞纸板。瓦楞纸板的技术指标见表3.8。

3.1.4 纸包装制品

纸包装制品种类繁多,用途广泛,既可以用于销售包装,又可以用于运输包装,主要有瓦楞纸箱、纸盒、纸杯、纸罐、纸制托盘、纸浆模塑制品等。随着包装容器环保要求越来越高,新的纸包装制品不断出现。

表 3.8 瓦楞纸板的技术指标(GB/T 6544—2008)

代号	瓦楞纸板最小综合定量/(g/m²)	优等品			合格品		
		类级代号	耐破强度(不低于)/kPa	边压强度(不低于)/(kN/m)	类级代号	耐破强度(不低于)/kPa	边压强度(不低于)/(kN/m)
S	250	S-1.1	650	3.00	S-2.1	450	2.00
	320	S-1.2	800	3.50	S-2.2	600	2.50
	360	S-1.3	1 000	4.50	S-2.3	750	3.00
	420	S-1.4	1 150	5.50	S-2.4	850	3.50
	500	S-1.5	1 500	6.50	S-2.5	1 000	4.50
D	375	D-1.1	800	4.50	D-2.1	600	2.80
	450	D-1.2	1 100	5.00	D-2.2	800	3.20
	560	D-1.3	1 380	7.00	D-2.3	1 100	4.50
	640	D-1.4	1 700	8.00	D-2.4	1 200	6.00
	700	D-1.5	1 900	9.00	D-2.5	1 300	6.50
T	640	T-1.1	1 800	8.00	T-2.1	1 300	5.00
	720	T-1.2	2 000	10.00	T-2.2	1 500	6.00
	820	T-1.3	2 200	13.00	T-2.3	1 600	8.00
	1 000	T-1.4	2 500	15.50	T-2.4	1 900	10.0

S. 单瓦楞纸板;D. 双瓦楞纸板;T. 三瓦楞纸板;各类级的耐破强度和边压强度可根据流通环境或客户的要求任选一项。

1. 瓦楞纸箱

瓦楞纸箱由瓦楞纸板制作而成,是一种应用最广的包装制品,它以质量轻、价格低、对商品保护功能全等特点与优势,在包装领域占有十分重要的地位。

(1)瓦楞纸箱的特性　与传统的运输包装相比,瓦楞纸箱有如下特点:

①轻便、牢固、缓冲性能好。瓦楞纸板是空心结构,用最少的材料构成刚性较大的箱体,故轻便、牢固。纸板结构中 60%～70%的体积是空的,故具有良好的减震性能。

②原料充足,成本低。生产瓦楞纸板的原料很多,边角木料、竹、麦草、芦苇等均可。故其成本较低,价格仅为同体积木箱的一半左右。

③加工简便。瓦楞纸箱的生产可实现高度的机械化和自动化;用于产品的包装操作也可实现机械化和自动化;同时便于装卸、搬运和堆码。

④储运使用方便。空箱可折叠或平铺展开运输和存放,节省运输工具和库房的有效空间,提高其使用效率。

⑤使用范围广。瓦楞纸箱包装物品范围广,与各种覆盖物和防潮材料结合制造,更加拓展了其使用范围,如防潮瓦楞纸箱可包装水果、蔬菜;加塑料薄膜覆盖的可包装易吸潮食品;使用塑料薄膜衬套,在箱中可形成密封包装,以包装液体、半液体食品等。

⑥易于印刷装潢。瓦楞纸板有良好的吸墨能力，印刷装潢效果好。

(2)纸箱箱型结构的基本形式　瓦楞纸箱有各种规格与型号，国外对瓦楞纸箱分类方法较多，国际上比较通用的是按国际纸箱规程来分类，即由 ASSCO 和 EFECO 提出、经国际瓦楞纸板协会(International Corrugated Case Association)批准的纸箱分类办法规定将纸箱分成如表 3.9 所示的 6 类基本箱型，另外还有 09××类，包括 44 种箱内隔衬附件。

2008 年发布的我国纸箱新标准中，纸箱分类部分主要参照国际纸箱规程的相关内容，采纳了其中的十种纸箱型号(0201、0202、0203、0204、0205、0206、0310、0325、0402 和 0406)及 09××类隔板衬垫等内容。

表 3.9　瓦楞纸箱基本箱型及其主要特征

(王建清，陈金周，2017)

基本箱型	主要特征	箱型代号与结构实例	
02××	摇盖纸箱，由一片瓦楞纸板加工而成，经钉、粘或胶带接合成箱后可折叠	0201	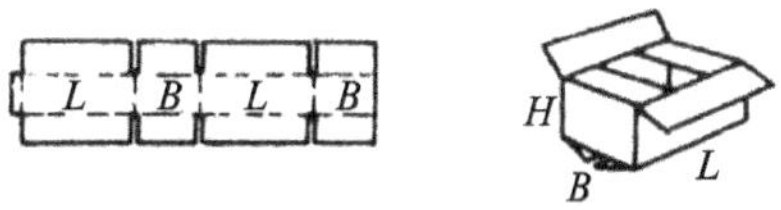
03××	由 2 片或 3 片瓦楞纸板加工而成，一般制成上、下 2 部分或上盖、箱体、箱底 3 部分，每部分钉接或黏结成型后套插成箱，故称天地盖纸箱；成箱后一般不能折叠	0312	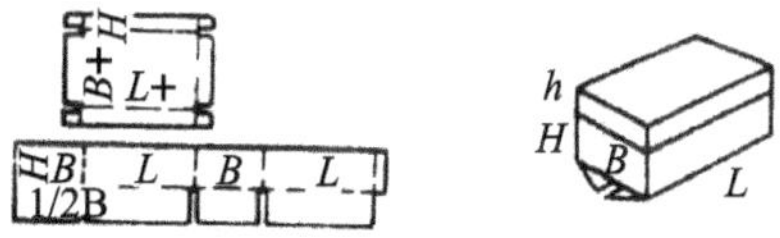
04××	通常由 1 片瓦楞纸板制成，无须钉接、黏结成箱。使用时先包装商品，折叠后用打包带捆扎即成包装件，适合于在自动生产线上包装成件、成块的商品	0443	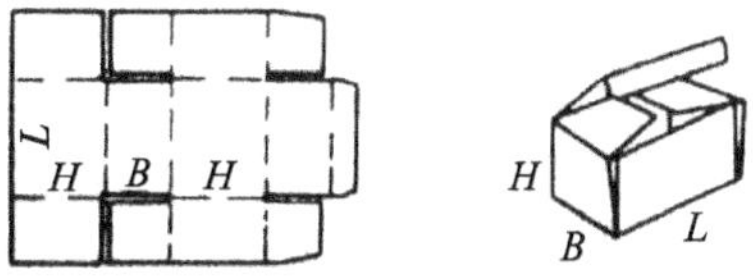
05××	由 1 片或 2 片瓦楞纸板加工成箱体或套盖，然后组成包装箱	0511	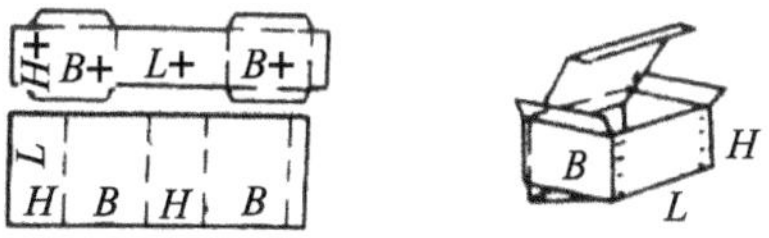
06××	一般由 3 片瓦楞纸板制成，一片制成箱体，另两片作为箱的两端板使用；成箱时大都采用普通钉或纸箱钉钉接。用胶合板、木板或纤维板取代两端瓦楞纸板制得的组合箱，具有较全部用瓦楞纸板制造的纸箱高得多的抗压强度	0601	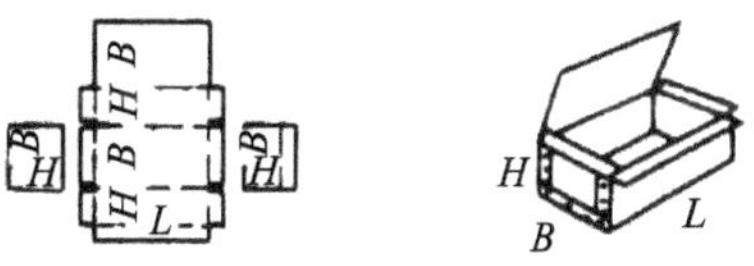
07××	由 1 片瓦楞纸板加工而成，然后大多用胶黏结成箱。通过在箱体四周开孔，可用于超市销售的蔬菜、水果等包装	0748	

(3)纸箱箱面印刷设计　纸箱印刷内容要求简洁明了，对于运输包装，印上图文标志，利于储存、运输过程中识别，美化是次要的，甚至是不必要的；只有销售包装，印刷能起到一定的装饰美化作用。

瓦楞纸箱要求印刷的内容有商品标志和储运标志，如果内装物易燃、易爆、腐蚀或有毒，还须印上危险品标志。

商品标志是表示商品属性和外形尺寸的一类标志，主要由 14 项内容组成，包括商品分类图示号、供货号、货号、品名规格、内装物量、重量(净重与毛重)、体积、生产日期、生产工厂、有效期限、收货地点和单位、发货单位、运输号码、发送件数等。其中有些是必须在箱面印刷的，有些内容根据商品的特点不需要印刷，有的则是在商品包装后，用喷墨印刷机或其他方式补印。商品分类标志一般应设计在纸箱端面左上角位置。我国将商品分为 12 类，它们的类别及主体印刷颜色要求如表 3.10 所示。

表 3.10　商品类别与印刷颜色

(王建清，2018)

商品类别	颜色	商品类别	颜色
百货类	红色	医药类	红色
文化用品类	红色	食品类	绿色
五金类	黑色	农副产品类	绿色
交电类	黑色	农药	黑色
化工类	黑色	化肥	黑色
针纺类	黑色	机械	黑色

储运标志反映商品在储存、运输、装卸时须注意的事项，如小心轻放、防潮等，用规定的图形来表示。

危险品标志有易燃、易爆、有毒等 16 种，根据商品的性能，要求用不同的颜色来印刷该标志，以求醒目与引人注意。印有危险品标志的商品一般与其他商品分开储运。

以上各种标志印刷在纸箱正面和侧面的相对位置如图 3.5 所示。

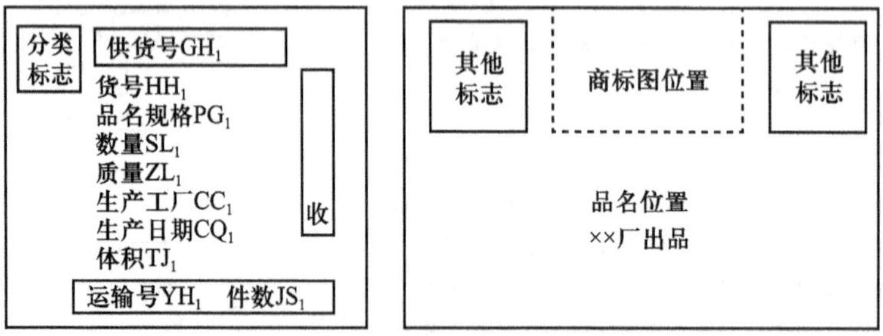

图 3.5　箱面印刷内容及位置

(王建清，2018)

2. 包装纸盒

纸盒是一种中小型销售包装容器，占用空间小、展销陈列方便、印刷装潢效果好，具有展示商品、推销商品、保护商品等作用。纸盒结构变化多；制造容易，可以实现机械化生产；成本低，价格便宜。

近年来，纸盒在食品、医药等物品的包装上发展很快。在目前的食品市场上，不仅有图案色彩艳丽、印刷装潢精美的固体食品盒，还有盛装流体食品的纸盒。

(1)纸盒的种类　纸盒的种类和式样很多,但差别大部分在于结构形式、开口方式和封口方法。通常按制盒方式可分为折叠纸盒和固定纸盒两类。

①折叠纸盒　折叠纸盒是采用纸板折叠成盒,成品可折叠成平板状,打开即成盒形。所用纸板厚度在 0.3～1.1 mm,若小于 0.3 mm,不能达到纸盒的刚度要求,若大于 1.1 mm,则难以得到合格的压痕。

生产折叠纸盒的纸板有白纸板、挂面纸板、双面异色纸板及其他涂布纸板等耐折纸箱板。

常用的折叠纸盒形式有扣盖式、粘接式、手提式、开窗式等。

折叠纸盒按结构特征又可分为管式折叠纸盒、盘式折叠纸盒和非管非盘式折叠纸盒 3 类。

管式折叠纸盒由一页纸板折叠,边缝接头通过粘接,盒盖和盒底都必须采用摇翼折叠、组装固定或封口的一类纸盒。管式折叠纸盒应用广泛,可以作为瓶装食品、药品的外包装。图 3.6 所示为管式折叠纸盒的一种。

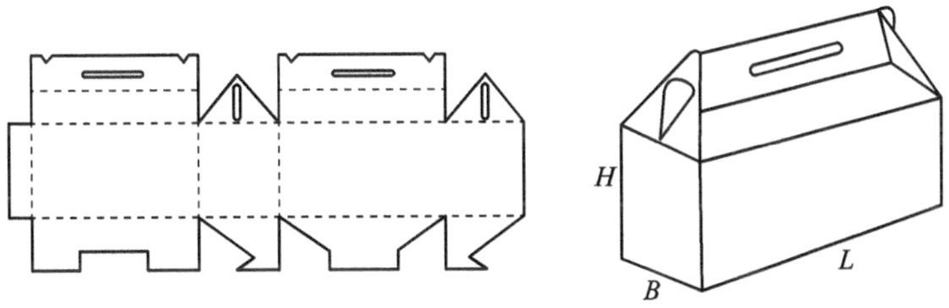

图 3.6　管式折叠纸盒

盘式折叠纸盒由一页纸板四边以直角或斜角折叠成主要盒型,有时在角隅处进行锁合或黏合,如果需要,这个盒形的一个侧面可以延伸组成盒盖。盘式折叠纸盒盒盖位置在最大面积盒面上,负载面较大,同时开启后观察内装物的面积也大,有利于消费者挑选和购买,适合于包装食品、鞋帽、服装和礼品。图 3.7 所示为盘式折叠纸盒的一种。

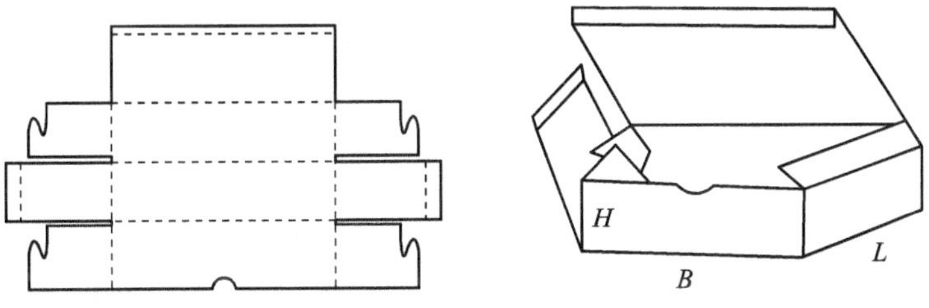

图 3.7　盘式折叠纸盒

非管非盘式折叠纸盒既不是单纯由盒板绕一根轴线旋转成型的,也不是单纯由四周侧板呈直角或斜角折叠成型,而是除了具有管式或盘式成型特点之外,还有自己独特的成型特点。

②固定纸盒　固定纸盒又称粘贴纸盒,它的结构、形状、尺寸、占有空间等在制盒时已被确定下来,在储运过程中也不改变原有形状和尺寸,其强度和刚性较折叠纸盒高。

固定纸盒结构挺度好,易于开启,货架陈列方便,但制作较麻烦,占据空间大,成本较高。

制造固定纸盒的基材主要选用挺度较高的非耐折纸板,如各种草板纸、刚性纸板以及食品包装用双面异色纸板等。内衬选用白纸或白细瓦楞纸、塑胶、海绵等。贴面材料包括铜版纸、蜡光纸、彩色纸、仿革纸以及布、绢、革和金属箔等。盒角可以采用涂胶纸带加固、钉合等方式进行固定。

(2)纸盒的选用　包装对纸盒的要求因素很多，如食品的形态、形状，包装的具体要求，商品展示陈列效果等，很难提出具体的选用原则。一般来说，对于诸如饼干、糕点等易碎食品，又不易从盒的狭窄面放入或取出，应选用盘式折叠纸盒；对于重量较大的瓶装食品，一般采用锁底式管式折叠纸盒；对于保健品、生日蛋糕等带有装饰美感的食品，应选用透明开窗纸盒。

3. 纸浆模塑制品

纸浆模塑制品简称纸浆模，它是以废纸为原料，添加部分化学药品，然后根据不同的用途制成各种形状的模型制品，用来作为鸡蛋，水果，精密器件，易破易碎的玻璃、陶瓷制品，工艺品等的包装衬垫；它不仅具有良好的缓冲保护性能，而且通气吸潮性好，对鸡蛋、水果起到一定的保鲜作用。

生产纸浆模技术和设备近些年来发展很快，其基本生产工艺过程有：浆料制备、模塑成型、干燥 3 道工序。

(1)浆料制备　制备浆料时主要采用废纸和纸箱纸盒厂、印刷厂的纸边角余料为原料，将它们用水力碎浆机碎解成浆后，筛除杂质，加入适当胶料，以提高纸浆模的耐水性能。施胶一般采用成本较低的松香胶，加入量为纸浆重量的 1.3%～3.0%，然后用 10%的硫酸铝溶液将松香胶沉淀在纤维上。最后配置成浓度 0.5%～1.5%的浆料。

(2)模塑成型　与生产纸盒一样，生产纸浆模的关键设备是模具，它必须制成与被包装商品外形轮廓相似，或与被缓冲保护部位相配套的形状。由于形状复杂不易整体加工，故大都采用条状、小块加工后再拼装成模板。模板应选用耐腐蚀性能优良的材料如铜、合金钢、玻璃钢等制成。沿模板厚度方向开有滤水小孔，然后在其表面铺上一层铜网或其他滤网，要求网面与模板不规则表面紧密贴合在一起，这样模具就制好了，俗称阴模。模塑成型是通过出滤网上纸浆中的水分而在网面形成纤维层，最后经压实脱水，干燥成型。根据强迫脱水的方式不同，模塑成型分为真空成型法和压缩成型法。

(3)干燥　纸浆模的干燥方法有自然干燥法、干燥室干燥法和烘道连续式干燥法。自然干燥时是将湿纸浆模放在网状托盘内，然后放在太阳下晾晒，或放在专门场地里让水分自然蒸发干燥，时间长，但干燥均一性好，很少发生翘曲。

干燥室和烘道干燥能提高生产速度，但由于受热不均匀和制品厚度相差甚大，故在干燥过程中很容易发生翘曲变形，如有条件，最好能在模型装置贴压下干燥定型，并控制合适的干燥温度曲线。

4. 其他包装纸器

(1)纸袋　纸袋是至少由一端封合的单层或多层扁平管状纸包装制品，生产纸袋的纸张根据包装商品的质量、重量及用途不同，可选用牛皮纸、纸袋纸、涂布胶印纸、普通包装纸等。作为一种软包装容器，用途广泛，种类繁多。广泛用于粉末、粒料和不规则散状物品的销售和运输包装。

按纸袋形状可以分为以下几类：

①信封式纸袋　它开口和折盖均在具有较大尺寸的侧面上，底部不形成平面，常用于包装粉状商品、文件资料等。

②立式纸袋　此种纸袋通常袋底呈长方形，袋口容易开启，开启后可直立放置，以便产品的装填。由单层、两层或三层材料制成，各层材料有时相同，有时不同。此种纸袋可以印刷精美图案，制袋成本较低，可用于包装糖果、面粉、点心、咖啡等产品。最大的缺点是袋上折痕太多，常会影响其强度。

③便携式纸袋　一般用牛皮纸或复合纸制作，比较结实，在袋口处有加强边，并配有提手，以利于携带。常用于礼品包装。

④M 形折式纸袋子　它的侧边折痕呈 M 形，使用时，纸袋能扩张成长方形截面，一般具有较大的容积。

⑤阀门纸袋　它的周围均封闭，在其中一端装一阀门，物料即由阀门处充填进袋，在袋内物品压力下关闭阀门。常用于颗粒物品包装。

纸袋的封口方式主要有：缝制封口、黏胶带封口、绳子捆扎封口、金属条开关扣式封口、热封合等方式。

(2)复合纸杯　复合纸杯是一种纸质小型包装容器，具有轻便、卫生、价廉、便于废弃处理的特点。它是以纸为基材的复合材料经卷绕并与纸胶合而成的。纸杯通常是口大底小，可以一只只套叠起来，便于取用、装填和储存。

制杯是在制杯机上完成的。制杯用的原材料是专用纸杯材料，复合纸杯杯身用的是片材，杯底用的是卷材，二者材质相同。杯身片材经压花印刷从制杯机的供纸系统输入，并卷成筒体贴合成型。杯底用的卷材经过冲切拉伸系统后成型，最后两部分套合、黏结，杯口卷边、杯底翻边制成最终产品而完成整个制杯过程。

纸杯应用广泛，主要用于食品行业，可以作为饭店、饮料店、宾馆、飞机、轮船等的一次性使用容器，用于盛装乳制品、果酱、饮料、冰激凌及快餐面等食品。采用不同的材料结构可制成热饮杯、冷饮杯及冰激凌杯等。表 3.11 为几种材质纸杯的应用。

表 3.11　几种常见纸杯的应用

(王建清，2004)

纸杯类型	适用食品
纸、Al/纸、纸/Al、纸/Al/PE	快餐类
蜡/纸、纸/蜡、蜡/纸/PE	冰激凌、冷饮料、乳制品
PE/纸/PE、纸/PE、皱纹纸/纸/PE	热饮料、乳制品、快餐类

(3)蜂窝纸板　蜂窝是一种用有限材料制造出的体积最大、强度最高的优化结构，利用仿生学原理，20 世纪 40 年代人们开发出铝质蜂窝板，用于制造飞机机翼和机体，既减轻了飞机自身重量，又提高了强度。不久这一技术转移到民用领域，铝板由箱纸板、瓦楞原纸等替代，生产出蜂窝纸板，以高强度、高挺度、承重大、弹性好等特点广泛用于包装、家具、建筑墙板和门等领域。蜂窝纸板在包装上主要用于制作重型包装箱、托盘、缓冲衬垫等。

蜂窝纸板是由六面体蜂窝芯结构与面纸贴合后形成的，它的强度性能不仅与面纸和芯纸所用原料的特性有关，而且在较大程度上取决于蜂窝芯的结构，图 3.8 为蜂窝纸板的基本结构，其中蜂窝直径 d 是用正六边形内切圆直径来表示的。

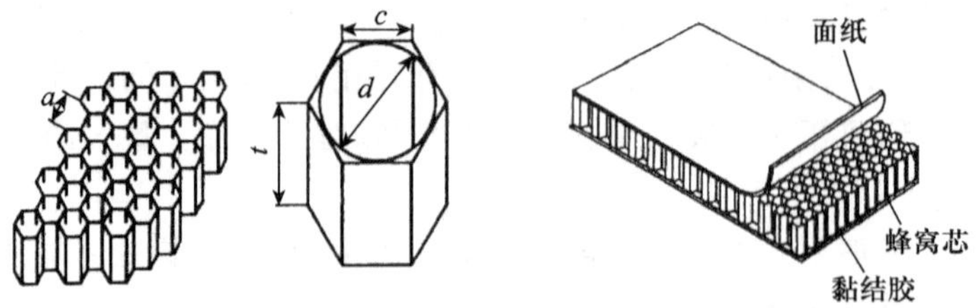

a——蜂窝孔间距　c—蜂窝边长　d—蜂窝直径　t—蜂窝高度

图 3.8　蜂窝纸板的基本结构

（王建清，2018）

思政案例

玖龙纸业董事长张茵——从"废品女皇"到中国女首富

张茵，玖龙造纸有限公司董事长，2007 年《福布斯》全球亿万富豪排行榜 390 位，身价 770 亿元，成为中国第一位女首富，也是世界上最富有的女白手起家者。

1985 年，27 岁的张茵放弃了深圳一个待遇优厚的合资企业的财会工作，带了 3 万元钱只身到香港闯荡，在香港做废纸回收贸易。1988 年张茵在广东东莞建立了自己的独资工厂。

当时造纸业有一个约定俗成的做法，往纸里面掺杂质、掺水，这样可以赚更多钱。张茵为了保证品质，她率先降低废纸中的杂质和水分，但这一做法招致了同行的不满。当时的商业环境非常恶劣，吓怕了的下级老板们纷纷倒戈，投靠了对方，张茵一时间"被架空"。张茵只好一个个地跑、一家家地问，终于凭着真诚和耐心，收回了昔日合作伙伴的心。因为坚持公道和诚实经营，张茵迅速在香港市场占据了一席之地，成了香港最大的废纸出口商。

为了寻求更大的发展，张茵和丈夫毅然将事业的重心迁往美国。在异国他乡，张茵靠着诚信这一亘古不变的商业法则，逐渐消除了美国人的狐疑，让美国人收起了傲慢和偏见。2001 年，中南控股跃居美国废纸出口行业之首，龙头地位至今无人撼动，美国媒体称之为"废纸大王"。张茵坚信，诚信是不分国度的，诚信才是商业的根本。

1995 年，张茵在广东东莞投资 1.1 亿美元成立玖龙纸业，生产牛卡纸，目前为中国最大的箱板原纸产品生产商，也是全球最大的箱板原纸产品生产商之一。2006 年 3 月玖龙纸业香港上市，张茵以财富 270 亿居胡润百富榜第 1 名。

从玖龙纸业董事长张茵白手起家的故事，可看出，只有以诚信为本，才能取信于人，在未来的领域中取得长足的发展。

3.2　塑料包装材料及其包装制品

塑料是食品包装的四大支柱材料之一。通常所用的塑料并不是单一成分，它是以合成树脂为主要原料，加入适量的稳定剂、增塑剂、抗氧化剂、着色剂、填充剂和抗老化剂等助剂制成的一种高分子材料。

塑料目前是应用最为广泛的包装材料之一，其中塑料袋由于价格便宜、方便使用等优点，一直以来深受喜爱，它逐步取代玻璃和金属等传统的包装材料，成为食品销售包装最主要的包装材料。但塑料袋过度使用所引发的环境污染问题，也越来越受到人们的关注。

3.2.1　塑料的组成

塑料是以高分子聚合物——树脂为基本成分，加入一些改善其性能的各种添加剂制成的高分子材料。

1. 高分子聚合物塑料的基本知识

(1)高分子聚合物的基本概念　高分子聚合物简称高聚物，可从以下两层意思上来理解：

一是高分子是指它的相对分子质量在 $10^4 \sim 10^6$ 以上，所含的原子数可以高达几百万个。由于高分子聚合物由巨大的分子组成，且大分子又有特殊的结构，从而使高分子聚合物具有一系列低分子化合物所不具有的特殊性能，如化学惰性、难溶、强韧性好等。

二是虽然它相对分子质量很大，但它的化学组成却并不复杂，通常由 C、H、O、N 等构成，往往是由一种或几种简单的化合物(单体)以某种形式重复而形成聚合体。

链节：高分子聚合物大分子是由一些基本的单元结构重复连接而成的，该单元结构称为链节。

聚合度：大分子重复链节的数目。

从上述定义我们如果已知链节的分子量和聚合度，可以得出大分子的相对分子质量。

$$M=mn$$

式中：M 为大分子的相对分子质量；m 为链节的相对分子质量；n 为大分子的聚合度。

同一种高分子聚合物中，各分子所含链节的数目是不同的。因此，高分子聚合物的聚合度和相对分子质量是指其平均聚合度和平均相对分子质量。

(2)高分子聚合物的结构和构象

①大分子之间的作用力　大分子之间的作用力由主价力和次价力组成。组成高分子聚合物的大分子是原子在共价键的作用下连接而成的，形成的结合力较强，称为主价力。次价力是分子之间的作用力，如氢键力、范德华力等。

②大分子形状　高分子聚合物长链分子可以按几何形状分为 3 种(图 3.9)。

a. 直链线型大分子　b. 线型支链大分子　c. 体型大分子

图 3.9　高分子聚合物大分子结构形态示意图

(章建浩，2017)

线型大分子：由许多链节形成一个长链，长链上可以有支链，长链之间靠物理吸引，相互结合。分子直径与长度比达 1∶1 000 以上，通常卷曲成不规则的团状。

具有线性结构的高聚物有较好的弹性和塑性，在某些溶剂中溶胀或熔解，温升时易于流动。如热塑性塑料 PP、PE。

体型大分子：大分子之间以强化学键相互交联，形成网状结构。

特点：具有体型分子的高聚物硬而脆，不溶不熔。一些热固性塑料即属此种。

③高聚物构象　高分子聚合物与低分子化合物之间还有一个重要的区别：高分子聚合物

有特殊的构象，高分子聚合物大分子链中的单键可以绕着它邻近的键按一定的键角做旋转运动，这称为内旋转，见图 3.10。它是一种热运动，运动速度很高，细长的大分子时而收缩，时而舒张，因而形成大分子不同的异构体，见图 3.11。这种大分子构象的瞬息变化使大分子具有很好的柔顺性，在宏观方面表现出很好的柔韧性和弹性。

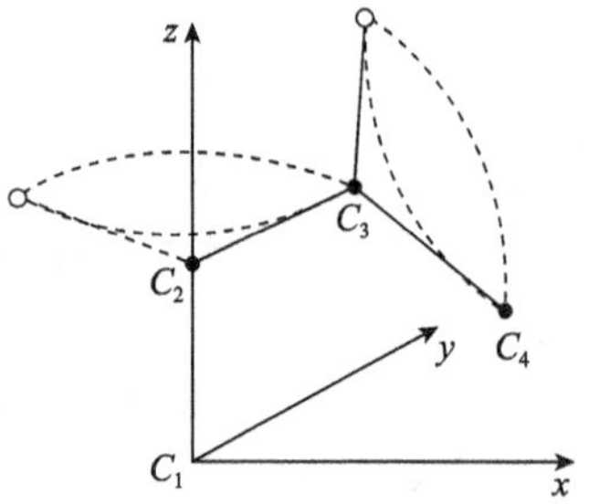

图 3.10　单键内旋转运动示意图

（章建浩，2017）

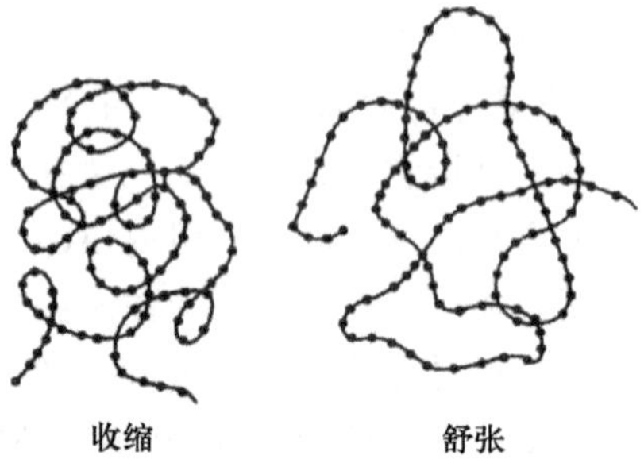

图 3.11　大分子构象模型

（章建浩，2017）

(3)高分子聚合物大分子间的结合及聚集态

①结合　大分子之间是靠范德华力和氢键结合而构成物体。这两种结合力在这里称为次价力。

单个的次价力与其主价力相比很小，只相当于它 1%～10%，但链很长，次价力的总和力要远远超过主价力。

聚合度越大，分子的结合力越大，相互结合得越紧密。所以，高分子聚合物比低分子的有高得多的强度和化学稳定性。

②大分子的聚集结构及其对高分子聚合物性能的影响　大分子的聚集态按分子排列是否有序而分为两类：

一类无定型聚合物，大分子在空间以杂乱无序的形式聚集而构成聚合物；二类结晶型聚合物，大分子有规则地排列而构成聚合物。

结晶型聚合物内的大分子并非全都规则地排列，只有部分区域规则地排列（图 3.12）。该区域则为晶区。晶区的重量与聚合物的总体重量百分比称为聚合物的结晶度。结晶度高，聚合物的强度、硬度、熔点、化学稳定性、阻透性升高，聚合物的弹性、塑性、冲击强度降低。在工厂中，可以通过外力拉伸使高分子聚合物沿着拉伸方向定向排列而提高聚合物的结晶度，从而提高聚合物的性质（图 3.13）。

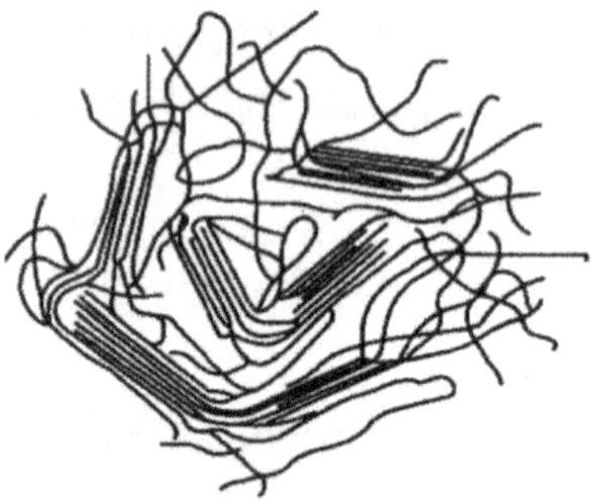

图 3.12　高分子聚合物晶区示意图

（章建浩，2017）

(4)高分子聚合物的物态及其相应性能　高分子聚合物在不同温度下分别呈现出玻璃态、高弹态、黏流态，各种物态分别具有一定的特性。高分子聚合物的结构不同其物态也不同。其关系用温度-形变曲线来表示。

①线型无定型高分子聚合物　在恒定的应力下，随着温度升高，它出现 3 种物态，见图 3.14。

玻璃态：温度低于玻璃化温度 T_g，它是聚合物作为塑料时的使用状态。这时聚合物的形变小，而且随外力的消失而消失，呈现刚硬的固体状态。T_b 通常称为脆化点。高弹态：温度介

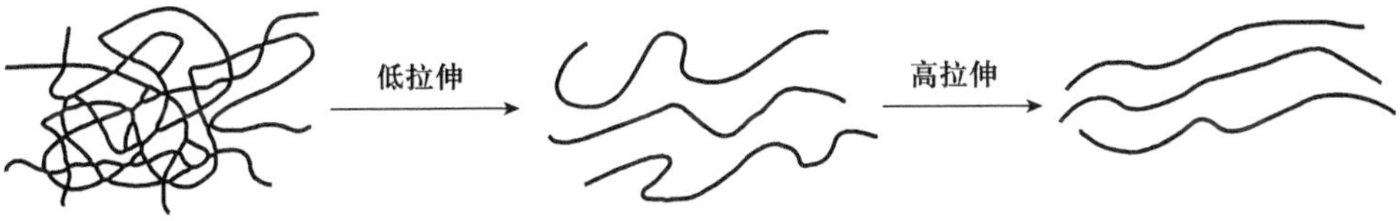

图 3.13　拉伸使高分子聚合物定向排列示意图

（章建浩，2017）

于 T_g 和黏流温度 T_m 之间，大分子的热运动加剧，聚合物变成有极高弹性的物体，弹性变形可达原长的 510 倍。室温下的橡胶即位于此种状态下。黏流态：温度介于 T_m 和分解温度 T_d 之间，分子动能增加到大分子之间可以相互滑动的状态而使高分子聚合物变成可流动的黏稠液体，是聚合物成型加工的物态，如流动树脂。温度超过分解温度 T_d 时，大分子共价键破坏而导致高分子聚合物的分解。因此，使用温度：T_g 以下；加工温度：$T_m \sim T_d$。

②线型结晶型高分子聚合物　图 3.15 为线型结晶型高分子聚合物的温度-形变曲线，由图可见，它只有结晶态和黏聚合物温度-形变曲线流态，因为大分子热运动的加剧不足以克服结晶区原子之间的结合力，不能成为具有极高弹性的物体。当大分子不能保持有序排列的结构时，晶区消失而呈现了黏流态。以 T_m 为分界点，高于 T_m，加工，低于 T_m，使用。

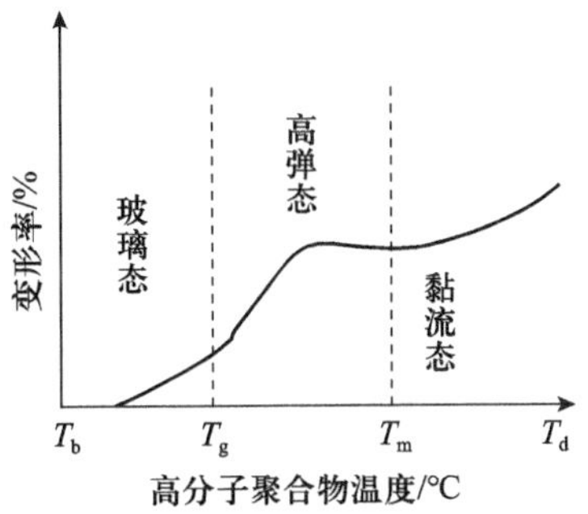

图 3.14　线型无定型高分子聚合物温度-形变曲线

（章建浩，2019）

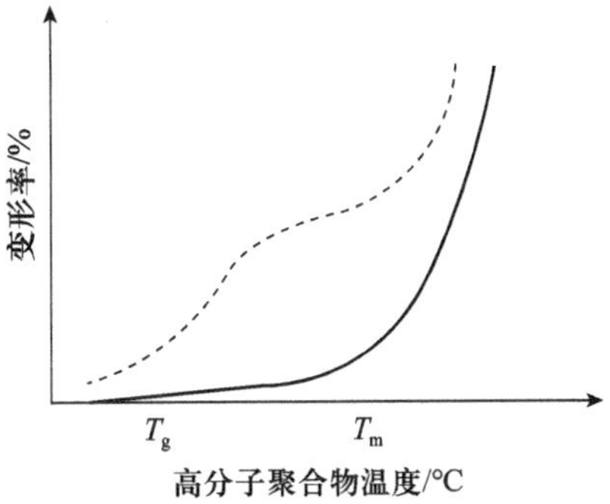

图 3.15　线型结晶型高分子聚合物温度-形变曲线

（章建浩，2019）

③体型高分子聚合物　因为大分子的关联，使大分子束缚而不能产生相对滑动，因此，体型高分子聚合物没有高弹态和黏流态。温度达到一定程度，只有分解。

2. 塑料的组成

塑料是一种以高分子聚合物——树脂为基本成分，再加入用来改善性能的各种添加剂而组成的高分子材料，其中树脂是最基本、最主要的成分，也是决定塑料类型、性能和用途的根本因素。

(1)聚合物的主干——树脂　树脂的种类、性质及在塑料中所占的比例起决定作用。常用树脂分为两类。一类为加聚树脂，如聚乙烯、聚丙烯、聚氯烯、聚乙烯醇、聚苯乙烯等，它们构成食品包装用树脂的主体；另一类为缩聚树脂，在食品包装中较少应用。

(2)聚合物中的添加剂

①增塑剂　提高树脂可塑性和柔软性的添加剂。原理：增塑剂为一些低分子的物质，当聚合物分子间夹有低分子物质后，加大了分子间距，降低其分子作用力，从而增强了大分子柔软

性和相对滑移流动能力。

②稳定剂　它的功能是防止或延缓高分子材料的老化变质，老化的原因主要是氧、光和热，因此稳定剂分为3类：第一类为抗氧剂，其中酚类抗氧剂因其安全无毒，不易污染而被大量应用；第二类为光稳定剂，用于反射或吸收紫外光物质，防止塑料树脂老化，延长其使用寿命；第三类为热稳定剂，可防止塑料在加工和使用过程中因受热而引起降解，是塑料等高分子材料加工中不可缺少的一类助剂，目前应用最多的是聚氯乙烯的热稳定剂。

③填充剂　它的功用是弥补树脂的某些不足性能，改善塑料的使用性能，如提高尺寸稳定性和硬度，同时可降低塑料成本。

食品包装塑料添加剂要求与树脂有很好的相溶性、稳定性、不相互影响的特性。同时应具有无味、无毒、无臭、不溶出的特征。

塑料添加剂（助剂）是塑料制品中不可缺少的重要原材料，除上述助剂外，还有抗静电添加剂、润滑剂、阻燃剂以及抗冲击改进剂，还有特种添加剂，包括抗结块和抗烟雾剂、发泡剂、抗菌剂以及成核/透明剂。塑料助剂不仅在加工过程中能改善聚合物的工艺性能、改善加工条件、提高加工效率，而且可以改进制品性能、提高制品的使用价值、延长制品的使用寿命。上述助剂中，增塑剂是塑料助剂中在数量、产量、消费量中最大的一类助剂。

3.2.2 塑料的分类

通常按塑料加热、冷却呈现的性质的不同，分为热塑性塑料和热固性塑料。

热塑性塑料以聚合树脂为基料，加入适量的添加剂而制成。

特点：加热塑化，可以重复加工。例如聚丙烯（PP）、聚乙烯（PE）、聚氯乙烯（PVC）等。

热固性塑料以缩聚树脂为主要原料，加入添加剂而成。

特点：不熔，耐热性高。缺点：不能重复加工，废品无法回收再用，例如氨基塑料、酚醛塑料等。

塑料按照其性能和使用状况又可分为通用塑料、工程塑料等。

在我国，通用塑料主要包括5种：聚乙烯（polyethylene，PE）、聚丙烯（polypropylene，PP）、聚氯乙烯（polyvinyl chloride，PVC）、聚苯乙烯（polystyrene，PS）和ABS塑料（acrylonitrile-butadine-styrene，ABS），用于食品包装的是前四种，它们都是热塑性塑料，具有性能均衡、成型加工性好、回料及废弃物料回炉方便、制品价格低等优点，广泛应用于食品包装行业。

工程塑料是指可以作为结构材料承受机械应力，能在较宽的温度范围和较为苛刻的化学及物理环境中使用的塑料材料。五大通用工程塑料为聚酰胺（又称尼龙，polyamide，PA）、聚碳酸酯（polycarbonate，PC）、聚甲醛（polyoxymethylene，POM）、聚苯醚（polyphenylene oxide，PPO）和热塑性聚酯。热塑性聚酯主要有聚对苯二甲酸丁二醇酯（polybutylece terephthalate，PBT）和聚对苯二甲酸乙二醇酯（polyethylene terephthalate，PET）。上述工程塑料中，应用于食品包装的主要是聚酰胺、聚碳酸酯和聚对苯二甲酸乙二醇酯。

其他常见的包装用塑料还有聚偏二氯乙烯（polyvinylidene chloride，PVDC）、乙烯-乙烯醇共聚物（ethylene/vinyl alcohol，EVOH）、高丙烯腈树脂（polyacrylonitrile，PAN）以及聚乙烯醇（polyvinyl alcohol，PVA）等，这些塑料均以对氧、二氧化碳以及氮气等非极性气体的高阻隔性、优异的耐油性而著称。

3.2.3 塑料材料的主要包装性能指标

1. 主要保护性能指标

保护性能指的是能保护内容物，防止其质变、被破坏的性能，主要包括阻透性、机械力学性能、稳定性等。

(1)阻透性　阻透性包括对水分、水蒸气、气体、光线等的阻隔性能。

①透气度和透气系数(Q_g、P_g)　Q_g 为一定厚度的材料，在一个大气压差下，1 m^2 面积在 24 h 内透过的气体量，单位 $cm^3/(m^2 \cdot 24\ h \cdot Pa)$；$P_g$ 为材料本身的阻气性能指标，即单位时间内，单位气压差下，透过单位厚度和面积的材料的气体量，单位 $cm^3/(cm \cdot cm^2 \cdot s \cdot Pa)$。

②透湿度和透湿系数(Q_v、P_v)　Q_v 为材料两侧蒸汽压差一定，材料厚度一定，1 m^2 面积在 24 h 内透过的水蒸气克数，单位 $g/(m^2 \cdot 24\ h)$；P_v 为单位时间、单位压差下，透过单位厚度、单位面积材料的蒸汽量，单位 $g/(cm \cdot cm^2 \cdot s \cdot Pa)$。

③透水度和透水系数(Q_w、P_w)　Q_w 为 1 m^2 材料在 24 h 内所透过的水分质量，单位 $g/(m^2 \cdot 24\ h)$；P_w 为单位时间、单位压差下，透过单位面积和厚度材料的水分质量，单位 $g/(cm \cdot cm^2 \cdot s \cdot Pa)$。

④透光度 T　透过材料的光通量和射到材料表面光通量的比值，单位%。

(2)机械力学性能　机械力学性能指外力作用下材料表现出抵抗外力作用而不发生变形和破坏的性能，主要有下列几项：

①硬度　在外力作用下材料表面抵抗外力作用而不发生永久变形的能力，常用布氏硬度 HB 和洛氏硬度 HR 表示。

②抗张、抗压、抗弯强度　材料在拉、压、弯力缓慢作用下不被破坏时，单位受力截面所能承受的最大力分别称为材料的抗张、抗压、抗弯强度(MPa)。

③爆破强度　使塑料薄膜袋破裂所施加的最小内应力，表示容器材料的抗内压能力，也可由材料的抗张强度来表示，常用来检测包装封口的封合强度。

④撕裂强度　材料抵抗外力作用使材料沿缺口连续撕裂破坏的性能，也指一定厚度材料在外力作用下沿缺口撕裂单位长度所需的力(N/cm)。

⑤戳刺强度　材料被尖锐物刺破所需的无原则的最小力(N)。

(3)稳定性　稳定性指材料抵抗环境因素(温度、介质、光等)的影响而保持其原有性能的能力，包括耐高低温性、耐油、耐老化性等。

①耐高低温性能　温度对塑料包装材料的性能影响很大，温度升高，其强度和刚性明显降低，其阻隔性能也会下降；温度降低，会使塑料的塑性和韧性下降而变脆。材料的耐高温性能用温度指标来表示，常用的测试方法有马丁耐热、维卡耐热、热变形温度试验法 3 种，热分解温度是鉴定塑料耐高温性能的指标之一，而耐低温性用脆化温度表示(指材料在低温下受某种形式外力作用时发生脆性破坏的温度)。用于食品的塑料包装材料应具有良好的耐高低温性能。

②耐化学性　塑料在化学介质中的耐受程度，评定依据通常是塑料在介质中经一定时间后的质量、体积、强度、色泽等的变化情况，目前尚无统一的耐腐蚀标准。

③耐老化性　塑料在加工、储存、使用过程中在受到光、热、氧、水、生物等外界因素作用下，保持其化学结构和原有性能而不被损坏的能力。

2. 卫生安全性指标

食品用塑料包装材料的卫生安全性非常重要，主要包括无毒性、耐腐蚀性、防有害物质渗透性、防生物侵入性等。

(1)无毒性　塑料由于其成分组成、材料制造、成型加工以及与之相接触的食品之间的相互关系等原因，存在着有毒单体或催化剂残留，有毒添加剂及其分解老化产生的有毒产物等物质的溶出和污染食品的不安全问题。目前国际上都采用模拟溶媒溶出试验来测定塑料包装材料中有毒、有害物的溶出量，并对之进行毒性试验，由此获得对材料无毒性的评价，确定保障人体安全的有毒物质极限溶出量和某些塑料材料的使用限制条件。模拟溶媒溶出试验其溶媒的选用主要取决于包装食品的特性，部分国家常用食品分类与模拟溶媒见表 3.12，溶出试验方法及条件按国家的有关法规或标准进行。

表 3.12　常用食品分类与模拟溶媒

(章建浩，2017)

食品分类	食品例	模拟溶媒						
		日本	美国	德国	英国	意大利	法国	荷兰
含有游离油脂的水溶性食品	凉拌菜调味品	油脂及油脂性食品、*n*-[正]庚烷	水、*n*-[正]庚烷	花生油或椰子油	—	*n*-[正]庚烷、5%乙酸、水	花生油、水、3%乙酸	花生油、水、3%乙酸
水分少的油脂	油脂	*n*-[正]庚烷	*n*-[正]庚烷	花生油或椰子油	橄榄油＋2%脂肪酸	*n*-[正]庚烷	花生油	花生油
表面上存在游离油脂的干燥固形食品	油炸食品	*n*-[正]庚烷	*n*-[正]庚烷	—	—	—	—	—
含酒精的饮料	—	酒类、20%酒精	80%或50%酒精	10%酒精	50%酒精	使用一定浓度酒精	10%、50%或95%酒精	15% 酒精、水
非酸性水溶性食品	魔芋细粉条	水、4%乙酸	水	水	5%Na_2CO_3	水	水	水
酸性水溶性食品	果子酱调味料	4%乙酸	水	3%乙酸	5%乙酸	5%乙酸	—	3%乙酸
不含酒精的饮料	一般清凉饮料	4%乙酸	水	—	—	—	—	水
表面上不存在游离油脂的干燥固体食品	面条、面包粉、酥脆饼干	4%乙酸	不需实验	—	—	—	—	临时判断

(2)抗生物侵入性　塑料包装材料无缺口及孔隙缺陷时，一般其材料本身就可抗环境微生物的侵入渗透，但要完全抵抗昆虫、老鼠等生物的侵入则较困难。材料抗生物侵入的能力与其强度有关，塑料的强度比金属玻璃低得多，为保证包装食品在储存环境中免受生物侵入污染，有必要对材料进行虫害侵害率或入侵率试验，为食品包装的选材及确定包装质量要求和储存条件等技术指标提供依据。

侵害率指用一定厚度某材料制成的容器内装食品后密封，在存放环境中存放至被昆虫侵入包装时所经过的平均周数。

入侵率指用一定厚度某材料制成的容器装入食品后密封，在存放环境中存放时每周侵入包装的昆虫的个数。

3.2.4　食品包装常用的塑料树脂

1. 聚乙烯(polyethylene，PE)

聚乙烯树脂是由乙烯单体经加成聚合而成的高分子化合物，为无臭、无毒、乳白色的蜡状固体，其分子结构式为：$-[CH_2-CH_2]_n-$；大分子为线型结构，简单规整且无极性，柔顺性好，易于结晶。聚乙烯塑料由PE树脂加入少量的润滑剂、抗氧化剂等添加剂构成。

(1)包装特性　阻水阻湿性好，但阻气和阻有机蒸汽的性能差；具有良好的化学稳定性，常温下与一般酸碱不起作用，但耐油性稍差；有一定的机械抗拉和抗撕裂强度，柔韧性好；耐低温性很好，能适应食品的冷冻处理，但耐高温性能差，一般不能用于高温杀菌食品的包装；光泽度、透明度不高，印刷性能差，用作外包装需经电晕处理和表面化学处理改善印刷性能；加工成型方便，制品灵活多样，且热封性能很好。PE树脂本身无毒。添加剂量极少，因此被认为是一种安全性很好的包装材料。

①物理与化学特性　PE是无臭、无毒、外观呈乳白色的蜡状固体。大分子结构为线型，规则排列(易于结晶)，无极性(分子间作用力小，分子链柔性好)。

②包装特性

阻透性：根据相似相溶原理，PE阻水、阻湿性能好；阻气(O_2、CO_2)和有机蒸汽(CCl_4)能力差。分子链柔性好，C—C单键的旋转运动使O_2乘虚而入，利用其透氧率高的特点，可以做成水果保鲜膜。

机械性能：有一定的抗拉强度和撕裂强度。由于其非极性，柔韧性能优良，分子间作用力小，分子键柔性好。

耐高、低温性：耐低温性好(−50℃左右)，可包装冷藏产品，耐高温性能差(T_m低，80℃左右)，不能包蒸煮食品。

热封性：热封性能良好，热封时材料稳定，热封温度低。

印刷性能：印刷性能较差，PE为非极性，而油墨一般由极性物质构成，使用时常用氧化处理、电晕处理来增加薄膜表面的极性，以利印刷。

(2)主要品种

①高压低密度聚乙烯(LDPE)　具有分支较多的线型大分子结构，结晶度较低，密度也低，为0.91～0.94 g/cm³，因此，阻气阻油性差，机械强度也低，但延伸性、抗撕裂性和耐冲击性好，透明度较高，热封性和加工性能好。LDPE在包装上主要制成薄膜，用于包装要求较低的食品，尤其是有防潮要求的干燥食品。利用其透气性好的特点，可用于生鲜果蔬的保鲜包

装，也可用于冷冻食品包装，但不宜单独用于有隔氧要求的食品包装；经拉伸处理后可用于热收缩包装，由于其热封性、卫生安全性好，价格便宜，常作复合材料的热封层，大量用于各类食品的包装。

②低压高密度聚乙烯(HDPE)　大分子呈直链线型结构，分子结合紧密，结晶度高达85%～95%，密度为0.94～0.96 g/cm^3，故其阻隔性和强度均比LDPE高，耐热性也高，长期使用温度可达100℃，但柔韧性、透明性、热成型加工性等性能有所下降。HDPE也大量用于薄膜包装食品，与LDPE相比，相同包装强度条件下可节省原材料。由于其耐高温性较好，也可作为复合膜的热封层用于高温杀菌(110℃)食品的包装。HDPE也可制成瓶、罐容器盛装食品。

③线型低密度聚乙烯(LLDPE)　大分子的支链长度和数量均介于LDPE和HDPE之间，具有比LDPE优的强度性能，抗拉强度提高了50%，且柔韧性比HDPE好，加工性能也较好，可不加增塑剂吹塑成型。LLDPE主要制成薄膜，用于包装肉类、冷冻食品和奶制品，但其阻气性差，不能满足较长时间的保质要求。为改善这一性能，采用与丁基橡胶共混来提高阻隔性，这种改性的PE产品在食品包装上有较好的应用前景。

表3.13为聚乙烯不同品种的性能特点。

表3.13　聚乙烯不同品种的性能特点

项目	LDPE	HDPE	LLDPE
密度	高压低密	低压高密	线型低密
分子结构	支链多、规整	支链少、直链结构	支链介于中间
特征	难结晶——柔韧性好、强度低、透明度高、抗拉强度低	结晶高——强度高耐热高(100℃)、柔韧性较差，密度高	强度较高、柔韧性较好
主要用途	用于轻量小食品包装	阻气好，可制成瓶罐包装	可以包冷冻鸡、冷冻肉类

2. 聚丙烯(polypropylene，PP)

聚丙烯塑料的主要成分是聚丙烯树脂，分子结构式为：

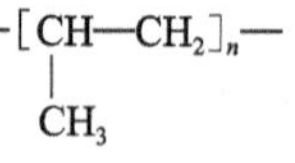

为线型结构，大分子侧基—CH_3无极性，但在主链上的有规则或无规则分布将影响分子的结晶性，密度为0.90～0.91 g/cm^3，是目前最轻的食品包装用塑料材料。

(1)包装特性　阻隔性优于PE，水蒸气透过率和氧气透过率与高密度聚乙烯相似，但阻气性仍较差；机械性能较好，具有的强度、硬度、刚性都高于PE，尤其是具有良好的抗弯强度；化学稳定性良好，在一定温度范围内，对酸碱盐及许多溶剂等有稳定性；耐高温性优良，可在100～120℃范围内长期使用，无负荷时可在150℃使用，耐低温性比PE差，－17℃时性能变脆；光泽度高，透明性好，印刷性差，印刷前表面需经一定处理，但表面装潢印刷效果好；成型加工性能良好但制品收缩率较大，热封性比PE差，但比其他塑料要好；卫生安全性高于PE。

因生产方法不同，有未拉伸、单拉伸、双向拉伸几种。流延法(T形模法)生产的叫CPP(未拉伸)。

特性:①密度最小 0.89～0.91 g/cm³。②突出的耐应力开裂性。③耐高温性,可做蒸煮袋,连续使用,温度为 120℃,无负荷时 150℃。④耐低温性差,－17℃性能变脆,不能用于冷冻包装。⑤热封性比 PE 差,但比其他塑料要好。热封温度比 PE 高,特别是双向拉伸的分子不能再重排,封合起皱。⑥印刷同 PE,表面处理。

(2)包装应用　聚丙烯主要制成薄膜材料包装食品,薄膜经定向拉伸处理(BOPP、OPP)后的各种性能,包括强度、透明光泽效果、阻隔性比普通薄膜(CPP)都有所提高,尤其是 BOPP,强度是 PE 的 8 倍,吸油率为 PE 的 1/5,故适宜包装含油食品,在食品包装上可替代玻璃纸包装点心、面包等。其阻湿耐水性比玻璃纸好,透明度、光泽性及耐撕裂性不低于玻璃纸,印刷装潢效果不如玻璃纸,但成本可低 40%左右,且可用作糖果、点心的扭结包装。

PP 可制成热收缩膜进行热收缩包装,也可制成透明的其他包装容器或制品,同时还可制成各种形式的捆扎绳、带,在食品包装上用途十分广泛。

3. 聚苯乙烯(PS)

聚苯乙烯由苯乙烯单体加聚合成,分子结构式为:

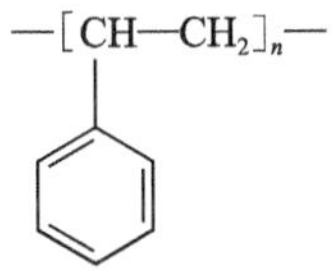

因大分子主链上带有苯环侧基,结构不规整、不易结晶,柔顺性很低,因此,PS 是线型、无定型、弱极性高分子化合物。

(1)性能特点　PS 阻湿、阻气性能差,阻湿性能低于 PE;机械性能好,具有较高的刚硬性,但脆性大,耐冲击性能很差;能耐一般酸、碱、盐、有机酸、低级醇,其水溶液性能良好,但易受到有机溶剂如烃类、酯类等的侵蚀软化甚至溶解;透明度好,高达 88%～92%,有良好的光泽性;耐热性差,连续使用温度为 60～80℃,耐低温性良好;成型加工性好,易着色和表面印刷,制品装饰效果很好;无毒无味,卫生安全性好,但 PS 树脂中残留单体苯乙烯及其他一些挥发性物质有低毒,对人体最大无害剂量为每千克体重 133 mg,因此,塑料制品中单体残留量应限定在 1%以下。

(2)包装应用　PS 塑料在包装上主要制成透明食品盒、水果盘、小餐具等,色泽艳丽,形状各异,包装效果很好。PS 薄膜和片材经拉伸处理后,冲击强度得到改善,可制成收缩薄膜,片材大量用于热成型包装容器。发泡聚苯乙烯 EPS 可用作保温及缓冲包装材料,目前大量使用的 EPS 低发泡薄片材可热成型为一次性使用的快餐盒、盘,使用方便卫生,价格便宜,但因包装废弃物难以处理而成为环境公害,因此将被其他可降解材料所取代。

(3)PS 的改性品种　PS 最主要的缺点是脆性。其改性品种 ABS 由丙烯腈、丁二烯和苯乙烯三元共聚而成,具有良好的柔韧性和热塑性,对某些酸、碱、油、脂肪和食品有良好的耐性,在食品工程上常用于制作管材、包装容器等。

K-树脂是一种具有良好抗冲击性能的聚苯乙烯类透明树脂,由丁二烯和苯乙烯共聚而成,由于其高透明和耐冲击性,被用于制造各种包装容器,如盒、杯、罐等。K-树脂无毒卫生,可与食品直接接触,经 γ 射线(2.6 MGy)辐照后其物理性能不受影响,符合食品和药品的有关安全性规定,在食品包装上尤其是辐照食品包装应用前景看好。工程上,K-树脂品级 KR01、

KR03、KR05、BK10专用于注塑成型；KR05也可用于中空吹塑成型；BK10也可用于制作挤成型薄膜。

4.聚氯乙烯(PVC)

聚氯乙烯塑料以聚氯乙烯树脂为主体，加入增塑剂、稳定剂等添加剂混合组成，PVC树脂的分子结构式为：

$$—[\ CH_2—\underset{\displaystyle Cl}{\underset{|}{CH}}\ ]_n—$$

大分子中C—Cl键有较强极性，大分子间结合力强，柔顺性差且不易结晶。

(1)性能特点　PVC树脂热稳定性差，在空气中超过150℃会降解而放出HCl，长期处于100℃温度下也会降解，在成型加工时也会发生热分解，这些因素限制了PVC制品的使用温度，一般需在PVC树脂中加入2%～5%的稳定剂。

PVC树脂的分子结构决定了它具有较高黏流化温度，且很接近其分解温度，同时其黏流态时的流动性也差，为此需加入增塑剂来改善其成型加工性能。根据增塑剂的加入量不同可获得不同品种的PVC塑料，增塑剂量达树脂量的30%～40%时构成软质PVC，增塑剂量小于5%时构成硬质PVC。

(2)包装特性　PVC的阻气阻油性优于PE塑料，硬质PVC优于软质PVC；阻湿性比PE差；化学稳定性优良，透明度、光泽性比PE优良；机械性能好，硬质PVC有很好的抗拉强度和刚性，软质PVC相对较差，但柔韧性和抗撕裂强度比PE高；耐高低温性差，一般使用温度为－15～55℃，有低温脆性；加工性能因加入增塑剂和稳定剂而得到改善，加工温度在140～180℃；着色性、印刷性和热封性较好。

(3)卫生安全性　PVC树脂本身无毒，但其中的残留单体氯乙烯(VC)有麻醉和致畸致癌作用，对人体的安全限量为每千克体重1 mg，故PVC用作食品包装材料时应严格控制材料中VC残留量；PVC树脂中VC残留量≤3 mg/kg、包装制品中VC残留量<1 mg/kg时，满足食品卫生安全要求。

稳定剂是影响PVC安全性的另一个重要因素。用于食品包装的PVC材料不允许加入铅盐、镉盐、钡盐等较强毒性的稳定剂，应选用低毒且溶出量小的稳定剂。

增塑剂是影响PVC安全性的又一重要因素。用作食品包装的PVC应使用邻苯二甲酸二辛酯、邻苯二甲酸二癸酯等低毒品种作增塑剂，使用剂量也应在安全范围内。

(4)包装应用　PVC存在的卫生安全问题决定其在食品包装上的使用范围，软质PVC增塑剂含量大，卫生安全性差，一般不用于直接接触食品的包装，可利用其柔软性、加工性好的特点制作弹性拉伸膜和热收缩膜，又因其价廉，透明性、光泽度优于PE且有一定透气性而常用于生鲜果蔬的包装。硬质PVC中不含或含微量增塑剂，安全性好，可直接用于食品包装。

(5)改性品种　PVC树脂中加入无毒小分子共混而起增塑作用，故改性塑料中不含增塑剂，在低温下仍保持良好韧性，具有中等阻隔性、卫生安全，价格便宜。其薄膜制品可用作食品收缩包装，薄片热成型容器用于冰激凌、果冻等的热成型包装。

5.聚偏二氯乙烯(PVDC)

PVDC塑料是由PVDC树脂和少量增塑剂和稳定剂制成。PVDC树脂的分子结构式为：

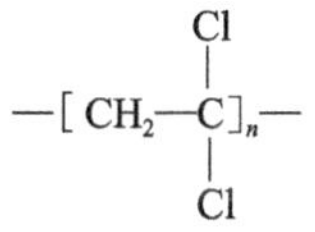

(1)性能特点 PVDC 软化温度高，接近其分解温度，在热、紫外线等作用下易分解，与一般增塑剂相溶性差，加热成型困难而难以应用。工程上采用与氯乙烯单体共聚的办法来改善 PVDC 的使用性能，PVDC 共聚物的分子结构式为：

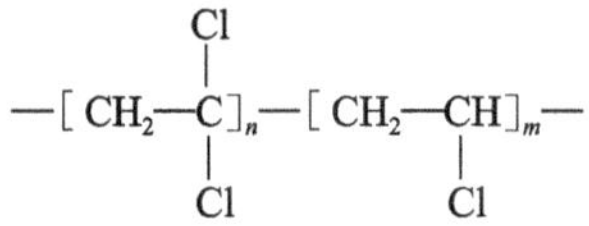

大分子有极性，分子结合力强，结构对称、规整，故结晶性高，加工性较差，制成薄膜材料时一般需加入稳定剂和增塑剂。

(2)包装特性 PVDC 树脂用于食品包装具有许多优异的包装性能：阻隔性很高，且受环境温度的影响较小，耐高低温性良好，适用于高温杀菌和低温冷藏；化学稳定性很好，不易受酸、碱和普通有机溶剂的侵蚀；透明性、光泽性良好，制成收缩薄膜后的收缩率可达 30%～60%，适用于畜肉制品的灌肠包装，但因其热封性较差，薄膜封口强度低，一般需采用高频或脉冲热封合，也可采用铝丝结扎封口。

(3)适用场合 PVDC 膜是一种高阻隔性包装材料，其成型加工困难，价格较高。目前除单独用于食品包装外，还大量用于与其他材料复合制成高性能复合包装材料。由于 PVDC 有良好的熔黏性，可作复合材料的黏合剂，或溶于溶剂成涂料，涂覆在其他薄膜材料或容器表面(称 K 涂)，可显著提高阻隔性能，适用于长期保存的食品包装。

6. 聚酰胺(PA)

聚酰胺通常称尼龙 Ny(nylon)，是分子主链上含大量酰胺基团结构的线型结晶型高聚物，按链节结构中 C 原子数量分为 Ny_6、Ny_{12} 等。PA 树脂大分子为极性分子，分子间结合力强，大分子易结晶。

(1)性能特点 在食品包装上使用的主要是 PA 薄膜类制品，具有的包装特性有以下几点：

①阻气性优良，但因分子极性较强，是一种典型的亲水性聚合物，阻湿性差，吸水性强，且随吸水量的增加而溶胀，其阻气阻湿性能急剧下降。

②化学稳定性良好，PA 具有优良的耐油性，耐碱和大多数盐液的作用，但强酸能侵蚀它，水和醇能使 Ny 溶胀。

③PA 抗拉强度较大，但随其吸湿量的增多而使强度降低；抗冲击强度比其他塑料明显高出很多，且随吸湿量增加而提高。

④耐高低温性优良，正常使用温度范围在－60～130℃，短时耐高温达 200℃。

⑤成型加工性较好，但热封性不良(180～190℃)，一般常用其复合材料。

⑥卫生安全性好。

(2)适用场合 PA 薄膜制品大量用于食品包装，为提高其包装性能，可使用拉伸 PA 薄膜，并与 PE、PVDC 或 CPP 等复合，提高防潮阻湿和热封性能，可用于畜肉类制品的高温蒸煮包装和深度冷冻包装。

7.聚乙烯醇(PVA)

PVA由聚醋酸乙烯酯经碱性醇液醇解而得,分子结构式为:

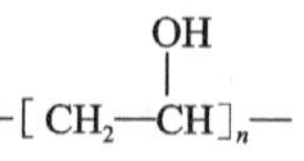

是一种分子极性较强且有高度结晶的高分子化合物。

(1)性能特点　包装上PVA通常制成薄膜用于包装食品,具有如下特点:阻气性能很好,特别是对有机溶剂蒸气、惰性气体及芳香气体;因其为亲水性物质,阻湿性差,透湿能力是PE的5～10倍,吸水性强,易吸水溶胀,且随吸湿量的增加而使其阻气性能急剧降低;化学稳定性良好,透明度、光泽性及印刷性都很好;机械性能好,抗拉强度、韧性、延伸率均较高,但因承受吸湿量和增塑剂量的增加而使强度降低;耐高温性较好,耐低温性较差。

(2)适用场合　PVA薄膜可直接用于包装含油食品和风味食品,吸湿性强使其不能用于防潮包装,但通过与其他材料复合可避免易吸潮的缺点,充分发挥其优良的阻气性能而广泛用于肉类制品如香肠、烤肉、切片火腿等包装,也可用于黄油、干酪及快餐食品包装。

8.聚酯(PET)

聚酯是聚对苯二甲酸乙二醇酯的简称,俗称涤纶。其分子结构式为:

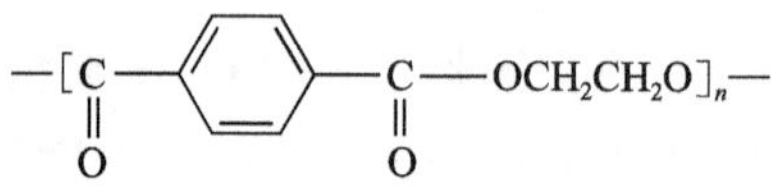

PET树脂大分子主链因含有苯环而具有高强韧性,因有柔性醚键(—O—)而仍有较好的柔顺性。大分子具强极性,因苯环存在使大分子可能为结晶,也可能为无定型结构。

(1)性能特点　PET用于食品包装,与其他塑料相比具有许多优良的包装特性:具有优良的阻气、阻湿、阻油等高阻隔性,化学稳定性良好;具有其他塑料所不及的高强韧性能,抗拉强度是PE的5～10倍,是PA的3倍,抗冲强度也很高,还具有良好的耐磨和耐折叠性;具有优良的耐高低温性能,可在−70～120℃温度下长期使用,短期使用可耐150℃高温,且高低温对其机械性能影响很小;光亮透明,可见光透过率高达90%以上,并可阻挡紫外线;印刷性能较好;卫生安全性好,溶出物总量很小;由于熔点高,故成型加工、热封较困难。

(2)适用场合　PET制作薄膜用于食品包装主要有4种形式:

①无晶型未定向透明薄膜,抗油脂性很好,可用来包装含油及肉类制品,还可作食品桶、箱、盒等容器的衬袋。

②将上述薄膜进行定向拉伸,制成无晶型定向拉伸收缩膜,表现出高强度和良好热收缩性,可用作畜肉食品的收缩包装。

③结晶型塑料薄膜,即通过拉伸提高PET的结晶度,使薄膜的强度、阻隔性、透明度、光泽性得到提高,包装性能更优越,可大量用于食品包装。

④与其他材料复合,如真空涂铝、K涂PVDC等制成高阻隔包装材料,用于保质期较长的高温蒸煮杀菌食品包装和冷冻食品包装。

PET也有较好的耐药品性,经过拉伸,强度好而透明,许多清凉饮料都使用PET瓶包装。PET不吸收橙汁的香气成分*d*-柠檬烯,显示出良好的保香性,因此,作为原汁用保香性包装材料是很适合的。

(3)改性品种　新型聚酯包装材料聚萘二甲酸乙二醇酯(PEN)与PET结构相似，只是以萘环代替了苯环，PEN比PET具有更优异的阻隔性，特别是阻气性、防紫外线性和耐热性比PET更好。PEN作为一种高性能、新型包装材料，将有一定的开发前景。

9. 聚碳酸酯(polycar bonate，PC)

聚碳酸酯也是一种聚酯，其分子结构式为：

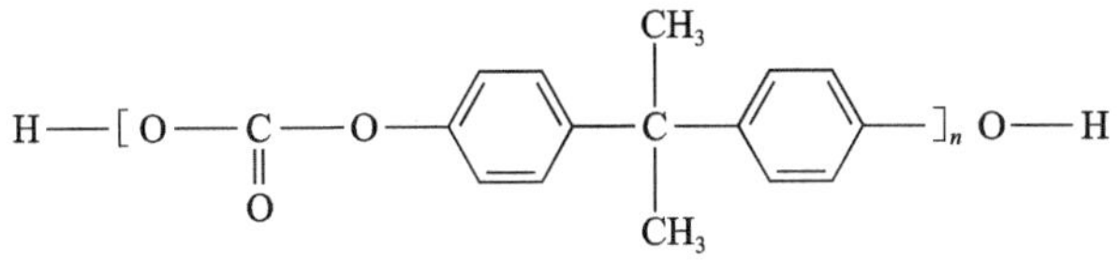

(1)性能特点　PC大分子链节结构的规整性决定了它能够结晶，又难于熔体结晶，具有很好的透明性和机械性能，尤其是低温抗冲击性能强，故PC是一种非常优良的包装材料，但因价格贵而限制了它的广泛应用。

(2)适用场合　在包装上PC可注塑成型为盆、盒，吹塑成型为瓶、罐等各种韧性高、透明性好、耐热又耐寒的产品，用途较广。在包装食品时因其透明而可制成透明罐头，可耐120℃高温杀菌处理。存在的缺点：因刚性大而耐应力开裂性差，耐药品性较差。应用共混改性技术，如用PE、PP、PET、ABS、PA等与之共混成塑料合金可改善其应力开裂性，但其共混改性产品一般都失去光学透明性。

10. 乙烯-醋酸乙烯共聚物(EVA)

EVA由乙烯和醋酸乙烯酯(VA)共聚而得，EVA的性能取决于VA的相对分子质量及其在共聚物中的含量，当EVA相对分子质量一定时，共聚物中VA含量低则接近于PE的性能，VA含量在10%～20%时能部分结晶而用于塑料，VA含量10%左右时，EVA刚性较好，成型加工性、耐冲击性比PE还好些。当VA含量增大时，它的弹性、柔软性、透明性增大，VA大于30%时的EVA性似橡胶，当VA含量大于60%时便成为热熔黏结剂。

(1)性能特点　EVA阻隔性比LDPE差，且随密度降低透气性增加；环境抗老化性能比PE好，强度也比LDPE高，增加VA含量能更好抗紫外线，耐臭氧作用比橡胶高；透明度高，光泽性好，易着色，装饰效果好；成型加工温度比PE低20～30℃，加工性好，可热封也可黏合；具有良好抗霉菌生长的特性，卫生安全。

(2)适用场合　不同的EVA在食品包装上用途不同，VA含量少的EVA薄膜可作呼吸膜包装生鲜果蔬保鲜储藏，也可直接用于其他食品的包装。VA含量10%～30%的EVA薄膜可用作食品的弹性裹包或收缩包装，因其热封温度低、封合强度高、透明性好而常作复合膜的内封层。EVA挤出涂布在BOPP、PET和玻璃纸上，可直接用来包装干酪等食品。VA含量高的EVA可用作黏结剂和涂料。

11. 乙烯和乙烯醇共聚物(EVAL)

EVAL是乙烯和乙烯醇的共聚物，乙烯醇改善了乙烯的阻气性，而乙烯则改善了乙烯醇的可加工性和阻湿性，故EVAL具有聚乙烯的易流动加工成型性和优良的阻湿性，又具有聚乙烯醇的极好阻气性。

(1)性能特点　EVAL树脂是高度结晶型树脂，EVAL最突出的优点是对O_2、CO_2、N_2气体的高阻隔性及优异的保香阻异味性能。EVAL的性能依赖于其共聚物中单体的相对浓度，一般地，当乙烯含量增加时，阻气性下降，阻湿性提高，加工性能也提高。由于EVAL主链上有羟基而具亲水性，吸收水分后会影响其高阻隔性，为此常采用共挤方法把EVAL夹在聚烯烃等防潮材料的中间，充分体现其高阻隔性能。EVAL有良好的耐油和耐有机溶剂性，且有高抗静电性，薄膜有高的光泽度和透明度，并有低的雾度。

(2)适用场合　EVAL作为高性能包装新材料，目前已开始用于有高阻隔性要求的包装上，如真空包装、充气包装或脱氧包装，可长效保持包装内部气氛的稳定。EVAL可制成单膜，可共挤制成多层膜及片材，也可采用涂布方法复合，加工方法灵活多样。杜邦公司还采用云母填充EVAL树脂制成高阻隔包装容器，使其阻隔性进一步提高，二氧化碳的渗透性降低了3～4倍。目前由于EVAL的价格较高而限制了其在食品包装上的广泛应用。

表3.14为常见薄膜的区分。

表3.14　常见薄膜的区分

(陈中豪，1989)

薄膜名称	物理特性	燃烧性	自熄性	火焰色泽	燃烧状况	散发异味	残留迹象
聚乙烯	透明性差，柔软，易产生划痕	易	无	尖端黄色，底部蓝色	边熔化落下，边燃烧，极少黑烟	石蜡燃烧时气味	黑色，蜡状，微脆
聚丙烯	比聚乙烯硬、挺括，透明性一般，BOPP透明性好	易	无	尖端黄色，底部蓝色	边熔化落下，边燃烧，极少黑烟	石油气味	黑色，蜡状，脆性
聚氯乙烯	依助剂用量而定，紫外光下硬PVC产生浅蓝或紫白色荧光，软PVC产生蓝色或蓝白色荧光	离开火焰，则熄灭	有	尖端黄色，底部绿色	软化，白烟	刺激性酸味	暗黑色
聚偏二氯乙烯	硬，韧，半透明至透明	难	有	黄火，端部绿色	燃烧时软化，类似蔗糖，炭化时膨胀、白烟	刺激性酸味	淡褐色脆性
聚苯乙烯	透明，震动时发出金属的清脆声	易	无	橙黄色	燃烧时软化，有浓黑烟炭束	煤气味	黑色，极脆
聚酯	透明、较硬，振动时发出金属清脆声	易	无	黄色火焰，边缘蓝色	收缩熔融，烟少	松香味	残留黑粉
聚碳酸酯	透明，呈微黄色，刚硬而韧性	慢燃	缓慢自熄	黄色	边熔化，边燃烧，黑烟	花果臭	端部黑色，卷曲固化，黑色
玻璃纸	透明，较硬，湿润后柔软	易	无	红黄色	如纸那样燃烧	同纸一样的气味	白灰色粉末

3.2.5　塑料包装制品

塑料包装制品包括软塑包装材料和塑料容器等塑料制品。

1.常见塑料包装制品

(1)塑料薄膜　塑料薄膜通常指厚度0.25 mm以下的平整而柔软的塑料制品。塑料薄膜是塑料包装材料中使用最为广泛的一个品种，其品种繁多，除普通塑料包装袋用的塑料薄膜之外，还有许多专用品种，如液体包装薄膜、收缩薄膜、缠绕膜、冰箱保鲜膜、果蔬保鲜膜、表面保护膜、扭结膜等。塑料薄膜主要用于制备各种包装袋，此外，比较常见的还有缠绕包装、扭结包装、表面保护等一些包装形式。

目前我国塑料薄膜的产量约占塑料制品总产量的 40%，是塑料制品业中产量增长最快的。我国现有塑料薄膜生产企业 2 240 多家，产量在 5 000 t 以上的企业有 65 家，1 万 t 以上的企业有 25 家，超过 5 万 t 的企业有 5 家。我国生产塑料薄膜所使用的合成树脂主要有聚丙烯、聚氯乙烯、聚乙烯和聚对苯二甲酸乙二醇酯等。加工方式为吹塑、双向拉伸、流延等。塑料薄膜的市场约 2/3 用作包装材料，市场上主流产品是国产的 PE 保鲜膜和 PVC 保鲜膜。

(2)食品软塑包装复合膜　食品软塑包装复合膜是指两层或两层以上不同品种可挠性材料，通过一定技术组合而成的“结构化”多层材料。所用的复合基材有塑料薄膜、铝箔和纸等，其中塑料占据了食品软塑包装复合膜基材的大部分。

单层塑料薄膜与软塑包装复合膜统称食品包装的软包装膜，又称软塑包装材料。软塑包装材料是指单种塑料薄膜或塑料与塑料的复合薄膜，又是指以塑料为主体，包含纸、玻璃纸或铝箔等其他挠性包材的复合薄膜材料。

软包装是目前市场食品药品包装的发展趋势，随着人民生活水平的提高，食品软塑包装复合膜市场前景光明。

(3)塑料容器　容器是可以与塑料薄膜相提并论的广泛应用的另一大类塑料包装材料，包括塑料中空容器、周转箱、热成型杯盘之类的容器。

①中空容器　主要用于包装液态物质，有时也用于包装一些固态物质，其中，典型的代表性产品是吹塑容器与滚塑容器，最小的塑料中空容器的容积仅几毫升。而特大型滚塑容器可达几十升，使用最多的塑料中空容器是容量为几百毫升的塑料瓶。

塑料瓶成型方法主要有挤吹工艺、注吹工艺、挤拉吹工艺、注拉吹工艺等(二维码 3.1)。常用塑料瓶主要有：

二维码 3.1　全自动直线无菌瓶生产线视频(由杭州中亚机械股份有限公司提供并授权使用)

硬质 PVC 瓶：用于食用油、酱油、不含气饮料包装，应用广泛。

PE 瓶：分 LDPE 瓶和 HDPE 瓶，应用广泛。但不透明和高透气性、渗油等缺点很少用于液体包装。PE 的高阻湿性和价廉使其广泛用于药品包装。

PET 瓶：定向拉伸瓶。高强度、高透明性、高阻隔性能、保香性好。用于含气饮料包装。

PS、PC 瓶：PS 最大特点是光亮透明，适用于对氧气敏感的食品包装。PC 高强度、高透明度、耐热、耐冲击、可以重复使用。缺点是价格较高。

PP 瓶：由于大胚料具有垂伸现象，因而很少使用。

塑料瓶的发展方向是提高瓶子的阻隔性，采用更高阻隔性树脂和共挤复合。瓶体的轻量化和高速化生产也是塑料瓶的发展方向，如通过提高拉伸倍率，在提高强度和气密性的同时，降低了瓶体的重量，节省原材料和成本。

②周转箱　周转箱主要有塑料周转箱和钙塑瓦楞箱，主要用于食品或生产过程中的零部件储运、周转的箱式容器。周转箱一般均多次重复使用。塑料周转箱大多为 PP 和 HDPE，价廉。钙塑瓦楞箱是树脂中加 $CaCO_3$ 制成。利用钙塑材料的防潮性能，取代部分纸箱包装。

③杯、盘　这类小型容器由片材经热成型而制得，其特点是厚度比较均匀，制造方便，成本低廉，是食品常用的包装形式。

④塑料编织袋　塑料编织袋是塑料包装材料中的重要品种，起初它是作为麻袋的代用品而开发应用的，现在其应用范围已远超出了麻袋的代用品，编织袋主要用于包装固态食品如米、面、盐等。

除上述几种塑料制品外，还有食品塑料辅助包装材料如打包带、塑料网等。

2.常用食品包装用塑料薄膜

(1)普通塑料薄膜　普通塑料薄膜是用普通方法成型而未经拉伸处理的一类薄膜。包装性能主要取决于树脂的品种。

阻湿性能好，如PVDC、PP、PE；气体阻隔性优良，如PVA、PA、PVDC；耐高温性能好，如CPP、PA、PET。

(2)定向拉伸塑料薄膜　定向拉伸薄膜(stretched film)是将普通塑料薄膜在其玻璃化至熔点的某一温度条件下拉伸到原长度的几倍，然后在张紧状态下，在高于其拉伸温度而低于熔点的温度区间内某温度保持几秒进行热处理定型，最后急速冷却至室温而制得。

塑料性能的影响因素：塑料的品种、相对分子质量大小、结晶度、热处理的时间、温度、拉伸程度可以影响机械力学性能、阻透性能和耐热耐寒性能。

性能也与拉伸方向有关。单向拉伸的薄膜，拉伸方向上强度增加，而未经拉伸方向强度降低、易破裂。例如，单向拉伸膜：OPP、OPS、OPET、OPVDC、ONy、OPE；双向拉伸膜：BOPP。

(3)热收缩薄膜　热收缩薄膜是未经热处理定型的定向拉伸膜。

(4)弹性拉伸膜　弹性拉伸膜(elastic film)是具有特殊性能的膜，具有自黏性、韧性等特点，如PVC、EVA、LLDPE等。

3.2.6 食品塑料包装材料发展现状

食品工业的快速发展为包装行业提供了巨大的市场。但随着塑料包装在食品行业中的应用，塑料食品包装材料的安全问题也成为百姓关心、国家重视的一个热门话题。特别是新修订的《中华人民共和国固体废物污染环境防治法》于2020年9月1日施行，彰显了国家对生态环境保护的高度重视和治理“白色污染”的决心。

1.塑料包装材料发展特点

据统计，塑料用于食品包装的销量占塑料总产量的1/4左右，在各个超市及商场很多食品包装材料是用塑料做的，塑料包装产品已成为人们生活中不可或缺的一部分，其发展速度较其他工业领域也相对迅速。目前，我国塑料包装企业的准入门槛低，技术含量低，其中绝大部分为中小企业，生产设备普遍较为落后，产品质量较低。因此，应严格按国家发布的相关标准执行控制相关生产工艺，否则会造成食品污染，危害人类生命健康。

我国早在很多年前就规定与食品直接接触或间接接触的塑料食品包装材料不得含有对人体有毒、有害的成分，这类材料必须符合《食品包装管理规定》和相应的卫生标准的要求。塑料食品包装材料除了满足穿透性、阻菌性、机械性、耐温性等基本要求，还必须保证包装材料本身的无毒性，同时也不能产生挥发性物质。另外，在环境发生变化时食品包装材料既不能改变成分也不能与食品发生化学反应。

在全球趋势的不断进展和生态环境建设的大形势下，中国塑料包装的可持续发展趋势正在形成。当前，国家针对塑料包装实行的政策依然是减量和禁行，倡导利用生物降解塑料代替传统塑料；在材料的循环发展层面，B2B 商业膜、PET 瓶的回收利用率最高，生物降解塑料依然呼声最高，其可用来帮助解决厨余垃圾和湿垃圾拖带等基本问题。因此，为破局塑料包装的可持续发展，相关企业应大幅度提升循环的经济性和质量，建立塑料包装规范及合理的供需市场机制。另外，中国实行垃圾分类和建设再生资源集散中心，即为探索出对该材料更接地气的管理方法，塑料包装循环经济的发展也是为了促进我国塑料经济的建设。随着现代塑料包装材料成型工艺和制作技术的升级，合理发挥塑料的应用价值是技术人员应进一步思考的问题。

2. 塑料包装材料发展趋势

随着为了响应呼声越来越高的环保、可持续发展需求，市场对塑料包装材料的要求也越来越严格。无害化、无污染、可再生利用的环保包装在商品贸易中起着举足轻重的作用。

(1)抗菌塑料包装　抗菌塑料一般是指添加一定量的抗菌剂到塑料里，进而具有抑菌作用的塑料。其可在一定时间内杀死附着在塑料上的细菌，从而延长塑料及内容物的保质期。按照成分可以分为纳米抗菌塑料、天然抗菌塑料、无机抗菌塑料以及有机抗菌塑料。

纳米抗菌塑料：纳米抗菌剂具备纳米材料特有的小尺寸效应和表面效应，可以提高其与微生物的接触面积，具备较好的抗菌性能。由于纳米金属氧化物具有优异的抗菌性能，因此，添加纳米金属氧化物会使薄膜具有优异的抗菌性能。添加氧化锌纳米粒子(ZnO-NPs)在壳聚糖和聚乙烯醇共混溶液中制备而成的复合薄膜，其热稳定性明显得到提高，且对大肠杆菌、白色念珠菌和黑曲霉等菌种具有良好的抗菌活性，另外，纳米银颗粒(Ag-NPs)，纳米二氧化钛(TiO_2-NPS)等也应用于纳米抗菌塑料中。

天然抗菌塑料：天然抗菌剂由于其安全无毒性，逐渐被广泛应用于食品包装领域。通过将香芹酚制备成可食性的抗菌包装膜，能抑制储存期间的微生物生长和脂质氧化，从而延长食品保质期。在聚乙烯醇(PVA)中加入不同质量分数的柠檬酸并流延成膜，柠檬酸可以延长果蔬的保质期。具有抗菌作用的肉桂精油、壳聚糖溶液也逐渐应用于塑料包装材料中。

无机抗菌塑料：无机抗菌塑料是应用较为广泛的抗菌塑料。将银系抗菌剂和低密度聚乙烯(LDPE)共混并加工制得薄膜，可以使细菌抗菌率达 98%，但薄膜的力学性能和透氧率等稍有降低。将含有银离子的无机抗菌剂添加至聚丙烯(PP)中制备的抗菌塑料对大肠杆菌的抗菌率达到 99%。此外，采用液相法合成银锌复合沸石抗菌剂，通过钛酸酯偶联剂对抗菌剂进行改性，可以提高与苯乙烯的稳定性，其力学性能没有下降，同时又具备良好的抗菌性能。

有机抗菌塑料：因为大部分有机抗菌剂存在不耐热的特点，而制备抗菌塑料时需要高温加工，进而导致有机抗菌剂易降解，因此有机抗菌剂在塑料方面的应用较少。通过聚合反应把季鳞盐抗菌剂接枝到氯甲基聚苯乙烯载体上，该抗菌材料可重复使用，且对金黄色葡萄球菌和铜绿假单胞菌有很好的抗菌效果。

(2)高阻隔性、多功能性软塑包装薄膜(袋)　高阻隔性、多功能性软塑包装薄膜(袋)正在向新的技术水平发展。高阻隔性、多功能性软塑包装材料，已成为多年发展的热点，且仍然在进步。涌现出一批新的产品和新的技术，包括高阻渗性、多功能保鲜膜，无菌包装膜；涌现出一批耐油性、保味性、防湿性及防霉多功能性软包装袋，原有的复合薄膜正在向更深层次发展；制袋、印刷技术上了一个新台阶，成为进入“彩色革命”时代；防伪包装膜正在日新月异发展，成为软塑包装的常开之花；特别是防静电的包装膜开发成功意义重大。

(3)多层共挤复合薄膜　多层共挤复合薄膜成为软包装膜(袋)发展新趋势。随着经济日益增长，高科技不断发展，无论是食品包装、日用品包装、工业包装都提出了更高要求，发展环境友好材料已提到议事日程上来。因此，在满足包装功能的前提下，尽量减少垃圾产生量，从而呈现塑料包装材料向轻量化、薄壁化发展。以干法复合为主的软塑包装膜(袋)在生产过程中采用黏合剂，其溶剂中含有甲苯、二甲苯，在干燥工序中残留量易于迁移，对食品包装产生不安全性，同时，工序多、投资大。而共挤技术其工艺设备投资省，环境适应性优越，操作方便。90 年代以后，国内外共挤技术发展迅速，国外的共挤技术已占复合工艺的 40%，而我国仅占 6%，经过几年的努力，共挤技术的软包装已占 20%。共挤包装薄膜袋的发展已成为一种新趋势。

3.3 玻璃包装材料及其包装制品

玻璃是一种古老的包装材料，3 000 多年前埃及人首先制造出玻璃容器，由此，玻璃成为食品及其他物品的包装材料。玻璃包装具有高阻隔、光亮透明、化学性稳定、易成型、对液体产品包装有特别优良的适应性等特点，但玻璃容器重量大且容易破碎，影响了玻璃容器的使用发展。尽管现代包装中玻璃容器的使用有下降趋势，在我国玻璃包装容器产值仍占包装工业产值的 5%～10%，年人均消耗玻璃瓶罐 15～20 个。因此，玻璃包装不容忽视。

3.3.1 玻璃的组成及性能

1. 玻璃的成分和种类

玻璃是由石英石(构成玻璃的主要组分)、纯碱(碳酸钠、助熔剂)、石灰石(碳酸钙、稳定剂)为主要原料，加入澄清剂、着色剂、脱色剂等，经 1 400～1 600℃高温熔炼成黏稠玻璃液再经冷凝而成的非晶体材料。最普通的玻璃成分通常如下：二氧化硅 71%、氧化钠 15%、生石灰 11%、三氧化二铝 3%、氧化镁(少量)、三氧化二铁(少量)。

将上述玻璃的成分比例加以各种变化，可以制成不同性质的玻璃。玻璃的种类、成分及用途见表 3.15。

表 3.15 玻璃的种类、成分及用途

(高德，2004)

玻璃种类	主要成分	用途
硼硅酸盐玻璃	SiO_2、B_2O_3、Al_2O_3、Na_2O、CaO	电灯泡、电子管
苏打石灰氧化铝玻璃	SiO_2、Al_2O_3、Na_2O、CaO	啤酒瓶
苏打石灰玻璃	SiO_2、Na_2O、CaO	玻璃板、瓶
石英玻璃	SiO_2	化学、物理器皿，棱镜
水玻璃	SiO_2、Na_2O	胶黏剂
钾石灰玻璃	SiO_2、K_2O、CaO	会聚镜、光学机械
晶质玻璃	SiO_2、PbO、K_2O	装饰用、刻花玻璃

制造玻璃时，对于有的包装容器玻璃如外观有一定颜色要求时，还可在玻璃配方中加入一定量的着色剂，如铬、铁、钴、铜等氧化物，可使玻璃成各种颜色，如琥珀色、绿色、青白色、蓝色以及产生各类乳浊结果。表 3.16 所列是各种溶剂、氧化剂、还原剂、着色剂、去色剂、澄清剂、

乳化剂等添加原料。

表 3.16　玻璃添加剂

（高德，2004）

使用目的	原料名称
溶剂	智利硝石、硝石、萤石、硼砂
氧化剂	智利硝石、硝石
还原剂	碳、氯化亚锡
着色剂	二氧化锰、氧化钴、氧化铁、氧化亚铜、硫、碳、硒
去色剂	亚硫酸、硝石、硒
澄清剂	芒硝、亚硫酸
乳化剂	萤石、水晶石、骨灰

2.玻璃的性能

（1）玻璃的物理机械性能　玻璃的抗张（拉）强度一般为6～8 kgf/mm^2（1 kgf=9.806 65 N），热塑时抗拉强度则显著提高，增加CaO含量亦可使抗拉强度提高，但Na_2O、K_2O的含量则会降低其抗拉强度。玻璃表面若有微小裂痕，其抗张强度会大大降低。拉伸强度是衡量玻璃理化性质的一个良好参数，常用玻璃的抗压强度一般在60～160 MPa。每一种玻璃的拉伸强度都是固定的。它是由玻璃单位面积所承受的极限拉力来表示。用公式表示如下：

$$R=F/S$$

式中：R为拉伸强度，MPa；F为极限压力，N；S为式样表面积，mm^2。

玻璃的弹性和韧性很差，属于脆性材料，超过其强度极限会立即破裂。脆性是指玻璃的耐冲击强度，也就是指玻璃在外力的作用下，超过自身承受极限时的被破坏性。在玻璃的生产工艺中，玻璃的脆性常常通过淬火工艺解决，通过淬火处理后的玻璃，可提高拉伸强度57倍。淬火的温度要充分均匀，否则会导致内力不匀，反而使玻璃脆性提高。上面所指的拉伸强度和脆性都是指一定厚度情况下的相对值，如果是不同厚度的同一种玻璃，厚度大的耐冲击力就强。

（2）玻璃的热稳定性　玻璃有一定的耐热性，但不耐温度急剧变化。作为容器玻璃，在成分中加入硅、硼、铅、镁、锌等氧化物，可以提高其耐热性，以适应玻璃容器高温灭菌和消毒处理。

容器玻璃的厚度不均匀，或存在结石、气泡、微小裂纹和不均匀的内应力，均会影响热稳定性。

（3）玻璃的光学性能　玻璃的光学性能体现为透明性和折光性。当使用不透明的玻璃或琥珀玻璃时，光的破坏作用大大降低。为了保护内容物，可以加入某些过渡金属或稀土金属粒子，制成有色玻璃。玻璃的厚度与种类均影响其滤光性。

（4）玻璃的阻隔性　对于所有气体、溶液或溶剂，玻璃是完全不渗透的。因而经常把玻璃作为气体的理想包装材料。可以有效保护食品中的香气成分是它作为食品包装材料的一个突出优点。

（5）玻璃的化学稳定性　玻璃具有良好的化学稳定性，耐化学腐蚀性强。只有氢氟酸能腐蚀玻璃，因此，玻璃容器能够盛装酸性或碱性食品以及针剂药液。

3.3.2 玻璃瓶罐的制造

1. 食品用包装玻璃瓶罐的类型及选用

食品包装用玻璃瓶罐类型很多，这里只简单介绍常用的几种。

(1)小口瓶(细口瓶) 小口瓶是酒类、液体调味品常用的包装容器。小口瓶有溜肩和端肩之分，其外形及各部名称如图 3.16 所示。

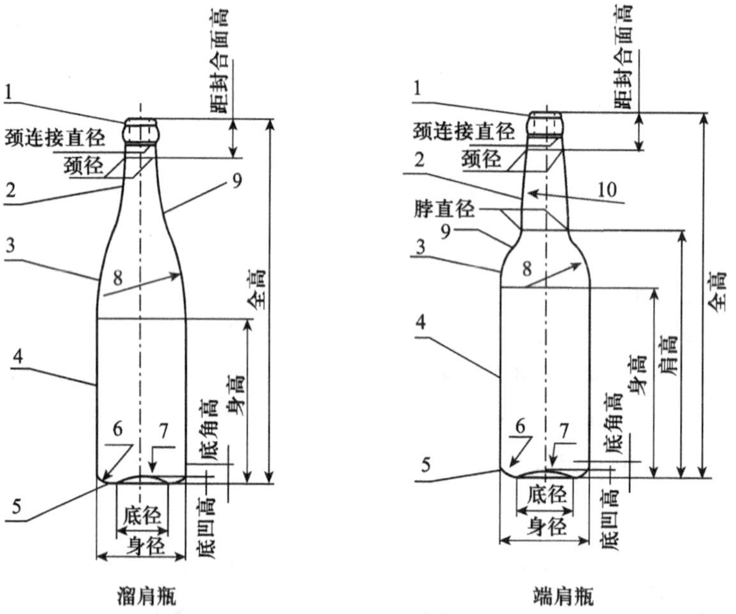

图 3.16 细口瓶瓶型及各部分名称

(潘松年，2007)

1. 瓶口 2. 瓶颈 3. 瓶肩 4. 瓶身 5. 瓶底 6. 底角弧 7. 底凹弧 8. 肩内肩 9. 肩外弧 10. 颈内弧

我国轻工部对小口酒瓶结构尺寸已制定了行业标准。容量有 125 mL、250 mL、350 mL、500 mL、640 mL、750 mL 6 种规格，其中 350 mL、640 mL 2 种规格供充气酒瓶使用，其余规格供不充气酒瓶使用。

小口酒瓶口的封盖形式有皇冠盖(压盖)、螺旋盖和滚压盖(防盗盖)等。皇冠盖由马口铁加工而成，内衬塑料密封垫。

冠形瓶口以皇冠盖用压合密封，具有密封严、耐内压的优点，多用于啤酒和汽水包装。但它开启不便，要用启盖器，一经开启便不能完全回封。

(2)罐头瓶 罐头瓶是较矮胖的大口瓶，用于包装在空气中易腐败、密封后必须加热杀菌的食品，如水果罐头。罐盖为压盖，由马口铁制作，内衬橡胶垫，用封罐机压封。它封口严密，耐内压，但开启十分费力不便。

(3)四旋瓶 它是一种容易启闭且密封较好的大口罐头瓶，常用于各种酱菜、果酱包装。四旋瓶瓶口通过四头不连续的螺纹与罐盖密封，需开启时只要转 1/4 圈便可拧下盖子。盖子用马口铁制造，盖沟内注入了聚氯乙烯胶可加强密封性。

2.玻璃容器的制造工艺

玻璃包装容器的制造工艺是一个连续工艺，其主要工艺过程为：

配料　→　熔化　→　容器成型　→　退火　→　检验　→　成品

新原料　(500～1 600℃)　　(600～500℃)↑

碎原料　　二次加工

(1)玻璃包装容器的配料　玻璃包装容器在设计玻璃组成时，一定要根据被包装物性能和包装特殊要求首先设计出合理的玻璃化学组成。根据玻璃的化学组成和选择的各种化学原料分析成分，通过计算得到玻璃配方；根据配方将各种原料按照一定比例称量混合均匀，则得到玻璃配合料。

(2)玻璃包装容器的熔化与成型工艺　将符合要求的玻璃配合料，加入玻璃熔炉内，在1 500℃左右温度下，玻璃配合料中各氧化物发生物理、化学反应，通过硅酸盐形成一玻璃形成一澄清一均化一冷却 5 个阶段，最后成为合乎成型要求的玻璃液，这一过程称为玻璃的熔化过程。玻璃液质量的好坏与熔制温度、原料性质、配合料制备质量、熔窑耐火材料品质与少量添加物等因素密切相关。将合乎成型要求的玻璃液做成玻璃制品的生产过程称为玻璃的成型过程。玻璃包装容器的成型方法主要有以下几种。

①吹-吹法成型　由两个相同作业循环组成，即在气体动力下先在带有口模的雏形模中制成口部和吹成雏形，再将雏形移入成型模中吹成制品。因为雏形和制品都是吹制的，所以称为吹-吹法(图 3.17)。吹-吹法主要用于生产细口瓶。根据供料方式不同又分为翻转雏形法、真空吸吹法。

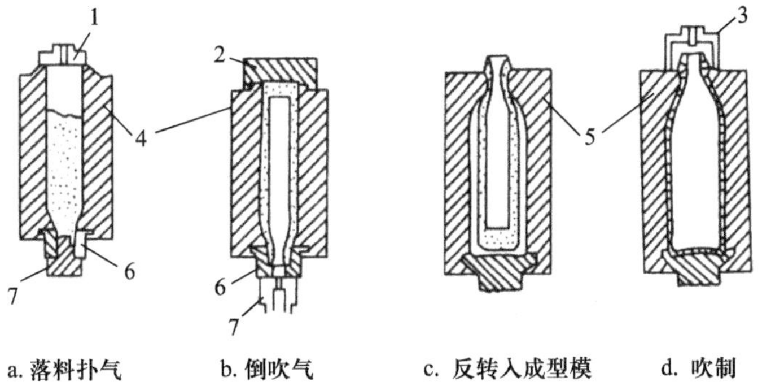

a. 落料扑气　b. 倒吹气　c. 反转入成型模　d. 吹制

图 3.17　吹-吹法成型示意图

(孙诚，2003)

1.扑气头　2.闷头　3.吹气头　4.雏形模　5.成形模　6.口模　7.顶芯子

②压-吹法成型　由两个不同作业循环组成，即在冲头冲压作用下先用压制的方法制成制品的口部和雏形，然后再移入成形模中吹成制品。因为雏形是压制的，制品是吹制的，所以称为压-吹法。主要生产大口瓶和罐(图 3.18)。

③压制法成型　利用冲头将玻璃料压入模身、冲头和口模共同构成的封闭空腔内，在冲头作用下使玻璃料充满空腔而成型为成品。主要生产敞口瓶罐。压制法不适宜制作壁厚及形状复杂的瓶罐。

④管制成型　以上几种为模制成型。而对于小型瓶而言，管制成型更为方便和精确。首

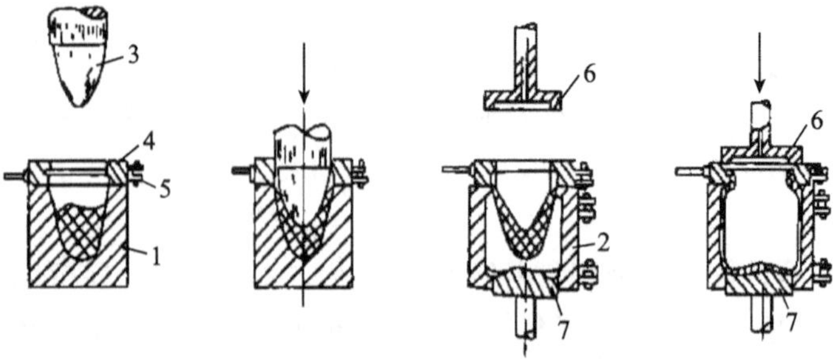

图 3.18 压-吹法成型广口瓶示意图

(孙诚,2003)

1.锥形模 2.成形模 3.冲头 4.口模 5.口模铰链 6.吹气头 7.模底

先把玻璃拉制成型为玻璃管,拉制的方法分为垂直引下(或引上)和水平拉制两类。把拉制好的玻璃管截成一定长度,在管制成型机械上连续切断,通过对局部加热成型瓶口和封底。

玻璃制品成型以后,应进行退火处理。玻璃制品退火的目的主要是消除玻璃制品在成型过程中产生的热应力。

退火的过程是先将玻璃制品加热到该玻璃退火温度,在此温度下保温一定时间,然后开始缓冷和快冷。通常将玻璃制品的退火分为 4 个阶段:加热阶段、保温阶段、缓冷阶段和快冷阶段。对于退火不良的玻璃制品,由于热应力没有完全消除,其力学强度会下降,有时甚至发生自爆现象。

3.3.3 玻璃容器的包装强度及缓冲包装

1.玻璃容器的破裂分析

(1)内压破裂　内压破裂是指容器局部承受不了内压作用而发生的破裂,破裂形态是以裂纹起点为中心,裂纹曲线向外呈现放射状延伸,裂纹线端部为分叉形。如果破裂起点靠近瓶颈部,则是设计上的不当,如瓶颈变径太快,圆角半径小,瓶受压时,使该处应力集中分布超过其强度极限而破裂;若靠近瓶底部,则多为瓶受过大振动,内压冲击致破。

(2)外部冲击破裂　外部冲击破裂是指外部冲击力作用使瓶破裂。裂纹较粗,破裂块小,多发生在长颈或细长容器。

(3)热冲击破裂　热冷剧变产生的巨大热应力作用在玻璃容器上使容器破裂称热冲击破裂。该种破裂多发生在瓶底部或瓶壁厚薄差异较大的地方,裂纹线粗、量少。

2.玻璃容器的包装强度

(1)玻璃容器的包装强度　玻璃容器的包装强度是其包装应用中最重要的性能,主要包括内压强度、热冲击强度、机械冲击强度、垂直荷重强度和水冲强度 5 个方面。玻璃容器强度除了与玻璃的质量有关外,容器的表面形状及质量、结构设计、灌装质量及运输等多方面因素对其有影响作用。

①内压强度　就瓶外表面来说,由一定内压力引起的内应力和壁厚呈线性关系。从图 3.19 中可见,同一壁厚的瓶外径 R 越大,内应力 δ 越大;同一瓶外径 R,壁厚越小,内应力越大。玻璃容器的内压强度指容器不破裂所能承受的最大内部压应力,在一定程度上可体现玻

璃容器的综合强度，主要决定于玻璃的强度和容器的壁厚、直径。

$$P_{max}=\frac{2t}{D}[\sigma]$$

式中：P_{max} 为内压强度，kPa；t 为容器壁厚，mm；D 为瓶身直径，mm；$[\sigma]$为玻璃强度，kPa。

②热冲击强度　热冲击强度指玻璃容器耐受冷热温度剧变不破碎的能力，取决于冷热变化导致容器内产生的热应力(s)的大小。热应力的大小受温差值和容器壁厚的影响。就热冲击强度来说，瓶壁越薄越好。受到同样的加热或冷却，壁厚的地方温差就大，于是应力就大，也就越容易破损。

③机械冲击强度　机械冲击是瓶子破损的主要原因。机械冲击所造成的破损程度根据冲击的位置、冲击的性质、瓶的形状的不同而异。图 3.20 为瓶子侧壁受到冲击后产生的各种应力。由图中可以看出，打击点处产生局部应力，内面产生弯曲应力，离打击点 45°处产生扭应力。在这三种应力中，扭应力的允许值最小，另外由于瓶子外表面常有伤痕，所以瓶子的破损几乎都是由扭应力造成的。

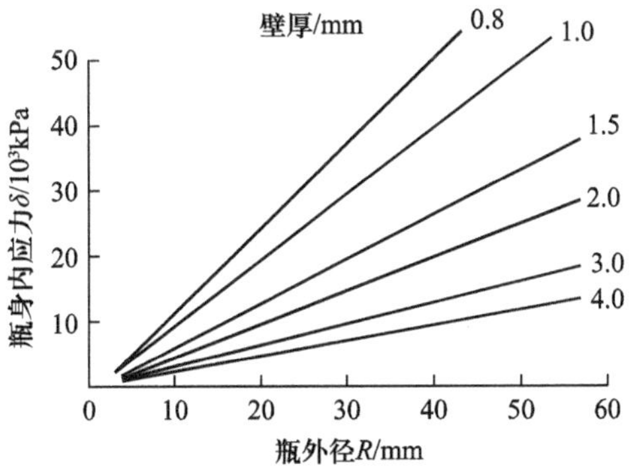

图 3.19　内压力引起瓶身内应力
（孙诚，2003）

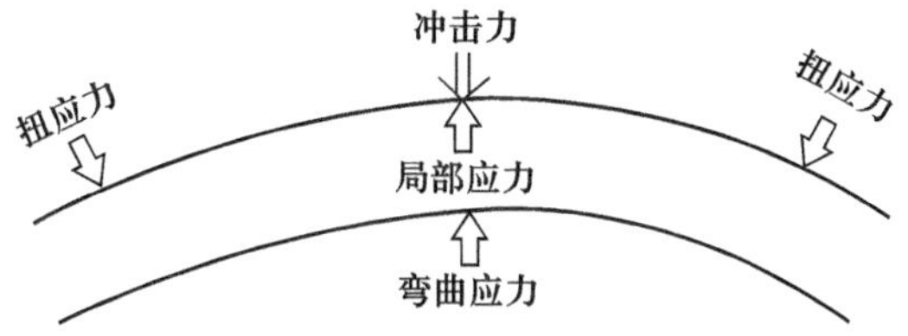

图 3.20　瓶子侧壁受冲击时应力的分布
（王怀奥，2004）

④垂直负荷强度　垂直负荷强度指玻璃容器承受垂直负荷的能力。玻璃容器在灌装、压盖、开盖、堆垛时受到垂直负荷的作用，其承受垂直负荷的能力与瓶形有关，尤其是瓶肩部的曲率，肩部曲率半径越大，其荷重强度越大。随着瓶子肩部的形状不同，其垂直负荷强度也不同。

⑤水冲击强度（又称水锤强度）　纸盒（箱）上受到冲击时，箱内瓶子突然往下移动，虽然移动距离很小，可是由于内装物悬空，致使瓶子与内装物之间发生空隙，口部空间被压缩，该压缩传给内装物，最后内装物恢复原来位置时，给瓶底一个剧烈的冲击内压力。这一冲击下有两种现象产生：其一是在万分之一秒内产生 245～1 766 kPa 的压力，这时底部的压力相当高，而接近口部空间的压力瞬间猛然减低；其二是在百万分之一秒时间内局部产生高达 350～3 500 MPa 的压力。上述两种力重合在一起，便引起各种形态的水冲击。

(2)影响玻璃容器包装强度的因素

①缺陷　玻璃制造过程中的缺陷如气泡、微不均匀区和杂质等，会引起应力的局部集中，导致微裂纹的产生和增长，是玻璃制品被破坏时的主要断裂源。

②表面裂纹　玻璃的破坏是从表面微裂纹开始的，当玻璃制品在受热或受载荷作用时，裂纹就会向纵深发展，从而导致整体的破裂。

③组成　由于玻璃强度主要受外界环境和本身表面状态的影响，因此，组成对强度的影响程度不如玻璃内部缺陷和表面状态的影响显著。

④温度和周围介质　一般来说，玻璃的强度随温度的升高而减小，其原因是随着温度的升高，出现了一些表面损伤的热起伏现象，使应力在缺陷处易于集中，增加了破裂的概率。玻璃在湿空气或水中会降低强度。

3.3.4　玻璃瓶罐的检测

玻璃容器广泛应用于食品产品的包装。玻璃具有很多优良的性能：化学稳定性、耐水性、耐溶剂性及抗药性强；密封性能强，无透湿、透气现象；透明有光泽，能看到内装物；易洗涤、干燥、灭菌，便于回收再利用；机械强度高，不易变形等。但玻璃也存在耐冲击性差，容易破裂，质量大，在溶液作用下有时会有碱析出等缺点。

玻璃容器的主要测试项目如下：

- 玻璃容器测试
  - 一般检测：厚度、形状、口径、高度、垂直度、均匀性
  - 强度测试
    - 耐内压强度(GB/T 4546)
    - 耐压强度
    - 内应力(GB/T 4545)
    - 热冲击强度
    - 机械冲击强度(GB/T 6552)
    - 飞散性试验
  - 化学稳定性试验
    - 耐碱性试验
    - 耐酸性试验

1.玻璃容器的外观缺陷及其检查方法

玻璃容器的强度与外观缺陷有直接关系，玻璃容器的外观缺陷会使其强度大大降低，严重影响包装质量，对于啤酒、汽水等含气饮料的包装甚至会带来安全隐患。因此，应及时剔除外观有缺陷的玻璃容器。

目前我国基本上是人工检查玻璃容器的外观缺陷，这种检查方法的可靠性低。一些发达国家已研制出多种自动检测机，对玻璃容器进行全部检查而不是抽查，极大地提高了检测精度和工作效率。

玻璃包装容器的破损通常是由玻璃表面上的裂痕开始破裂，这种裂痕称为破坏起点。图3.21是玻璃包装容器破损示意图，通过观察破裂断面的形态，可推断破坏原因和破坏起点。

由于包装的不同要求，对玻璃瓶罐的要求也不完全相同。对于酒瓶，除了要求耐久性、强度和瓶盖的密封性以外，还要求色彩美观，透明有光泽，能够防止紫外线使内装物发生质量变化。对于饮料瓶和啤酒瓶等，除要求有足够的耐内压强度外，由于要回收再利用，还要求洗瓶时要有耐热冲击性能。因此，对玻璃容器的性能测试很重要。

2.玻璃容器内压强度测试

耐内压强度是玻璃容器的一个综合指标，尤其是对于啤酒、汽水等含气饮料的包装容器要

图 3.21 玻璃包装容器破损示意图

(郭彦峰,2006)

a. 内压破裂 b. 外部冲击破裂 c. 跌落冲击破裂 d. 热冲击破裂 e,f. 水冲击破裂

求更高。为保证玻璃容器使用安全,国际上一些国家提高了玻璃容器耐内压标准。目前国际上对充气瓶耐内压要求是 1.6 MPa,我国 1989 年制定的标准是 1.2 MPa,一般玻璃瓶为 0.8 MPa。

玻璃容器的耐内压强度与灌装时的压力、环境温度、外界冲击有关,如啤酒、汽水等含气饮料的包装容器常温下内部压力在 196～392 kPa,而当温度升至 40℃时,内部压力升至 343～588 kPa。玻璃容器耐内压强度与本身形状有关。圆柱形玻璃容器的耐内压强度最大,椭圆形容器是圆柱形的 50%,正方形容器仅为 10%～25%。此外,耐内压强度还与容器的截面形状尺寸、壁厚、外观缺陷有关。

耐内压强度试验原理:对夹持在夹板中的试样瓶均匀施加压缩载荷,直到预定载荷值或发生破裂为止。试验仪器是玻璃瓶罐内压力试验机,按照国家标准 GB/T 4546《玻璃容器 耐内压力试验方法》进行测验。首先把试样瓶在一定条件下在实验室放置 30 min 后充满冷水(应没有气泡),悬挂在内压力试验机的夹具上,压紧密封装置,加盖防护罩,开动加压装置,通过水对压力的传递产生对试样瓶的内压。试验中可进行合格性试验和破坏性试验。

合格性试验:对所有样瓶均缓慢加压至预定值(如啤酒瓶 1.2 MPa),保持压力 1 min,然后卸压。根据试样瓶数及破损瓶数求出产品的耐内压合格率。

破坏性试验:对所有试样瓶逐渐加压,直到试样瓶破碎为止。记录试样瓶破碎时的压力。

3. 热冲击强度测试

该试验测试玻璃容器承受温度突变的能力。玻璃容器在清洗、灌装、储存及运输等过程中,如高温灌装、高温杀菌、骤然冷却或放入冰箱等,常伴有温度的急剧变化,要求玻璃容器能具有耐热冲击的能力。

一般情况下,玻璃的耐急热性强于耐急冷性。玻璃容器壁越薄,壁厚变化越小,耐热冲击性能越强。

耐热冲击试验是利用自动温度控制器把两个水槽温度按预定温差调节好,将试样放入热水槽中浸泡 5 min,然后连同瓶内热水急速(不超过 10 s)投入冷水槽中,浸入 30 s 取出。记录破裂的瓶数。

试验所用的样品是未经其他试验的玻璃瓶罐,预先在实验室内放置 30 min。冷热槽内盛水量按试样质量计算,每千克重试样的用水量不少于 10 L。槽内水温均匀,其温差不得超过 1℃。试验装置如图 3.22 所示。

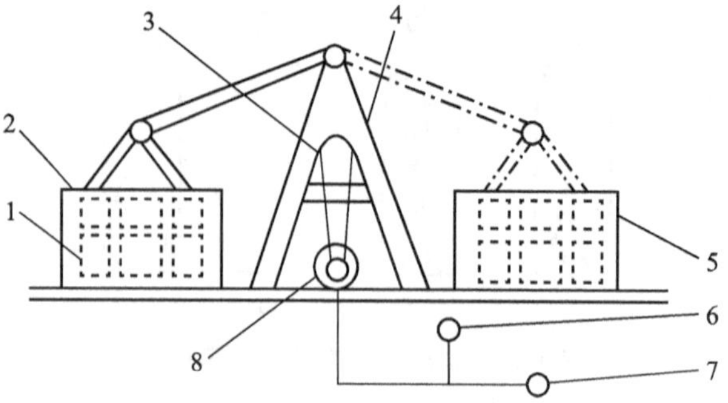

图 3.22 耐热冲击实验原理

（王怀奥，2004）

1.启动开关 2.计时器 3.冷水槽 4.支架 5.链条 6.热水槽 7.试样 8.电机

按照国家标准GB/T 4547《玻璃容器 抗热震性和热震耐久性试验方法》进行试验，耐热冲击试验可分为合格性试验、递增性试验和破坏性试验。

(1)合格性试验 一般调节冷水槽的温度为(25±1)℃，热水槽温度为冷水槽温度加上规定的受试温差。若冷槽温度不是25℃，则每增加(或减少)5℃，原规定的受试温差可增加(或减少)0.5℃。将试样分隔并直立互不相碰地放入网篮内，再将装有样品的网篮浸入热水槽中，样品瓶被热水灌满后，槽面水位应高出瓶口5 cm以上，样品在热水槽中放置不少于5 min，将网篮连同盛满热水的试样在(10±1)s的时间内转入冷水槽中，浸泡30 s。取出样品逐个检查，得出破裂瓶数和破裂百分数。

(2)递增性试验 每次以恒定温差(如5℃)逐步提高受试温差，直至样品瓶的破裂百分数达到预定的数值。记录各次试验的温差、破裂数量和破裂百分数。

(3)破坏性试验 每次以恒定温差(如5℃)逐步提高受试温差，直至样品瓶全部破裂。记录各次试验的温差、破裂数量和破裂百分数。

以热冲击为原理的试验方法，除上述的热冲击试验法外，还有急热法和急冷法等。玻璃瓶在表面急冷时容易产生较多的裂痕，在外表面产生拉应力，因此，试验方法最好还是采用外表面急冷的方式。另外，根据需要也可以采用向瓶内注入热水的内部急热法。这种试验方法适合于常温下向瓶内充填热内装物的情况。

4.内应力测试

玻璃容器在加工制造过程中，容器壁内存有残余应力，这种内应力的存在加剧了玻璃容器的破损，尤其是容器受外界冲击、振动等作用时，内应力释放，内、外力共同作用，易使容器破裂。因此，国家标准规定，对于啤酒等玻璃瓶必须进行内应力测试。

玻璃包装容器内应力检测的常用试验方法为偏光法。根据偏振光的干涉原理，玻璃在变形时呈现双折射现象，变形使非晶体玻璃失去各向同性的特征而具有晶体的性质。如图3.23所示，将非晶体2放在两个正交的偏振片1、3之间，天然光经过偏振片1后得到偏振光。当非晶体变形(存在内应力)时，垂直入射非晶体的偏振光将分解为寻常光线和非常光线。两光线的传播方向一致，但速度不等，即折射率不等。两条偏振光经过偏振片3后，将发生干涉，出现干涉条纹，根据干涉条纹的亮度分析非晶体的变形量(内应力的大小)。试验仪器是偏光应力仪，如 WZY-250 型偏光应力仪。偏光法通常分为比较法和直测法两种。

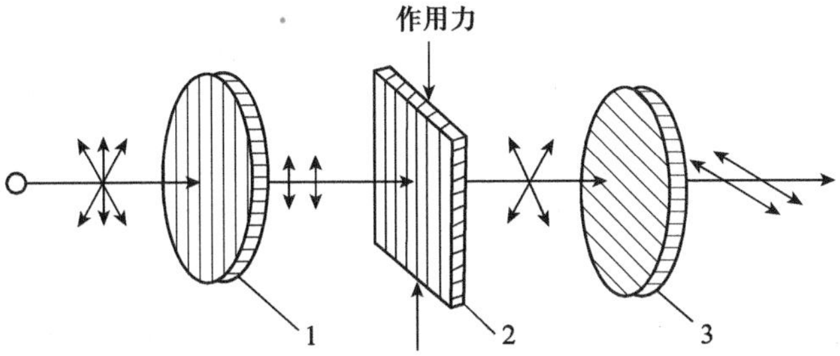

图 3.23 偏光法检测应力原理

（王怀奥，2004）

1，3. 偏振片 2. 非晶体

（1）比较法 比较法使用偏光应力仪，在偏振光视场内使试样瓶与一套标准光程差片进行比较。试样瓶应未经过其他试验，预先在一定温、湿度条件的实验室内放置 30 min 以上，且不能用手直接接触，试验时应戴手套。按照国家标准 GB/T 4545《玻璃瓶罐内应力试验方法》进行试验。

①无色瓶罐的检验方法

a. 把全波片置于偏光应力仪的光路中，调整仪器的零点。

b. 将试样瓶放入视场，检验试样瓶上呈现最高色序点。

c. 将标准光程差片靠近试样瓶的观察区放入视场，但不要与试样瓶的光路重叠。一套标准光程差片不少于 6 片，每片所产生的光程差为 21.8～23.8 nm。

d. 依次叠加标准光程差片，与试样瓶最高色序点的颜色比较。当该色序大于 N 片标准光程差片叠加的色序，而小于 $N+1$ 片标准光程差片叠加的色序时，则该处的应力按 $N+1$ 片标准光程差片计算，按表 3.17 所列关系折算成试样瓶的应力等级。

表 3.17 标准光程差片数与应力等级的关系

（郭彦峰，2006）

应力等级	1	2	3	4	5	6	7
标准光程差片数	$N\leqslant 1$	$1<N\leqslant 2$	$2<N\leqslant 3$	$3<N\leqslant 4$	$4<N\leqslant 5$	$5<N\leqslant 6$	用直测法测定

②有色瓶罐的检验方法

a. 卸下全波片，用偏光应力仪直接观察试样瓶，选定最暗区作为参考区。

b. 置入全波片，依次把标准光程差片叠加于参考区，并与试样瓶呈现最高色序点的颜色相比较，直到两者的颜色接近为止。

c. 转动试样瓶，找出最高色序点。

d. 继续叠加标准光程差片，并与最高色序点的颜色相比较，按表 3.17 所列关系折算成试样瓶的应力等级。

（2）直测法 直测法使用偏光应力仪直接进行应力测定。按照国家标准 GB/T 4545《玻璃瓶罐内应力试验方法》进行试验。

①无色瓶罐的检验方法

a. 调整偏光应力仪零点，使之呈现暗视场。

b. 把试样瓶放入视场，从口部观察底部，这时视场中会出现暗十字。若试样瓶应力小，则这个暗十字会模糊不清。

c. 旋转检偏镜，使暗十字分离成两个沿相反方向向试样瓶跟部移动的圆弧。随着暗区的外移，在圆弧凹侧便出现蓝灰色，在凸侧出现褐色。如果要测定某选定点的应力值，旋转检偏镜，使得在该点上的蓝灰色刚好被褐色取代为止。

d. 绕轴线旋转试样瓶，观察所选的点是否为最大应力点。如果不是，则继续旋转检偏镜，使得最大应力点处的蓝色刚好被褐色取代为止。记录检偏镜的旋转角度，按表 3.18 所列关系折算成试样瓶的应力等级。

e. 如果要测定瓶壁，则使试样瓶绕轴线与偏振平面成 45°，这时瓶壁上会出现亮暗不同的区域，旋转检偏镜直至瓶壁上的暗区聚合，刚好完全取代亮区为止。记录检偏镜的旋转角度，按表 3.18 所列关系折算成试样瓶的应力等级。

表 3.18 应力等级与检偏镜旋转角度的关系

(郭彦峰，2006)

应力等级	旋转角度/(°)	应力等级	旋转角度/(°)
1	0～7.4	6	37.5～44.9
2	7.5～14.9	7	45.0～52.4
3	15.0～22.4	8	52.5～59.5
4	22.5～29.5	9	60.0～67.4
5	30.0～37.4	10	67.5～74.9

②有色瓶罐的检验方法　检验步骤与无色瓶罐相同。当没有明显的蓝色和褐色以及玻璃的透过率较低时，较难确定检偏镜的旋转终点，深色试样瓶尤为严重，这时可采用平均法来确定准确的旋转终点，即以暗区取代亮区的旋转角度与再使亮区刚好重新出现的总旋转角度之和的平均值表示。

(3)真实应力折算　由偏光法测得的表观应力数与试样瓶的真实应力数存在着差异，这主要是由于试样瓶通光处厚度的影响。对于钠钙硅玻璃瓶罐，真实应力数的计算方法为：

$$T_R = \frac{4.06T_A}{t}$$

式中：T_R 为真实应力数，级；T_A 为表观应力数，级；t 为试样瓶被测部位通光处的总厚度，mm。

5. 机械冲击强度测试

国家标准 GB/T 6552《玻璃容器　抗机械冲击试验方法》，适用于玻璃容器的抗机械冲击试验。机械冲击强度试验所用的试验装置如图 3.24 所示，它主要由摆锤装置、夹持装置、升降机构等组成。

机械冲击强度试验包括通过性试验和递增性试验。

(1)通过性试验　首先将试样瓶放置在支承台上，紧靠后支座，上下调整支承台，将玻璃瓶

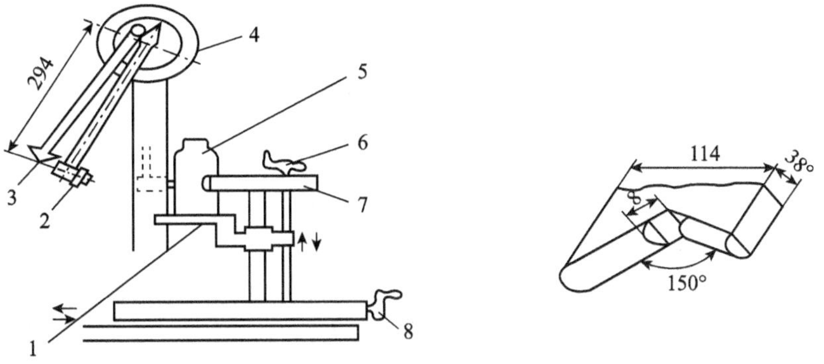

图 3.24 机械冲击强度实验装置

(郭彦峰,2006)

1.升降平台 2.打击物 3.保持子 4.刻度盘 5.试样瓶 6.高度调节手柄 7.卡板 8.水平调节手柄

的打击部位调节到需要检测的位置后,水平方向调节支承台,使摆锤处于自由静止状态,而打击物轻微触及试样瓶表面。再以规定的冲击能量重复打击瓶身周围相距约120°的3个点,检查试样瓶有无破坏。

(2)递增性试验　与通过性试验步骤基本相同,但需要逐步提高冲击能量,重复试验,直到试样瓶破裂为止。

6.垂直载荷强度测试

玻璃的抗压强度很大,甚至可与钢铁相媲美,但其抗拉强度较低。玻璃瓶在开盖和堆码时,受垂直载荷作用而使瓶子受到压缩,瓶子各处应力分布不同,在瓶肩部外表面产生最大拉应力,其大小与载荷大小、壁厚及肩部曲率半径有关。普通玻璃瓶承受垂直载荷能力为400~5 000 N,开盖时负载荷为1 000~2 000 N。

垂直载荷强度试验与内压强度试验相似(图3.25),将试样瓶夹在平台和活塞之间,通过活塞向瓶口施加垂直载荷,加压要缓慢均匀。测出瓶子破裂时的载荷。试验时要注意安装防护罩,以免瓶碎伤人。

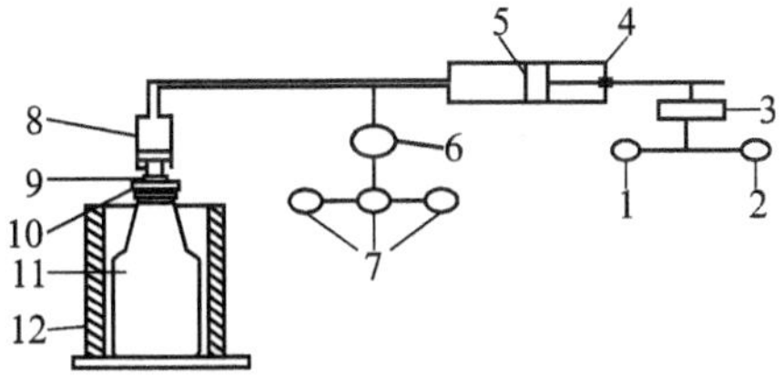

图 3.25 垂直载荷强度实验原理

(王怀奥,2004)

1.启动按钮 2.定时器 3.电机 4,8.气缸 5.活塞 6.压力计

7.压力指示灯 9.止推轴承 10.海绵 11.试样 12.防护罩

7.水冲强度测试

(1)水冲强度　水冲强度是指包装件在冲击振动过程中,内装液体与玻璃瓶相对运动,液

体对玻璃瓶的冲击引起的破坏力。水冲破损通常在热装充液的瓶体上发生，尤其是密度较大的液体更易产生破损。

装有玻璃容器的上层纸箱跌落到下层纸箱时，碰撞使下层纸箱内的玻璃瓶瞬间下降，由于惯性原因，内装液体的运动滞后于瓶子的运动，内装液暂时被悬空，在瓶子下部产生空隙。瓶子的上部被压缩，压缩力通过液体传递给整个瓶体，然后内装液体下降，冲击瓶底部。如果冲击力大于玻璃瓶的内压力，则发生破损。

(2)水冲强度试验　玻璃瓶水冲强度的试验装置如图 3.26 所示，它主要由上部箱体、下部箱体、混凝土基座和 20 mm 厚钢板等组成，H 表示跌落高度。具体测试方法是，首先将玻璃容器按规定进行充填、包装，然后使上部箱体从 30～40 cm 高度自由跌落。只要有一个试样瓶破损，则记下跌落高度，并以此高度作为水冲强度的临界跌落高度。

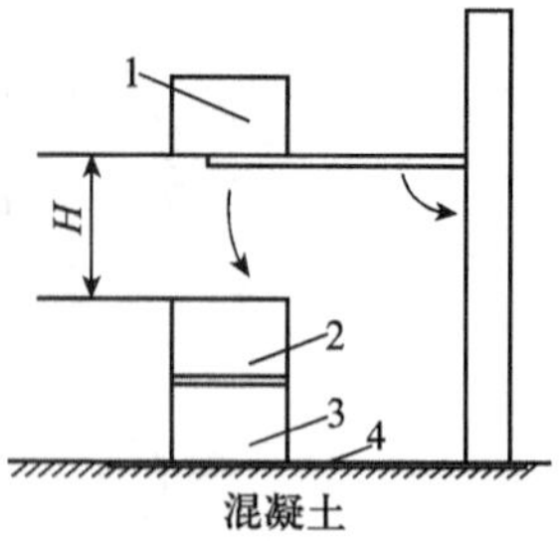

图 3.26　水冲强度实验装置

(郭彦峰，2006)

1. 上部箱体　2. 被测箱体

3. 下部箱体　4. 钢板

思政案例

节能减排——玻璃包装发展新趋势

包装材料的使用给广大群众带来了生活便利，但与此同时也带来了环境污染和资源浪费等各项社会问题。在所有包装产品中，玻璃包装容器在使用后最方便回炉再生产，并且不影响产品质量，既能有效解决包装材料使用后的处理问题，减少环境污染，同时也能够实现循环利用，节约资源。

党的二十大提出推动绿色发展，促进人与自然和谐共生，牢固树立和践行绿水青山就是金山银山的理念。当前，全球发展视角关注于“绿色经济”，重视绿色产品的开发和推广。玻璃包装适应市场化和绿色化的要求，通过节能技术的发展、引进高效先进的生产设备、对现有的玻璃回收体系进行相应的完善等方式，能在一定程度上减少产品的生产成本，降低对环境的污染，更好地契合节能减排的理念，从而促使国内玻璃包装产品市场的竞争力大幅提升。

(关注，2020)

3.4　金属包装材料及其包装制品

金属材料用于食品包装有近 200 年的历史。金属包装材料以金属薄板或箔材为原材料，再加工成各种形式的容器来包装食品。由于金属包装材料及容器具有优良的包装特性和包装效果、包装材料及容器的生产效率提高，以及包装食品具备良好的流通储藏性能等，其在食品包装上的应用越来越广泛，成为现在最重要的四大包装材料之一，金属包装材料约占我国包装材料总量的 20%。

3.4.1　金属包装材料的特点及种类

1. 金属包装材料的特点

金属包装材料的性能优良，表现为：

(1)金属强度高，阻隔性能好。金属包装材料对光、气、水的阻隔性好，防潮性、保香性、耐热性、耐寒性、耐油脂等性能大大超过了塑料、纸等其他类型的包装材料，可长期有效地保护内装物，适合包装的多种要求。

(2)金属表面光滑，装饰性好。金属具有良好的装潢性能，易于印刷，可以提高包装物体的美感和档次，可以通过表面彩印装饰提供更理想美观的商品形象。

(3)金属来源丰富。金属包装材料来源丰富，易于回收、再生利用或重复使用，且无污染。铁和铝作为主要的金属包装材料在自然界中含量极为丰富，且已大规模工业化开采和生产。

(4)金属的机械性能优良。金属包装材料具有良好的抗拉伸、抗弯折和抗压等性能，机械性能良好。金属包装材料便于在包装上推广轻量化设计，从而节省材料，提高效益。

(5)金属包装废弃物较易回收处理。金属包装废弃物的材料都很容易被金属制造商重新熔化。制罐过程中产生的废料可通过第三方商家退回回收。消费后的金属包装废物被收集起来，在与其他废物材料自动分离后，最终被送回金属制造商进行重新熔化。金属材料在重熔过程中不会出现质量损失，因此可以无限次重复使用，以生产一流的包装材料。这在提倡“绿色包装”的今天显得尤为重要。

金属材料用作食品包装的缺点是化学稳定性较差，耐蚀性不如塑料和玻璃，钢质包装材料容易锈蚀。因此，金属包装材料多需要在表面再覆盖一层防锈物质，以防止来自外界和被包装物的腐蚀破坏作用，同时也要防止金属中的有害物质对商品的污染，例如：金属材料中不同程度地含有重金属离子 Pb、Be、Sn 等，这些重金属离子能污染食品，而且对人体危害较大。金属包装从生命周期全过程，即采矿、冶炼、轧制钢(铝)板到制作包装、使用、废弃的整个过程来看，对资源及能源的消耗均很大，对环境和大气会造成污染。

金属材料用作食品包装的另一个缺点是价格较贵，但会随着生产技术的进步和大规模化生产而得以改善。

2. 金属包装材料的种类

金属包装材料主要为钢材和铝材两大类，而每一类又包含若干品种，各有适用范围。

3.4.2　食品包装常用金属材料

1. 钢材

(1)低碳薄钢板　金属学中把含碳量小于 0.25% 的铁碳合金称为低碳钢，用低碳钢制作的薄钢板称为低碳薄钢板。低碳薄钢板由钢锭或连续铸造钢材经轧制而成。按轧制方式不同可把低碳薄钢板分为热轧低碳薄钢板和冷轧低碳薄钢板两类。它可以作为生产镀锡薄钢板和非镀锡薄钢板的原板，也可以用作捆扎材料。用它制成的容器具有更大的强度和刚度，并具有成本低廉、加工性能好等优点。

我国用于制造金属包装容器的低碳薄钢板有普通碳素结构钢低碳薄钢板和优质碳素结构钢低碳薄钢板。当金属包装容器的机械性能要求不高，且不需要经受深冲压时，可选用普通碳素结构钢低碳薄钢板。当金属包装容器的机械性能要求较高时，可选用优质碳素结构钢低碳薄钢板。制造金属包装容器的低碳薄钢板的含碳量一般在 0.05%～0.22%。

(2)马口铁　马口铁(SPTE)是电镀锡薄钢板的俗称，是指两面镀有商业纯锡的冷轧低碳钢板或钢带，又叫镀锡铁。锡主要起防止腐蚀与生锈的作用。它将钢的强度和成型性与锡的耐蚀性、锡焊性和美观的外表结合于一种材料之中，具有耐腐蚀、无毒、强度高、延展性好的特性。中国第一批马口铁来自清代中叶的澳门，澳门当时音译“马口”，故中国人一般称之为“马口铁”。

镀锡板的特性，因镀锡方法、镀层厚度和表面处理方法的不同而异。镀锡原板的化学成分见表3.19。镀锡板是由钢基板、锡铁合金层、锡层、氧化膜和油膜五层构成。值得注意的是，在钢基板与锡层之间产生了一层锡铁合金，这是在钢板上镀锡后进行软熔处理和钝化处理而产生的，它不仅具有媒介作用，使锡牢固地附着于钢板表面，而且还可使锡层光亮，补偿镀锡层存在的孔隙，提高钢板耐腐蚀性。一般来说，镀锡层的厚度为0.5～2.0 μm。热镀锡方法的锡层厚度大于电镀锡方法的锡层厚度。尽管上面的锡层很薄，但它是非常有用的“外衣”。铁皮穿上了这件外衣，不仅美观，而且拥有了很多优良的特性。锡的化学性质十分稳定，它与水不会发生化学反应，即使让它长期与潮湿空气接触也只会在它的表面逐渐形成一层密密的氧化物薄膜，这层薄膜能防止锡的继续氧化，这正是镀锡铁皮抗腐蚀的原因。

表3.19　钢板材料的化学成分　　%

钢种	回火度	成分									用途
		C	Mn	S	P	Si	Cu	Ni	Cr	Mo	
L	T1～T4	0.05～0.08	0.03～0.04	≤0.05	≤0.015	≤0.01	≤0.06	≤0.04	≤0.06	≤0.05	制作高耐腐蚀性容器
MR	T1～T4	0.05～0.11	0.25～0.50	≤0.05	≤0.015	≤0.01	≤0.2	—	—	无严格限制	一般食品容器
	T4～T5	0.08～0.11	0.30～0.45	≤0.05	0.07～0.10	≤0.01	≤0.02	—	—		高拉应力镀锡铁皮大型啤酒罐的盖与底
MC	T6	0.08～0.11	0.30～0.50	≤0.05	0.10～0.15	—	—	—	—		

(3)无锡钢板　镀铬薄钢板简称镀铬板，系无锡钢板，是由于金属锡资源少、成本偏高而研制的新型制罐材料。美国、欧洲和日本都越来越多地应用以取代部分镀锡板用材。铬是一种坚硬、带银白色光泽的金属，硬度、耐磨性、基体结合性都很好，耐热性也较高。镀铬板采用的原板和镀锡板一样都是低碳结构薄钢板，但镀铬层很薄(＜1.3 μm)，其工艺和镀锡板相同，因此，一般原有镀锡生产线只需略加改造，加装镀铬槽就可实现镀锡或镀铬两用。镀铬板的结构有4层：钢基板、金属铬层、水合氧化铬层和油膜。镀铬板耐蚀性虽比不上镀锡板，却也有一定的耐蚀性，用于弱酸性食品的包装还是适合的。这类食品在国际市场用量很大，如肉、鱼、禽、乳制品、蔬菜、胡萝卜、豌豆、甜菜、土豆以及各种饮料汤类等。目前镀铬钢板在国内主要用于制作啤酒瓶盖、饮料及中性食品罐涂料盖，用作食品罐还很少。

(4)白铁皮　镀锌薄钢板又称白铁皮，是制桶(罐)的材料之一，主要用于制造工业产品包装容器。它是在酸洗薄钢板后经过热浸镀锌处理使钢板表面镀上厚度为0.02 mm以上的锌保护层。因为锌的电极电位比铁低，化学性质比较活泼，在空气中能很快生成一层氧化锌薄膜，这层氧化锌薄膜非常致密，保护了里面的锌和钢板不受腐蚀，即使擦破了镀锌层，锌也会先发生氧化而保护铁，这样大大提高了钢板的耐腐蚀性能。用镀锌板制成容器后，就不必再进行表面防腐处理，因此，镀锌薄钢板被广泛用来制作金属包装容器，这种容器强度高、密封性能好，是工业产品包装中应用较多的包装材料。镀锌层是保护性镀层，可以保护钢板在使用过程中免受大气的腐蚀。镀锌层一般都要经过钝化处理，在铬酸或铬酸盐溶液中钝化后所形成的钝化膜不易与潮湿空气作用，防腐能力较强，但锌易溶于酸或碱且易与硫化物反应，所以不适于包装呈酸性、碱性或含硫化物的产品。

(5)涂层钢板　涂层钢板即有机涂层钢板，是指有机涂料涂敷于钢板表面获得的涂装金属材料。此类涂层钢板在制作成各类包装产品后无须再进行涂装工序，所以又常将涂层钢板归为预涂层钢板。涂层钢板兼有有机聚合物与钢板两者的优点，既有有机聚合物的良好着色性、成型性、耐蚀性，又有钢板的高强度和易加工性，能很容易地进行冲裁弯曲、深冲、焊接等加工。

英国卡瑞斯公司几年前向市场投放了一种最新的装饰性钢板，这种材料由氧化铬电镀钢板及其表面的几层聚合物涂料膜组成，目前已在欧洲得到了应用。这种聚合物喷涂材料有几层复合薄膜可以金属化，并能够印上全息商标，它有保护层，有利于印刷。由于整个工艺是在平面上进行的，该系列装饰性钢板不适合于拉伸罐，但是对装饰容器、易开盖、拧断盖、皇冠盖、复合罐端盖和三片罐者是理想的材料。该材料表面光洁亮丽，一经问世就打入了马口铁容器市场。

英国的弗瑞莱特公司是最有名的聚合物涂覆钢材供应商，其产品已在市场上销售了好几年。把聚合物薄膜胶结到钢板的表面时，须把材料熔融并急剧冷却，以便制作阻隔性好、抗腐蚀性强且引人注目的包装。还有一种新型的涂覆工艺，是把树脂直接挤压到钢板上，目前已用于食品罐的生产。

2. 铝材

(1)铝箔　铝箔是一种用工业纯铝薄板经多次冷轧、退火加工制成的可持性金属箔材。食品包装用铝箔厚度一般为 0.05～0.07 mm，与其他材料复合时所用铝箔厚度为 0.03～0.05 mm，甚至更薄。铝材的杂质含量及轧制加工时产生的氧化物或轧辊上的硬压物等将使加工出的铝箔上出现针眼，从而影响铝箔的阻透性能。一般认为厚度<0.015 mm 的铝箔不能完全阻挡气、汽、水的透过，厚度≥0.015 mm 的铝箔透过系数为 0。铝箔很容易受到机械损伤及腐蚀，所以铝箔较少单独使用，通常与纸、塑料膜等材料复合使用。

采用各种不同加工法可获得压花铝箔、彩箔、树脂涂覆箔及其他材料贴合箔等多种铝加工箔。压花铝箔、彩箔可直接用来裹包食品，尤其用于礼品包装。铝箔复合膜材料具有优良的耐蚀、阻透、光屏蔽、密封性能，且强度好，所以大量用于食品的真空、充气包装，如制成蒸煮袋，制作多层复合袋，制软管，作泡罩包装的盖材，制作杯、盒、盘的盖材，制成浅盘盒及制商标等。铝复合膜材料的组成及用途见表 3.20。为了减少铝箔材料的用量，在塑料膜或纸上采用真空镀铝膜的方法制成铝复合膜包装材料，这种复合膜的阻隔性比铝箔差，但耐折性、热封性比铝箔好，而与前述的铝复合膜材料比，真空镀铝复合膜的阻气性、反射紫外光性能稍差，但成本低。

铝箔容器是指以铝箔为主体材料制成的刚性、半刚性或软性容器。铝箔材料的优越包装性能使得用铝箔制成的容器具有质轻美观、阻隔和传热性好等包装特性，既可高温杀菌，又可低温冷冻、冷藏，加工性能好，可制成各种形状容器且易进行彩印。此外，铝箔容器包装还具有开启使用方便、用后易处理等优点。所以，它广泛用于食品包装，如用于包装焙烤类糕饼、餐后甜食、冷冻食品、方便食品、军需食品、应急食品及加热后食用的盒装食品、蒸煮袋装食品(软罐头)、旅行食品等。随着生活水平提高和旅游业的发展，这种随时随地可加热享用、便捷高效、卫生、安全、对环境污染小的食品包装形式的应用将越来越广泛。

表 3.20 包装用铝箔复合膜的组成与用途

用途	箔厚/μm	加工箔构成
口香糖(内装)	7	Al/蜡/薄叶纸
香烟	7	Al/黏合剂/模造纸
粉末食品	7	PP(印)/Al/PE
纸容器	7	Al/黏合剂/马尼拉板纸
贴纸	7	Al/黏合剂/高质纸
红茶	7	玻璃纸(印)/黏合剂/Al/黏合剂/模造纸/PE
牛油	7～8	Al/黏合剂/羊皮纸
复合罐	7	薄纸(印)/黏合剂/牛皮纸/黏合剂/Al/PE
蒸煮袋	9	PET(印)/黏合剂/Al/黏合剂/聚烯烃
干酪	10	喷漆/Al/喷漆
巧克力板	8～15	①平箔;②Al/PVC;③Al/PE;④Al/蜡/薄叶纸
封瓶箔	15～30	①平箔;②Al/PVC
"PTP"包装	20	Al/热封层
药品	20～40	①玻璃纸(印)/PE/Al/PE;②着色玻璃纸/黏合剂/Al/PE
Crown spot	50	热封涂层/Al/耐热喷漆
乳酸饮料盖儿	50	Al(印)/PE/热融胶
箔容器	30～150	①平箔;②喷漆/Al/喷漆;③喷漆/Al/黏合剂/PP

目前,铝箔容器主要有以下几种:

①皱壁铝箔容器　这是用稍硬铝合金箔冲压落料、起皱拉伸制成的有折叠侧壁的容器,可分为浅盒无盖容器和有盖容器两种。有盖铝箔容器的盖为纸或塑料膜,将其插入容器口的折叠槽内盖封,由于容器易变形而不能保证完全密封,所以这种容器主要用于冷冻食品或流通期限很短的方便食品包装。

②光壁铝箔容器　这是用含杂质量较少、塑性很好的工业纯铝拉伸制成的侧壁光滑的容器。容器口水平的凸缘平滑,容器内及凸缘表面涂有热塑性树脂。带涂料的容器盖与容器凸缘热压封合形成可靠密封包装。这种容器适用于100℃以下杀菌食品(如果酱等)的包装。

③铝箔复合膜蒸煮袋　这是铝箔复合膜制成的软性袋式包装容器,具有金属罐及塑料袋的包装优点,包装食品可进行120℃左右蒸煮加热杀菌,可替代刚性的玻璃罐、金属罐而成为"软罐头",是目前用于高温杀菌食品包装最具发展前景的包装容器。

(2)真空镀铝软包装材料　真空镀铝纸是一种环保卫生的绿色包装材料,目前国际上较为流行而且广泛使用。由于它高贵美观的金属质感、稳定可靠的印刷性能以及可降解、可回收的环保属性,越来越多地受到人们的喜爱。而且它的价格要比铝箔纸便宜,因此这一产品具有很强的市场竞争力。从1992年起,真空镀铝防水酒标纸开始进入我国啤酒瓶贴包装市场,随后迅速扩大。1993年起,真空镀铝(灰底)卡纸应用于国产白酒、花卉、化妆品、食品、礼品包装市场。1997年起,真空镀铝卡纸开始进入国产香烟的外包装市场,逐步取代传统的铝箔纸、覆膜卡等高价格、非环保的包装材料。目前,真空镀铝纸最大的应用市场是北美和欧洲,这两大市场占世界市场的80%。北美真空镀铝纸年耗量12万t;欧洲真空镀铝纸年耗量9万t。

①真空镀铝纸的优势　真空镀铝纸是针对铝箔复合卡纸和PET覆膜卡纸而兴起的可回用、可降解的包装材料。铝箔复合纸是将铝箔与卡纸复合而形成的一种复合卡纸,它以生产成

本高、非环保等缺点而逐步被真空镀铝纸所取代。真空镀铝纸具有铝箔复合纸无法比拟的优势，体现如下：

a. 具有优良的耐折性和良好的韧性，很少出现针状孔和裂口，无柔曲龟裂现象，因此隔氧性也更为优越，这对包装敏感和易失味食品，以及保持外观美是重要的。

b. 部分薄膜可不镀金属，使消费者能看到内装物品。

c. 大大降低了生产成本。由于采用真空镀铝技术，铝层厚度不到复合卡纸的 1/200，基膜可重复多次(6～8 次)使用，可以大大地降低成本，节约能源。

d. 环保卫生。铝箔金银卡纸、PET 复合卡纸虽然已成为装饰性能与防伪性能均佳的高档包装材料，但它们是非环保材料。铝箔金银卡纸是铝箔与纸的复合产品，铝箔厚度为 7 μm，因此，既不能作为铝制品回收，也无法作为纸类回收，无法焚烧，不利于环保。PET 复合卡纸是镀铝膜与纸的复合产品，由于塑料膜不能降解，也不利于环保。镀铝纸则由于使用铝材料最少，容易处理和再生利用，属于环保型产品。另外，镀铝纸生产所用原辅材料无气味、无毒，符合美国 FDA 标准，具有卫生性。

e. 防伪。真空镀铝纸易于进行镭射全息处理，处理后的真空镀铝纸称为镭射喷铝纸(简称镭射纸)。镭射喷铝纸是将激光全息的图案或文字信号通过模压的方式加载到喷铝纸的表面。镭射喷铝纸的镭射亮度比普通镭射透明膜强几倍，镭射图案擦不掉，而且镭射喷铝纸的生产工艺较为复杂，科技含量高，设备投资大，使得假冒伪劣产品望而却步，所以镭射喷铝纸有很好的防伪性。

f. 解决了传统铝箔使用时的技术性问题。铝箔的易褶皱性在许多应用领域都是一种缺点。对于啤酒标来说，还有更加不利的方面，即在酿酒厂标签从瓶上被冲洗掉时，碱性苏打溶液与铝会发生反应，产生氢气，严重时会引发爆炸。镀铝纸张的生产方式同薄膜一样，但是镀层是超薄的，因而使用这样超薄的镀铝层，不仅不会出现褶皱，而且用啤酒标冲洗机冲洗下来的铝量减少到原来的 1/250，不会出现因产生氢气而引发爆炸的情况。

②真空镀铝纸的生产工艺　真空镀铝纸是在高真空中以电阻、高频或电子束加热，使铝丝加热到 1 400℃左右汽化后附着在纸基上形成的。真空镀铝纸按生产工艺可分为直接法(纸面喷铝)和转移法(膜面喷铝)两种。直接法是原纸经表面处理后直接放入真空镀铝机进行喷铝的方法，这种方法对纸张要求高，适用于 40～120 g/m^2 的铜版纸、白板纸、卡纸等纸型。其工艺特点为：

• 采用直接法生产真空镀铝纸，工艺流程短，表面具有很强的金属质感，平整光亮，色泽均匀。

• 产品的印刷适应性强，可用于凹印、胶印、丝印、UV 印刷。

• 该工艺可生产任意图案及文字的激光防伪真空镀铝纸。

• 直接法采用 40～120 g/m^2 的铜版纸、白板纸、牛卡纸等均可。

• 采用直接法生产的真空镀铝纸铝层厚度仅为 0.02～0.04 μm，符合世界各国对环境保护的要求，易于回收。

而转移法是在 PET、BOPP 等薄膜上预涂转移涂料和结合层(信息层)涂布上色，再经过真空镀铝、复合、模压、剥离等工序将铝层(或含有信息层的铝层)转移至纸上(或其他基材上)，这种方法可生产 40～450 g/m^2 的纸或纸板。主要工艺流程包括：配料、涂布、模压、镀铝、复合、剥离、切纸、包装等工序，若为了得到更好的防伪效果，也可以在涂布后加入模压镭射这一工序，以获得镭射全息防伪效果。其工艺特点为：

• 该工艺充分利用 PET 膜平整度，使纸表面平整光亮，色泽均匀，具有更强的金属质感。

• 产品的印刷适应性强，可用于凹印、胶印、丝印、UV 印刷。

• 该设备可生产任意图案及文字的激光防伪金银卡纸。

• 采用转移法可用于 $80\sim350\ g/m^2$ 的白卡纸、铜版纸、灰底白板纸、牛卡纸等生产金银卡纸。

• 采用转移法生产的金银卡纸铝层厚度仅 $0.02\sim0.04\ \mu m$，符合世界各国对环境保护的要求，易于回收。因为再造纸有上升趋势，它将是转移镀铝纸的受益者。

• 转移法采用的基膜(PET)可反复多次使用，相对成本可降低。

• 相对设备投资少，并能较好地保持原纸物理性能。

与直接法相比，转移法的优点为：可生产任意厚度的纸或纸板；可以充分利用 PET 膜的平整度，使纸面金属光泽更加明亮；可以生产各种图案的镭射防伪真空镀铝卡纸。缺点为：工序多，成品率比直接镀铝法低，对需要多次使用的 PET 膜的要求较高；对转移膜二次工序的工艺技术要求较高，质量合格率控制手段受限制；产品耐折性能还存在一定问题。

3.4.3 金属罐和金属桶

包装食品用金属容器按形状及容量大小分为桶、盒、罐、管等多种，其中金属罐使用范围最广，使用量最大。

1. 金属桶的结构设计

金属桶是指用厚度＞0.5 mm 的金属材料制成的容量较大的包装容器。金属桶按结构可分为开口桶和闭口桶。开口桶是指桶盖可拆卸的桶，桶盖由封闭箍等装置固定于桶身上；闭口桶是指桶盖与桶身经卷边密封组合成一体，不可拆卸，桶盖上设有桶口，通常根据桶盖上所开桶口的大小分为小开口桶(桶口直径 $d\leqslant70$ mm)和大开口桶(桶口直径 $d>70$ mm)。金属桶按材料可分为钢桶、铝桶、钢塑桶(即钢桶内衬一个塑料桶或喷涂一层聚乙烯或聚氟乙烯等)。现以钢桶为例，一般由桶身、桶底和桶盖组成，桶身与桶底(盖)采用卷边密封连接，使用材料主要有优质碳素结构钢、低碳薄钢板、镀锌薄钢板、镀锡钢板，它的形状、规格和壁厚的确定均同于三片罐，钢桶的容积一般为 1～200 L，壁厚为 0.5～1.5 mm。目前，我国对固碱桶、电石桶、钢提桶(钢提桶是指容量较小并有提手的钢桶)的规格和尺寸专门制定有标准。

(1)钢桶桶身　钢桶桶身的纵向接缝采用电阻焊。桶身一般设计有翻边、环筋和波纹。当为闭口钢桶时，桶身上下两端均须翻边；当为开口钢桶时，桶身上端为卷边，将桶身或空心件边缘卷成一定形状(图 3.27a)，桶身下端为翻边。桶身翻边(图 3.27b)是为了与桶底(盖)进行卷边密封连接，各尺寸关系为：

$$L'=\left(\pi-\frac{1}{2}\right)T-\frac{8\pi+3}{2}t+W+\sqrt{\left(\frac{T-7t}{2}\right)^2+(W-T+t)^2}$$

式中：L' 为翻边宽度；T 为卷边厚度；W 为卷边宽度；t 为壁厚。为了加强桶身的强度和便于桶体滚动，设计环筋高度为 8～14 mm，波纹高度为 2～3 mm。

(2)钢桶桶底(盖)　为便于与桶身的翻边进行卷边密封连接，桶底(盖)外缘均须翻边(图 3.27c)，各尺寸关系为：

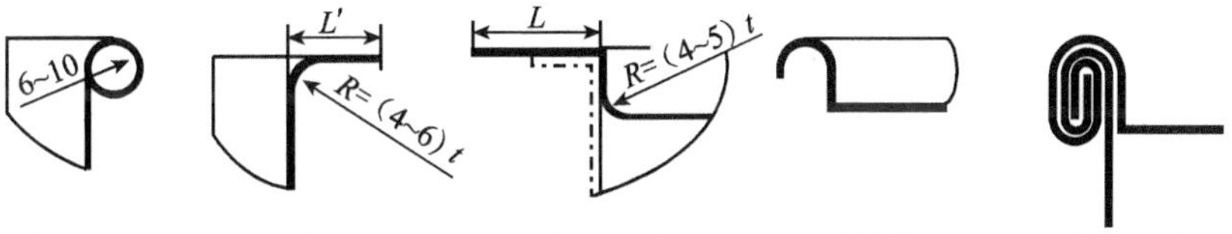

图 3.27　钢桶各部分的结构与尺寸

$$L=\frac{3\pi-2}{2}T-\frac{19\pi+8}{4}t+2W-\frac{\pi}{2}R+\sqrt{\left(\frac{T-7t}{2}\right)^2+(W-T+t)^2}$$

式中：L 为翻边宽度；R 为转角半径；T 为卷边厚度；W 为卷边宽度；t 为壁厚。

当为开口钢桶时，桶盖的卷边结构见图 3.27(d)。当为闭口钢桶时，桶盖翻边与桶底翻边的结构相同，但是其上所开桶口的位置会随桶口大小的不同而不同，小开口桶用于盛装液态的货物，大开口桶用于盛装膏状、粉粒状或块状的货物。

(3)钢桶桶身与桶底(盖)的连接　钢桶桶身与桶底(盖)的连接采用二重卷边或三重卷边的密封结构。目前钢桶多用三重卷边(图 3.27e)，尤其是闭口钢桶。一般三重卷边的钢桶经跌落后，仍具有二重卷边的结构；而二重卷边的钢桶经跌落后，则由原来的五层卷边变为三层卷边，易产生开裂而渗漏；故三重卷边的密封性好，抗冲击强度高。

(4)钢桶封闭器　钢桶封闭器是指用于钢桶开口处的密封装置，通常应按开口形式和被包装物特性来设计和选用。钢桶封闭器大致分为封闭箍式(包括螺杆型和杠杆型)、揿压式(包括揿盖型和压塞型)、顶压式(包括压盖型和螺栓型)、螺旋式(包括旋盖型和旋塞型)四类。对于密封性要求不高的使用揿压式；对于密封性要求较高的使用封闭箍式、顶压式和螺旋式。

2.金属罐的结构设计

(1)三片罐的结构设计

①罐形及规格尺寸的确定　三片罐的形状有圆形、方形和椭圆形等，但从经济角度(省料、加工难易)考虑应该优先选用圆形，只有在特殊情况下才选其他形状。

在确定罐的规格尺寸时，先根据被包装物的容量和罐的填装率(85%～95%)计算出所需的罐容，后根据罐容标准规格系列进行确定。目前，我国三片罐的规格尺寸系列标准中的容积为 0.07～16 L、内直径为 52.3～285 mm(易开盖三片罐为 52.30 mm 及 65.30 mm)，高度为 39～311 mm。

②罐身　一般罐身的板厚为 0.15～0.5 mm，对常压三片罐的罐身壁厚的选用原则是大径取大值，小径取小值。但对受压的三片罐则必须根据罐内压力的大小和材料许用应力确定罐身壁厚，其公式为：

$$t=\frac{PD_i}{2[\sigma]\varphi^-}$$

式中：t 为罐身壁厚，mm；P 为罐内压力，MPa；D_i 为罐内径，mm；$[\sigma]$为设计温度下罐身材料的许用应力；φ^- 为焊缝系数。

此式是由薄壁圆筒理论($t/D_i\leqslant 0.1$)和材料力学最大主应力理论得出的。三片罐罐身的纵向接缝有压接法、焊接法和粘接法3种方法。压接法是将一端切角,另一端切缺的罐身经端折、钩合、压平而成的,具体结构见图3.28a,主要用于密封性要求不严的罐。焊接法包括锡焊法和电阻焊法。锡焊法主要是在压接缝的缝隙间采用了锡焊,目前已很少使用(主要是由于锡铅焊料中含铅较高)。电阻焊法其焊缝搭接宽度≤4 mm,焊缝窄、厚度薄、易于翻边、密封性好、强度高,基本取代了锡焊法,目前它是三片罐罐身的主要接缝方法。粘接法是指在罐身两端涂上约5 mm宽的黏合剂后,经搭接、加热、加压粘接而成。为了便于与罐底和罐盖进行卷边密封连接,罐身上下边缘必须向外翻出翻边(边缘翻起的圆弧或曲线状竖立边缘),具体结构见图3.28b。当罐身直径较大时,为提高刚性可在圆周方向滚压刚性圈(图3.28c、d),并且注意滚压前应在纵向接缝处预压出预压筋凹窝。

③罐底和罐盖　罐底或罐盖的外缘均须翻边向内弯成边沟,结构见图3.28e,钩边开度b和钩边高度h的取值为经验值,通常依据直径大小取值。为加强罐底或罐盖的强度,常在罐底或罐盖上设计刚性膨胀圈纹(图3.28f)。

④罐身与罐底或罐盖的连接　通常采用二重卷边连接法,即将罐身翻边与罐底或罐盖翻边相互卷合并嵌入密封胶构成的五层卷边结构(图3.28g),它的形状主要与卷边辊轮沟槽曲线(半月形、T字形)有关。

⑤开封形式　目前,主要有侧面卷开式、小开口易开盖式、大开口易开盖式、喷雾式、通用盖式(嵌入盖、压入盖、合页盖等)。注意:当所设计的罐为三片易开盖罐时,应按标准GB/T 17590—2008进行设计。

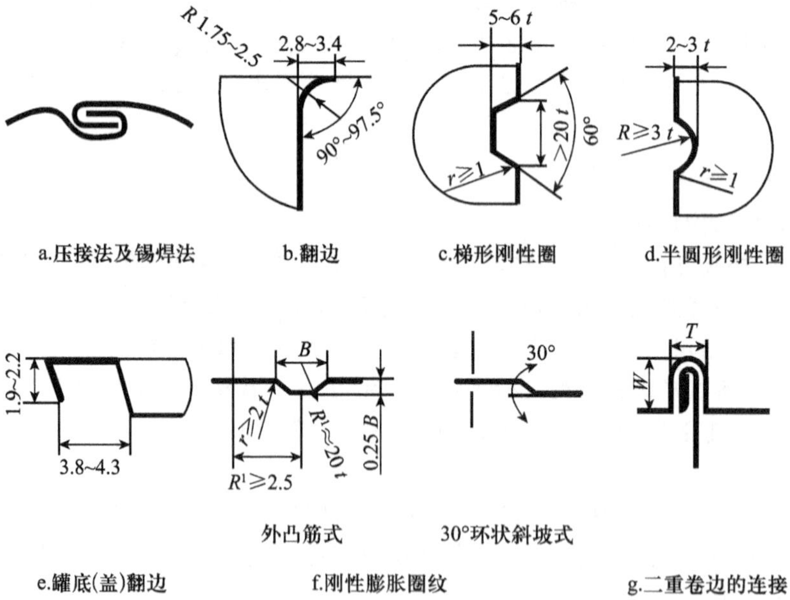

图3.28　三片罐各部分的结构与尺寸

⑥罐体结构　三片罐结构最初是在20世纪初开发出来的,它由一块矩形的马口铁制成,被卷成圆筒状,边缘连接在一起(图3.29)。

(2)二片罐的结构设计　二片罐桶底和罐底由一块金属制成,顶部或末端是二片罐结构的第二部分,二片罐因其带底罐身是经浅拉深(高径比<1)、深拉深(高径比>1)或变薄拉深加工

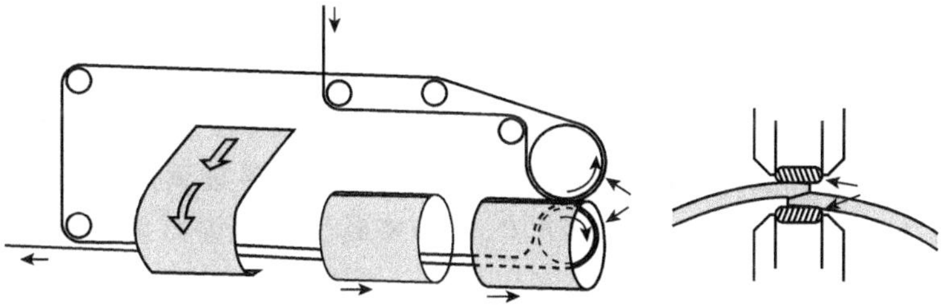

图 3.29　三片罐罐体结构

(Farmer et al.,2013)

成形的,故其没有纵向接缝;除此之外,其罐身、罐盖、罐身与罐盖的连接、开封形式、罐形及规格尺寸的确定均同于三片罐,而不同于三片罐的是,三片罐几乎均由马口铁制成,而两片罐则由钢和铝制成。二片罐有两种制造方法,这两种方法都是从胚料和拉深阶段开始的,然后进行一个或多个重拉深操作,在不减薄容器壁的情况下,杯的直径逐渐减小,高度增加,拉深罐因此产生(图 3.30)。进一步的"变薄拉深"操作可以用来减少罐壁的厚度。第二种方法产生一个变薄拉深罐(图 3.31),变薄拉深操作通常分几个阶段进行,因为材料强度限制了单个操作中可能的减薄量。级数取决于所需的整体减薄量。通常,壁厚从原始金属厚度减薄 50%~75%。变薄拉深罐是由普通金属在木材润滑的冷加工过程中形成的。随后清洗罐体以除去成型润滑剂,成型后添加保护涂层和外部印刷图案。现在大多数食品和饮料的金属包装都是这样生产的。

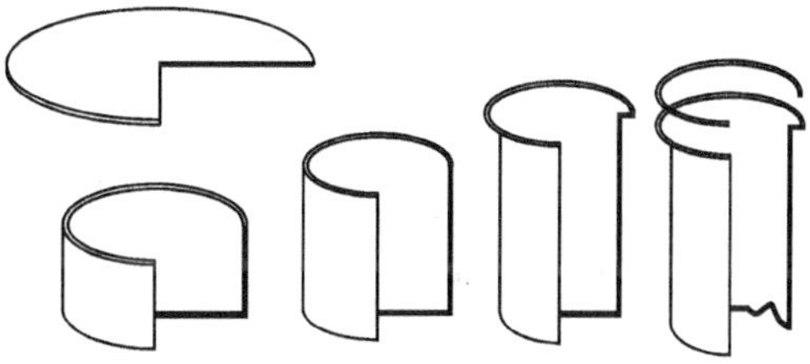

图 3.30　拉深罐结构图

(Farmer et al.,2013)

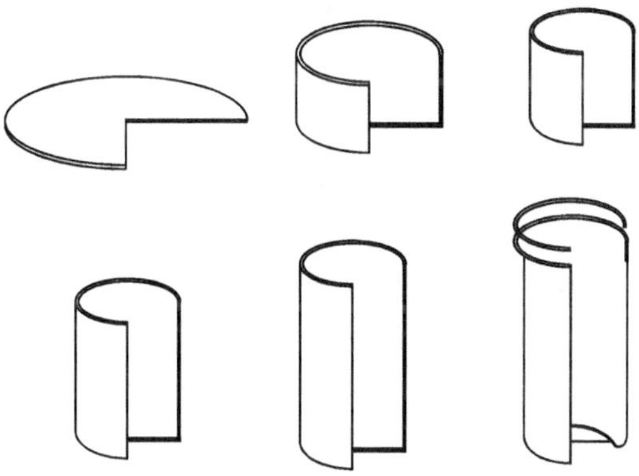

图 3.31　变薄拉深罐结构图

(Farmer et al.,2013)

(3)金属罐的质量检查　金属罐制造过程中因制罐设备的磨损、调整及使用操作等多方面因素，将影响所制空罐的质量，而空罐的质量又将影响罐装和罐封质量，影响罐装食品的杀菌加工及储存期，因此，空罐质量检测十分重要。检测的主要内容包括：机械强度测试(跌落强度、耐压缩强度、耐内应强度、耐破强度、抗冲击强度等)，化学性能测试(耐锈蚀能力、耐侵蚀能力等)，密封性能测试(气密性试验、泄漏试验、封口密封性检测等)，表面质量检测(漆膜附着力、涂层耐冲击性、弯曲强度和外观等)。

①空罐的一般性检测　主要有空罐尺寸、罐内壁涂料层及罐身接缝等项，具体要求如下：

a. 罐高及容量应符合规定。罐高过大过小影响罐与盖的卷封质量，影响灌装量和灌装后罐内顶隙留量的控制。

b. 罐内涂料层刮伤的程度及补涂质量的检查。罐内涂层刮伤将影响罐内耐腐蚀性，必须进行补涂且要求补涂料选用合适、补涂到位、厚薄均匀。

c. 三片罐罐身接缝应有足够的强度。采用罐身接缝的撕裂试验、翻边试验检查接缝，不允许接缝有断裂、剥离现象。

②二重卷边封口质量检查

a. 卷边的厚度、宽度应均匀且符合规定要求。卷边结构见图 3.32，其主要尺寸：

卷边厚 $T=3t_c+2t_b+\sum g$，$\sum g$ 为层间隙之和，$0.15\ \text{mm}\leqslant\sum g<0.25\ \text{mm}$；

埋头度 $C=W+a$，a 为修正子数，$0.15\ \text{mm}\leqslant a<0.30\ \text{mm}$；

卷边宽 $W=\text{BH}+\text{LC}+2.6\ t_c$，$2.8\ \text{mm}\leqslant t_c<3.1\ \text{mm}$。

b. 卷边外观应平整、光滑，不允许出现波纹、折叠、快口、切罐、突唇、牙齿、假卷、断封及密封胶挤出等现象(图 3.33)，以免影响罐的密封性及外观。

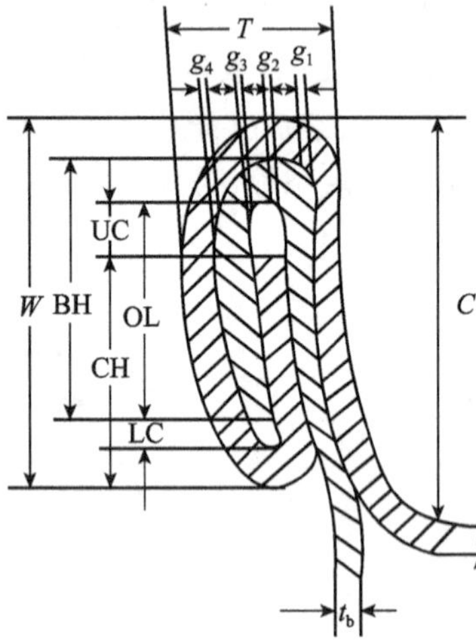

t_c—罐盖板厚　t_b—罐身板厚　T—卷边厚度
W—卷边宽度　CH—盖钩长度　BH—身钩长度
UC—盖钩空隙　LC—身钩空隙　C—埋头度
$g_1\sim g_4$—罐身与罐盖板间间隙
OL—叠接长度

图 3.32　二重卷边结构

③二重卷边密封性检测　外观检查卷边质量只能剔除有明显卷封缺陷的罐，卷边内部是否合格，则对罐的密封性有重要影响。所以需要对金属罐二重卷边进行解剖检测，并测定卷边的叠接率、紧密度和接缝盖钩完整率以确定卷边的密封性。

a. 叠接率(OR)：为卷边盖钩和身钩相互重叠的程度。

$$\text{OR}=\frac{\text{BH}+\text{CH}+1.1t_c-W}{W-(2.6t_c+1.1t_b)}\times100\%$$

一般要求 OR>50%，叠接率越高卷边密封性越好。

b. 紧密度(TR)：为卷边的盖钩部分因出现皱纹而影响盖钩、身钩紧密接合的程度。盖钩

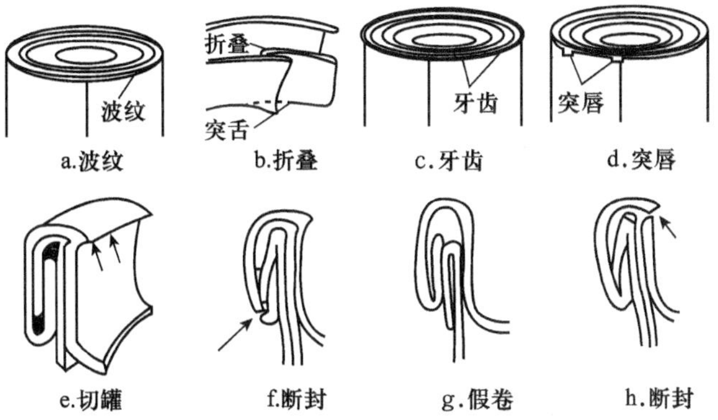

图 3.33　卷边封口常见的几种外观缺陷

出现皱纹的程度用皱纹度 WR＝WH/CH(%)表示(图 3.34)，皱纹度分为 4 级：

0 级　基本无皱纹，卷边密封性高。

1 级　WR＜25%，密封一般。

2 级　WR＝25%～50%，卷边较松。

3 级　WR＞50%，卷边松，易渗漏。

卷边紧密度 TR＝1－WR，一般要求 TR＞50%。

c. 盖钩完整率(JR)：表示外观突唇缺陷处盖钩下垂程度对卷边密封性的影响。如图 3.35 所示，盖钩下垂度(ID)为 ID＝b_h/CH(%)。盖钩完整率 JR＝1－ID(%)，JR 值越大，表示卷边密封性越好，一般 JR＞50%。

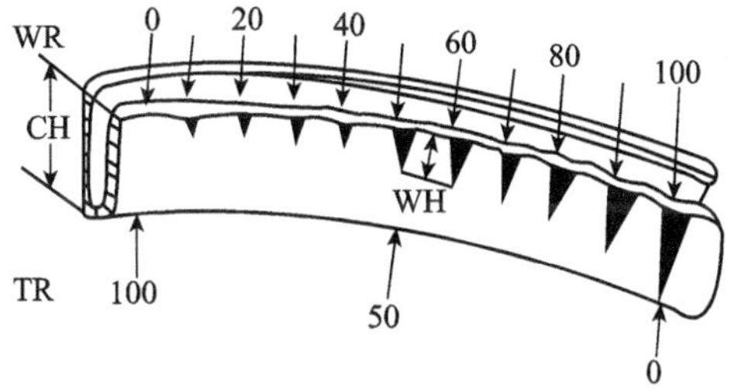

图 3.34　盖钩皱纹度等级

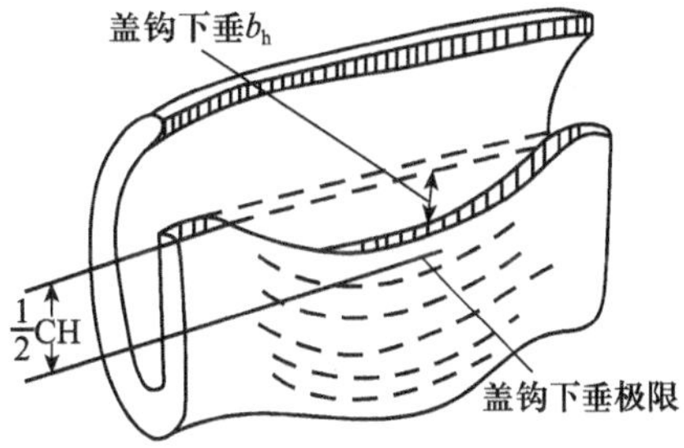

图 3.35　突唇盖钩下垂度

④其他项目检查

a. 空罐耐压性检查：空罐要求在一定的气、水内压作用下和一定的真空度外压作用下不变形、不泄漏。铝质二片罐应能承受足够的轴向压力。

b. 空罐的检漏：空罐在真空检漏试验机上，在真空度为 59 985 Pa(450 mmHg)条件下，持续 10 min，检查空罐是否有泄漏现象。

c. 易开盖质量检查：对易开盖进行耐压强度、盖启破力、盖全开力、开启可靠性等检查。应保证易开盖有足够的强度，同时又易于将盖开启，方便使用。

3.5　陶瓷包装制品

我国是使用陶瓷制品历史最悠久的国家，陶瓷制品用作食品包装容器主要有瓶、罐、缸、坛等，主要用于酒类、咸菜以及传统风味食品的包装。

陶瓷是以黏土以及各种天然矿物为主要原料，或加入配料（如长石、石英等），按用途给予不同的造型，再经过配料、细碎、除铁、炼泥、成型、干燥、上釉、烧结、彩饰，最终用高温烧结而成。按陶瓷制品坯体的结构不同，可分为陶器和瓷器。根据选用的原料和加工工艺又可分别分为粗陶、精陶和粗瓷、细瓷。陶器的烧结温度为 1 000～1 200℃，瓷器为 1 200～1 500℃。

3.5.1 陶瓷包装制品的主要原料及性能

1. 陶瓷包装制品的主要原料

制造陶瓷的主要原料有：高岭土（瓷器制造用）或黏土、陶土（陶器制造用）、硅砂以及助熔性原料（如长石、白云石、菱镁矿石）等。高岭土的主要成分是 $Al_2O_3 \cdot 2SiO_2 \cdot 2H_2O$，黏土的成分更复杂些。因为制备陶瓷的主要原料来源于硅酸盐矿物（如石英、黏土等），所以与玻璃及水泥材料等工业同属“硅酸盐工业”范畴。我国陶瓷的主要产区为景德镇、佛山、潮州、德化、高安等地。

以氧化铝（Al_2O_3）为主要成分的陶瓷称为氧化铝陶瓷，在食品包装中常用的也是这类陶瓷制品。如按配方或瓷体中 Al_2O_3 的含量进行分类，则可分为两大类：高纯氧化铝陶瓷和普通氧化铝陶瓷。高纯氧化铝陶瓷是指 Al_2O_3 质量分数在 99.9%以上的氧化铝陶瓷。熔点为 2 050℃，密度为 3.98 g/cm^3，烧结温度在 1 650～1 950℃，化学稳定性好。普通氧化铝陶瓷是以 Al_2O_3 为主要成分的陶瓷。按 Al_2O_3 的含量不同可分为 99 瓷、95 瓷、90 瓷、85 瓷。有时将 Al_2O_3 质量分数为 80%和 75%的也列入普通氧化铝陶瓷。

99 氧化铝陶瓷（99 瓷）指氧化铝质量分数为 99%的陶瓷，按主晶相分类属刚玉瓷，烧结温度约 1 700℃。随 Al_2O_3 含量的增加，烧结越来越困难，通常需加入烧结助剂，典型配方：Al_2O_3 质量分数为 99.0%、高岭土质量分数为 0.75%、$MgCO_3$ 质量分数为 0.25%。

95 氧化铝陶瓷（95 瓷）指氧化铝质量分数为 95%的陶瓷，主晶相 α-Al_2O_3，烧结温度约 1 650℃。

85 氧化铝陶瓷（85 瓷）指氧化铝质量分数为 85%的陶瓷，组分中通常加入部分滑石，形成以刚玉为主晶相的高铝瓷。

2. 陶瓷包装制品的性能

陶瓷是无机非金属材料，内部由离子晶体及共价晶体构成，同时还有一部分玻璃相和气孔，所以是一种复杂的多相体系及多晶材料。陶瓷材料的组成和内部结构决定了其容器制品有以下特性。

(1)陶瓷制品的原料丰富，成型工艺简单，便宜。

(2)耐火、耐热、耐药性好，可反复使用，废弃物对环境污染小。

(3)上彩釉陶瓷制品造型色彩美观，装饰效果好，又增加容器的气密性和对内装食品的保护作用。同时，其本身可为精美的工艺品，有很好的装饰观赏作用。

(4)具有高刚硬性能、高抗压强度。

(5)化学稳定性与热稳定性均好，能耐各种化学药品的侵蚀，热稳定性比玻璃好，在 250～300℃时也不开裂，耐温性能优良。

不同商品包装对陶瓷性能的要求也不同，如高级饮用酒（如茅台酒、五粮液酒等），要求陶瓷机械强度高，密封性好，并且要求白度好，具有光泽。

陶瓷容器的缺点是抗张强度低、脆性高、抗热振性能差、重量大。

3. 陶瓷容器的应用及卫生安全性

陶瓷容器主要用于包装酒、腌制品及一些传统食品。陶瓷材料用于食品包装时应注意彩釉烧制的质量。一般的陶瓷器本身没有毒性，主要是釉彩的毒性。陶瓷器彩釉均为金属氧化颜料，如硫化镉、氧化铅、氧化铬、硝酸锰等，这些物质中多含有铅、砷、镉等有毒成分，当烧制质量不好时，彩釉未能形成不溶性硅酸盐，从而使用陶瓷容器时会发生有毒、有害物质的溶出而污染内装食品。所以，应选用烧制质量合格的陶瓷容器包装食品，以确保包装食品的卫生安全。

陶瓷器釉彩均为金属氧化颜料，如硫化镉、氧化铅、氧化铬、硝酸锰等，釉彩中加入铅盐可降低釉彩的熔点，从而降低烧釉的温度，陶器、瓷器食具容器中铅和镉的含量应分别控制在7 mg/L以下和0.5 mg/L以下。

根据陶瓷器彩饰工艺不同，分为釉上彩、釉下彩和粉彩，其中釉下彩最安全，金属的迁移量最少，粉彩的金属迁移最多。

瓷器的花饰一般采用花纸印花，应当采用无铅或低铅花纸，接触食品的部位不应有花饰。

3.5.2　陶瓷包装容器的制造

陶瓷包装容器的制造工艺大致为：原料配制→泥坯成型→干燥→上釉→焙烧。

(1)原料配制　根据对陶瓷容器的不同要求选择并按一定比例配制成泥坯原料。

(2)泥坯成型　将原料经手工或模铸或注浆等方法制成一定形状的型坯(泥坯)。

(3)干燥　通过自然干燥、热风干燥、微波干燥、辐射干燥等方法除去泥坯中的全部机械混合水。

(4)上釉　为了增加陶瓷容器对气、液的阻隔性，表面需要上一层釉。釉料的化学成分和玻璃相似，主要由某些金属氧化物和非金属氧化物的硅酸盐组成。这些氧化物熔融体硬化时与坯体发生化学反应，牢固地结合在坯体上，并形成一层薄釉膜，保护坯体、增加坯体的阻气性、阻水性、保香性，提高陶瓷容器的耐化学性和阻止液体渗透性。釉层使坯体表面处于承受一定预加压应力状态，可提高陶瓷制品的使用强度。

(5)焙烧　以一定的升温速度将陶瓷杯加热至一定温度，并在一定的气氛下(氧化、碳化、氮化等)将上釉泥坯烧结成不同要求的陶瓷容器。

3.6　复合包装材料

3.6.1　概述

1. 复合包装材料的含义

所谓复合材料，是由两种或两种以上的具有不同性能的物质结合在一起组成的材料(图3.36)。

包装材料种类繁多，但性能存在着较大差异，尽管本身均有许多优异的性能，可应用于一定范围，但单一材料不可能拥有包装材料应有的全部性能，不能满足食品包装的全面要求。因

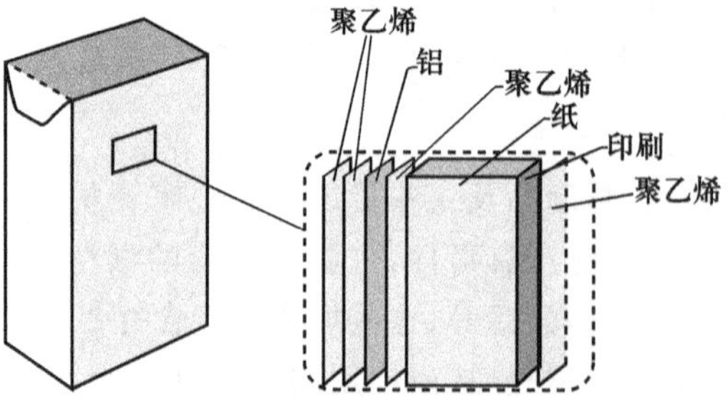

图 3.36　液体容器的多层结构

(Piergiovanni, Limbo, 2012)

此，根据使用目的将不同的包装材料复合，使其拥有多种综合包装性能，复合包装材料便由此而产生，且已成为目前食品包装材料的最主要品种和国际性发展方向。

复合包装材料是指在微观结构上基于扬长避短的原则，将两种或两种以上具有不同特性的材料复合在一起，发挥所组成材料的优点，扩大使用范围、提高经济效益而制成的一种更实用、更完备的包装材料。

2. 复合包装材料的结构

一般来说，复合包装材料的外层材料应当是熔点较高，耐热性能好，不易划伤、磨毛，印刷性能好，光学性能好的材料，常采用的有纸、铝箔、玻璃纸、聚碳酸酯、尼龙、聚酯、聚丙烯等。内层材料应当具有热封性好、黏合性好、无味、无毒、耐油、耐水、耐化学品等性能，如聚丙烯、聚乙烯、聚偏二氯乙烯等耐热塑料材料。3 层以上复合材料的中层通常采用阻隔气体与水分及遮蔽光线等性能好且机械强度高的材料，如铝箔、聚偏二氯乙烯、玻璃纸、纸、聚乙烯等。层与层之间则涂有黏合剂用于黏合。一般外层与中层材料之间使用溶剂型热固性聚氨酯黏合剂，内层与中层之间使用改性聚丙烯乳液黏合剂或用特殊改性的含羰基丙烯共同树脂等。外层用黏合剂要求黏合强度高、工艺简单、成本低；内层用黏合剂要求耐高温、剥离强度高、无毒、无味，不影响食品的营养成分，能很好保持食品的色香味。

国外近年来开发出在基材薄膜表面上均匀涂布一层涂布剂，以提高包装材料的气密性、耐油性和化学稳定性，使之适用于多种食品包装。常用的涂布剂有聚偏二氯乙烯树脂及聚丙烯-聚偏二氯乙烯树脂等。涂布的方式有单面涂布和双面涂布。

虽然由于复合材料结构的复杂性，使得废物的分离收集和回收作业变得更加困难，但将不同的材料组合成一个包装满足了优化包装性能的合理需要，同时尽量减少了对经济和材料资源的使用。

(1)常用复合包装材料的结构　双层复合，如玻璃纸/聚乙烯、纸/铝箔、纸/聚乙烯、聚酯/聚乙烯、聚氯乙烯/聚乙烯、尼龙/聚偏二氯乙烯、聚乙烯/聚偏二氯乙烯、聚丙烯/聚偏二氯乙烯等。

三层复合，如拉伸聚丙烯/聚乙烯/未拉伸聚丙烯、聚酯/聚偏二氯乙烯/聚乙烯、聚酯/玻璃纸/聚乙烯、玻璃纸/铝箔/聚乙烯、蜡/纸/聚乙烯等。

四层复合，如玻璃纸/聚乙烯/拉伸聚丙烯/聚乙烯、聚偏二氯乙烯/玻璃纸/聚偏二氯乙烯/聚乙烯、纸/铝箔/纸/聚乙烯等。

五层复合，如聚偏二氯乙烯/玻璃纸/聚乙烯/铝箔/聚乙烯等。

六层复合，如聚乙烯/纸/聚乙烯/铝箔/聚乙烯/聚乙烯等。

(2)用于食品包装的复合材料结构要求

内层要求：无毒、无味、耐油、耐化学性能好，具有热封性或黏合性，常用的有 PE、CPP、EVA 及离子型聚合物等热塑性塑料。

外层要求：光学性能好，印刷性好，耐磨、耐热，具有强度和刚性，常用的有 PA、PET、BOPP、PC、铝箔及纸等。

中间层要求：具有高阻隔性(阻气、阻香、防潮和遮光)，其中铝箔和 PVDC 是最常用的品种。

复合材料的表示方法：从左至右依次为外层、中间层和内层材料，如复合材料纸/PE/AL/PE，外层纸提供印刷性能，中间 PE 层起黏结作用，中间 AL 提供阻隔性和刚度，内层 PE 提供热封性能。

3. 复合包装材料的特性

不同材料的复合以及不同组成部分之间的比例等都对包装的最终特性有很大的影响。复合包装材料应具备如下特性：

(1)保护性　应有足够的力学强度，包括拉伸强度、破裂强度、耐折强度等。另外，还具有防水性、防寒性、密封性以及避光性、耐湿性、耐油性、绝缘性等。

(2)操作性　即方便包装作业、能适应机械化操作，不打滑、不带静电、抗卷翘，耐隔离性好，有折痕保持性。

(3)商品性　适宜印刷、利于流通、价格合理。

(4)卫生性　无臭、无毒、污染少。复合包装材料本身要清洁，不能含有危害人体健康的化学成分。它的回收仍是一个问题，值得进一步研究。

4. 复合包装材料的应用

目前，复合包装材料已应用于各个领域，如食品、药品、军用品、生活用品等，其中在食品工业上使用的复合包装材料最多。例如铝箔/蜡/薄纸(用于口香糖包装)、铝箔/薄纸/蜡(用于巧克力包装)、铝箔/防油胶黏剂/羊皮纸(用于牛油、奶酪包装)等。一般而言，复合包装材料皆具有防水、抗油、耐热等特性，其用途很广，大体上可用于以下几种食品的包装：

(1)固体食品　如方便面、各种奶糖、麦片、巧克力、紫菜、茶叶、各类干果(如葡萄干)、膨化食品等；

(2)液体食品　如牛奶、甜酒、果汁、酱油、醋等；

(3)保鲜食品　如生鱼、鲜肉、禽蛋等。

5. 复合包装材料的发展趋势

(1)包装材料的改进与开发　①改进现有包装材料。包装在对食品提供保护，防止食品受外界微生物或其他物质的污染，防止或减少食品氧化和其他反应方面有着不可替代的作用。在诸多的食品包装中，塑料制品及复合包装材料占有举足轻重的地位。因此，通过薄膜表面修饰、涂层等方法改善已有塑料的性能、提高强度和阻隔性、减少用量、重复使用、分类回收保护环境，已成为食品包装发展的一个方向。②开发新型的食品包装材料。近年来，为了减少化石燃料的广泛使用，利用天然生物资源开发包装材料，具有环境负载低、资源丰富等特点。充分利用竹、木屑、麻类、棉织物、柳条、芦苇、农作物秸秆、稻草和麦秸甲壳素等原料，扩大包装品种，提高技术含量已成为包装生态化方向之一。生物纳米复合材料(BNCs)为使用新型、高性能、轻量化的绿色纳米复合材料提供了机会，使其取代传统的不可生物降解的石油基塑料包装材料。有研究表明，纳米复合技术可以克服生物聚合物基包装材料的固有缺陷。在生物聚合物中，最适合包装应用的研究是淀粉和纤维素衍生物、壳聚糖(CS)和聚乳酸(PLA)。可食性包装材料对人体无害，可食用并具有一定强度，主要用于食品和药品包装，其采用淀粉、蛋白质、植物纤维、甲壳素和其他天然物质为原料，此外，可利用纳米技术提供生物活性物质、抗菌剂、维生素、抗氧化剂和营养物，从而增加可食用包装的功能。纳米抗菌包装材料是近几年来刚刚兴起的新的无菌包装材料，它运用纳米技术对纯天然的基础材料进行改造，使之发挥出惊人的杀菌效果。食品无菌包装的物料杀菌到目前为止主要是热力杀菌，其又分超高温杀菌和高温短时杀菌两种。

(2)引进先进的包装技术　包装工业是我国传统产业之一，在开放的世界市场上，包装业和其他产业一样都面临激烈的竞争。要确保稳定和持续发展的态势，就迫切需要运用高新技术。鉴于食品包装自身的特点，目前的活性包装技术和智能包装技术的应用将成为发展趋势。活性包装技术包括包装与包装内部的气体及食品之间的相互作用，它能够有效地保持食品的营养和风味，具有很大的发展潜力；智能包装技术是指向消费者传递品牌保护信息或食品安全和质量信息的功能，如智能标签(例如，时间-温度指示器的标签、射频传感器标签)。

(3)选用合适的基材和黏合剂　基材和黏合剂的选择和使用是否合理对包装材料的性能有很大的影响。由于复合包装材料与传统包装材料的差异性，以及新材料加入等因素的影响，原来常用的基材和黏合剂就不一定适用新型的包装材料。因此，这是一个值得研究的课题和方向。食品安全作为一项巨大的工程，不仅要有先进的包装工艺，而且要有优良的包装材料。复合包装材料凭着自身的特点，今后将会在食品包装领域有着广阔的发展前景，而且对食品包装的发展有一定的主导作用。

3.6.2　复合包装材料的选择

复合包装材料品种很多，主要有：①供真空或低温消毒杀菌类，如聚乙烯层压赛璐玢或压聚酯、聚酰胺等。②供高温(105～120℃)杀菌类，如高密度聚乙烯层压聚酯或压聚酰胺以及3层材料(如聚酯-铝箔-高密度聚乙烯)等。③可充气类，如聚乙烯层压聚酯、压拉伸聚酰胺等。

复合材料的安全问题应从原料的安全和复合包装袋的安全两个方面考虑。

原料的安全：复合包装材料的塑料薄膜、铝箔、纸等应当符合相应的卫生要求和卫生标准。用于黏合的黏合剂有两种，一是马来酸改性聚丙烯，不会对食品产生影响；二是聚氨酯型黏合剂，该黏合剂中的中间体——甲苯二异氰酸酯水解后产生甲苯二胺，尤其是在酸性和高温条件下更易水解。甲苯二胺是一种致癌物质并会向食品迁移，其迁移量应控制在0.004 mg/L以下。

复合包装袋的安全：经复合的包装袋各层之间黏合牢固，不能发生剥离，彩色油墨印刷在两层薄膜之间。复合时，必须待油墨和黏合剂中的溶剂充分干燥后再黏合，防止溶剂向食品迁移。

常用的复合材料基料有普通塑料薄膜、定向拉伸塑料薄膜、热收缩薄膜、弹性拉伸薄膜、高阻隔性薄膜和高温蒸煮袋用复合膜。

1. 普通塑料薄膜

普通塑料薄膜是指采用挤出吹塑法成型、T形模法成型、溶液流延法成型及压延法成型的未经拉伸处理的一类薄膜，包装性能主要取决于树脂品种。在单一薄膜中，阻湿性能好的薄膜有PVDC、拉伸PP和PE；气体阻隔性优良的有PVA、PA、PE、PVDC、EVAC；耐高温性较好的有CPP、PA、PET、PVDC，适用于高温杀菌食品的包装。

2. 定向拉伸塑料薄膜

将普通塑料薄膜在其玻璃化至熔点的某一温度条件下拉伸到原长度的几倍，然后在张紧状态下，在高于其拉伸温度而低于熔点的温度区间内某温度保持几秒进行热处理定型，最后急速冷却至室温，可制得定向拉伸薄膜。经过定向拉伸的薄膜，其抗拉强度、阻隔性能、透明度等都有很大的提高。

定向拉伸薄膜具有的性能除取决于塑料的品种、相对分子质量大小、结晶度等材料因素和热处理温度、时间外，与拉伸程度有重要关系，其机械力学性能、阻透性能和耐热耐寒性能等随拉伸率的增大、分子定向程度的提高而提高。此外，拉伸薄膜的性能与拉伸方向也有关，单向拉伸薄膜在拉伸方向上强度增加，而未拉伸方向强度较低、易撕裂；双向拉伸薄膜可分为非均衡拉伸和均衡拉伸两种，均衡拉伸膜纵横两向性能相同，而非均衡拉伸膜性能有方向性：定向拉伸膜的缺点是延伸率降低，热封性能变差，独立使用时不易封口，使用时一般与PE等具有良好热封性的薄膜复合。

食品包装上目前使用的单向拉伸膜有OPP、OPS、OPET、OPVDC等，双向拉伸膜有BOPP、BOPE、BOPS、BOPA等。常用拉伸膜包装性能见表3.21。

表3.21 几种双向拉伸塑料薄膜的物性

（章建浩，2019）

项目		BOPP	BOPE	BOPA
密度/(g/cm^3)		0.91	1.40	1.15～1.16
熔点/℃		<170	260	215～225
拉伸强度/MPa	（纵）	>120	180	120
	（横）	>200	180～200	200～228
断裂伸长度1%	（纵）	150～190	100	110～180
	（横）	50～70	80	35～65
冲击强度①/(J/cm)		750	1 000	1 000
撕裂强度/(N/mm)		4～5	7～8	7～10
浊度/%		0.5～1.2	2～5	≤3.5
热收缩率②/%		2～3	0.1～1.0	0.5～1.0
透湿度③/[$g/(m^2 \cdot 24\ h)$]		5～8	20～25	120～150
透氧度④/[$cm^3 \cdot 100\ \mu m/(m^2 \cdot 24\ h)$]		350～400	19～20	5
使用温度范围/℃		−20～120	−30～150	−50～130

①落球冲击法；②在120℃，15 min条件下作热收缩；③条件38℃，90% RH；④条件23℃，0 RH。

3. 热收缩薄膜

未经热处理定型的定向拉伸薄膜称热收缩薄膜。拉伸薄膜聚合物大分子的定向分布状态是不稳定的，在高于拉伸温度和低于熔点温度的条件下，分子热运动使大分子从定向分布状态又恢复到无规则线团状态，使拉伸薄膜沿拉伸方向收缩还原。这种热收缩性能被应用于包装食品，对被包装食品具有很好的保护性、商品展示性和经济实用性。

目前使用较多的收缩薄膜是 PVC、PE、PP，其次有 PVDC、PET、EVA 和氯化橡胶等。专用于肉制品的热收缩薄膜性能见表 3.22。

表 3.22　肉类制品常用的两类热收缩包装复合膜特性

（章建浩，2019）

项目	一般收缩性		高收缩性	
	PVDC	PA_6	PVDC	PA_6
外观　光泽/%	107	112	107	112
浊度/%	6.5	4.2	6.5	4.5
绷紧力　收缩率/%　（纵）	18	25	30	35
（横）	17	20	25	25
收缩应力/（N/cm^2）	220	260	240	270
透氧度/[$mL/(m^2 \cdot 24\ h \cdot 0.1\ MPa)$]	80	70	23	16
强度　拉伸强度/MPa	85～90	85～90	85～100	90～95
伸长率/%	70～100	100～180	70～60	120～150

4. 弹性（拉伸）薄膜

弹性（拉伸）薄膜是一种具有特殊性能的薄膜，具有较大的延伸率而又有足够的强度，有良好的拉伸弹性和弹性张力。

拉伸薄膜的性能指标：

①自黏性指薄膜之间接触后的黏附性，在拉伸缠绕过程中裹包之后，能使新包装商品紧固而不会松散，自黏性受外界环境中湿度、灰尘和污染物等多种因素影响。

②韧性是薄膜抗戳穿和抗撕裂的综合性质。

③许用拉伸指在一定用途情况下，能保持包装必需的特性所能施加的最大拉伸。

④应力滞留指在拉伸裹包过程中，对薄膜施加的张力能保持的程度。对乙烯-醋酸乙烯共聚物、低密度聚乙烯和线性低密度聚乙烯薄膜，常用的应力滞留程度是将薄膜原始长度拉伸至130%，在 16 h 中松弛至 60%～65%，聚氯乙烯薄膜则松弛至 25%。

食品包装上常用拉伸薄膜有 PVC、EVA、LDPE、LLDPE，其中 EVA 和 LLDPE 膜弹性好，自粘性也好，是理想品种。常用拉伸薄膜的性能见表 3.23。

表 3.23　常用弹性薄膜的性能

（章建浩，2017）

薄膜种类	延伸率/%	拉伸应力/MPa	透明度/%	抗戳穿强度/Pa	黏着力/N
LLDPE	55	42	—	960	1.8
EVA	15	25.9	88	824	1.6
PVC	25	24.5	77	550	1.3
LDPE	15	21.7	48	137	0.6

5. 高阻隔性薄膜

根据阻隔原理与工艺技术的不同，高阻隔包装材料可以分为三大类：多层复合材料、表面改性或镀层材料以及无机填料增强材料。由于对食品包装的阻隔性要求越来越高，除了通过各种薄膜复合来提高其阻隔性要求外，近年来国外开发了几种具高阻隔性能的单膜。国际上，所谓高阻隔性薄膜是指厚度在 25.4 μm 以下的薄膜在 22.80℃（73℉）条件下的透气度为 10 mL/(645 cm^2 · 24 h · 0.1 MPa)以下。按此定义，目前，只有 EVOH、PVDC 和聚丙烯腈可称为高阻隔性材料，但实际上 PA 和 PET 也通常称为高阻隔性材料。表 3.24 为 5 种透明高阻性材料透氧性的比较。

表 3.24 5 种透明阻隔性材料透氧性的比较

（章建浩，2019） mL · 20 μm/(m^2 · 24 h · 0.1 MPa)

塑料薄膜	20℃，65%RH	20℃，80%RH
EVAL[含乙烯 32%（分子）]	0.5	1.2
EVAL[含乙烯 44%（分子）]	1.0	2.3
PVDC（挤膜级）	4	4
PVDC（乳液级）	10	10
聚丙烯腈	8	1
PET	50	50
PA_6	35	55

（1）EVOH（日本称 EVAL）薄膜　EVOH 为乙烯-乙烯醇共聚物膜，既有 PE 的高阻湿性，又有 PVA 的高阻气性，乙烯的存在还改善了聚乙烯醇熔融热成型困难。EVOH 对湿度非常敏感，如果在潮湿和保护不足的环境中使用，则会失去其氧屏障特性。EVOH 最为突出的性能是有极好的阻气性，用它包装食品可大大提高食品的保香性，延长保质期，EVOH 还是一种高结晶聚合物，具有良好的机械和热性能；由于 EVOH 更安全，在许多应用中 EVOH 逐渐取代了 PVDC；EVOH 膜具有高的机械强度及耐磨、耐气候性，且有好的光泽和透明度，具有高度耐油、耐有机溶剂的能力，是所有高阻性材料中热稳定性最好的一种。由于 EVOH 分子结构中有亲水基团，易吸附水分而影响其高阻气性，故 EVOH 一般用作复合膜的中间层。

（2）硅氧化物涂覆薄膜　适合镀硅的基材有 PET、OPP、BOPA 等，镀层厚度为 4～10 μm，蒸镀 SiO_2 的膜呈无色透明状，蒸镀 SiO 的膜略带黄色而透明，光和微波可通过，适合微波加热，且高温、高湿下不脱层，故可用在有特殊气密性要求的高温蒸煮杀菌食品的包装。通过使用六甲基二硅氧烷和氧气的脉冲低压微波诱导等离子体镀层，在吹塑聚酯瓶的内侧形成约 0.2 μm 厚度的氧化硅阻挡镀层，使用这种工艺可以减小瓶子厚度，同时仍能为许多应用提供足够的阻隔性。镀硅层不耐弯曲，易出现针孔，故一般与其他材料复合或采用涂层来弥补这一缺点。复合材料结构一般为 3 层，SiO_2 层夹在中间，这种材料的高阻隔性及其对温升的相对稳定性见表 3.25 和表 3.26。由此可见，镀硅膜比 PVDC 有更高的阻隔性和耐高温特性。

表 3.25　镀硅膜的高阻隔性能

（章建浩，2017）

材料结构	透氧度（50%RH）/[mL/(654cm^2·24 h·0.1 MPa)]	水蒸气透过度（90%RH）/[g/(654cm^2·24 h)]
PET（12 μm）/CPP（50 μm）	7.2	0.07
PET（12 μm）/SiO_x/CPP（50 μm）	0.03	0.03

表 3.26　温度对镀硅膜透氧度的影响（65% RH）

（章建浩，2017）　　mL/(654 cm^2·24 h·0.1 MPa)

材料结构	25℃	40℃	50℃.
PET/GT[①]/CPP（70 μm）	0.21	0.45	0.50
PET/PVDC（15 μm）/CPP（70 μm）	1.2	5.8	14.2

①GT 膜为用蒸镀铝的设备在 PET 膜上蒸镀 SiO，由日本东洋油墨和凸版株式会社共同开发生产。

（3）K 涂膜　K 涂膜一般采用各种双向拉伸薄膜作基材，涂布 PVDC 或偏二氯乙烯与丙烯酸酯共聚胶乳薄层，使其具有良好的阻气、阻湿、保香性及低温热封性而成为高阻隔性包装膜，广泛地用于食品、香烟和药品包装，如香烟包装使用 KOPP 膜，既满足透明光亮的包装装饰要求，又满足高阻隔性要求。

目前常用的涂布基材为 BOPP，可作单面涂布和双面涂布。PVDC 涂布层厚度愈厚，阻隔性愈好，但成本也愈高，一般 BOPP 厚度为 1 520 μm，PVDC 厚度为 2 μm。日本吴羽工业株式会社研究的新型 PVDC 胶乳使 K 涂膜有更好的阻隔性、滑爽性和易热封性，适用于高速包装和高阻隔性包装场合。

（4）镀铝膜　镀铝膜即真空镀铝膜，是在微观结构上综合利用金属铝箔的高阻隔性、塑料薄膜的柔软性和纸纤维材料的耐折性和抗冲击性，通过一系列复合工艺制备的具有二维结构、兼具环保优势和使用性能优势的包装材料，除具有高阻隔性外，还具有遮光特性，能较好地保护食品，避免光、氧的综合变败作用，由于其优异的综合包装性能和相对较低的包装成本而大量用于食品包装等领域。表 3.27 为各种镀铝薄膜透湿性比较。

表 3.27　各种镀铝薄膜透湿性比较

（章建浩，2019）　　g/(m^2·24 h)

基材膜及厚度	蒸镀前	蒸镀后
PET 12 μm	40～45	0.3～0.6
PET 25 μm	20～23	0.3～0.6
CPP 25 μm	15～20	1.0～1.5
OPP 25 μm	4～6	0.5
OPP 20 μm	5～7	0.8～1.2
LDPE 25 μm	15～25	0.6
HDPE 25 μm	19～20	0.9

续表3.27

基材膜及厚度	蒸镀前	蒸镀后
PE(定向膜)25 μm	5～6	1.2
尼龙 15 μm	250～290	0.5～0.8

6.高温蒸煮袋用复合膜

高温蒸煮袋是一类有特殊耐高温要求的复合包装材料，按其杀菌时使用的温度可分为：高温蒸煮袋(121℃杀菌 30 min)和超高温蒸煮袋(135℃杀菌 30 min)；按其结构来分有透明袋和不透明袋两种。制作高温蒸煮袋的复合薄膜有透明和不透明两种。透明复合薄膜可用 PET 或 PA 等薄膜为外层(高阻隔型透明袋使用 K 涂 PET 膜)，CPP 为内层，中间层可用 PVDC 或 PVA；不透明复合薄膜中间层为铝箔。

高温蒸煮袋应能承受 121℃以上的加热灭菌，包装膜、袋尺寸稳定，不变形，不分层，热封处不开裂，对气体、水蒸气具有高的阻隔性且热封性好，氧气透过量低于 $30 cm^3/(m^2 \cdot 24\ h \cdot 23℃)$，RH 50%，水蒸气透过量低于 $5\ g/(m^2 \cdot 24\ h \cdot 38℃ \cdot atm)$，RH 90%；如用 PE 为内层，仅能承受 110℃以下的灭菌温度。故高温蒸煮袋一般采用 CPP 作热封层。由于透明袋杀菌时传热较慢，适用于内容物 300 g 以下的小型蒸煮袋，而内容物超过 500 g 的蒸煮袋应使用有铝箔的不透明蒸煮袋。

常用高温蒸煮袋的结构和性能见表 3.28。

表 3.28 高温蒸煮袋的结构和性能

(章建浩，2019)

项目	单位	PET12/A19/PO70	PET12/PO70	Ny15/PO70
外观	—	不透明，高光泽	半透明	半透明
复合强度	N/20 mm 宽	9.8	5.88	5.88
封口强度	N/20 mm 宽	68.6	58.5	68.6
抗张强度	N/20 mm 宽	78.4	68.6	98
伸长率	%	8	7	10
撕裂强度	10^{-3} N 纵/横缺口	784/882	490～686/637	58.8/686
热封温度	℃	180～230	150～220	150～230
透氧度	$mL/(m^2 \cdot 24\ h \cdot 0.1\ MPa)$，65%RH	0	118	55
透湿度	$g/(m^2 \cdot 24\ h)$	0	3	3

PO 为聚乙烯或聚丙烯，总称为聚烯烃薄膜。

3.6.3 复合方法

复合工艺方法主要有涂布法、共挤法和层合法 3 种，可单独应用，也可复合应用。

1.涂布法

涂布法是在一种基材表面涂上涂布剂并经干燥或冷却后形成复合材料的加工方法。如图 3.37 所示，涂布法旨在改善各种基材的性能，如表面和机械性能、空气成型阻隔性和印刷适宜性。涂布法所用基材为：纸、玻璃纸、铝箔及各种塑料薄膜；涂布剂有：LDPE、PVDC、EVA 和 Ionomer 等。涂布 PVDC 即 K 涂主要用于提高薄膜阻隔性，涂布 PE、EVA、Ionomer 主要提供良好的热封层。

典型的涂布复合材料有：PT/PE、OPP/PE(EVA)、Ny/PE(EVA)、PET/PE(EVA)。

2. 共挤法

共挤法是用两台或两台以上的挤出机，分别将加热熔融的异色或异种塑料从一个模孔中挤出成膜的工艺方法，主要用于材料性能相近或相同的多层组合共挤(图 3.38)。共挤膜常用 PE、PP 为基材，有二层、三层、五层共挤组合。

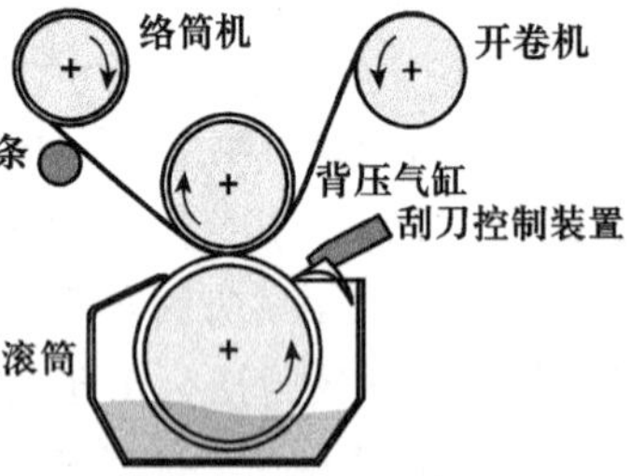

图 3.37 涂布法示意图

(Piergiovanni，Limbo，2012)

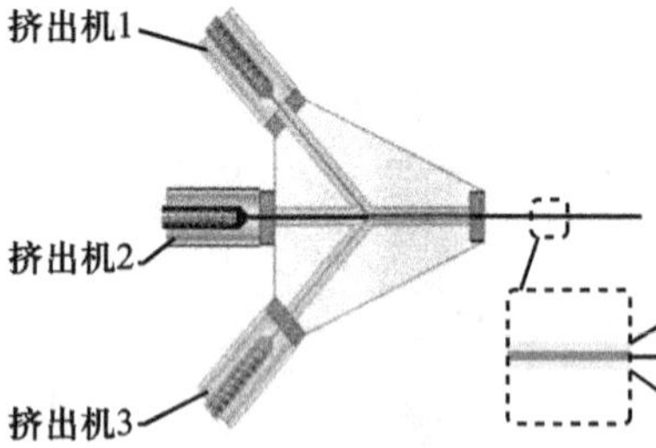

图 3.38 共挤法示意图

(Piergiovanni，Limbo，2012)

典型的共挤复合膜有：LDPE/PP/LDPE、PP/LDPE、LDPE/LDPE 及 LDPE/LDPE/LDPE(异色组合)。

3. 层合法

层合法是用黏合剂把两层或两层以上的基材黏合在一起而形成复合材料的一种工艺方法(图 3.39)，适用于某些无法用挤出复合工艺加工的复合材料，如纸、铝箔等。层合法所采用的轧制技术非常多样化，可以将不同的材料组合在一起，并非常精确地控制每一层的厚度，但它们通常需要占用相当大的设备，有时还会导致黏结剂残留的问题，这些问题可能会转移到接触式食品中并造成污染。层合法的特点是应用范围广，只要选择合适的黏合材料和黏结剂，就可使任何薄膜相互黏合；黏合强度高，同时可将印刷色层黏夹于薄膜之间，隔离和保护印刷层。

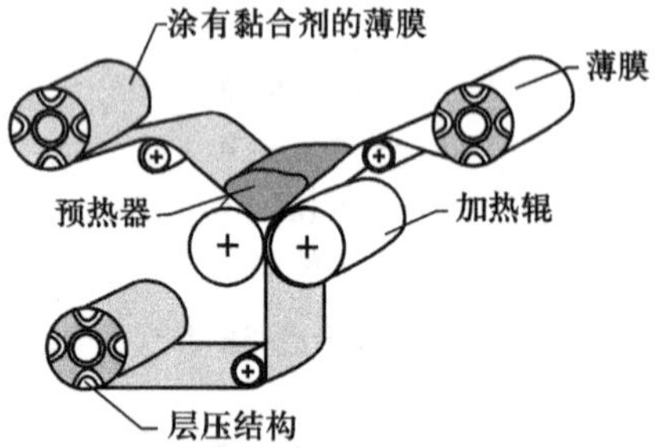

图 3.39 层合法示意图

(Piergiovanni，Limbo，2012)

典型的层合复合膜有：纸/Al 箔/PE、BOPP/PA/CPP、PET/Al 箔/CPP、Al 箔/PE 等。

一般的无菌利乐包具有 6 层结构：由外至内，第一层是聚乙烯层，它保护利乐包的图案、阻止纸板吸收外界水分，热封成盒；第二层是纸板，它是利乐包的基材，上面印刷精美的图文信息；第三层是聚乙烯层，该层是铝箔、纸板的黏附中介；第四层是铝箔，它可以阻挡紫外线、细菌进入利乐包内部，也是灌装过程中加热的媒介；第五层是黏性塑料，它是内层聚乙烯与铝箔的黏附介质、有效地对酸性饮品实现无菌包装；第六层又是聚乙烯层，它是通过热封成盒，形成无菌包装的必要材料。

利乐包常用于液态食品的包装，因此利乐包材料的安全、卫生性越来越引起人们的关注，所以在原料的选择、生产过程、流通过程中均要符合食品卫生法的要求。例如，利乐包使用的纸张必须由纯净的漂白浆制成，不能采用废纸为原料，目前一般采用 100% 的针叶木纸浆为原料，用长网造纸机抄制，要求纸板横幅定量一致，物理强度好。目前一般用的纸张厚度在 70 g/m^2 以上，国内大部分采用的是从瑞典、芬兰等北欧国家进口的光面涂布纸；生产过程用水质量必须符合《生活饮用水卫生标准》(GB 5749)；印刷油墨不但要无毒、耐热、耐摩擦、耐射线，且油墨无转移并有利于纸容器的回收；印刷后油墨中的溶剂全部挥发，对于 UV 油墨要彻底固化；用于纸容器的铝箔，不得采用回收铝；聚乙烯材料需无毒；同时印刷生产车间卫生和职工个人卫生必须符合卫生标准。

3.7　绿色环保包装材料

3.7.1　绿色包装材料的概述

1. 绿色包装材料的内涵及概念

由于包装容器所消耗的资源、能源以及使用后的废弃物对环境的污染情况是由包装材料所决定的，资源、能源的耗用量、容器结构的设计以及生产方式的选择都与包装材料有关并受其左右，故包装材料成为决定包装是否“绿色”的关键。绿色包装材料是一种能废物利用而对环境无污染的材料，其过程是：绿色包装材料→成品→使用→废品→再生→成品，或是不经废物利用直接自然降解的材料。

因此，绿色包装主要涉及了包装材料的研制、开发、应用与再利用再循环过程，但是绿色包装的目标只靠包装材料工作者的努力是不能实现的。绿色包装是一项系统工程，发展包装工业应当首先发展包装机械工业。为实现绿色包装的目标，应当开发适应绿色包装的各类机械设备，绿色包装机械必须进行技术革新以适应新型材料的加工与成型，包装印刷与装潢设计必须能在更薄的材料上完成。只有把包装设计、包装材料、包装测试、包装机械、包装印刷、包装标准化与法规等各方面结合起来，才能完成这个系统工程，实现绿色包装所要求的减少材料和能源消耗、保护生态环境、改善人类生存条件的目标。包装材料是决定包装是否“绿色”的关键，不仅在现在，即使在将来，对包装来说一个最重要的课题就是开发无公害的包装材料，而这种包装材料就称之为绿色包装材料。它的完整定义为：能够循环复用、再生利用或降解腐化，不造成资源浪费，并在材料存在的整个生命周期中对人体及环境不造成公害的包装材料。

绿色包装材料的绿色性应体现在以下几个方面：包装材料本身成分和所用原料的绿色性；包装材料及其产品使用的绿色性；包装材料及其产品回收处理的绿色性；包装材料加工过程的绿色性。

根据上述绿色包装材料的概念，从生命周期评价的理论出发，绿色包装材料必须具有以下生态适应性必要条件：①包装材料生产所需能耗低，可保证对能源的节省。②包装材料生产过程无污染，不排放有害废气、废水、废渣，有适当的“三废”处理。③原材料可再资源化，不形成永久垃圾。④不过度消耗资源，从源头减少包装资源的耗损。⑤可保证原料的持续生产。

⑥包装材料使用后或解体后可再利用。⑦废材的最终处理不污染环境,不造成环境负载。⑧包装材料中不含有害物,对人体和生物无危害。

绿色包装材料的概念充分体现了人与自然的协调关系,即要求包装材料与自然融为一体,既能取之于自然,又能回归自然。也就是说它所用的材料要来于自然,通过无污染的加工形成绿色产品,经使用后丢弃又可以回收处理,或回到自然,或循环再造。其整个过程如人们所构想的那样构成真正的绿色循环。所以绿色包装材料本质上涵括了保护环境和资源再生两方面的含义。它所经历的整个过程可成为包装材料的生命周期,它形成了一个封闭的环,一个真正符合自然规律的生态自然循环,如图 3.40 所示。

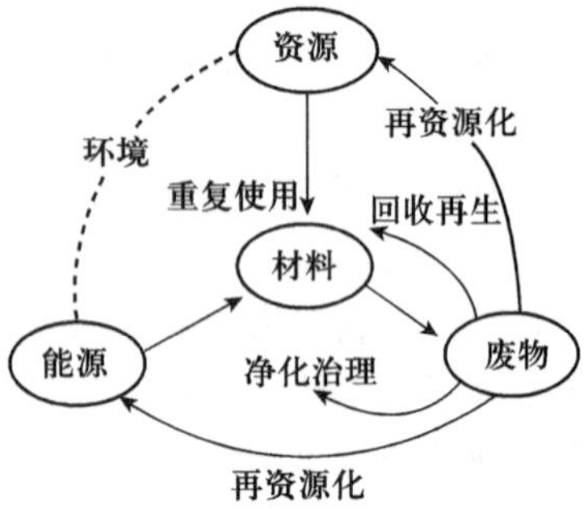

图 3.40　包装材料的生态自然循环圈

(高愿军,熊卫东,2005)

从上面的生态循环圈可以看到,包装材料经过绿色加工,形成各种类型的满足人们不同需要的绿色包装产品,所以包装材料最终是以包装产品的形式到达使用者手中,并经使用后以包装废弃物的形式被丢弃,最后经再资源化变成材料。所以包装产品成了绿色包装材料的生命周期中的重要一环,包装产品的绿色性具有同样重要的意义。

2.绿色包装材料的性质

作为包装材料,无论是绿色包装材料还是非绿色包装材料,它们在应具备的性能方面可以说大部分是共性的基本性能,如保护性、加工操作性、外观装饰性、节省费用性、易回收处理性等,但作为绿色包装材料独特的性能是对人体健康及生态环境均无害,既可以回收再利用,又可以自然风化回归自然。

(1)保护性　即对内装物具有良好的保护性,既能防潮、防水、防腐蚀,又能耐热、耐寒、耐油、耐光、高阻隔性,以达到防止内装物变质,保持原有质地和风味的目的。此外,材料需具备一定的机械强度,以保持内装物的形状及使用功能。

(2)加工操作性　主要指材料易加工的性能,即材料自身的刚性、光滑性、热合性、韧性等,以及在包装时易包、易装、易封合的性能,并适应包装机械的操作。

(3)外观装饰性　即材料是否易于进一步变化和整饰,在色彩、造型、装饰上是否能方便地操作和适应。如材料的印刷适应性、光泽度及透明度、抗吸尘性等。

(4)节省费用性　即材料的性能价格比合理,能经济地用于包装,并节省人力、能源和机械设备费用。

(5)材料的优质、轻量性　即材料在很好地履行保护、运输、销售功能的同时,能够轻量化,这样既节省资源又经济,同时还减少废弃物的数量。

(6)易回收处理性　即材料废弃物易回收处理,易再生利用,既节省资源,又节省能源,还有利于环境保护。

作为经济材料最突出的性能,是在易回收处理和再生的基础上,能自然风化融于自然。更为突出的是它从原料到加工产品均不产生环境污染,对人体健康无害,在包装、储存和使用的过程中无任何潜在的危害,对内装物无污染、不失味、不变质。

作为包装材料,不论是绿色的还是非绿色的,它们所具有的这些性能,最根本的在于材料自身的属性，其次来自材料加工的技术及设备。尤其是绿色包装正在研究、开发过程中，可以坚信，随着科技的飞速发展，绿色包装的产品会日新月异，它们将带来更多更完美的特殊性能，会进一步完善和丰富包装材料，满足商品包装的多方面性能。

3.7.2 工业加工绿色包装材料

工业加工绿色包装材料是指矿石、石油等原材料经工业化生产加工及经过一系列化学反应后所得的材料，如降解塑料类包装材料与容器，金属、陶瓷等包装材料及容器，可溶性薄膜等功能性包装材料。

1. 重复再用和再生的包装材料

重复再用包装，如啤酒、饮料、酱油、醋等的包装采用玻璃瓶反复使用。瑞典等国家的聚酯PET饮料瓶和PC奶瓶的重复再用达20次以上。荷兰Wetiman公司与美国Johnson公司对PET容器进行100%的回收。

再生利用包装，例如聚酯瓶在回收之后，可用两种方法再生。物理方法是指直接彻底净化粉碎，无任何污染物残留，经处理后的塑料再直接用于再生包装容器。化学方法是指将回收的PET粉碎洗涤之后，在解聚剂甲醇、乙二醇或二甘醇等在碱性催化剂作用下，使PET全部解聚成低聚物，纯化后再将单体或低聚物重新聚合成再生PET树脂包装材料。

包装材料的重复利用和再生，仅仅延长了塑料等高分子材料作为包装材料的使用寿命，当达到其使用寿命后，仍要面临对废弃物的处理和环境污染问题。

2. 环境可降解塑料

环境可降解塑料至今没有统一的国际标准化定义，美国材料试验协会通过的有关塑料术语的标准ASTM D883—2012对降解塑料所下的定义是：在特定环境条件下，其化学结构发生明显变化，并用标准的测试方法能测定其物质性能变化的塑料。这个定义基本上和国际标准ISO472(塑料术语及定义)对降解和劣化所下的定义相一致。

国际上关于环境可降解塑料的含义可归纳为3个方面：化学上(分子水平)，其废弃物的化学结构发生显著变化，最终完全降解成二氧化碳和水；物性上(材料水平)，其废弃物在较短时间，机械力学性能下降，应用功能大部分或完全丧失；形态上，其废弃物在较短时间内破裂、崩碎、粉化，从而对环境无害或已被环境消化。

如今开发应用可降解塑料包装已成为解决包装废弃物所造成环境污染的一个重点。

(1)生物可降解塑料　生物可降解塑料指能够为微生物分解的塑料，分解的产物为二氧化碳、水或一些低分子化合物，按照合成的方式与原料来源的不同，生物可降解塑料可以分为生物基可降解塑料和石化基可降解塑料。生物基可降解塑料包括聚乳酸(PLA)、聚羟基脂肪酸酯类聚合物(PHAs)、全淀粉基、纤维素等；石化基可降解塑料包括二元酸二元醇共聚酯系列[聚丁二酸丁二醇酯(PBS)、聚己二酸/对苯二甲酸丁二醇(PBAT)]、二氧化碳共聚物(PPC)、聚己内酯(PCL)、聚乙醇酸(PGA)等。其中，PBAT/PBS和PLA在食品工业中应用广泛。不同可降解塑料产品与典型聚乙烯产品性能指标对比如表3.29所示。

表 3.29 不同可降解塑料产品与典型聚乙烯产品性能指标对比

(陶怡等,2020)

指标	PCL	PLA	PBS	PBAT	PGA	LDPE
玻璃化温度	低	高	低	低	适中	低
熔点	低	高	适中	适中	高	适中
断裂强度	低	适中	适中	适中	高	适中
断裂伸长率	低	差	适中	高	一般	适中
水汽阻隔性	一般	一般	未知	差	高	高
氧气阻隔性	未知	一般	未知	差	高	差
降解速率	慢	适中	快	适中	超快	不

现在已取得成果的有以下几种：

①生物合成聚酯塑料　一种名为 biopol 的由聚 3-羟基丁酸(PHB)或其共聚物组成的可降解塑料,由细菌碱杆菌属富营养细菌(*Alcaligens entrophus*)在常规发酵罐中以小麦制葡萄糖为碳源经发酵作用合成,熔点 T_m 180℃,玻璃化温度 T_g 150℃,此聚酯塑料由生物合成,亦能为微生物所分解,1 mm 厚 biopol 薄膜埋于潮湿土壤中,在 22℃下两年即可完全降解。另外,用微生物发酵法生产聚 β-羟基脂肪酸(PHAs)也已成为研究生物降解塑料的热点。

②聚交酯　以乳酸为原料制得的生物降解塑料,能与活细胞相溶,可被微生物分解成水和二氧化碳,其降解速度可通过共聚的方法来调节和控制。乳酸主要是通过微生物发酵法生产而得,通过交酯聚合而得聚交酯。目前市场开发的主要方向是食品和饮料包装材料,一次性生活用品和垃圾袋,如聚乳酸(PLA)可用于一般塑料如薄膜、饭盒等一次性用品,纺织,3D 打印,生物医疗等领域。

③天然高分子材料　即淀粉、纤维素、蛋白质、多糖等能被生物降解,适当改性后能制成包装制品,以淀粉为主要原料的可完全生物降解的材料,淀粉含量高达 60%～80%,具有无毒、相溶性及分散性好、成本低、应用领域广泛等特点。使用聚酯型淀粉胶可以直接生产一次性餐具,废弃后可进一步用作畜牧饲料。

澳大利亚公司 Plantic 研发了由玉米淀粉制成的可堆肥聚合物材质包装。2010 年,英国的玛莎百货为其瑞士巧克力系列采用了 Plantic 公司的托盘。该托盘由 85%的可再生资源制成,提供防静电和阻隔气味的解决方案,这对巧克力生产至关重要。这些托盘需要大约三周的时间才能在花园里的堆肥堆上完全分解,或者在放入水中几分钟内就会溶解。

④合成生物可降解塑料　高分子材料易受微生物侵蚀且其降解的敏感性依赖于自身的结构,含 C—N、C—O 等杂键的高分子比含单纯 C—C 的敏感,带支链的比直链敏感;从相对分子质量看,PE 的相对分子质量低于 500 时,与低分子石蜡一样能为微生物所降解。在热塑性塑料中,已知能被微生物降解的只有脂肪族聚酯及其衍生物,这有可能解决热塑性塑料的可降解问题。

⑤共混型生物可破坏塑料　如将淀粉和 PE 或 PVA 等进行共混。这种塑料虽能被微生物破坏,即掺混的淀粉等被微生物分解而使塑料失去强度被粉碎,但其中不能被微生物分解的

塑料仍未降解，只是变成碎片或粉化而分散于土壤环境中。这类可分解塑料开发应用的关键在于共混淀粉含量的多少，及其制品的性能和价格。

⑥复合纳米材料　纳米技术已允许在不同领域开发新的应用，包括食品科学和技术。因此，以食品纳米包装为目标的复合纳米材料应运而生，例如，胶岭石(MMT)和 OMMT 纳米黏土可以与 PE、PP、PS 和 PET 等最常用的聚合物混合制成机械性能和阻隔性能增强的纳米复合薄膜(图 3.41 和图 3.42)。在生物聚合物中添加 MMT 和 OMMT 可以创建生物可降解的纳米复合包装膜，提高机械性能，增强耐水性，并改善水和气体阻隔性能。

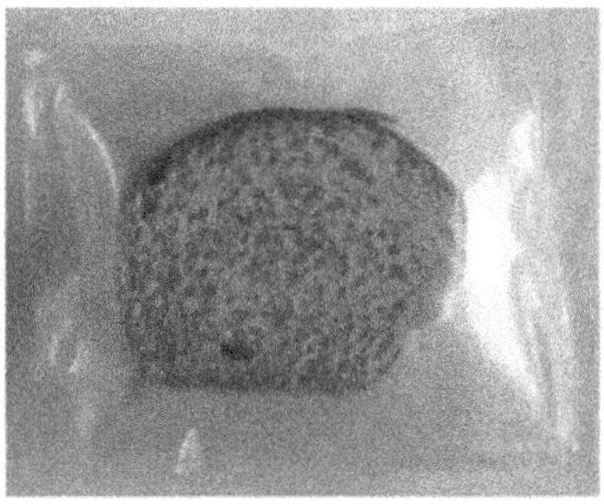

图 3.41　可生物降解薄膜包装的面包

(Souza et al.,2012)

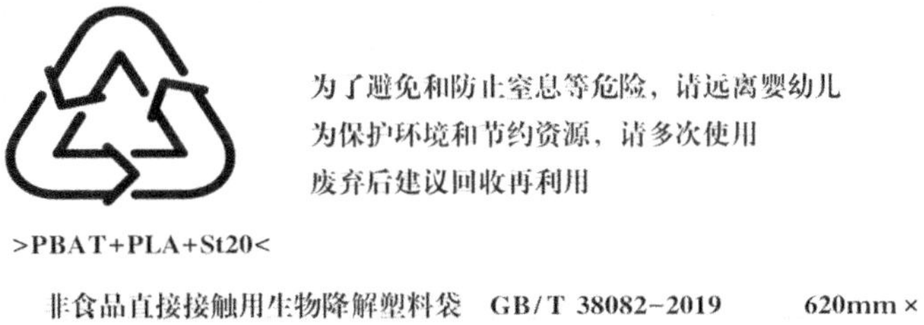

图 3.42　可生物降解塑料袋标识

(2)光降解塑料　光降解塑料指光照作用下能降解的塑料(图 3.43)，制造途径有合成光降树脂和使用添加剂。

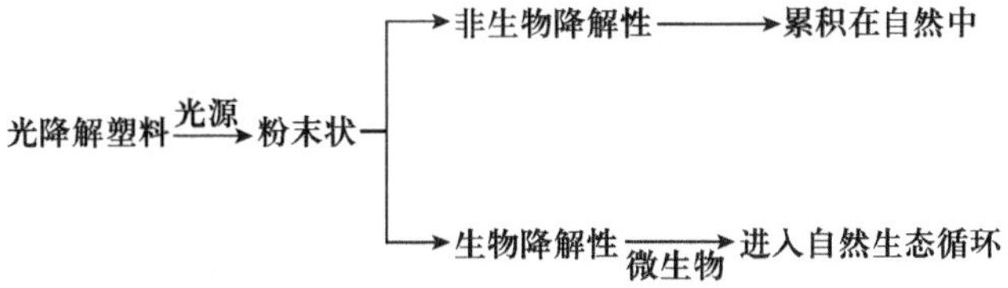

图 3.43　光降解塑料的自然生态循环

(丁浩,2000)

乙烯和 CO 共聚物的物理性能和热稳定性与 PE 相似，但能被光解，其降解速度与 CO 组成含量有关。另一类光降解树脂是由乙烯酮类单体和乙烯或苯乙烯、甲基丙烯甲酯、氯乙烯等单体共聚而制得，光降解性则决定于共聚物中羰基的含量。

使用添加光敏剂促进光降解塑料已有不少专利，较多的是采用芳香酮，如二苯甲酮等作光敏剂；金属配合物也是高聚物光降解的光敏剂，如铁配合物按一定比例加到聚乙烯中，制得的薄膜便有相应的光降解性，改变比例则可调整降解速度。

光降解塑料目前主要应用在农用薄膜和饮料包装袋上，其存在的问题是如何确定使用安全期及所分解的生成物是否造成环境危害。

(3)绿色金属包装材料

①金属包装的特点　金属在包装材料中用量相对不大，其种类主要有钢材、铝材，成型材料是薄板和金属箔。前者属刚性材料，一般是直接制桶、制罐；后者为柔性材料，一般采取真空蒸镀的方法在其他材料上镀上一层金属膜，以提高包装的保护功能。它具有以下特点：

a. 金属材料延展性好，加工方便容易，成型效果好，表面易于镀层（如铬、锌等），可赋予抗腐能力。

b. 金属强度高，对光、气、水的阻隔性好，可长期有效地保护内装物。

c. 金属表面光滑光亮，易于印刷，使其具有良好的装潢性能，提高其美感和档次。

d. 金属可以在包装上极大地轻量化，节省材料，提高经济效益。

e. 金属易回收，可再生利用或重复使用，无污染。

金属包装多用于运输包装的大容器、罐、桶、集装箱。在销售包装中主要是饮料中的易拉罐，食品中的罐头桶。

②金属包装材料的环境性能评价　金属包装的废弃物可经翻修整理，回收复用，或经回收后回炉重熔铸造，轧制成新的铝材或钢材，因此金属包装是一种易回收再生的包装，其废弃物只要建立了有效的回收系统，不会对环境造成污染。由于铝箔容易回收，用铝箔代替塑料和纸已成为当前食品包装的一个较好的发展方向（图 3.44）。

图 3.44　铝箔包装

（晟通集团，2020）

然而，金属包装从生命周期全过程，即采矿、冶炼、轧制钢（铝）板到制作包装、使用废弃整个过程来看，对资源及能源的消耗均很大，对环境尤其是大气造成污染。应当强调指出，我国是一个资源缺乏的国家，在建筑和工业上使用金属的量非常大，因此使用金属包装要有节制，如制罐业能用塑料、纸塑复合材料替代的应予以提倡，同时要更强调对金属包装废弃物的回收利用，既节约资源，又保护环境。

用金属材料制作包装，对环境造成的污染最主要有两方面。一方面是金属材料开采冶炼，对此必须采用先进的生产设备、先进的采掘方法和冶炼方法，减少资源及能源损耗，减少对环境造成的污染；另一方面是制作生产过程，包括选择材料及结构设计、生产工艺、涂装生产、使用储运，只要处理不当，均会对人体及环境造成伤害和污染，其中尤以桶身磨边工艺产生的噪声和来自砂轮与钢板摩擦产生的烟尘对人体及环境的污染最为严重。对此必须大力推行清洁生产，改进落后生产方法，推行先进生产工艺，使对人体及环境的伤害及污染减至最少。金属包装主要是制桶和制罐两大系列，这两大系列产品随着科学技术的进步互相渗透和借鉴，大规模基地化生产更使两者形成一体化的生产趋势，有的产品已很难界定是桶还是罐，两者在产品结构设计和制造工艺的方法上有许多相同之处，在产品绿色化上也有许多相似的途径。

3.7.3　天然材质包装材料：可食性包装材料

天然材质包装材料主要分为4个类型：纸包装材料、植物类天然绿色包装材料、矿物类绿色包装材料和动物类天然绿色包装材料。植物类天然绿色包装材料主要有草植、植物材料等。矿物类绿色包装材料是利用地下开采得到的矿物为原料的包装材料或容器等。动物类天然绿色包装材料主要是利用动物的壳、皮毛、胶所做的包装材料或容器等。

食品的包装长期以来都是采用传统的包装材料。随着绿色包装的兴起，世界各国在可食性包装方面做了大量的研究开发工作。可食性包装材料是一种新型的包装材料，在过去的辞典或各种专用材料手册中也难查找到其相关名词解释。

可食性包装材料按其名称可解释为可以食用的包装材料，也就是当包装的功能实现后，即将变为“废弃物”时，它转变为一种食用原料，达到零排放的目的。这种可实现包装材料功能转型的特殊包装材料，便称之为可食性包装材料。

用于不同物品包装的可食性包装材料所选用的基本材料是不尽相同的，但必须有一种主要材料是易于得到且来源丰富的，如淀粉、蛋白质等是很多可食性包装材料的主要原料。

1. 可食性包装材料的特性

作为包装材料，可食性薄膜必须具有足够的阻隔性、机械性、稳定性及其他相关特性。常见可食性薄膜的性能见表3.30。

(1)阻隔性　可食性薄膜的阻隔性包括阻气性、保香性、水汽透性及阻油性等。

①阻气性　蛋白质、多糖、脂类物质等生物基料均为大分子聚合物，具有聚集紧密、分子间空穴小、分子结合力大等特点，所以可食性薄膜的阻气性好，特别是阻氧性佳。当然，不同生物基料制成的薄膜，阻气性能尚有差异。一般而言，薄膜成膜时定向性好、结晶程度高、分子间空隙小、无孔隙裂纹，则成膜质量高，且其分子间结合力强，阻气性提高。另外，蛋白基膜还受成膜溶液的pH、黏度、蛋白质浓度、温度、时间等因素影响，因为这些因素会影响分子交联程度和薄膜质量。各种可食性薄膜都需增塑剂等来强化薄膜的功能性，适宜的增塑剂种类、剂量可使薄膜因增塑作用而使亲水性增强，吸水后结构变疏松，微孔尺寸增大，导致阻气性下降的不良影响降为最低。此外，适当的加工方法、膜干燥速度等都将减少薄膜吸水、扩散、透过气体的机会，提高阻气性。

②保香性　可食性薄膜的保香性与阻气性密切相关，阻气性能好的薄膜，保香性都相对较好。然而，保香性还受其他因素影响。例如，食品芳香成分吸附、扩散、渗透、穿过薄膜的能力弱，包装内香气浓度低，薄膜厚度大，膜单位面积上香气传递速率慢，则香气渗透量少，保香性好。环境温、湿度对保香性也有影响，相对湿度和温度低，薄膜微孔尺寸不会加大，保香性好。

表 3.30　常见可食性薄膜的特性

（高愿军，熊卫东，2005）

成膜物质	阻水性	阻氧性	机械性能
甲基纤维素	中等	中等	中等
羟丙基纤维素	中等	中等	中等
羟丙基纤维素与硬脂酸、棕榈酸或石蜡混合膜	好	中等	—
高直链淀粉含量的淀粉	差	中等	中等
胶原蛋白	差	好	中等
明胶	差	好	—
玉米醇溶蛋白	中等	中等	中等
小麦面筋蛋白	中等	好	中等
大豆分离蛋白	差	好	中等
酪蛋白	差	好	—
酪蛋白-蜂蜡	中等	好	—
小麦分离蛋白	差	好	中等
小麦分离蛋白-蜂蜜	中等	好	—
蜂蜡	好	差	差
紫胶	中等	差	差

③阻水汽透性　可食性薄膜的水汽透性受薄膜的组分、基料亲水性、薄膜的方向性、膜厚及环境温、湿度等因素影响。蛋白基膜的水汽透性还受蛋白质性质、成膜溶液的 pH、蛋白质的交联等因素影响。例如，小麦谷蛋白膜、大豆蛋白膜的成膜溶液呈酸性(pH 3 左右)时，蛋白质交联适度，既能提高溶液中的分子量，增大分子间的结合力，又不至于使膜微孔尺寸加大，水汽透性上升。脂肪基膜中的脂类物质能为薄膜提供良好的阻水汽渗透性能，其中固态脂阻水汽性比液态脂好，适宜种类、适当剂量的脂类物质在成膜溶液中粒度越小，分布越均匀，薄膜阻水汽性越好。理想质地的可食性薄膜在水汽透性方面与膜厚无关，但实际中，增大膜厚有利于提高水汽渗透阻力，改善阻水汽性能。此外，环境温、湿度对水汽透性也有影响，相对湿度和温度越低，薄膜分子密度、微孔尺寸、定向性越稳定，水汽浓度越小，吸收扩散速度越慢，阻水汽性能就相对越高。

④阻油性　部分可食性薄膜具有阻油性，特别是亲水基膜。例如，以羟丙基甲基纤维素、甲基纤维素、淀粉、明胶、玉米蛋白、褐藻酸盐等基料制成的膜，这些薄膜因基料的分子量大、分子密度高、空穴小、分子结合力大、胶质溶液适度的浓度和黏度等所致，膜质细密，不渗油。此外，薄膜阻油性还因膜厚增大、包装内油脂黏度提高、吸附性降低等因素而提高。环境温、湿度较低时，油脂分子运动减速，黏度提高，薄膜稳定性提高，阻油性佳。

(2)机械性　可食性薄膜的机械性主要从撕裂强度、延伸性等方面考虑，这些性质直接影响包装食品时材料的机械加工性能。

①撕裂强度　与阻气性影响因素类似，薄膜的撕裂强度随基料大分子聚合密度的提高、分

子间结合力的增强而加大。蛋白质基料在酸性条件下适度交联，用交联剂加强聚合物分子结构，在不影响阻隔性的前提下，能大大提高撕裂强度。成膜溶液中含适当脂类物质时，脂类粒度越小，分布越均匀，膜的撕裂强度越高。适当的增塑剂也能提高薄膜撕裂强度。

②延伸性　不同种类、性质的大分子生物聚合物，相对分子质量不同，分子链结构和长度不同，成膜后薄膜的柔性、弹性及延伸性各异。一般分子链长侧链少，聚合物中夹杂的小分子数量少，膜的柔性、延伸性大，这样，加工方法就成为一些薄膜柔性、延伸性的影响因素。例如，加工乳蛋白膜时，利用超滤去除基料中小分子乳糖，膜的弹性、延伸性大大增强。当环境温度升高时，聚合物中分子运动阻力减小，运动加速，分子链在外力作用下伸长伸直，薄膜会显示出较大的柔性、弹性和延伸性。总的来说，多数可食性包装材料的机械性能不如塑料薄膜。

(3)稳定性　可食性薄膜在加工、使用过程中，因灭菌需求而受到紫外光照射，薄膜组分不同，分子结构不同，受紫外光辐射后所呈现出的特性不同。以大豆蛋白膜为例，膜受紫外光（剂量$<10^3$ J/m^3）辐射 6～48 h 后，机械强度，尤其是撕裂强度大大提高，这是因蛋白质受辐射后产生交联的缘故。大剂量短时紫外光辐射效果相同，紫外光照射酪蛋白酸钠膜机械强度也有所提高。除上述特性外，可食性薄膜食用时具有营养性、风味性、无毒无害性。即使不食用，薄膜会自动降解，对环境也不会造成污染。

2. 可食性包装材料的类别

可食性包装材料按照其特点和作用分为可食性涂层、可食性薄膜、可食性纸和可食性容器等材料。

(1)可食性涂层材料　从大豆中提取 70%以上的蛋白质，混合各种成分和添加剂，制造出类似塑料的物质，作为多种用途的可食性涂层，用于食品包装，具有良好的强度、弹性、防潮性和一定的抗菌消毒的能力。

应用实例：黄瓜储藏保鲜。

黄瓜是一种难储藏的蔬菜，通常只有 3～5 d 的货架寿命。涂膜保鲜是一种新的简便的储藏方法，其做法是：采取一定量的蔗糖脂肪酸酯，加入一定量的水，加热至 70～80℃搅拌溶解，并缓慢加入一定量的海藻酸钠，继续搅拌至充分溶解，冷却至室温备用（涂膜液的最佳组成为 5%的蔗糖脂肪酸酯和 0.48%的海藻酸钠）。选择成熟度适当、无机械损伤、无病虫害的黄瓜浸入上述配好的涂膜液中，浸渍 30 s 后取出黄瓜，自然风干，然后用塑料袋包装置室温下储藏。用此法储藏可以明显地延长货架寿命，储藏 10 d 以上，仍能保持黄瓜鲜嫩脆绿的商品价值。

(2)可食性薄膜材料　可食性薄膜材料分为蛋白类可食性膜、多糖类可食性膜、脂质类可食性膜和复合型可食性膜等（图 3.45）。

①蛋白类可食性薄膜　蛋白类可食性包装材料是以蛋白质为基料，利用蛋白质的胶体性质，同时加入其他添加剂改变其胶体的亲水性而制得的包装材料。以蛋白质为基质的可食用包装材料主要有大豆分离蛋白膜、玉米醇溶蛋白膜、小麦面筋蛋白膜和乳清蛋白膜等。蛋白质可食性膜的透水蒸气率较高，是普通的包装材料（如 PE、PP、PVC）的 2～4 个数量级，其阻氧性较好，它本身就是人体所需的营养成分，安全性好。以蛋白为主的可食性膜与其他可食性膜和包装材料的透氧率的比较见表 3.31。

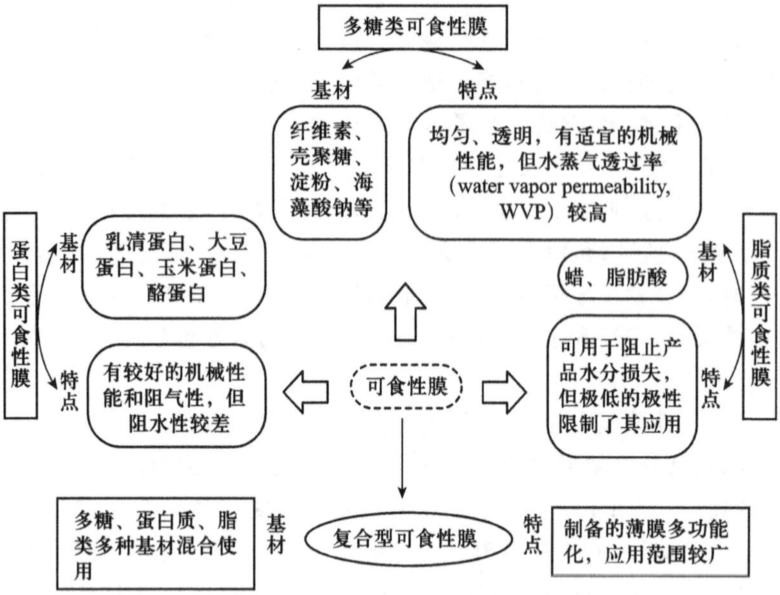

图 3.45　可食性膜的分类及特点

（李帅，钟耕辉，刘玉梅，2018）

表 3.31　以蛋白为主的可食性膜与其他可食性膜和包装材料的透氧率比较

（高愿军，熊卫东，2005）

膜组成	测试条件	透氧率/[cm^3 · μm/(m^2 · d · kPa)]
面筋蛋白：甘油(2.2：1)	23℃，0 RH	3.82
大豆分离蛋白：甘油(5：3)	25℃，50% RH，pH 为 8	2.57
大豆分离蛋白：甘油(2.4：1)	25℃，0 RH	6.1
玉米醇溶蛋白：甘油(5：1)	25℃，0 RH	11.8
乳清分离蛋白：山梨醇(3.5：1)	23℃，40%RH	0.7
乳清分离蛋白：山梨醇(2.3：1)	23℃，50% RH	4.3
乳清分离蛋白：甘油(2.3：1)	23℃，50% RH	76.1
胶原蛋白	25℃，0 RH	0.04～0.5
胶原蛋白	25℃，63% RH	23.3
胶原蛋白	25℃，93% RH	890
熔融态的蜂蜡	25℃，0 RH	960
溶解于溶剂中的蜂蜡	25℃，0 RH	319
PA：MC：PEG(3：9：1)	24℃，79% RH	785
低密度聚乙烯	23℃，50% RH	1 865
高密度聚乙烯	23℃，50% RH	427
玻璃纸	23℃，0 RH	0.7
玻璃纸	23℃，95% RH	252
EVOH(70%VOH)	23℃，0 RH	0.1
EVOH(70%VOH)	23℃，95% RH	12

PA，棕榈酸；MC，甲基纤维素；PEG，聚乙二醇；EVOH(70%VOH)，乙烯-乙二烯共聚物(含 70%乙烯醇)；RH，相对湿度。

a. 大豆分离蛋白可食性包装膜：大豆蛋白可食性包装材料是目前主要研究的可食薄膜类。其主要是利用从大豆中提炼出来的蛋白质，加入甘油、山梨醇等对人体或动物无害的增塑剂和成膜剂等，然后通过流延等方法制成类似于塑料状的可食性包装材料。这种包装膜是由美国农业研究局南部地区研究中心研究开发成功的。它具有很好的包装特性，如既能保持水分，又能阻止氧气进入，具有良好的强度、弹性和防潮性，有的还具有一定的抗菌消毒能力，还能确保脂肪类食品的原味，食用后营养价值高，同时易于处理，完全符合环保要求。大豆蛋白可食性包装材料的研究具有很长的历史，早在 20 世纪三四十年代就开始有人进行研究。但真正使研究取得应用性成就的还是美国弗雷德里克为主的研究小组，他们是 20 世纪末经过大量试验和改进后才取得成功的。目前在世界上很多国家已有大豆蛋白可食性薄膜应用于包装肉制品、熏鸡肉、油炸肉、酸奶；制袋包装干豌豆、含脂类食品；涂膜保鲜果蔬；还可作胶布包装药粉或食品配料等。大豆分离蛋白膜的工艺流程图见图 3.46。

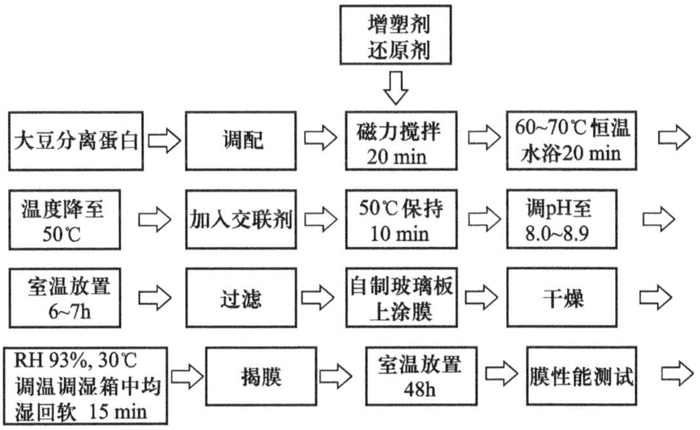

图 3.46　大豆分离蛋白膜的工艺流程图

（逄瑞玥，2014）

b. 小麦面筋蛋白可食性包装膜：小麦面筋蛋白可食性包装材料主要是以从小麦粉中提取的蛋白质作原料制取的。把小麦中的淀粉提取后，剩下的几乎都是蛋白质，这些蛋白质主要是麦胶蛋白和麦谷蛋白。制作包装薄膜时发挥作用的主要是麦胶蛋白，利用麦胶蛋白的延伸性、弹性、韧性等性能。具体制作时，将面筋蛋白溶入乙醇，再加入甘油、氨水等作增塑剂，最后通过流延等工艺得到可食性包装薄膜。这类膜韧性较强，半透明，具有良好的隔绝氧气和二氧化碳的能力，但防潮、防湿性能较差。已应用于作肠衣，涂膜保香、保脆坚果等，还可与纸等复合包装糕点等。

c. 玉米醇溶蛋白可食性包装膜：玉米醇溶蛋白可食性包装材料是利用从玉米中提取的蛋白质为主要原料制得的。玉米醇溶蛋白可食性包装材料主要有包装薄膜、包装板和液体薄膜 3 种。

玉米醇溶蛋白可食性包装薄膜是把玉米蛋白拌入增塑剂与脱模剂后，再经过特殊的工艺制成类似于合成高分子薄膜一样的包装薄膜。它具有很好的防潮效果，可用于各种干燥食品的包装，起到防潮作用，在很大程度上可取代发泡聚乙烯包装材料。

玉米醇溶蛋白可食性包装板材是在玉米蛋白原料中加入纸浆纤维（或其他纤维素），再经挤出及类似于造纸工艺的方法制成的有一定刚性、挺度的薄型板材，也可称之为玉米蛋白包装纸。它具有较好的耐热性和防油效果，可用于多种食品的包装。但它用后只能供家畜作饲料，而不能供人食用。

玉米醇溶蛋白可食性液体包装膜是将玉米蛋白经改性，使之具有较好的成膜性、耐热性，同时与其他材料间产生较好的亲和能力制成的。它可用作其他食品包装材料的内层涂料或直接涂覆到水果、禽蛋等食品表面，以达到保鲜和防渗透的目的。

另外，还有一种玉米醇溶可食性包装薄膜，其蛋白是由相对分子质量为25 000～45 000的蛋白质组成的混合物，由于醇溶蛋白的氨基酸末端带有亮氨酸、丙氨酸、脯氨酸等非极性憎水基团，增加了其疏水能力。

醇溶蛋白可食性包装膜具有成膜速度快、高温高湿下储藏稳定、可靠的安全性、对氧气和二氧化碳的隔绝性和防潮性极好等特点。已应用于包装大米、爆米花；涂膜鸡蛋、番茄；还可与纸等复合制杯盒；涂膜玉米醇溶蛋白膜的纸与PE复合膜纸可在快餐店包裹含脂食品，其热封性好，也可代替胶原蛋白膜用于作肠衣。

d. 乳清蛋白可食性包装膜：乳清蛋白最近几年才被用作可食性包装膜的基质材料。乳清蛋白含量最多的α-乳白蛋白和β-乳球蛋白分散度高，水合力强，呈典型的高分子溶液状态，该可食性包装膜具有透水、透氧率低，强度高的特点。已应用于制袋包装炒花生，可明显降低油炸花生米的吸氧率以防腐败，以及包装冻干鸡丁、冻鱼等产品中。

e. 明胶可食性包装膜：将动物胶原蛋白经部分水解所得的衍生物即为可食性明胶，它是一种非均匀态的多肽类物质，具有阻油、阻氧、阻水性能，可携抗氧剂、抗菌剂载体。已应用于包装肉制品、熏鸡肉、油炸肉、酸奶；可作胶布包装药粉或食品配料等。

其他蛋白类可食性包装材料的性质及应用见表3.32。

表3.32 其他蛋白质型可食性包装膜的性质及应用

（高愿军，熊卫东，2005）

类型	性质	应用
肌原纤维蛋白膜	阻气、阻水汽、保香	作肠衣包装香肠；包冻肉；制袋包装可可粉、咖啡、香料等
乳酪蛋白膜	阻氧、保香、阻水、透明、机械性能好、稳定性高	包装冻鱼、半干食品，涂膜保鲜果蔬（苹果、南瓜等）；涂膜保藏干果、饼干、点心等
米糠蛋白膜	机械性能好、常温下阻水、见热见水即溶	可用于包装机械、热封机包装食品；可涂膜生面团、表面防黏

②多糖型可食性包装膜　以植物多糖或动物多糖为基质的可食性膜主要有淀粉膜、改性纤维素膜、动植物胶膜、壳聚糖膜和葡甘聚糖膜等。以多糖为主的可食性膜与其他可食性膜和包装材料的透水率的比较见表3.33。

a. 淀粉可食性包装膜：以淀粉为主要原料制取的可食性包装膜，其研究开发的历史较早，但过去一直在成膜技术上存在困难，近年来，在成膜材料与工艺和增塑剂研究应用方面都取得了重要进展。

淀粉膜的制备主要以淀粉，特别是以直链淀粉为基质，多元醇（如甘油、山梨醇、甘油衍生物及聚乙二醇）及脂类物质（如脂肪酸、单甘油酯、表面活性剂等）为增塑剂，少量动植物胶为增强剂制成。该膜拉伸性能、透明度、耐折射性良好，透气率低，具水不溶性；阻油、阻气、机械强度高，外观好。已应用于制袋包装油炸食品及各种土豆片、涂膜保藏葡萄干等。

表3.33 多糖为主的可食性膜与其他可食性膜和包装材料的透水率的比较

(高愿军，熊卫东，2005)

膜组成	测试条件	透水率/[g·mm/(m^2·d·kPa)]
脱乙酰壳聚糖①	25℃，90% RH③	0.116
HOMPEC：PEG(9：1)	25℃，85% RH	6.48
玉米淀粉②	20℃，98.2% RH	31.8
HPMC③	27℃，85% RH	9.42
SA：PA：HPMC：PEG③	25℃，85% RH	0.048
Wax/SA：PA：HPMC：PEG③	25℃，100% RH	0.058
Wax/MC：PEG(11.3：4)	25℃，85% RH	1.48
SA：HPMC(0.8：1)	27℃，85% RH	0.026
乳清蛋白：甘油(4：1)	25℃，65% RH	70.2
Wax：乳清蛋白：甘油(1.8：3.5：1)	25℃，91% RH	34.7
大豆分离蛋白：甘油(5：3)	25℃，50% RH	285.12
低密度聚乙烯	38℃，90% RH	0.079
高密度聚乙烯	38℃，90% RH	0.020
玻璃纸	38℃，90% RH	7.27
乙烯-乙烯醇共聚物(68%)	38℃，90% RH	0.252

①将壳聚糖溶于乙酸中；②每千克玉米淀粉中含250 g直链淀粉；③HPMC，羟丙基甲基纤维素；SA，硬脂酸；PA，聚酰胺；Wax，蜡；RH，相对湿度。

b. 改性纤维素可食性包装膜：近年来，世界各国对改性纤维素可食性包装膜的研究开发极为重视。日本最近推出以豆渣为原料的可食性包装膜，用于快餐面调味料的包装。其特点是用热水一泡便溶化，不用撕开包装，不仅方便，而且还有一定的营养价值。我国刘邻渭、陈宗道等以甲基纤维素、羧甲基纤维素为原料，以硬脂酸、软脂酸、蜂蜡和琼脂为增塑剂、增强剂制得半透明、柔软、光滑、入口即化的包装膜，具有较高拉伸强度，较小透湿、透气性的特点。同时，我国在蔗渣纤维素可食性包装膜的研究开发上也取得较好的进展。该膜阻气、阻氧、阻油性能好；保水、保香；热成型性、热封合性及机械性能好。已应用于可成型包装、真空包装干性食品、土豆片等；包装油炸土豆片及洋葱圈、小食品、涂膜果蔬；制袋包装干果、干性食品配料、成型包装糖片、药片等。

c. 动植物胶可食性包装膜：这类可食性膜以动物胶如明胶、骨胶、虫胶，植物胶如葡甘聚糖、角叉胶、果胶、海藻酸钠、普鲁蓝等为基质，甘油、多元醇、山梨酸酯等为增塑剂，制得各种用途的可食性包装膜。日本在动植物胶可食性包装膜的开发应用上一直处于世界领先水平。四国工业技术试验所、林源生物化学研究所、大阪化学合金公司、三菱人造丝公司先后开发出的多种动植物胶可食性包装膜均具有透明，强度高，印刷性、热封性、阻气性、耐水耐湿性较好的特点，已用于调味品、甜味料、汤料、油脂等食品的包装。阚建全、陈永红等研究了明胶可食膜机械强度和热封强度，李洪军、贺稚非等研究了海藻酸钠成膜特性及膜的物理机械性能，罗学刚等研究了葡甘聚糖可食膜的成膜基础和工艺，这些研究为可食膜的工业生产和应用奠定了基础。

d. 壳聚糖可食性包装膜：壳聚糖是虾、蟹、昆虫等甲壳的提取物。这种包装膜由美国农业研究所、加州农业技术研究中心研制开发成功，主要用于果蔬类食品的包装。将壳聚糖与12个碳原子月桂酸结合在一起，便可生成一种均匀的可食性薄膜，厚度仅为0.2～0.3 mm。因此，透明度很高，阻氧、阻二氧化碳、抗菌、耐油、防水防潮、机械性能高、柔韧性好，主要用于包装快餐面、快餐米饭、调料、冰激凌，涂膜鱼肉类、豆制品、苹果、梨、桃、草莓、黄瓜、甜辣椒等的保鲜包装。

其他多糖型可食性包装材料的性质及应用见表3.34。

表3.34　其他多糖型可食性包装材料的性质及应用

（高愿军，熊卫东，2005）

类型	性质	应用
茁霉多糖膜	阻氧、保香、阻水、透明、机械强度高	包装干肉制品、干菜、干鱼、油炸甜点、花生、坚果、方便面
海藻酸盐膜	阻油、阻水、阻氧、保香护色、抗菌	面包类食品、鱼、冻虾、肉类、果蔬、冰激凌等

③复合型可食性包装膜　复合型可食性包装膜的研究和应用是当前的发展趋势。美国威斯康星大学食品工程系在研究开发可食性包装材料中，将不同配比的蛋白质、脂肪酸和多糖结合在一起，制造成一种可食用的包装薄膜。这种包装薄膜，脂肪酸分子越大，其阻水分逸失的性能越佳，同时由于复合膜中蛋白质、多糖的种类、含量不同，膜的透明度、机械强度、印刷性、热封性、阻气性、耐水耐湿性表现不同，因此可以满足不同食品包装的需要。我国研制成功的复合包装膜以玉米淀粉为基料，加入海藻酸钠或壳聚糖，再配以一定量的增塑剂、增黏剂、防腐剂，经特殊工艺加工而成，可用于果脯、糕点、方便面汤料和其他多种方便食品的内包装。其主要特点是具有较强的抗张强度、延伸性以及很好的耐水性。

④微生物共聚聚酯可食性包装膜　这类膜是以自然资源糖蜜、油脂等为原料，通过微生物生物发酵产生的3-羟基丁酯、3-羟基戊酯、4-羟基丁酯、己内酯等经过聚酯制成的可食性包装膜。当前微生物共聚聚酯研究开发的产品有英国ICI公司3-羟基丁酯和3-羟基戊酯（90%）的共聚聚酯膜、3-羟基丁酯和4-羟基丁酯共聚聚酯膜以及美国麻省理工学院开发的脂肪族共聚聚酯膜。这类膜既具有普通塑料薄膜光学性能好（透明有光泽）、物理性能优良（质轻密度小）、化学性能稳定、易成型加工和广泛的应用性等优点，又具有可食性和完全生物分解性，因此受到各国的重视。

（3）可食性包装纸　可食性包装纸是一种用可以食用的原料加工制成的像纸一样的包装材料。目前市场上出现的可食性纸可以分为两大类：一类是将常用的食品原料，如淀粉、糖等进行糊化，加入一些调味的物质，再进行定型化处理，从而得到一种像纸那样薄的包装材料；另一类是把可以食用的无毒纤维进行改性，然后加入一些食品添加剂，制成一种可食用的“纸片”，用来做食品包装（图3.47）。

可食性纸型食品包装在我国食品包装中的应用有着悠久的历史。古时候我国民间的食品艺人就懂得用可以吃的食品来制成较薄的东西来包装另一种食品。既能保持被包食品的新鲜，又能改变原来食品的口味，还可以卖出较高的价钱。比如包装肉菜用的“豆腐皮”，包装肉

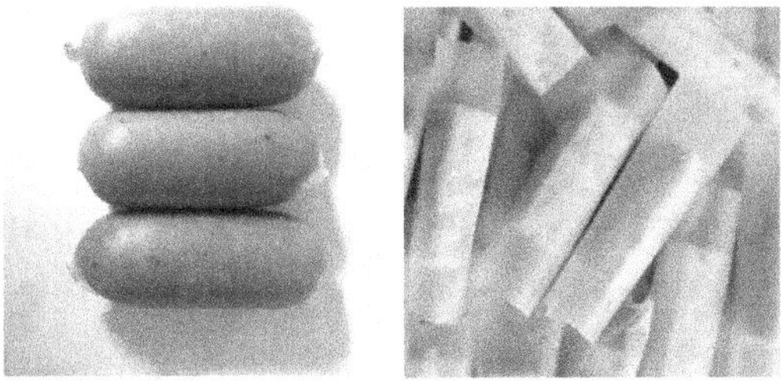

图 3.47　可食性包装纸的应用

饼用的“薯粉皮”等。随着历史的发展与科学的进步，可食性纸型包装也有了空前的发展，特别是在我国经济体制由计划经济向市场经济转型后，可食性纸型食品包装发展更快。如今，市场上已经出现标有牛肉味、鸡肉味、苹果味等各种味道的“食品纸”包装的食品，很受消费者的喜爱，特别是可食性纸型食品包装在冷饮包装中的应用，拓宽了冷饮包装的渠道，起到了保冷、卫生的作用。常见的可食性包装纸主要有以下几种：

①以豆腐渣为原料的可食性包装纸　豆腐渣这种食物纤维无味无臭，在室温下可永久保存，并且在低于 130℃时是稳定的，不会发生变色。这种食物纤维可以根据需要，用已知的方法加工成溶解纸。加工溶解纸时，为增加黏性可添加山药、糊精、低聚糖等作为“黏合物”，即可制成纸。

这种可食用纸在食品生产方面用途很广，可以用作速食面的佐料纸、微波食品包装纸、糕点的衬纸、包烤白薯等食品的纸、烤肉等的垫纸等，用水很容易将其溶化，所以是一种不用撕掉而可以吃的纸，亦可直接当作食品。而且食物纤维无营养价值，可望成为一种减肥食品。在微波食品方面，像奶油炸肉饼那样生产工艺复杂的商品，要是奶油部分用这种可食用纸包起来，不仅加工简便，而且奶油烹饪时才化开，用户也尽可放心食用。

②蔬菜可食性包装纸　国外工艺与设备已成熟的可食用纸有两种：一种是以蔬菜为主要原料，将蔬菜打浆，成型后烘干；另一种是将淀粉、糖类糊化，再添加其他食品添加剂，采取与造纸工艺类似的方法成型。从应用与发展前景来看，以蔬菜为原料的绿色产品更具发展潜力。

蔬菜纸最早是由日本研制开发的，也称纸菜。蔬菜食品的共同特点是富含膳食纤维、多种维生素及矿物质，其中膳食纤维在加工生产中相当稳定，故加工出的纸菜产品营养价值损失很小，产品含水量小，便于运输和储藏。这不仅提高了蔬菜的附加值，更重要的是解决了蔬菜易腐烂、不易储藏的问题。这种“蔬菜纸”外观鲜亮，极易诱发顾客的购买欲。人们用这种“纸”包装的食品，不用撕开“包装纸”就可以直接食用。

目前，只有日本对纸菜实现了规模生产，其加工工艺和设备已进入第四代，每条生产线每天生产 3 万张。日本酒井理化学研究所已成功从豆渣中提取蛋白和脂质制成纯净的食物纤维，然后加工成可食用纸，其他还有水果纸、海藻纸等。

③生物涂胶层包装纸　该包装纸是用特制的淀粉胶及骨胶配以一定量的添加剂，将制得的胶液涂布而得到的耐水、耐油的涂层包装纸。用该纸制成的包装容器可用于快餐食品或要求耐一定温度和水分的食品包装。

④最新可食性包装纸　日本最新研制出两种可食用的包装纸：一种是采用淀粉作为原料，添加其他一些可食用的物质，加工制成的米纸；另一种是采用从甲壳类物质中提炼出来的脱乙

酰壳多糖作为原料，加工制成的包装纸。利用这种包装纸包装快餐面、调味品等，可以直接放入锅中烹调，而不需要将包装袋除去。

德国用小麦、豌豆、玉米和土豆加工成美味的可食性包装纸，食用时把被包装食品连同包装袋一起投入锅里，吃起来香甜可口。

可食性纸型食品包装具有其他任何食品包装都无法替代的作用，所以有关专家通过市场预测，认为发展前景十分广阔。其主要依据，首先是原料均取自绿色食物，而且原料来源十分广阔，不用加入任何添加剂，食用后有利于人体健康。其次是由于可食性食品包装的突出优点是可以吃，大大降低了由于食用食品后废弃的食品包装所带来的污染。特别是目前食品包装多采用塑料的情况下，更是找到了一种可以替代的理想的原料。再次是品种性能多，非常广泛地适用于各种生熟食品的内外包装，而且使用十分方便。结合我国资源丰富，人口众多，食品消费居世界第一的特点，大力开发可食性纸型食品包装，已经被众多的科研机构与厂家商家所看好，成为大有开发前途的食品包装。

(4)可食性包装容器　制作这种容器的材料，不仅可以食用，而且还由于加入有熏味、酱味、鸡味以及酸、辣、咸等添加剂而具有不同风味。澳大利亚已生产盛装炸土豆的可食性容器、可食性汉堡包盒、肉盘及蛋盒等新产品，受到了许多国家的关注。

思考题

1. 纸包装材料具有哪些优点与缺点？

2. 食品包装常用纸和纸板有哪些？评价纸和纸板的性能指标有哪些？

3. 什么是加工纸和纸板？其加工方法主要有几种？

4. 我国楞纸板的楞型有几类，各有什么特点？

5. 瓦楞纸箱具有哪些特性？瓦楞纸板的定义是什么？瓦楞的形状有几种？各有什么特点？

6. 简述纸浆模塑包装制品的生产原料和生产工艺。

7. 什么是塑料，塑料中都有哪些添加剂，各有什么作用？

8. 为什么在食品包装中只应用热塑性塑料而不用热固性塑料？

9. 按极性将塑料分类，并说明透氧、透油及水蒸气与材料极性的关系。

10. 塑料包装材料对食品安全有哪些影响？

11. 玻璃包装材料有哪些特点？

12. 金属包装材料有哪些特点？

13. 食品包装常用的金属材料有几种？

14. 什么是复合包装材料，它有哪些特点？

15. 什么是绿色包装材料？其概念如何体现人与自然和谐共生精神？

参考文献

[1]陈中豪．包装材料．长沙：湖南大学出版社，1989.

[2]丁浩．塑料工业实用手册．北京：化学工业出版社．2000.

[3]逄瑞玥. 可食性大豆分离蛋白成膜工艺研究. 黑龙江粮食,2014(02):51-54.

[4]高德. 实用食品包装技术. 北京:化学工业出版社,2004.

[5]关注. 玻璃包装制品或有新机遇. 中国包装,2020,40(02):36-37.

[6]郭彦峰. 包装测试技术. 北京:化学工业出版社,2006.

[7]郝文静,周伟芳. 耐蒸煮包装常见问题及检测方法介绍. 食品安全导刊,2015 (16):43-45.

[8]李大鹏.食品包装学. 北京:中国纺织出版社,2014.

[9]李慧玲,徐长妍,蒋少华. 功能包装材料的发展现状与趋势. 中国材料进展,2019 (12):1135-1144.

[10]李帅,钟耕辉,刘玉梅. 多糖类可食性膜的研究进展. 食品科学,2018,39 (03):309-316.

[11]陆海旭. 生物可降解塑料的发展现状与趋势. 化学工业,2016,34 (03):7-14.

[12]路飞,陈野. 食品包装学.北京:中国轻工业出版社,2019.

[13]潘松年.包装工艺学.北京:印刷工业出版社,2007.

[14]晟通集团. 铝箔包装助力"营养健康". 资源再生,2020 (03):26-27.

[15]孙诚. 包装结构设计.2版. 北京:中国轻工业出版社,2003.

[16]陶怡,柯彦,李俊彪,等. 我国生物可降解塑料市场现状. 化工管理,2020 (33):118-119.

[17]王怀奥. 包装工程测试技术. 北京:化学工业出版社,2004.

[18]王建清,陈金周.包装材料学.2版.北京:中国轻工业出版社,2017.

[19]王建清.包装材料学.北京:国防工业出版社,2004.

[20]王建清.包装材料学.北京:中国轻工业出版社,2018.

[21]我国玻璃包装行业现状.绿色包装,2020(08):89-90.

[22]肖硕. 浅析陶瓷包装现状及其发展研究. 陶瓷科学与艺术,2012,46 (04):13-14.

[23]熊卫东,高愿军. 食品包装.北京:化学出版社,2005.

[24]杨福馨,雷桥. 食品包装学. 印刷工业出版社,2012.

[25]杨福馨,吴龙奇. 食品包装使用新材料新技术.北京:化学工业出版社,2002.

[26]杨雪. 景德镇陶瓷包装的现状及发展研究. 艺术鉴品,2019 (33):120-121.

[27]张雪,张红杰,程芸,等. 纸基包装材料的研究进展、应用现状及展望. 中国造纸,2020,39 (11):53-69.

[28]章建浩.食品包装学.4版.北京:中国农业出版社,2017.

[29]Cirillo G,Kozlowski M A,Spizzirri U G. Composites Materials for Food Packaging. 2018.

[30]Cooper T A . Developments in bioplastic materials for packaging food,beverages and other fast-moving consumer goods. Trends in Packaging of Food,Beverages and Other Fast-Moving Consumer Goods (FMCG),2013.

[31]Farmer N,Emblem A,Plimmer J. Contributor contact details. Trends in Packaging of Food,Beverages and Other Fast-Moving Consumer Goods (FMCG),2013.

[32]Nanotechnology-Nanoparticles; Data on Nanoparticles Detailed by Researchers at International Iberian Nanotechnology Laboratory (Recent advances and challenges on applications of nanotechnology in food packaging. A literature review). Food Weekly News,2019.

[33]Piergiovanni L,Limbo S. Food Packaging. Springer Milan,2012.

[34]Richard Coles,Derek Mcdowell,Mark Kirwan. Food packaging technology, 2003.

[35]Souza A C,Benze R,Ferrão E S,et al. Cassava starch biodegradable films:Influence of glycerol and clay nanoparticles content on tensile and barrier properties and glass transition temperature. LWT-Food Sci. Technol,2012,46 (1):110-117.

[36]Trajkovska P A,Daniloski D,D'Cunha N M,et al. Broach. Edible packaging:Sustainable solutions and novel trends in food packaging. Food Research International,2021,140:109981.

第4章

食品包装技术与方法

本章学习目的与要求

1. 了解常用食品包装技术与方法、专用技术与方法；
2. 熟悉新型食品包装技术；
3. 掌握防潮剂和脱氧剂的使用方法。

4.1 防潮包装技术

防潮包装就是采用对水蒸气有阻隔能力的防潮材料、防潮技术(恒温储藏),对产品进行包封,隔绝外界湿度变化对商品的影响,同时使包装内的相对湿度满足商品的要求,保护商品的品质。这里说的防潮材料不是绝对的隔绝材料,如金属、陶瓷一类,不是指吸湿性很强的纸材,而是指一定厚度的塑料薄膜、片材及其复合材料。

有关食品的防潮包装,包括两方面的意义:外部水分不能进去,内部水分不易排出。含有一定水分的食品在环境湿度超过它所允许的临界湿度时,食品将会迅速地吸湿,从而使其含水量增加,达到甚至超过维持质量的临界水分值,导致食品含水量过多而迅速地腐败变质,尤其对于环境湿度敏感的干制食品,环境的湿度比较容易超过食品的临界湿度。从食品的组织结构看,具有疏松多孔或粉末结构的食品,它们的表面积较大,与空气中的水蒸气接触面积大,吸湿速度也快,很容易引起食品的品质发生变化。例如同为糕点的饼干和面包,对它们采取防潮包装时,饼干的防潮包装在于阻止外部(包装外)的水分进入,而面包则更多的是阻止包装内面包体中的水分排出(蒸发)。

总的来说,防潮包装具有如下的目的:防止含有水分的食品、果品等因脱湿(干燥)而发生变质;防止食品、纤维制品、皮革等有机材料因受潮而霉变;防止金属及其制品变色和生锈;防止易吸湿产品,如奶粉、饼干、干果等食品及医药潮解变质。

实现防潮包装的技术方法较多,比如利用防潮包装材料密封产品,或者在包装容器内加适量干燥剂以吸收残存潮气和通过包装材料透入的潮气,也可采取在密封包装容器内抽真空的方法。

4.1.1 食品包装内的湿度变化

大多数食品都具有吸湿性,在水分含量未达到饱和之前,其含水量随环境相对湿度增大而增大,直至达到平衡为止。因此,每一类食品都有一个允许的保证食品质量的临界水分值及相应的相对湿度范围,超过该范围,食品的质量会受到影响。防潮包装能保证食品质量的临界水分。每一种食品吸湿的平衡特性不同,因而对水蒸气的敏感程度也不同,对防潮包装的要求也有所不同。例如,茶叶在炒制烘干后的含水量约为3%,在相对湿度RH(relative humidity)为20%时达到平衡;在50%RH时,茶叶的平衡水分为5.5%;在80%RH时,其平衡水分为13%;当茶叶的水分含量超过5.5%时,茶叶质量急剧下降,因此,把水分5.5%作为茶叶保持质量的临界水分含量,在进行防潮包装时,在规定的保质期内必须保证茶叶的水分含量不超过5.5%。

部分食品的临界水分和饱和吸湿量见表4.1。

1. 水蒸气的来源

包装食品所遇到的水蒸气,主要是大气中的水蒸气,一般以相对湿度来表示水分的多少。

$$RH=(p/p_0)\times 100\% \tag{4.1}$$

式中:RH为相对湿度;p为空气中水蒸气分压力;p_0为饱和水蒸气压力。

显然环境空气中相对湿度的大小,可以反映出空气中水蒸气的含量对包装食品的影响。当相对湿度处于饱和状态时,在常温范围内空气的水分含量如表4.2所示。

表 4.1　部分食品的饱和吸湿量(20℃,90% RH)和临界水分值

(李代明,2008)

食品	饱和吸湿量	临界水分值	食品	饱和吸湿量	临界水分值
椒盐饼干	43	5.00	可可粉末	45	3.00
脱脂奶粉	30	3.50	干燥肉	72	2.25
奶粉	30	2.25	蔗糖	85	—
肉质果粉末	60	4.00	干菜(番茄)	20	—
洋葱干粉末	35	4.00	果脯(苹果)	70	—
果汁粉末	60	—			

表 4.2　空气中饱和水蒸气的水分含量

(张琳,2009)

温度/℃	含量/(g/m^3)	温度/℃	含量/(g/m^3)	温度/℃	含量/(g/m^3)	温度/℃	含量/(g/m^3)
2	5.61	12	10.6	22	19.10	32	32.8
4	6.43	14	12.0	24	21.4	34	36.4
6	7.33	16	13.5	26	23.9	36	40.2
8	8.31	18	15.1	28	26.6	38	44.3
10	9.40	20	17.0	30	29.6	40	48.6

从表 4.2 可以看出,在相同的相对湿度条件下,温度升高,空气中水蒸气含量增多;若温度下降,极易使空气中的水蒸气含量达到过饱和状态,而产生水分凝结,或相对湿度升高。

2. 食品的吸湿特性

无论生鲜食品还是加工食品,都存在着食品本身失水而趋于干燥的排湿(脱湿)现象和吸收空气中水分发生潮解的吸湿现象。随着食品的排湿(脱湿)和吸湿,食品的物性随之发生改变,干燥时发生裂变和破碎现象,吸湿时则产生潮解和固化现象。

(1)食品的排湿　食品通常都含有一定量的水分,只有在保持适当水分的条件下,食品才有较好的风味和口感。蔬菜、肉等生鲜食品,其水分含量一般在 70%～90%,贮存过程中水分的蒸发,会导致蔬菜枯萎,肌肉组织变硬;蛋糕、带馅糕点等加工焙烤食品,内部水分为 20%～45%,失水后表面会出现裂纹,失去应有的商品价值。一般情况下,水分含量 35%以上的食品,会因排湿产生表面干燥、碎裂和破碎等物性变化。

(2)食品的吸湿　含有一定水分的食品,尤其是对环境湿度敏感的干制食品容易吸湿,吸湿时会引起潮解、凝集、固化、流动、松散等变化。

糖、盐等水溶性的物质在相对湿度达到一定值之前,完全不吸湿或吸湿很少,当相对湿度超过某一定值时,则开始急剧吸湿。从理论上讲,其吸湿要进行到试样完全溶解且水溶液的浓度(水蒸气分压)和外界的相对湿度相平衡为止。

含蛋白质等高分子物质的天然产物则表现为随外界相对湿度的增加其水分含量也不断增加。淀粉,干酪蛋白,含蛋白质的奶粉、肉松、粉末肉汁等均属于此类。

干燥食品的临界水分值和饱和吸湿量间的差别越大,则意味着这类食品越容易吸湿,发生物性改变而变质。

3. 包装内湿度变化的原因

包装内湿度变化的原因有两个方面：一是因为包装材料的透湿性而使包装内湿度增加；二是由环境湿度的变化所引起的。在相对湿度确定的条件下，高温时大气中相对含水量高，温度降低则相对湿度会升高，当温度降低到露点温度或以下时，大气中的水蒸气会达到过饱和状态而产生水分凝结。这种温、湿度变化关系与防潮包装有很大的相关性，如果在较高的温度下将产品封入包装内，其相对湿度是被包装产品所允许的，当环境温度降低到一定程度时，包装内的相对湿度升高到可能超过被包装产品所允许的条件。所以，食品包装时环境大气中的相对温湿度条件对防潮包装有重要影响，若产品在较高温、湿度条件下进行包装，可能会加速产品变质。

4.1.2 防潮包装的种类与分级

1. 防潮包装的种类

为使包装在预期时间内能防潮，保持内部较低的相对湿度，可以采用的措施很多。除了专门的防潮包装方法，其他一些包装技术形式也具有一定的防潮功能。

(1)密封包装　这是传统的包装方法。采用不透气的刚性材料(金属、玻璃、硬塑料等)制成容器，将产品置于其中，再将容器口部焊封或加旋盖、扣盖、塞盖闭合，可有效地防止外界潮气的进入。

(2)贴体包装　将产品本身作为模具放在底板上，上面覆盖塑料膜片，将塑料片加热软化，抽出包装膜与底板间的空气(包括水蒸气)，塑料膜即紧贴于产品外形上，故贴体包装也具防潮作用。

(3)真空与充气包装　真空包装中由于已抽出容器中的空气，避免了原来残留潮气对产品的影响。充气包装将包装内的空气连同潮气一并抽出，再适量充入干燥气体或惰性气体，也减少了潮气对产品的侵蚀影响。

2. 防潮包装的分级

为使防潮包装既安全可靠，确保产品在流通期间不会因防潮包装不当而受潮变质、长霉或生锈，又能节省资源和经济合理，根据储运期限的长短、气候特点、内装物性质，对防潮包装进行了相应的分级。根据我国国家标准 GB/T 5048—2017《防潮包装》，防潮包装可分为Ⅰ、Ⅱ、Ⅲ 3 个等级，具体内容见表 4.3。

表 4.3　防潮包装的等级(GB/T 5048—2017)

等级	防潮期限	气候特征	产品性质
Ⅰ级包装	2 年	A(高温高湿) $T>30℃$，RH>90%	对湿度敏感，易生锈易长霉或变质的产品，以及贵重、精密的产品
Ⅱ级包装	1 年	B(中等温湿度) $T=20\sim30℃$，RH=70%～90%	对湿度轻度敏感的产品，较贵重、较精密的产品
Ⅲ级包装	0.5 年	C(常温常湿) $T<20℃$，RH<70%	对湿度不敏感的产品

当防潮包装等级的确定因素不能同时满足表中的要求时，应按照三个条件的最严酷条件确定防潮包装等级。亦可按照产品性质、防潮期限、温湿度条件的顺序综合考虑，确定防潮包装等级。对于特殊要求的防潮包装，主要是防潮要求更高的包装，宜采用更加严格的防潮措施。

4.1.3　防潮包装的材料与容器

1. 防潮材料与容器

凡具有阻隔潮气功能的材料均可作为防潮包装材料。最常用的是具有一定厚度的各种金属、玻璃、陶瓷、塑料和各种经过处理的木材、纸、棉、麻等传统材料。

现代防潮包装中使用了许多塑料薄膜，如高密度聚乙烯（HDPE）、低密度聚乙烯（LDPE）、聚丙烯（PP）、双向拉伸聚丙烯（BOPP）、聚氯乙烯（PVC）、聚氨酯（PU）、聚酯（PET）、聚偏二氯乙烯（PVDC）、聚酰胺（PA）等。其中以聚乙烯（PE）在防潮材料中应用最广，因为其透湿率低，易于热封合；而 PVC 的使用受到限制，因为材料中有游离氯析出，对产品有腐蚀作用。

还有许多阻隔性能更佳的防潮复合材料，如铝箔/PE、纸/PE、PP/PP、BOPP/PP、PE/铝箔/PE、PE/铝箔/PE/布等。其中 PE/铝箔/PE/布被广泛应用于工业运输包装和需长期封存的军用包装中，因为其防潮性能和力学性能俱佳。此外，还有各种经特殊处理的防潮纸、防潮玻璃纸、浸蜡纸等。

用作防潮材料的容器有发泡聚苯乙烯（EPS）盒、HDPE 盒、多层复合膜封套、金属容器、钙塑瓦楞箱、木箱、玻璃钢箱盒、玻璃瓶罐等。

2. 防潮包装材料的透湿性

一般气体都有从高浓度向低浓度区域扩散的性质，空气中的湿度也有从高湿区向低湿区扩散流动的性质。要隔断包装内外的这种流动，保持包装内产品所要求的相对湿度，就必须采用具有一定透湿要求的防潮包装材料。

水蒸气透过防潮包装材料的速度，一般符合费克气体扩散定律，即

$$\frac{\mathrm{d}Q}{\mathrm{d}t}=DS\ \frac{\mathrm{d}p}{\mathrm{d}x} \tag{4.2}$$

式中：D 为扩散系数，决定于材料和气体的性质；S 为包装材料的有效面积；$\mathrm{d}Q/\mathrm{d}t$ 为扩散速度；$\mathrm{d}p/\mathrm{d}x$ 为水蒸气压力梯度。

当扩散过程平衡时，$\mathrm{d}p/\mathrm{d}x$ 即为

$$\mathrm{d}p/\mathrm{d}x=(p_1-p_2)/\delta \tag{4.3}$$

式中：p_1-p_2 为材料两面的水蒸气压力差；δ 为材料厚度。

由式(4.2)、式(4.3)可知，对一定的包装材料，水蒸气扩散速度主要取决于材料两面的水蒸气压差。因此，测定材料的透湿性能必须控制材料两面的水蒸气压差接近恒定，才能保证测定的准确性。

包装材料的透湿性能取决于材料的种类、加工方法和材料厚度，为了确定包装材料的透湿性能，一般测定其透湿度。透湿度 Q 指在一定的相对湿度差、一定厚度下，1 m^2 面积薄膜在 24 h 内透过水蒸气的质量值。透湿度是防潮包装材料的一个重要参数，也是选用包装材料、确定防潮期限、设计防潮工艺的重要依据。但包装材料透湿度的大小受测定方法和实验条件

的影响很大，改变测定条件其透湿度值也随之改变，故各国都制定了透湿度的测定标准。

目前我国对于透湿度的测定方法为：有效面积 1 m^2 的包装材料在一面保持 40℃、90% RH，另一面用无水氯化钙进行空气干燥，然后用仪器测定 24 h 内透过包装材料的水蒸气量，测定值就是在 40℃、90% RH 条件包装材料的透湿度，单位用 $g/(m^2 \cdot 24\ h)$表示。

按上述方法测定的包装材料的透湿度，可作为防潮包装设计的依据。但实际产品包装时不可能只在特定条件(40℃、90% RH)下进行，通常环境的温、湿度变化比较大，在不同的温、湿度条件下其透湿度有很大差别，当温度高、湿度大时，其水蒸气扩散速度就会增大，反之则扩散速度会降低。

此外，包装材料的透湿度与其厚度成反比，增加包装材料的厚度，则可提高其防潮性能。为了提高防潮包装材料的防潮性能，一般采用不同材料进行复合。复合材料的防潮性能，是各层薄膜防潮性能的总和。当复合膜各层材料的透湿度分别为 Q_1、Q_2、…、Q_n 时，复合膜的透湿度可以根据下式求出：

$$1/Q = 1/Q_1 + 1/Q_2 + \cdots + 1/Q_n \tag{4.4}$$

对于同一种塑料薄膜叠合的多层薄膜，其透湿度与叠合的层数成反比例，即随叠合层数的增加而减少，而防潮性能随层数的增加而成比例地提高。

3. 吸湿材料(干燥剂)

(1)包装内潮气的来源　为了在商品储存流通期间保持容器内的低湿度(RH 在 60%以下)还需要使用具有良好吸湿性能的干燥剂，以吸收包装件中各种来源的潮气。包装内潮气来源主要有：

①产品构成材料本身含有一定水分，储存流通时会蒸发出来。

②包装材料含有水分。

③密封容器空间内空气中的水分。

④外界大气可渗透过包装阻隔层的水分。

(2)常见的干燥剂(图 4.1，又见彩图 4.1)

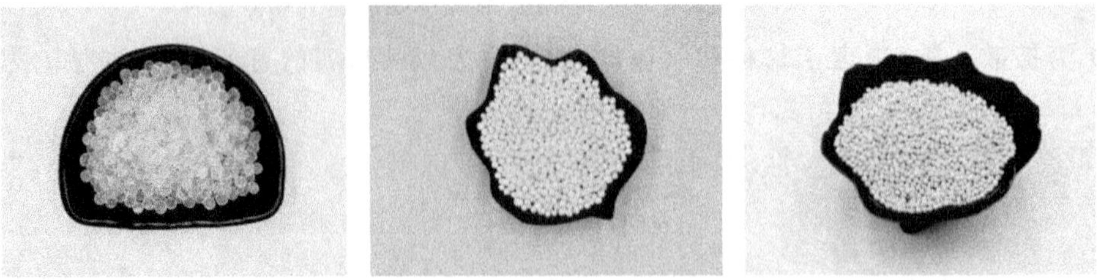

a　　b　　c

图 4.1　常见的干燥剂

①硅胶干燥剂　硅胶的分子式是 $SiO_2 \cdot xH_2O$，通常是用 H_2SO_4 处理水玻璃后胶凝而成的，如图 4.1a 所示，其以颗粒形式存在。硅胶表面层覆盖有许多羟基，有很好的亲水吸附功能，故吸湿速度快，特别是湿度较高时更为显著。硅胶可以通过再生而长期使用，在湿度低于 2%，温度为 115～120℃的环境下烘 3 h 后，硅胶就可以完全再生。硅胶干燥剂的种类很多，包括细孔硅胶、粗孔硅胶、B 型硅胶等。

②活性氧化铝干燥剂　活性氧化铝又称铝凝胶，主要原料是 d-三水铝石，图 4.1b 所示为活性氧化铝颗粒。其化学性能稳定，耐高温，对水的吸附能力强，适合深度干燥。

③分子筛干燥剂　分子筛是人工合成的具有三方晶格的多水合硅铝酸盐，如图 4.1c 所示，其以颗粒形式存在。其晶体结构中有规整而均匀的孔道，孔径为分子大小的数量级，以埃为单位（$1\ \text{Å}=1\times10^{-10}\ \text{m}$）。最常见的是 4 Å 型，其细孔名义尺寸为 4 Å，其他常见的还有 3 Å 和 5 Å 等。一种特定的分子筛是 13X，它的细孔名义尺寸大约为 10 Å。分子筛的孔径大小可通过加工工艺的不同来控制，除了吸附水气，它还可以吸附其他气体。分子筛干燥剂在相对湿度较低或者温度较高时，其吸湿能力比硅胶干燥剂或者活性氧化铝强。

(3)干燥剂的选择　为了选择合适的干燥剂，需要对现有商品化的干燥剂和包装材料的特性予以考虑。要考虑的三个重要参数分别是相对湿度、吸湿量和吸湿速率。

①相对湿度　食品生产商通常采用在最大环境湿度水平下试验产品稳定性，因而产品货架期间的环境湿度不能超过此湿度水平。此外，还要考虑食品生产商提出的包装内允许的最大相对湿度。这是因为干燥剂用量是根据干燥剂吸湿量计算的，干燥剂的吸湿量是在最大允许相对湿度下吸收的总水分量。同时需要考虑干燥剂生产商提供的干燥剂能达到的最低湿度水平，因为通常某些食品在货架期需要保持其最低的湿度水平，以避免产品因水分流失带来的质量问题。

②干燥剂的吸湿量　吸湿量可通过各种水分来源的质量平衡计算得到，即

$$W_{tot}=W_{hs}+W_{rm}+W_{in} \tag{4.5}$$

式中：W_{tot} 为总水分；W_{hs} 为包装顶隙气体的水分；W_{rm} 为包装产品中可获得的残余水分；W_{in} 为货架期内渗入包装内的水分。

如果包装的顶隙很小，而且包装通常在低湿度的条件下完成时，W_{hs} 对于 W_{tot} 的贡献通常可以忽略。W_{rm} 的值取决于解吸时的热动力学和食品加工后的总水分含量。

③干燥剂的吸湿速率　各种干燥剂吸附水分的速度不同，例如硅胶能够在 1 h 内将密闭容器中的相对湿度从 20%降低到 0%左右。在实际生产中食品都含有一定的残留水分，这些水分被干燥剂吸收，导致干燥剂的吸湿速率下降。随着残余水分的增加，吸湿能力将会降低。在多数情况下，产品内的解湿动力学过程要比吸湿动力学过程进行得慢一些，从而限制了总的吸湿速率。

4.1.4　防潮包装的设计计算

根据包装产品的特性，主要有两大类防潮包装：一类是防止包装物品失去水分的防潮包装，另一类是防止包装物品吸收水分（增加水分）的防潮包装。前者主要是通过高阻湿的包装材料防止包装中的水分向外排出，后者主要是在包装内加入高吸湿的材料（干燥剂等）。无论是哪一类防潮包装，其目的都在于保证包装产品的性能稳定，延长货架寿命。

1.防潮包装的环境条件及技术要求

(1)防潮包装的环境条件　防潮包装的环境条件包括储运条件和气候条件。具体表现为包装产品的特性，所要求的储运期限、流通中所处的湿度、温度等，见表 4.4 和表 4.5。

表 4.4　防潮包装储运条件

（杨福馨，吴龙奇，2009）

储运期限	气候种类	包装产品特性
1 年以上、2 年以下	A	回潮、变霉、变质、变味
半年以上、1 年以下	B	回潮、变霉、口味变差
半年以内	C	回潮、品质影响相对较少，因物品而异

表 4.5　储运环境气候类别

（杨福馨，吴龙奇，2009）

气候种类		A	B	C
气候特征		高温、高湿	中温、中湿	常温、常湿
气候条件	温度/℃	＞30	30～20	＜20
	湿度/%	＞90	90～70	＜70
	绝对湿度/mbar	＞38	36～16	＜16

（2）防潮包装的技术要求

①确定储运期限。有些产品的保质期在特定条件下有专门的规定，由有关技术及督查部门强制规定，要求强制执行，如啤酒、饼干、罐头等。而有些食品却需要通过实验确定，特别是一些新开发的产品。

②防潮包装应使产品在有效期内保质，在有效期内包装内空气相对湿度应在 25℃时不会超过 60%（特殊要求除外）。

③产品以及进行防潮包装的操作环境应干燥、清洁，温度不高于 35℃，相对湿度不大于 75%，且温度不应有剧烈的变化，以免产生凝露。如果产品的含水过多，可在（35±3）℃以及小于或等于 35%相对湿度的条件下干燥 6 h 以上（干燥食品除外）。

④产品若有凸部，应预先采取包扎等措施，以免损伤防潮包装容器。

⑤防潮包装操作应尽量连续进行，一次完成包装操作。若需中间停顿作业时，应采取临时的防潮措施。

⑥产品运输条件差时，易发生机械损伤，此时应进行缓冲衬垫、卡紧或固定，并尽量将上述附件放在防潮层的外部，以免擦伤防潮包装容器。

⑦包装附件以及产品的外包装件等也应保持干燥。碎纸或纸箱含水率不得大于 12%，刨花、木材或木箱含水率不得高于 14%，否则应干燥处理。

⑧尽量减少防潮包装的总表面积，使包装表面积与其体积之比达到最小。

2. 防潮包装材料的设计计算

防潮包装设计方法有两种：常规防潮包装设计法和内装吸潮剂的防潮设计法。

（1）常规防潮包装设计法

①防潮包装设计的基本参数　防潮包装设计的基本参数如下：W 为被包装物品的净重，g；C_1 为被包装物品的含水量，%；C_2 为被包装物品的允许最大含水量，%；S 为包装材料的有效面积，m^2；T 为防潮包装的有效期（24 h 为计算单位）；h_1 为包装品储存流通环境的平均湿度，%；h_2 为包装内的湿度，%；θ 为包装储存环境的平均气温，℃；Δp 为包装材料的两面水蒸

气压力差。

②防潮包装的设计步骤

a. 计算允许透过包装的水蒸气量 q(g)：

$$q=W\times(C_2-C_1) \tag{4.6}$$

b. 计算包装材料允许的透湿度 Q_v。在食品保存期内，允许的最大吸湿量即为包装材料所准许的最大水蒸气透过量，由此即可求出包装材料所允许的透湿度[g/(m² · 24 h)]：

$$Q_v=q/(S\cdot T)=W\cdot(C_2-C_1)/(S\cdot T) \tag{4.7}$$

c. 确定包装材料在某食品储存温、湿度条件下的实际透湿度 Q_θ，根据费克气体扩散定律，对式(4.2)积分得到：

$$Q_\theta=D\cdot S\cdot\Delta p\cdot T/\delta \tag{4.8}$$

一般情况下材料的扩散系数 D 是在 40℃、90% RH 的特定条件下测得的，把在此特定条件下测量并计算得到的包装材料的透湿度用 R 表示，则包装材料在一定温度、湿度条件下的实际透湿度可由下式得到：

$$Q_\theta=R\cdot K_\theta\cdot\Delta h \tag{4.9}$$

式中：Δh 为包装内外的湿度差，%；K_θ 为包装放置在环境温度 θ(℃)时的温度影响系数(表4.6)；R 为在 40℃，90% RH 条件下材料的透湿度(表 4.7)。

表 4.6　各种包装材料在不同温度下的 K_θ 值

(张琳，2009)　　$\times10^{-2}$

薄膜	θ/℃								
	40	35	30	25	20	15	10	5	0
聚苯乙烯	1.11	0.85	0.64	0.48	0.35	2.57	1.84	1.31×10	0.92
聚氯乙烯(软质)	1.11	0.73	0.49	0.31	0.20	1.26	0.78	0.46	0.28
聚氯乙烯(硬质)	1.11	0.80	0.58	0.31	0.29	1.99	1.36	0.90	0.61
聚酯	1.11	0.73	0.48	0.31	0.20	1.19	0.81	0.48	0.29
聚乙烯(低密度)	1.11	0.70	0.45	0.28	0.18	1.05	0.63	0.36	0.21
聚乙烯(高密度)	1.11	0.69	0.44	0.27	0.17	1.00	0.59	0.33	0.19
聚丙烯	1.11	0.69	0.43	0.25	0.16	0.92	0.53	0.29	0.17
聚偏氯乙烯	1.11	0.65	0.39	0.22	0.13	0.74	0.40	0.21	0.11

a. 根据被包装食品的防潮要求、包装尺寸及储藏环境条件选择包装材料。当包装材料的允许透湿度 Q_v 和实际透湿度 Q_θ 相等时，由式 4.7 和式 4.9 即可求出所要选定包装材料的 R 值：

$$R=\frac{W\cdot(C_2-C_1)}{S\cdot T\cdot K_\theta\cdot\Delta h} \tag{4.10}$$

根据 R 值即可选择与此相接近的包装材料。

表 4.7 几种常用复合薄膜的透湿度(40℃,90% RH)

(李代明,2008)

序号	复合薄膜组成	透湿度/[g/(m^2 · 24 h)]
1	玻璃纸(30 g/m^2)/聚乙烯(20～60 μm)	12～35.3
2	防湿玻璃纸/聚乙烯	10.5～18.6
3	拉伸聚丙烯(18～20 μm)/聚乙烯(10～70 μm)	4.3～9.0
4	聚酯(12 μm)/聚乙烯(50 μm)	5.0～9.0
5	聚碳酸酯(20 μm)/聚乙烯(27 μm)	16.5
6	玻璃纸(30 g/m^2)/纸(70 g/m^2)/聚偏二氯乙烯(20 g/m^2)	2.0
7	玻璃纸(30 g/m^2)/铝箔(7 μm)/聚乙烯(20 μm)	<1.0

b. 核算实际的防潮有效期。由于计算所得的 R 值与实际选用的包装材料[R]值有差异,因此必须根据实际选用包装材料的[R]值确定有效期:

$$T=\frac{W\cdot(C_2-C_1)}{S\cdot[R]\cdot K_\theta\cdot\Delta h} \tag{4.11}$$

(2)封入吸潮剂防潮包装设计　当防潮包装要求较高时,设计防潮包装必须采用透湿度较小的防潮包装材料,并在包装内封入吸潮剂(干燥剂)。

①防潮设计方法　在设计使用防潮剂的防潮包装时,假定透入包装内的水分完全由吸潮剂吸收,因此可以根据包装目的和条件来计算吸潮剂的封入量。

设计时的有关参数标准及步骤:

a. 选定防潮包装材料的透湿度[R],通过测定或查表得到。

b. 根据被包装食品与湿度的关系,由该食品的临界水分值决定包装内的相对湿度 h_2(%)。

c. 根据所选用吸潮剂的吸湿等温曲线,求出包装内的相对湿度 h_2(%)所对应的吸潮剂的最大含水量 C_2(%),并选定其原始含水量 C_1(%)。

d. 设计出包装容器表面积 S(m^2),包装有效期 T(d),假设包装流通环境温度 θ(℃)、相对湿度 h_1(%),则可决定温度系数 K_θ 值。

e. 将以上参数代入式(4.12)中即可求得吸潮剂的用量 W(g):

$$W=\frac{S\cdot R\cdot K_\theta\cdot\Delta h\cdot T}{(C_2-C_1)} \tag{4.12}$$

②吸潮剂使用方法及注意事项

a. 在包装材料透湿性小且密封性好的包装容器中才能使用吸潮剂。

b. 为了节约吸潮剂并保证吸潮效果,尽量缩小包装预留空间。

c. 吸潮剂一般不宜直接放在容器内,应将颗粒状吸潮剂包封在透气性良好的纱布袋或其他透气性薄膜小袋中,再放入包装容器内,也可将吸潮剂制成片状置于容器中。

d. 吸潮剂在放入包装袋之前应是未吸潮的或被干燥过的。

e. 包封吸潮剂的小袋应标明不能食用;用于食品包装的吸潮剂必须无毒,无不良气味。

③防潮包装存储期的计算　对吸湿性产品进行防潮包装,或对放湿性产品进行防干燥包装,都要进行包装使用的有效储运期计算,计算方法有两种。

用透湿系数计算,即

$$T=\frac{q_\theta \cdot \delta}{p_\theta(p_1-p_2)\cdot S} \tag{4.13}$$

用透湿率计算,即

$$T=\frac{W\cdot(C_2-C_1)\times 10^{-2}}{A\cdot Q_{40}(h_1-h_2)K} \tag{4.14}$$

式中的 P_θ 与 Q_{40} 都可以查表 4.8 得到。

表 4.8　包装材料薄膜在不同温度下的透湿率与透湿系数

(潘送年,2011)

序号	塑料薄膜种类	厚度/μm	40℃,90%RH		25℃,90%RH		5℃,90%RH	
			Q_{40}①	P_{40}②	Q_{25}①	P_{25}②	$Q_5$①	$P_5$②
1	聚苯乙烯	30	129	583	55.2	580	15.6	596
2	软聚氯乙烯	30	100	452	28.6	295	4.5	171.9
3	硬聚氯乙烯	30	30	135	11.0	116	2.3	87.9
4	聚酯	30	17	77	4.8	50	0.77	29.4
5	低密度聚乙烯	30	16	73	4.0	42	0.5	19
6	高密度聚乙烯	30	9.0	41	2.2	23	0.26	10.4
7	未拉伸聚丙烯	30	10.0	45	2.3	24	0.24	9.5
8	拉伸聚丙烯	30	7.5	34	1.6	16	0.17	6.9
9	聚偏二氯乙烯	30	2.5	11	0.5	5		
10	聚乙烯牛皮纸复合	20	28.5	115	10.6	74		
11	聚乙烯牛皮纸复合	40	20.5	124	6.1	86		
12	聚乙烯玻璃纸复合	30	19.0	86	5.1	54		
13	偏氯乙烯牛皮纸复合	15	48.7	147	15.7	83		
14	偏氯乙烯牛皮纸复合	25	12.0	54	4.0	36		

①Q_{40}、Q_{25}、Q_5 是温度分别为 40℃、25℃、5℃,相对湿度为 0～90%的透湿率 Q [g/(m^2·d)],包装材料在温度 40℃,湿度 0～90%的透湿率用 R 表示,即 $R=Q_{40}$。②P_{40}、P_{25}、P_5 是温度分别为 40℃、25℃、5℃时的透湿系数 P [g·μm /(m^2·d·kPa)]。

(3)防潮包装应考虑的技术因素　进行防潮包装时,还应特别注意如下技术因素:

①包装容器各处的物料吸湿不同。粉粒状易吸湿的产品包装后置于高温高湿环境中,在靠近包装容器边壁处的物料吸潮剧烈,而远离器壁的物料吸湿少,因此,设计防潮包装时应使包装边壁处的物料不过度吸湿。

②恰当确定包装容器内以及包装环境的湿度。实践表明：包装容器内的湿度，除与包装材料透湿性有关，还取决于包装操作环境的空气湿度。如前所述，在环境的相对湿度一定的条件下，当温度升高时，空气中水蒸气含量增高；当温度下降时，空气中的水蒸气含量易达到饱和状态，使相对湿度增高，直到产生凝露。因此，若在较高温度下将产品封入包装容器内的相对湿度适合于保护产品的要求，则当储运环境温度低于前者时，包装容器内的相对湿度有可能超过允许值。

③对包装进行除湿处理。如用降湿设备将空气进行干燥处理，然后再送入包装容器内，或用惰性气体置换包装内的空气或用抽真空设备对包装内部进行抽真空。

④合理地选用包装材料，关键是根据产品的性质、价值、形状、体积、重量以及储运条件、流通周期等恰当地确定防潮包装材料的类别与包装材料的品种。当选用透湿度不为零的包装材料时，则需进行透湿计算。

⑤优化设计包装容器的结构与外形。综合分析知道，包装容器以球形为最佳，当包装容器为非球形设计时。应以包装内吸湿最剧烈处出发进行整体设计。如图 4.2 所示，包装袋内 a 处物料少且包装表面积大，故此处吸湿剧烈；而 b 处与上述相反。如欲较精确计算整个包装的吸湿量，可将包装容器分成 1，2，3，…，n 个部分并分别考察各部分的吸湿量，总吸湿量 Q 可由下式计算：

$$1/Q=1/Q_1+1/Q_2+\cdots+1/Q_n \tag{4.15}$$

式中：$Q_1,Q_2,\cdots,Q_n$ 分别为各部分的吸湿量。

上述技术因素是指环境湿度大于物品含湿量的情形，反之食品就因水分蒸发而失去水分。

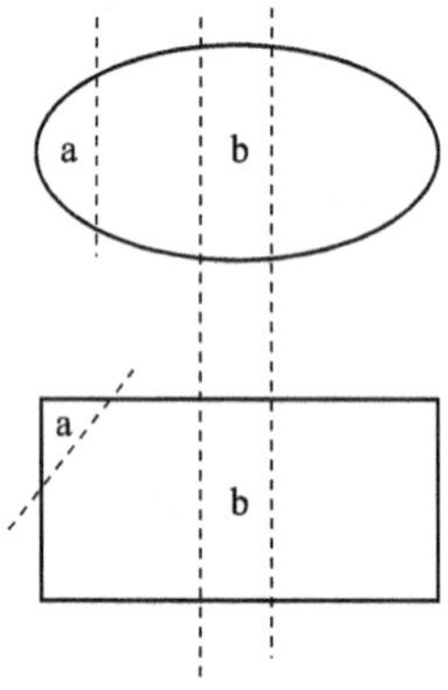

图 4.2 包装形状对吸湿的影响

（杨福馨等，2009）

4.2 改善和控制气氛包装技术

20 世纪以来，就已采用改善和控制食品周围气体环境的方法来限制食品的生物活性。实践证明，改善食品的气体环境作为冷藏的补充手段，可大大延缓食品的生物生化变质。目前，改善和控制包装气氛（modified or controlled atmosphere packing，MAP&CAP）得到广泛的使用，最常用的方法就是真空包装和充气包装、MAP&CAP。食品真空和充气包装都是通过改变食品环境而延长食品的保质期，而 MAP&CAP 是在真空和充气包装基础上的进一步发展。现代食品流通和销售模式为生鲜农副产品分切保鲜包装提供了基本条件和无限商机，而改善和控制气氛包装技术为其生鲜品质提供了技术保证。

4.2.1 真空和充气包装原理

1. 真空包装

（1）真空包装的定义　食品真空包装（vacuum packing）是把被包装食品装入气密性包装容器，在密闭之前抽真空，使密封后的容器内达到预定的真空度的一种包装方法。常用的包装容器有金属罐、玻璃瓶、塑料及其复合薄膜等软包装容器。

真空包装技术用于玻璃和金属罐的食品包装已有百余年的历史，这两种包装容器的气密性极好，只要封口的密封性可靠，就可以长期地储存食品，但由于食品罐装技术所需的工艺设备复杂、包装材料重、玻璃瓶罐容易破损、金属罐易锈蚀等对食品的流通和消费带来许多不便。20 世纪 50 年代，开始采用塑料、塑料与纸和铝箔等的复合软包装材料进行真空包装，生产食品软罐头和袋装食品。这些新型的软包装食品逐渐取代了许多瓶装和罐装食品，特别是蒸煮袋食品和快餐食品，由于质量轻，储运、流通、使用方便而得到很大发展。随着市场对食品包装的保质期和质量要求越来越高，食品的真空包装将会得到更广泛的应用。

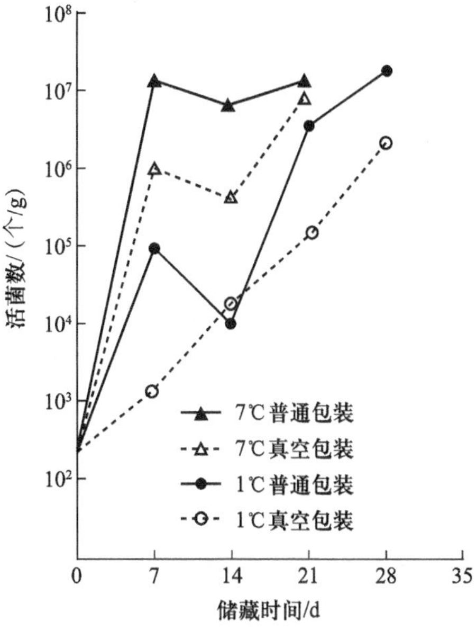

图 4.3 不同包装低温储藏新鲜牛肉中微生物的繁殖情况

(章建浩，2019)

(2)真空包装保质原理　真空包装的目的就是为了减少包装内氧气的含量，防止包装食品的霉腐变质，保持食品原有的色、香、味，并延长保质期。

附着在食品表面的微生物一般在有氧条件下才能繁殖，真空包装则使微生物的生长生殖失去条件，图 4.3 为新鲜牛肉用薄膜进行真空包装和普通包装在不同储藏温度下的微生物繁殖情况，可见两者差异很大。图 4.4 说明了真空包装和普通包装新鲜牛肉储藏过程中微生物相的变化情况：普通包装的牛肉在 1℃下储藏，假单胞杆菌仍在繁殖，21 d 时便能看到明显的腐败；真空包装首先是肠内细菌，其次是乳杆菌和链球菌的繁殖较为显著，储藏 28 d 时能感知稍有臭味，可认为乳酸菌是造成腐败的主要原因。

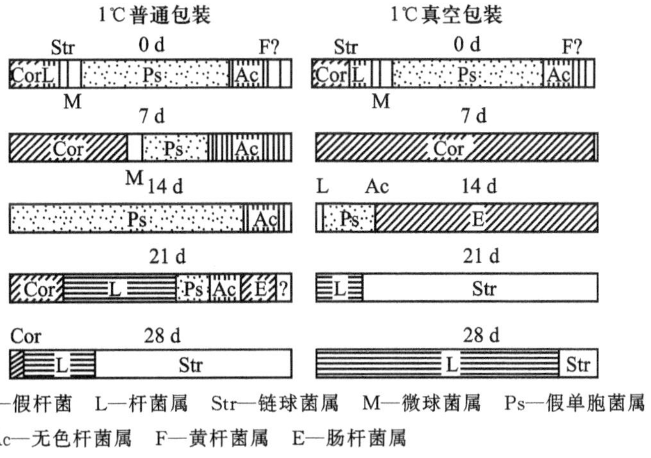

图 4.4 不同包装牛肉在低温储藏中微生物相的变化

(章建浩，2019)

对微生物来说，当 O_2 浓度≤1%时，它的繁殖速度急剧下降，在 O_2 浓度低至 0.5%时，多数细菌将会受到抑制而停止繁殖。另外，食品的氧化、色变和褐变等生化变质反应都与氧气密切相关，当 O_2 浓度≤1%时，也能有效地控制油脂食品的氧化变质。真空包装就是为了在包装内造成低氧条件而保护食品质量的一种有效包装方法。一般来说，将食品进行真空包装时，真空度越高，包装的效果越好，食品的保质期也越长；包装材料的气密性越好，内装食品的含气率越低，可保持的真空状态越久；储藏的温度越低，真空包装的效果越好。但是，被包装的食品要保持一定的水分，包装材料也要具有一定的透气性，所以要使包装内达到完全的真空是不可能的。

此外，食品真空包装的保质效果不仅取决于采用较高真空度的包装机械，也取决于采用正确合理的包装技术，包装后一般还需要适当地杀菌和冷藏。加工食品经真空包装后还要经过80℃、15 min 以上的热杀菌，生鲜食品在真空包装后应在低温状态（10℃以下）下流通和销售。

2. 充气包装

（1）充气包装的特点　充气包装（gas packing）是在包装内填充一定比例理想气体的一种包装方法，目的与真空包装相似，通过破坏微生物赖以生存的繁殖条件，减少包装内部的含氧量及充入一定量理想气体来减缓包装食品的生物生化变质。区别在于真空包装仅是抽去包装内的空气来降低包装内的含氧量，而充气包装是在抽真空后立即充入一定量的理想气体如 N_2、CO_2 等，或者采用气体置换方法，用理想气体置换出包装内的空气。

经真空包装的产品，因内外压力不平衡而使被包装的物品受到一定的压力，容易黏在一起或缩成一团；酥脆易碎的食品如油炸马铃薯片、油炸膨化风味食品等易被压碎；形状不规则的生鲜食品易使包装体表面褶皱而影响产品质量和商品形象；有尖角的食品则易刺破包装材料而使食品变质。充气包装既能有效地保全包装食品的质量，又能解决真空包装的不足，使内外压力趋于平衡而保护内装食品，并使其保持包装形体美观。

食品包装采用气体填充技术已有较长历史，欧美在 20 世纪 30 年代已经开始研究使用 CO_2 气体保存肉类食品；50 年代研究开发了用 N_2 和 CO_2 气体置换空气的牛肉罐头和奶酪罐，有效延长了保质期；60 年代由于各种气密性塑料包装材料的开发，很多食品如乳制品、肉食加工品、茶叶、花生、蛋糕等都成功地采用了气体填充包装技术；70 年代生鲜肉的充气包装在欧美各国广泛应用。表 4.9 为部分生鲜食品和加工食品的充气包装情况。

表 4.9　生鲜食品和加工食品的充气包装

（李代明，2008）

食品类别	食品名称	气体种类	充气目的
生肉	零售用肉	O_2+CO_2	肉色素发色、抑制微生物繁殖
鲜鱼	鱼肉	N_2+CO_2	保持肉色素、抑制微生物繁殖
肉制品	火腿片	N_2+CO_2	防止脂肪和肉色素氧化、抑制微生物繁殖
乳制品	奶粉	N_2	防止氧化
茶、咖啡	红茶、咖啡	N_2	防止香气散逸
糕点	糕点	N_2+CO_2	防止霉菌繁殖
干果	花生、杏仁	N_2+CO_2	防止脂肪氧化
粉末饮料	粉末橘子汁	N_2	防止维生素损失、防止香气散逸
果菜	水果、蔬菜	$N_2+O_2+CO_2$	防止枯萎、保持鲜度

(2)充气包装保质原理　充气包装常用的填充气体主要有 CO_2、N_2、O_2 及其混合气体，其他很少用的气体有 CO、NO_2、SO_2、Ar 等。

①二氧化碳(CO_2)　空气中 CO_2 的正常含量为 0.3%。低浓度 CO_2 能促进许多微生物的繁殖，但高浓度 CO_2 却能阻碍大多数需氧菌、霉菌等微生物繁殖，延长微生物增长的停滞期和延缓其指数增长期，因而对食品有防霉和防腐作用，但 CO_2 不能抑制厌氧菌和酵母菌的繁殖增长，若存在这类微生物还需采用其他气体或方法抑制其增长。CO_2 对一些霉菌的作用如图 4.5 所示。在混合气体中 CO_2 的浓度超过 30%就足以抑制细菌增长，在实际应用中，因 CO_2 易通过塑料包装材料逸出和被食品中水分和脂肪吸收，所以，混合气体中 CO_2 的浓度一般超过 50%。图 4.6 说明了在 4℃下用不同填充气体包装的猪肉的细菌繁殖情况，结果表明，充填 CO_2 的包装能有效地抑制微生物的生长繁殖。

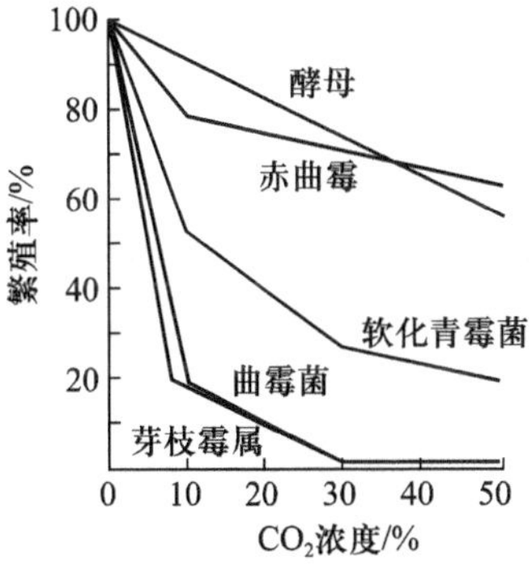

图 4.5　二氧化碳浓度对霉菌繁殖的影响

(潘松年，2011)

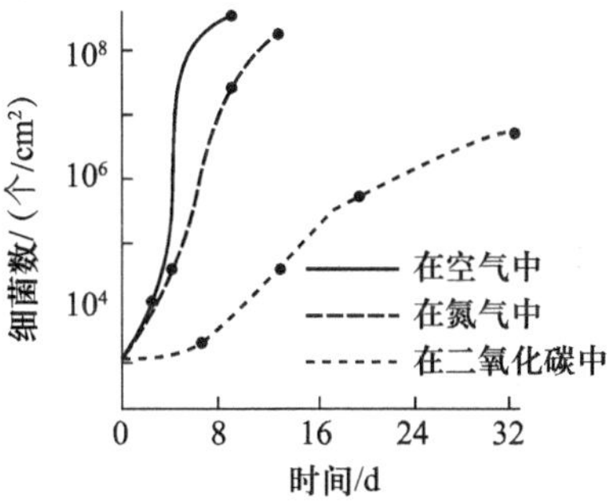

图 4.6　在 4℃下贮藏猪肉的细菌数量增长

(潘松年，2011)

CO_2 溶于水中会产生弱酸性的碳酸，因 pH 的降低而对微生物产生抑制作用，同时，CO_2 对油脂及碳水化合物等有较强的吸附作用而保护食品减少氧化，有利于食品储藏。一般认为真空包装是防止食品腐变的有效方法，但往往难以达到预期效果，究其原因，包装内残存的微量氧也会使微生物生存，当温度较高时则会繁殖，如采用 CO_2 真空包装，其贮藏效果会得到明显改善。

②氮气(N_2)　N_2 在空气中占 78%，作为一种理想惰性气体一般不与食品发生化学作用，包装中提高 N_2 浓度，则相对减少 O_2 浓度，就能产生防止食品氧化和抑制细菌生长的作用。N_2 不直接与食品中的微生物作用，它在充气包装中的作用有两个：一是抑制食品本身和微生物的呼吸；二是作为一种充填气体，保证产品在呼吸包装内的 O_2 后仍有完好外形。

③氧气(O_2)　O_2 在空气中占 21%，是生物赖以生存不可缺少的气体。O_2 的性质活跃，会引起食品变质和加速腐败细菌的生长，一般食品包装内都不允许存在。

生鲜的肉类和鱼贝类如果处于无氧状态下保存，则维持阻止新鲜的氧合肌红蛋白就会还原变成暗褐色而使产品失去生鲜状态乃至商品价值。因此，维持新鲜肉类稳定的生鲜状态就必须采用有氧包装。

含氧充气包装特别适用于生鲜食品的保鲜包装。不同果蔬要维持其正常代谢而保持其新鲜所需的氧浓度是不同的，这主要取决于果蔬的品种、成熟度等许多因素。采用适当的包装材料和包装方法，控制果蔬储存环境的氧分压和呼吸速度，这就是近代开发的果蔬气调保鲜包装(CAP)技术。O_2 常与 CO_2 和 N_2 混合成理想气体用于生鲜食品的充气包装，其作用是维持生鲜食品内部细胞的一定活性，延缓其生命过程，保持一定程度的生鲜状态。

在应用充气包装技术时，根据被包装食品的性能特点，可选用单一气体或上述三种不同气体组成的理想气体充入包装内，以达到理想的保质效果。一般情况下，N_2 的稳定性最好，可单独应用于食品的充气包装而保持干燥食品的色、香、味；对于那些有一定水分活度、易发生霉变等生物变质的食品，一般用 CO_2 和 N_2 的混合气体充气包装；对于有一定保鲜要求的生鲜食品，则需用一定氧气浓度的理想混合气体充填包装。

对于同一种薄膜，三种气体的透过比例为：$N_2 : O_2 : CO_2 = 1 : 3 : (15 \sim 30)$，可见 N_2 是食品充气包装的一种理想气体。

4.2.2 真空和充气包装工艺

1. 包装材料的选择

为了维持或保持包装容器的气氛状态，食品真空充气包装对包装材料提出不同的要求：塑料包装材料的透气和透湿性能随聚合物的分子结构、薄膜厚度和温湿度等的影响而变化；真空或充气包装后受大气环境的影响，包装容器内的含氧量或混合气体各组分的浓度会发生变化，选择包装材料的原则是尽可能减少大气环境的影响，获得尽可能长的保质期。

根据食品保鲜的特点，用于真空包装的包装材料对气密性要求可分为两类：一类是高阻隔型包装材料，用于食品防腐的真空和充气包装，减少包装容器内的含氧量和混合气体各组分浓度的变化；另一类是透气性包装材料，用于生鲜果蔬充气包装时维持其低的呼吸速度。真空和充气包装材料透湿性能要求是相同的，对水蒸气的阻透性越好越有利于食品的保鲜。

真空和充气包装均需选用气密性良好的包装材料。对真空而言，阻氧是关键问题，故选择包装材料应能有效防止大气中氧气的渗入；而充气包装除对氧气有良好的阻隔性能以外，还必须对充入的气体具有良好的阻隔性。衡量塑料薄膜对气体渗透性的大小一般可用透气系数表示，透气系数越小，则气体对塑料薄膜的透过越困难，气密性越好。塑料包装材料对氧、二氧化碳、氮的透气系数见表 4.10。

用作真空包装的塑料薄膜，一般要求透氧度较小，如 PET、PA、PVDC 和 EVA 等薄膜具有良好的阻气性，但这些材料一般不单独使用，考虑到薄膜材料的热封性和对水蒸气的阻隔性常采用 PE 和 PP 等具有良好热封性能的薄膜与之复合成综合包装性能较好的复合材料，需注意的是单层 PE 和 PP 因透气性大而不能用于真空和充气包装。

用作充气包装的塑料薄膜，一般要求对氮、二氧化碳和氧均有较好的阻气性，选用以 PET、PA、PVDC 和 EVOH 等为基材的复合包装薄膜。对于风味食品也要求包装具备避光及展示的效果，故选用以铝箔为基材的复合包装材料用作充气包装材料。

表 4.10　塑料包装材料对氧、二氧化碳、氮的透气系数

(李代明,2008)

序号	材料		透气系数(20℃、65% RH)/[mL/(m^2·24 h·0.1 MPa)]			透湿度(40℃,90% RH)/[g/(m^2·24 h)]
	代号	厚度/μm	N_2	O_2	CO_2	
1	LDPE	25	1 400	4 000	18 500	20
2	HDPE	25	220	600	3 000	10
3	CPP	25	200	860	3 800	11
4	OPP	25	100	550	1 680	9
5	PVC(硬)	25	56	150	442	40
6	PVC	25	30～80	80～320	320～790	5～6
7	PS	25	880	1 500	1 400	110～160
8	PC	25	35	200	1 225	80
9	PET	25	25	60	420	27
10	PA(N)	25	16	60	253	300
11	OPA	25	6	20	79	145
12	PVDC	25	2～23	13～110	60～700	3～6
13	PT	25	8～15	3～80	6～9	>120
14	KPT	25		2		10
15	PVA	25		7	10	很大
16	EVOH	25		2		550
17	KOPP	25	1.5	5～10	15	4～5
18	PA/PE	77		50		10
19	PP/PVDC/PE	76		15		5
20	PET/PVDC/PE	60		15		4
21	PA/EVAL/PE	80		12		8
22	PA/PVDC/PE	73		6		8
23	PET/EVAL/PE	71		4		7
24	PA/PP	90		50		4
25	PA/EVOH/LLDPE	55		47		13

2. 真空和充气包装的工艺要点

(1)注意贮存环境温度对真空和充气包装效果的影响。各种包装材料对气体的渗透速度与环境温度有着密切关系,一般随温度提高其透气度也随着增大。三种常用气体对聚乙烯(PE)薄膜在不同温度条件下的渗透系数值见表 4.11。由此可知,真空和充气包装的食品,宜

在低温下贮存，若在较高温度下贮存，会因透气率的增大而使食品在短期内变质。一般对生鲜食品或包装后不再加热杀菌的加工食品，应在低温(10℃以下)贮藏和流通。

表 4.11 三种气体在不同温度条件下对聚乙烯薄膜的渗透系数

(章建浩，2019)

温度/℃	渗透系数/[10^{-10} $cm^3 \cdot cm/(cm^2 \cdot s \cdot cmHg)$]		
	CO_2	N_2	O_2
0	54.7	2.50	11.0
15	130	7.84	27.5
30	280	21.5	69.4
45	540	54.7	143

(2)注意真空和充气包装过程的操作质量。热封时要注意包装材料内面在封口部位不要粘有油脂、蛋白质等残留物，确保封口质量。对真空包装的加热杀菌处理，要严格控制杀菌温度和时间，避免加热过度造成内压升高致使包装材料破裂和封口部分剥离，或由于加温不足而达不到杀菌效果。另外，真空包装时必须充分抽气，特别注意对生鲜肉类和大型食品的真空包装，不能残留气穴，防止残存空气导致残存微生物在保质期内繁殖而使食品腐败变质。

(3)注意真空和充气包装的适用范围不同。真空包装由于包装内外有压差，所以一般不用于易被压碎或带棱角的食品。对这类食品如果常规包装方法不能保持其风味和质量而又有一定包装要求时，一般考虑采用充气包装。

3. 真空包装的方式

真空包装所用的包装方式有下列几种：

(1)软管式　这里所说的软管式并不是由锡和铝拉拔而成的软管，而是用两片塑料薄膜或用一片薄膜通过一个圆管成型器热封合而成的软管。薄膜逐渐前进，先封纵缝再封一道横缝，然后充填物料，再进行抽真空或充气并封第二道横缝，最后将软管切下，成为一个包装件。这种软管可用于真空包装，但一般多用于充气包装。

(2)袋装式　用真空充气包装小袋时，最常发生的问题是封口处折皱，导致封口不严，原因是制袋时很难将封口部分的两片材料做得一样大。因此，在封口时必须将较短的一片拉长，这一措施为了保证袋口不发生折皱，是得到良好的密封所必需的。

有一种新开发的真空装袋方法。在封袋口之前，用过热蒸汽吹袋口部分，然后进行热封。袋内的空气被蒸汽吹走，封口后留在袋口的少量蒸汽冷凝，使袋内产生真空。这种方法适合用来包装液体食品，因为蒸汽冷凝后的少量水分对食品无影响。此法比腔室法便宜，所得到的真空度也能满足很多产品包装要求。近来也用于蒸煮袋装食品的包装。

(3)半刚性容器式　通常是用硬质塑料片与铝箔的复合材料压制成杯型容器，填充食物后在真空腔室内抽真空。用平整的同类材料覆盖后再热封，通过这种包装方式得到的包装件外观平整光滑无皱纹。

4. 充气包装的方式

(1)气体冲洗式(gas hush)　其包装原理是连续充入混合气体，气流将包装容器内的空气驱出，构成袋口端的正压状态并立即封口。此方式不抽真空而是连续充气并热封，生产效率高，可使包装容器内的含氧量从21%降低至2%～5%，但由于包装件内残氧量较高，不适用于包装对氧敏感的食品。该方式的充气包装机械可由各种立式或卧式自动制袋充气包装机改进。

（2）真空充气式（compensated vacuum） 其包装原理是先将包装容器内的空气抽出构成一定的真空度，然后充入混合气体至常压，并热封口。这种充气包装方式容器含氧量低，应用范围广，具有充气功能的各种真空包装机均可实施。

4.2.3 MAP和CAP技术

食品保鲜是保证食品的原汁原味，其方法有很多，气调包装是先进的方法之一。其特点是以小包装形式将产品封闭在塑料包装容器内，其内部环境气体可以是封闭式提供的，或者是封闭后靠内部产品呼吸作用自发调整形成的。封闭后包装内的理想气氛一般不再用人为方式进行维持管理，对于较大的包装件，在储藏期间也可实施适当的换气管理。

根据包装后包装材料内部气氛的控制程度，气调包装可分为控制气氛包装（controlled atmosphere packaging，CAP）和改善气氛包装（modified atmosphere packaging，MAP）。但无论是哪一种，其包装体内的气体组分不同于正常的大气环境，最常见的变化是氧分压下降，而二氧化碳浓度升高。国际上将通过改变包装袋内气氛使食品处在与空气组成不同的气体环境中而延长保质期的包装，归属为同一类型的包装技术，称为CAP/MAP包装技术，包括真空包装（VP）、真空贴体包装（VSP）、气体吸附剂包装（GAP）、控制气氛包装（CAP）、改善气氛包装（MAP）等。

1. MA和CA气调系统

MA（modified atmosphere）即改善气氛，指采用理想气体一次性置换，或在气调系统中建立起预定的调节气体浓度，在随后的储存期间不再受到人为的调整。

CA（controlled atmosphere）即控制气氛，指控制产品周围的全部气体环境，即在气调储藏期间，选用的调节气体浓度一直受到保持稳定的管理或控制。

对于具有生理活性的食品，减少含氧量，提高二氧化碳浓度，可抑制和降低生鲜食品的需氧呼吸并减少水分损失，抑制微生物繁殖和酶反应，但如果过度缺氧，会产生变味或不良生理反应而变质腐败。CA或MA不是单纯的排出氧，而是改善和控制食品储存的气氛环境，以尽量显著地延长食品的包装有效期。判断一个气调系统是CA型还是MA型，关键是看对已建立起来的环境气氛是否具有调整和控制功能。

薄膜气调包装系统模式可用图4.7来描述，在这个系统中同时存在着两种过程：一是产品（包括微生物）的生理生化过程，即新陈代谢的呼吸过程；二是薄膜透气作用导致产品与包装内气体的交换过程，这两个过程使薄膜气调系统成为一个动态系统，在一定的条件下实现动态平衡，即产品与包装内环境气体交换速率与包装内环境气体透过薄膜与大气的交换速率相等。各种薄膜气调系统的差异表现在：能否在气调期内出现动态平衡点；能否有保持动态平衡相对稳定的能力。由于这种差异的存在，也就被定性为CA型或MA型。

2. MAP和CAP气调系统设计原理

（1）薄膜透气理论 气体通过薄膜介质的渗透作用与扩散作用遵守费克扩散定律，即

$$dQ/dt = P_0 A\,dp/dx \qquad (4.16)$$

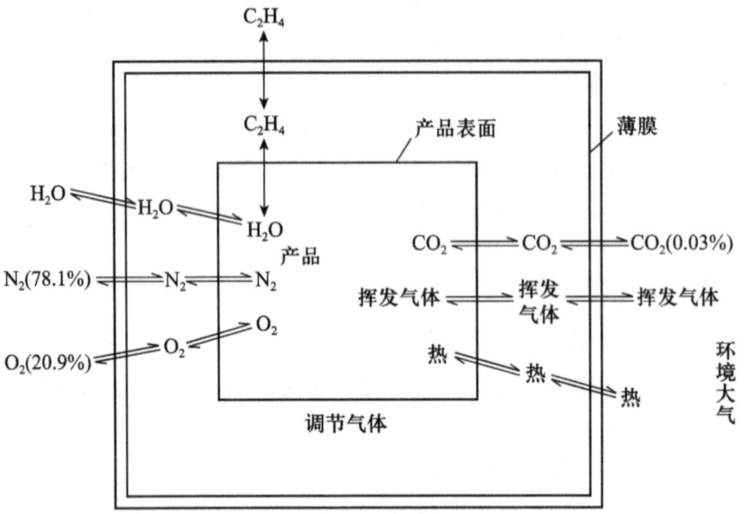

图 4.7 薄膜气调包装系统模式

（章建浩，2019）

式中：dQ/dt 为气体渗透速度，cm^3/s；A 为薄膜有效面积，cm^2；P_0 为气体的渗透系数，$cm^3 \cdot cm/(cm^2 \cdot s \cdot cmHg)$；$dp/dx$ 为气体的压力梯度，cmHg/cm（1 cmHg=1.33 kPa）。

当气体渗透处于稳态时，则式（4.16）为：

$$Q/t = P_0 A(p_1 - p_2)/d\delta \tag{4.17}$$

式中：$p_1 - p_2$ 为薄膜两侧气体的分压，cmHg；δ 为薄膜厚度。

由此可见，某种气体在单位时间内通过薄膜的渗透量与有效面积成正比，与膜的厚度成反比，与膜两侧气体的分压差成正比，并且混合气体中各种气体的渗透方向和速度彼此独立、互不干扰。

（2）薄膜气调系统设计原理　对于一个薄膜封闭的气调系统来说，式（4.17）实际上表示了包装内气体与包装外气体的交换情况。如果将系统内产品产气或耗气速率表示为 Q'/t，而气体通过包装膜的渗透速率为 Q/t，则可分两种情况加以讨论。

①CA 气调系统　必须使包装系统满足：

$$Q'/t = Q/t \tag{4.18}$$

即产品在控制气氛（气调）状态下的产气或耗气速率等于气体对包装膜的渗透速率：

$$Q'/t = P_0 A(p_1 - p_2)/\delta \tag{4.19}$$

式中：p_1 为包装体内某一被调气体的分压；p_2 为该气体在大气中的分压。

从式（4.19）可见，除 $p_1 - p_2$ 受客观环境条件制约不可变外，其他几个因素在一定范围内都有一定的选择自由度。因此要满足 CA 控制条件，可通过多种途径实现：如果初步设计的系统产品呼吸作用产生的气体速度 Q'/t 过大，为满足 CA 控制条件，可减少包装系统内产品量，使 Q'/t 变小，也可增加薄膜有效面积，降低薄膜厚度，或选择透气性更好的薄膜。

若选用上述方法得到的结果还是 $Q'/t > Q/t$，则需考虑在包装系统中引入人为控制或调节气体的手段，如加入气体吸附剂或选用透气性强的薄膜（硅橡胶）配合使用，以将包装系统的结果调整为 $Q'/t=Q/t$。

②MA 气调系统　对于呼吸强度大的生鲜食品，一般很难达到 CA 效果，对于呼吸强度小的生鲜食品，则没有必要达到自动调气效果；从气调的基本原理来看，为了延长气调保鲜效果，MA 气调系统能使包装系统尽快达到气体状态相对稳定，并使 p_1 变化得慢些。在 MA 系统中，由于引起气调气体分压变化的主要因素因产品类型不同而异，因此必须加以区别对待：对果蔬类产品，由于呼吸作用较强，也即 Q'/t 较大，在设计包装系统时必须考虑选用透气率大的薄膜。对于气调贮存期间不产生大量气体的产品（如肉禽鱼类产品），则应选用对被调气体阻隔性好的包装材料。

3. 气调包装技术

（1）CAP　CAP 的主要特征是包装材料对包装内的环境气氛状态有自动调节作用，这要求包装材料可选择透气性，以适应内装产品的呼吸作用。生鲜果蔬产品自身的呼吸特性要求包装材料内具有气调功能，能保持稳定的理想气体氛围，以避免因呼吸而可能造成的包装缺氧或二氧化碳含量过高。

果蔬包装体系是一个典型的薄膜封闭气调系统，存在着呼吸作用和气体渗透控制作用，在这个动态系统中，产品呼吸代谢过程要放出二氧化碳、乙烯、水蒸气和其他挥发性气体，同时，这些气体会透过包装与外界发生受限制的交换作用。影响包装内部气氛的因素有：产品种类、品种、成熟度、湿度及温度、氧和二氧化碳分压、乙烯浓度、光线、包装膜的渗透性、结构、厚度、面积等。

任何 CAP 系统都应该在低氧和高二氧化碳浓度条件下达到以这两种气体平衡为主体的状态，这时产品的呼吸率基本等于气体对包装膜的进出速率，系统中的任何因素发生变化都将影响系统平衡或建立稳定态所需要的时间。对果蔬而言，包装膜对二氧化碳和氧渗过系数的比例 O_2/CO_2 也应合理，以适应果蔬的呼吸率并能维持包装体内一定的氧和二氧化碳浓度。几种适合新鲜果蔬 CAP 的包装膜透气性能见表 4.12。

表 4.12　几种适合新鲜果蔬 CAP 的包装膜透气性能

（高德，2003）

包装膜品种	透气度/[mL/(m^2·24 h·0.1 MPa)]（膜厚度 25.4 μm）		透气性（CO_2/O_2）
	CO_2	O_2	
HDPE	23 010～26 000	3 900～13 000	2～5.9
PVC	4 623～8 138	620～2 248	3.6～6.9
PP	7 700～21 000	1 300～6 400	3.3～5.9
PS	10 000～26 000	2 600～7 700	3.4～3.8
Saran™	52～150	8～26	5.8～6.5
PET	180～390	52～130	3～3.5
乙酸纤维素	13 330～15 500	1 814～2 325	6.7～7.5
盐酸橡胶（Rubbero HCl）	4 464～209 260	589～50 374	4.2～7.6
PC	23 250～26 350	13 950～14 725	3～3.5
甲基纤维素	6 200	1 240	5
乙基纤维素	77 500	31 000	2.5

包装内的理想气体状态可由包装后的呼吸作用自发形成，也可在包装时人为提供(配气)。一般来说，对本身就有较长储藏寿命，且气调是为了延长产品储藏期的产品，可用自发形成的方式；而对那些只有很短储藏寿命的产品，则可考虑人工提供理想环境气氛，使包装系统很快进入气调稳定状态。

除了维持包装体内气氛状态稳定之外，还可以在包装内引入活性炭之类的吸附剂，以吸附产品呼吸代谢而产生的乙烯等有害气体。对生鲜果蔬，CAP与低温储存并用可获得非常好的保鲜效果。

(2)MAP　MAP即改善气氛包装，指用一定理想气体组分充分充入包装，在一定温度下改善包装内环境的气氛，并在一定时间内保持相对稳定，从而抑制产品的变质过程，延长产品的保质期。MAP已经在许多食品产品中得到了广泛的应用，它适用于呼吸代谢作用强度较小的产品包装。几种产品MAP的典型气体混合组成见表4.13。

表4.13　几种产品MAP的典型气体混合组成

(张琳，2009)

产品	氧含量	二氧化碳含量	氮含量	产品	氧含量	二氧化碳含量	氮含量
瘦肉	70	30	—	硬干酪	—	—	100
关节肉	80	20	—	加工肉	—	—	100
片肉	69	20	11	焙烤食品	—	80	20
白鱼	30	40	30	干面食品	—	—	100
油性鱼	—	60	40	番茄	4	4	92
禽类	—	75	25	苹果	2	1	97

生鲜冷却肉品的MAP可获得良好的保鲜包装效果，图4.8所示为生鲜猪肉用50% CO_2、25% O_2 和25% N_2 组成的理想气氛包装与单纯空气在1℃储存条件下的对照结果，2周后理想气氛包装的生鲜冷却肉保持良好的原有气味和色泽，而空气中储存的肉开始腐烂，两者的细菌总数相差6个数量级。

经MAP包装储存过的产品还具有一定程度的后抑菌效应。尤其是冷冻食品上的嗜冷菌，在食品出现明显腐败迹象之前，它也有可能会损害人体健康。图4.9所示为猪肉经过50% CO_2 气体比例的MAP包装在1℃下储存4 d，打开包装储存于7℃条件下的抑菌效应。

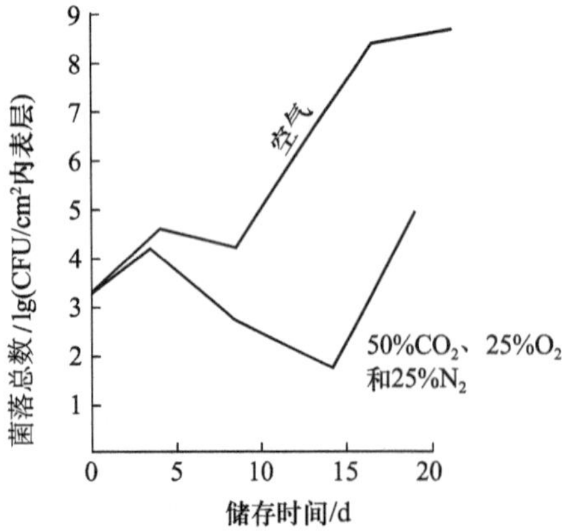

图4.8　生鲜猪肉经过MAP包装后的保鲜效果

(章建浩，2019)

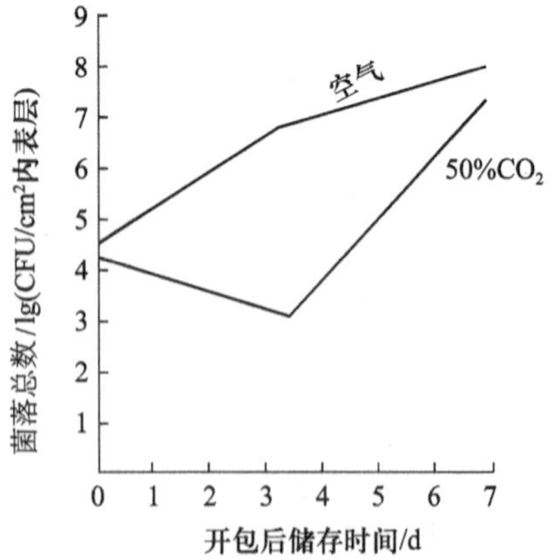

图4.9　猪肉经过MAP包装后的抑菌效应

(章建浩，2019)

MAP 包装材料的选用，必须能控制所选用的混合气体的渗透速率，同时亦能控制水蒸气的渗透速率。包装内的气调均衡受产品的呼吸率、包装薄膜的透气性、包装容积、表面积和填充高度以及采光度的影响。一般而言，果蔬类产品的 MAP 应选用具有较好透气性能的材料，并注意材料的 O_2/CO_2 透过之比[适用范围 1∶(8～10)]。用于肉类食品和焙烤制品的 MAP 包装材料，应选用具有较高阻隔性的包装材料，以较长时间维持包装内部的理想气氛。食品 MAP 包装后的储藏温度对保鲜包装效果影响很大，一般需在 0～4℃温度条件下储藏和流通。

应用案例一：高氧 MAP

包装内的氧气浓度是影响食品包装质量的重要因素，如氧气会使食品中的油脂发生氧化，但是适当的氧气浓度对维持鲜肉的品质是有益的，这个问题需要辩证地看待。如鲜肉的红色色泽是促进销售的重要外观因素，保持鲜肉红色色泽的包装，国外称红肉包装。鲜肉的红色程度取决于肌肉中的肌红蛋白浓度，各种鲜肉因肌红蛋白浓度不同，色泽有深浅，如牛、羊肉的红色色泽较深而猪肉较淡。混合气体中氧分压影响肌红蛋白的形式，氧合肌红蛋白形成的氧分压要在 7 992 Pa 以上，当氧的分压大于 31 968 Pa 时，可以很大程度促进氧合肌红蛋白的形成。影响鲜肉红色色泽保持稳定的因素有两方面：一是氧合肌红蛋白转变为脱氧肌红蛋白时氧的分离曲线；二是氧合肌红蛋白转变为正铁肌红蛋白时反应速度的 K 值，在低氧环境中这两种因素影响较大。高氧环境可以保持鲜肉色泽，并对需氧细菌繁殖速度无影响。

高氧气调包装中要求 CO_2 浓度为 20%～25%，为了保持包装内 CO_2 和 O_2 一定的浓度，防止包装盒坍塌，可以向包装内加入一定量的 N_2。如采用 70% O_2/20% CO_2/10% N_2 混合气体配比，既可使鲜肉保持色泽，又能抑制细菌繁殖，保藏期可达 21 d。猪肉、羊肉(一龄的羊)、小牛肉、火鸡(粉红色的皮膜)和红色的内脏采用 66% O_2/25% CO_2/9% N_2 混合气体配比，可得到 4～15 d 的货架期。

应用案例二：气调包装的预处理技术

在气调包装前对食品进行有效的预处理可以提高食品包装的品质，如超声波预处理、等离子体预处理、减压预处理、紫外线预处理、电子束辐照预处理等。如有学者对经过低剂量辐照处理和未经辐照处理 MAP 的新鲜鲶鱼片进行测定，结果表明经辐照处理后，菌落总数大幅下降，货架期从 5～7 d 延长到了 20～30 d。这预示着 MAP 与低剂量辐照处理的联合应用对于延长海产品的货架期具有巨大的潜力。图 4.10 所示为用电子束辐照处理后冷鲜牛肉充氮包装贮藏期间菌落总数的变化，从图中可见，经辐照后的牛肉的菌落总数要低于对照组，且辐照剂量越大，菌落总数越低。其他预处理技术请读者查阅相关文献。

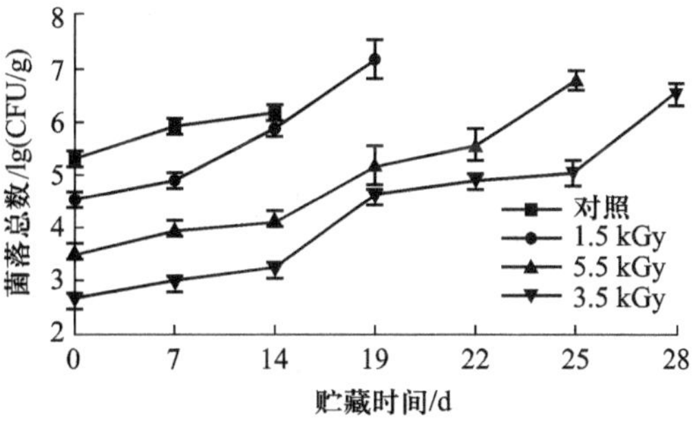

图 4.10　电子束辐照条件下冷鲜牛肉贮藏期间菌落总数的变化

4.3 脱氧包装技术

4.3.1 脱氧包装的定义和特点

氧气是引起食品质变的重要因素之一。脂肪遇氧会氧化腐败，失去营养价值，甚至产生有毒的物质；维生素和多种氨基酸被氧化后会失去营养价值；氧还会使不稳定色素变色或褪色。引起食物腐败的微生物多为需氧微生物，在氧气的含量低至2%～3%时，大部分的需氧菌和兼性厌氧菌仍能生长，生化反应也仍会进行；同时氧气还是粮食害虫生长的必要条件。故在包装食品中充分除去氧气，对延长食品保质期具有重要意义。

脱氧包装是指在密封的包装容器内，封入能与氧起化学作用的脱氧剂或能催化氧化发生化学反应的脱氧剂(又称去氧剂或吸氧剂)，从而除去包装内游离的氧，使被包装物在氧浓度很低，甚至几乎无氧的条件下保存的一种包装技术。

封入脱氧剂包装是在成功研制了脱氧剂以后才出现的。脱氧剂最早于1925年用铁粉和硫酸铁研制而成，1933年开始在食品上使用铁化合物制成的脱氧剂；这些脱氧剂与气密性良好的包装材料配合，可应用于不同类型的产品包装，并获得良好效果。目前封入脱氧剂包装主要用于对氧敏感的易变质食品，如蛋糕、礼品点心、茶叶、咖啡粉、水产加工品和肉制品等的保鲜包装。

脱氧包装最显著的特点是在密封的包装内可使氧降至很低水平甚至产生一个几乎无氧的环境。脱氧剂能把包装容器内的氧全部除去，还能将从外界环境中渗入包装内的氧以及溶解在液体中或充填在固体海绵状结构微孔中的氧除去，从而有效控制包装内产品因氧而造成的各种腐败变质，使其降低到最低程度。

研究结果表明，许多食品对氧极为敏感，食品在接近无氧环境中储藏，可以有效地抑制油脂、色素、维生素、氨基酸、芳香物质等的成分氧化，较好地保持产品原有的色、香、味和营养；同时，氧的脱除抑制了嗜氧微生物的生长，进而减少了由此引起的腐败变质，此外，所有的害虫都需要氧维持生命，不管害虫处于生命活动的何种阶段，只要环境中的氧气低于0.1%，半个月内可使害虫全部死亡。

脱氧包装在日本、欧美等发达国家较广泛应用于食品储藏保鲜。封入脱氧剂包装应用于食品保鲜的一些典型实例见表4.14。

表4.14 脱氧包装的应用实例

(李良，2017)

食品类别	典型食品	作用
糕点	蛋糕	防止脂肪氧化，保持风味，防止霉菌繁殖
水产加工品	精制水产品	防止霉菌繁殖
肉食加工品	火腿	防止脂肪氧化，防止色变，防止霉菌繁殖，保持风味
谷物	米、大豆	防止虫蛀现象，防止霉菌繁殖
茶叶	茶叶	防止褐色变色，防止霉菌繁殖

脱氧包装是在真空包装和充气包装出现之后形成的一种新的包装方法，它克服了真空包

装和充气包装去氧不彻底的特点，同时封入脱氧剂包装还具有所需设备简单、操作方便、高效、使用灵活等优点。脱氧包装具有如下特点：

(1)脱氧包装能较好地保持食品外观及内在品质和提高食品安全性。由于脱氧剂不直接与食品接触，不会改变食品风味；对于组织结构柔软或松脆，外表有花纹的食品，在包装中封入脱氧剂，还能防止食品的形态及外观遭受破坏；在食品包装中封入脱氧剂，可以在食品生产工艺中不必加入防霉和抗氧化等化学添加剂，从而使食品更安全。

(2)脱氧剂包装操作方便，只需在包装食品时将脱氧剂小袋一同放入即可，不需增添额外设备、不改变食品加工工艺，不受生产规模的制约。在生产实践中，为提高包装效果和效率，可将封入脱氧剂包装与真空包装和充气包装结合起来应用，以增强保藏效果。

(3)脱氧包装能比真空和充氧包装更有效地防止或延缓需氧微生物引起的腐败变质。如果脱氧剂选择合适，可使包装内部的氧含量降低到0.1%以下，甚至达到几乎无氧的状态，不仅能比较彻底地除去包装内的氧，还能够除去固体、粉体产品微孔中及液体食品中的氧，而且还可以除掉包装作业完成后缓慢从包装表面渗入的少量氧气，使这种几乎无氧状态保持较长时间，更为有效地防止或减缓由氧气导致的食品生物性或非生物性败坏，有利于延长食品的保质期。

4.3.2 常用脱氧剂的作用原理与反应特性

1.脱氧剂的作用机理及类型

目前研究使用的脱氧剂的种类很多，按脱氧速度可分为速效型、一般型和缓效型；按原材料可分为无机类和有机类，其中无机系列脱氧剂包括铁系脱氧剂、亚硫酸盐系脱氧剂、加氢催化剂型脱氧剂等；有机系列脱氧剂包括抗坏血酸类、儿茶酚类、葡萄糖氧化酶和维生素E类等。其中，以原料易得、成本低、除氧效果好、安全性高的铁系脱氧剂的应用最广。脱氧剂都是利用其本身具有还原作用，能和氧气发生反应的原理而使包装内的氧气脱除。其除氧反应的机理因脱氧剂的不同而不同，但无论哪一种都具有直接氧化或间接催化氧化的能力。

(1)无机系脱氧剂

①铁系脱氧剂　以还原态的铁(铁或亚铁盐)为主剂。脱氧能力强、安全、制备简单，是最早研制和目前使用较为广泛的一种脱氧剂。在包装容器内，铁系脱氧剂以还原状态的铁经下列化学反应消耗氧：

$$Fe+2H_2O\rightarrow\cdots\rightarrow Fe(OH)_2+H_2\uparrow$$

$$3Fe+4H_2O\rightarrow\cdots\rightarrow Fe_3O_4+4H_2\uparrow$$

$$2Fe(OH)_2+\frac{1}{2}O_2+H_2O\rightarrow\cdots\rightarrow 2Fe(OH)_3\rightarrow\cdots\rightarrow Fe_2O_3\cdot 3H_2O$$

$$2Fe+\frac{3}{2}O_2+3H_2O\rightarrow\cdots\rightarrow 2Fe(OH)_3\rightarrow\cdots\rightarrow Fe_2O_3\cdot 3H_2O$$

以上反应过程复杂，受到诸如温度、湿度(水分)、压力及加入脱氧剂中的辅助成分(助剂)等因素的影响。铁发生氧化反应形成的终产物有差异，因而消耗的氧量有不同。理论上在铁转变为氢氧化铁时，1 g铁要消耗0.43 g(折合为约300 cm^3)的氧气，这相当于1 500 cm^3 正常空气中的含氧量。因此，铁系脱氧剂的除氧能力是相当强的，这是铁系脱氧剂得到较广泛应用的主要原因之一。

虽然铁系脱氧剂主要原料容易获得，制作简单，成本较低。但铁系脱氧剂的脱氧速度相对较慢，且脱氧需要一定水分的存在才有较好效果。此外，在铁氧化时常有氢气的产生或处理已生成的氢是铁系氧化剂使用中需解决的问题，因此，在配制或生产这类脱氧剂时常需加入一些具有这一作用的助剂。

②亚硫酸盐系脱氧剂　亚硫酸盐系脱氧剂的使用效果也较好，且应用较广泛。这类脱氧剂多以连二亚硫酸盐为主剂，以氢氧化钙和活性炭等为助剂。在水分的参与下，活性炭即充当催化剂使连二亚硫酸钠与水起激烈的氧化反应，释出 SO_2 并产生反应热(60～70℃)。如在助剂中加入适量的碳酸氢钠，则除了能除去包装空间的氧外，还能生成二氧化碳，形成包装内的二氧化碳环境，进一步提高对产品的保护效果。

亚硫酸盐系脱氧剂发生的化学反应包括：

$$Na_2S_2O_4+O_2 \xrightarrow{H_2O活性炭} \cdots \rightarrow Na_2SO_4+SO_2\uparrow$$

$$Ca(OH)_2+SO_2 \rightarrow \cdots \rightarrow CaSO_3+H_2O$$

如果还需同时产生二氧化碳，则需再加入碳酸氢钠，发生以下反应：

$$2NaHCO_3+SO_2 \rightarrow \cdots \rightarrow Na_2SO_3+H_2O+2CO_2\uparrow$$

总反应式为：

$$2Na_2S_2O_4+2NaHCO_3+2Ca(OH)_2+2O_2 \xrightarrow{H_2O活性炭} \cdots \rightarrow 2Na_2SO_4+$$
$$Na_2SO_3+CaSO_3+CaCO_3+2H_2O+2CO_2\uparrow$$

1 g 连二亚硫酸钠大约可消耗 0.184 g 氧，即在标准状态下 1 g 连二亚硫酸钠可脱除约 130 cm^3 的氧，它的脱氧能力不如铁系脱氧剂，但它脱氧速度快，且可生成二氧化碳，这对食品储藏保鲜非常有利。因此，亚硫酸盐系脱氧剂使用效果好且应用也比较广泛。

③铂(Pt)、钯(Pd)、铑(Rh)等加氢催化剂　通过 Pt、Pd、Rh 对氢氧化物的催化作用，使包装内存在的氢和氧化合成水而达到脱除氧气的目的。这些催化剂中以钯的催化效果较好，因为活化状态下的钯可以吸附比自身体积大许多倍的活泼氢。

催化的氧化反应：

$$2H_2+O_2 \xrightarrow{Pt或Pd等} 2H_2O$$

铂、钯、铑等加氢催化剂是较早研制成功并应用的一类脱氧剂，由于这类脱氧剂脱除氧依赖于氢的存在，使用时需先采取一定方法(如抽真空)减少包装内的含氧量，然后再充入含氢的混合气体，如 92% N_2+8% H_2，这相对较麻烦。另外，催化剂铂或钯等都是稀有金属，成本较高，故这类脱氧剂现在已少有使用，大多数被其他高效脱氧剂代替或与其他脱氧剂混合使用。

(2)有机系脱氧剂

①偶合酶系统　将氧化酶以固定化技术结合在包装系统上，利用其催化底物氧化的原理，亦可作为脱氧剂。例如葡萄糖氧化酶脱氧剂，在葡萄糖氧化酶的催化作用下，葡萄糖和包装中的氧气发生反应生成葡萄糖酸，在催化其氧化反应的过程中消耗了包装内部的氧，从而达到脱除氧气的目的。反应式如下：

$$C_6H_{12}O_6 + O_2 \xrightarrow{\text{氧化酶}} C_6H_{12}O_7$$

由于该反应是酶促反应，所以脱氧效果受到食品的温度、pH、含水量、盐种类及浓度、溶剂等各种因素的影响，且存在酶易失活等特点，故不易制备，成本较高。此反应的适宜条件是30～50℃，pH 4.8～6.2。目前这种脱氧剂只在某些特定产品的包装中有所应用。

②抗坏血酸脱氧剂　抗坏血酸脱氧剂是近年研制的新型脱氧剂。抗坏血酸本身是还原剂，在有氧的情况下，可被氧化成脱氢抗坏血酸，从而除去环境中的氧。该脱氧剂是目前使用脱氧剂中安全性较高的一种，常用此法除去液态食品中的氧。在有 Cu^{2+} 存在的情况下，反应式如下：

$$\text{AA(抗坏血酸)} + O_2 \xrightarrow{Cu^{2+}} \text{DHA(脱氢抗坏血酸)} + H_2O$$

铜离子在抗坏血酸溶液中充当催化剂，可以连续促进抗坏血酸的氧化反应。该脱氧剂可用于各类食品和药品包装，但成本较高。

③活性干酵母　酵母菌能在有氧环境下进行有氧呼吸，产生 CO_2，从而达到除去包装内部氧气的目的。其主要是针对含水食品而设计，如饮料，啤酒等。干酵母以固定化方式附着于瓶盖内侧，利用高透氧率、高透水气率的低熔点高分子材料，将活性酵母与啤酒隔离，不致直接接触。在贮存过程中，啤酒中的水分会使酵母活化而达到除氧的效果，反应式为：

$$C_6H_{12}O_6 + 6O_2 + 38ADP + 38Pi \longrightarrow 6CO_2 + 6H_2O + 38\ ATP + 2\ 882\ kJ$$

该方法具有以下的独特性能：①酵母菌是一种生物物质，对食品和环境无毒无害。②在整个脱氧过程中，酵母菌进行有氧呼吸，在消耗氧气的同时也产生了 CO_2，所产生的 CO_2，不仅可以弥补氧气消除后包装容器中可能产生的负压，还可以起到灭菌、抑菌作用。

除上述几种主要的化学脱氧剂之外，近年又研制了新型脱氧方法，如利用光照除氧法，即在透明的包装容器中同时封装一种含光敏色料和诱氧剂的薄膜，只要包装容器受到一定强度的光照射，容器内所含的氧便迅速除去。

应用案例三：脱氧薄膜

食品包装中封入含有脱氧剂的小袋或薄片，有可能被消费者误食从而损害消费者利益，小袋有可能泄漏而污染食品。小袋在使用时也需要周围有可以自由流动的空气，这样才能有效地吸收顶隙内的氧气。为了解决这些问题，可以将脱氧剂合成在包装材料中，如聚合物薄膜、标签、瓶盖或者密封垫。这种形式的脱氧剂可以是聚合物本身，也可以是分散或者溶解在包装材料内易被氧化的成分。为了使脱氧薄膜在使用前不与大气中的氧气发生反应，需要在包装系统中放入某激发系统来控制脱氧剂的反应能力，例如光照、催化剂或者其他反应物。

含有一种光敏性染料和单线态氧吸收剂的包装，在进光线照射后可以快速吸收顶隙内的氧气。有研究人员发现，采用红外线、可见光或者紫外线辐照处理基态氧产生的单线态氧，具有较高的反应活性，与脱氧剂的反应速度较高。采用这种技术时，在包装的顶隙中封入一卷含有溶解的光敏性染料和单线态氧吸收剂的乙基纤维素薄膜。当用适当的光照射该膜时，激发分散在薄膜中的染料分子，从而使得氧分子转化为单线态，这些单线态氧分子与受体分子反应而被消耗。所发生的光化学反应如下：

$$\text{光子} + \text{染色剂} \rightarrow \text{染色剂}^*$$

染色剂* + O_2 → 染色剂 + O_2^*

O_2^* + 吸收剂 → 吸收剂的氧化物

这种技术不需要水作为催化剂，因此对于干的和湿的产品均有效。吸收作用被包装线上的光激发装置所触发。如图 4.11 所示，为紫外光活化的脱氧薄膜，为了避免食物接触紫外光，该膜在包装线上密封前被激活，具有较高的脱氧效率。

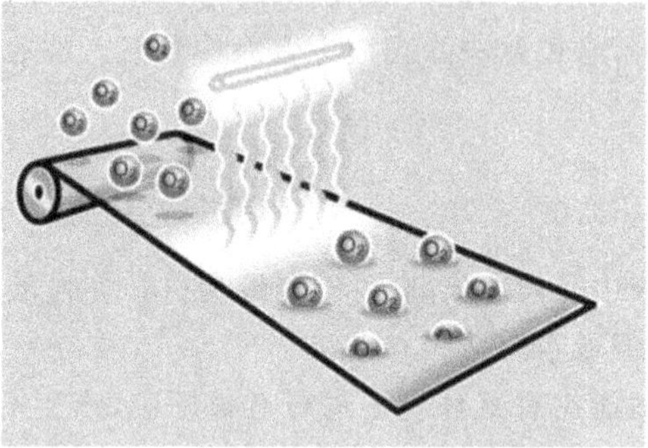

图 4.11 紫外光活化脱氧薄膜

2. 脱氧剂反应特性

(1)脱氧剂的脱氧速度 脱氧剂根据脱氧速度的不同可分为速效型和缓效型。图 4.12 给出了几类常用脱氧剂的脱氧反应速度，属速效型；铁系脱氧剂的吸氧速度较慢，属缓效型脱氧剂。速效型脱氧剂一般在 1 h 左右能使密封容器内游离氧降至 1%，最终达 0.2% 以下。缓效型脱氧剂要达到这种程度需要 12～24 h，但二者的脱氧能力无明显差别。在实际应用时，可将两种脱氧剂配合使用，并加入其他助剂，使其脱氧效果即迅速又长期有效；必要时还可加入能产生 CO_2 的组分，造成缺氧并有 CO_2 的较理想气体环境。

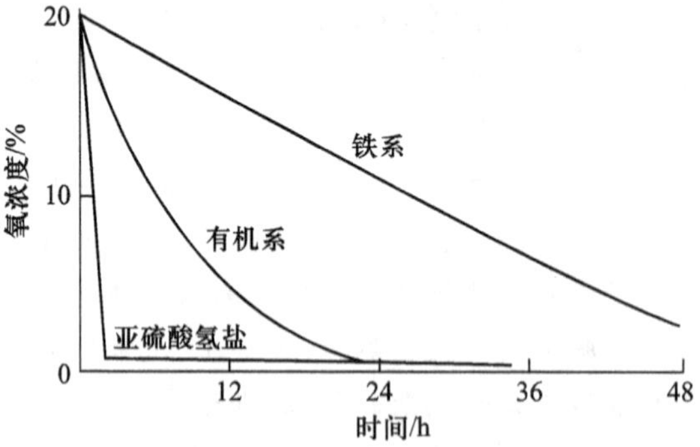

图 4.12 脱氧剂的脱氧速度

(潘松年，2007)

(2)脱氧剂反应速度与温、湿度条件 一般地，脱氧剂随包装环境温湿度升高而活性变大，脱氧速度加快。图 4.13 为温度对铁系脱氧剂脱氧速度的影响。脱氧剂正常发挥作用的温度为 5～40℃。若低于 −5℃，脱氧能力明显下降（但目前有一种为 KEEPIT 的铁系脱氧剂可在

−25℃低温状态下正常工作)，所以食品包装在封入脱氧剂后，贮藏的温度不宜过低，若贮藏的温度过低可能会导致脱氧剂失效。包装容器内的湿度也会影响脱氧剂的作用效果，图4.14为湿度对铁系脱氧剂脱氧速度的影响，在相对湿度低于50%时，脱氧能力明显下降。

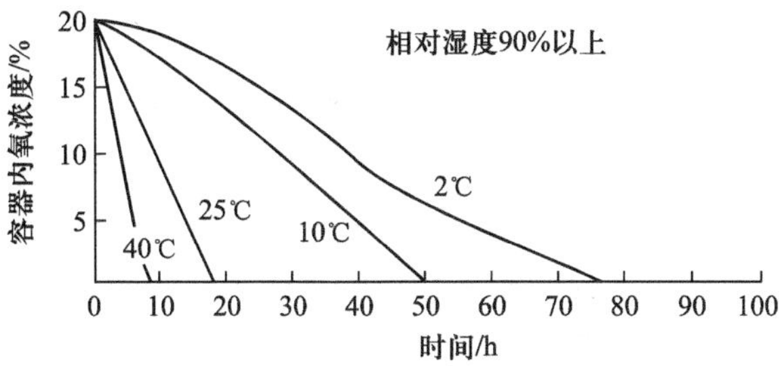

图4.13 温度对铁系脱氧剂脱氧速度的影响

(潘松年，2007)

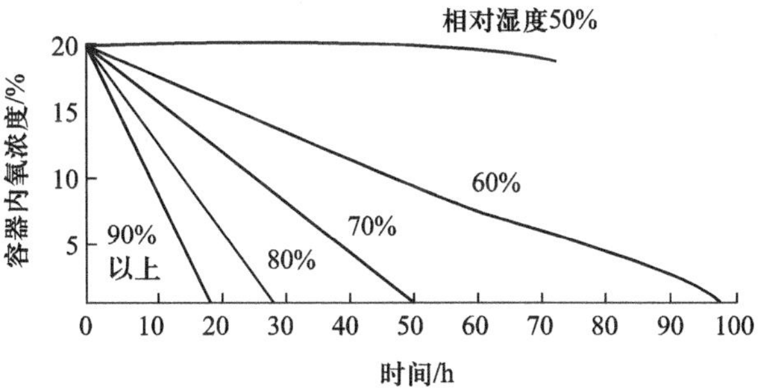

图4.14 湿度对铁系脱氧剂脱氧速度的影响

(潘松年，2007)

(3)脱氧剂反应类型　一般脱氧剂需在有水分的条件下才能发生反应，根据脱氧剂组配时的水分条件，可把脱氧剂分为自力反应型和水分依存型两类。自力反应型脱氧剂自身含有水分，一旦接触空气即可发生吸氧反应，脱氧速度由水分含量、储藏温度而定；水分依存型脱氧剂自身不含有水分，一般在空气中几乎不发生反应，但一旦感知到高水分食品中的水分时，即发生快速吸氧反应，此类脱氧剂使用、保藏方便。

4.3.3 脱氧剂包装的技术要点

1.食品包装使用脱氧剂的注意事项

(1)包装材料及包装容器要求具有很高的气密性和一定的强度。用于封入脱氧剂的包装材料要求具有很高的气密性，特别是对氧的隔绝性能要好，在25℃时其透氧度要小于20 mL/(m^2·24 h·0.1 MPa)，多采用复合薄膜，如KOPP/PE、KONy/PE、PET/Al/PE，以及金属、玻璃、陶瓷等包装容器。

对于体积和形状固定的包装容器，要注意脱氧后的影响；正常空气中有1/5的氧气，氧气消耗以后，会使容器产生负压，形成部分真空，因而要求包装材料或容器需具备一定的强度。为克服软包装因使用脱氧剂而使包装收缩，影响美观的缺陷，可选用抗坏血酸型等可产生二氧化碳的脱氧剂或结合充气包装来避免。

(2)脱氧剂在分包使用前必须包装完好。脱氧剂不能直接与大气接触,同时要求在进行包装使用的过程中要迅速,以免因吸入氧而影响使用效果。目前用于食品包装的铁系脱氧剂一般用气密性好的包装材料包封,使用时应随开随用。试验表明:脱氧剂开封后在湿度 80% RH,温度 25～30℃环境中放置 5 h,对其脱氧效果无明显影响,故自力反应型铁系脱氧剂在开封后 5 h 内务必使用。水分依存型铁系脱氧剂放置时间可较长。

(3)注意选择合适的脱氧剂类型和脱氧效果。封入脱氧剂包装能否保全食品质量取决于脱氧剂的吸收能力和吸收效果,一般铁系脱氧剂在封入包装 4 h 内,氧气浓度可降低至 0.35% 以下,4 h 后可达 0.1%,如果把速效型和缓效型脱氧剂配合使用,既可实现快速脱氧,又能维护包装内长期接近无氧状态,可长期地保证食品的风味和品质。

2. 脱氧剂的使用方法、用量和使用条件

(1)脱氧剂的用量　脱氧剂的量在使用时要足够,不仅要能保证除去容器内原有的氧,而且还需根据包装材料等情况考虑到氧气渗入量的多少,留有一定的安全系数,一般增加 15%～20%。为了检查包装内的脱氧程度,可采用氧指示剂进行,氧指示剂为直径 6～8 mm、厚 2～3 mm 的圆片,它能通过自身的颜色变化来指示包装容器内氧的含量。当包装内氧含量超过 0.5%时,氧指示剂显蓝色;氧含量低于 0.1%时,显粉红色;氧含量为 0.1%～0.5%时,显青绿色。因此,根据包装内氧指示剂的颜色,就很容易判断出含氧的多少。也可根据脱氧剂用量的经验公式计算出脱氧剂的用量。

包装内氧的体积 A(mL)为

$$A=(V-M/W)\times 0.21A=(V-M/W)\times 0.21 \tag{4.20}$$

式中:V 为包装体积,mL 或 cm^3;M 为包装食品的重量,g;W 为比重,指包装食品的相对密度,g/cm^3;0.21 为氧气浓度。

此外,货架期内通过包装薄膜渗入包装内的氧气体积 B(mL)可按下式求出:

$$B=S\times P\times DB=S\times P\times D \tag{4.21}$$

式中:S 为包装表面积,m^2;P 为塑料薄膜透氧率,$mL/(m^2 \cdot 24\ h \cdot 0.1\ MPa)$;$D$ 为货架期,d。

所以,A 和 B 之和即为包装所需要脱除氧体积,由此可算出所需脱氧剂的用量。

(2)脱氧剂的使用方法　脱氧剂有粉末状、颗粒状和片状等形态,使用时可以直接应用此形态,也可以采用一定的方式使其附着于某种载体如高发泡的泡沫塑料片上再使用,使用的方法通常是先按一定的量分装在透气性好的材料制成的小袋中(注意在袋上应印有警示标志或说明),然后再与被包装物一起封入包装内。这同现在普遍采用的在含水量低的食品中放入干燥剂的方法一样。一种更先进的方法是将脱氧剂与包装材料结合起来,放在复合材料的夹层中来使用。

(3)脱氧剂使用的温、湿度条件　脱氧剂的脱氧效果与脱氧环境温度密切相关。在脱氧剂通常使用的温度范围 5～40℃内,随温度升高,脱氧剂的活性变大,除氧速度加快;温度降低时,则活性变小,脱氧速度变慢。包装容器内的相对湿度和产品的含水量对脱氧剂的脱氧效果也有明显影响。例如,当相对湿度 50%时,铁系脱氧剂基本上不能吸氧;相对湿度 70%时,须

50 h才能使包装内残存氧气含量接近于零；而相对湿度达到90%时，不足20 h可使包装内残留氧含量接近零，这就是脱氧剂中常需加入吸湿剂作助剂的原因。虽然脱氧剂与氧反应是需要一定的水分存在，但如果内装物的水分含量太高，则不仅不能保持内装物的物理特性和质量，而且还会降低脱氧剂的脱氧效果。因此，被包装物的含水量不应超过70%。

脱氧包装如气密性能足够好，可储存于低温下，但为了清除缓慢渗入包装的氧，应把脱氧包装件储存于略高于脱氧剂发挥作用的极限温度下，以免脱氧剂在低温下失效。

4.3.4　常用脱氧剂的制备和应用实例

我国工业化生产脱氧剂种类较少，用在食品上的脱氧剂根据脱氧能力的不同分为100型、200型、300型、500型和1 000型5种规格，使用条件是温度2～40℃，相对湿度<95% RH，且要求被脱氧产品的含水量低于20%。外国公司生产脱氧剂的品种规格较多，如日本KEEP-IT系列脱氧剂有速效型和缓效型、自力反应型和水分依存型等各种规格脱氧剂。由于市场上可购得的脱氧剂及选择性有限，而使用脱氧剂的目的、要求、对象、条件等各不同，因此，在许多情况下脱氧剂需根据各自的条件自行制备。下面介绍几个脱氧剂的制备方法和应用实例。

(1)将0.5 g氢氧化钠($NaOH$)与0.005 g茨粉混合均匀即得脱氧剂。将此脱氧剂装入一小透气袋中，小袋与500 g面条一起放入含有500 cm^3空气的容器中，密封24 h后，氧气含量即可降到0.1%以下。

(2)将0.5%硫化钠($Na_2S\cdot 9H_2O$)和0.5 g二氧化铈(CeO_2)充分研磨后即得脱氧剂。

(3)1 000 g铁粉与240 mL浓度为0.036%的稀盐酸混合，经一段时间后进行真空干燥，即得具有脱氧活性的铁粉。另取多孔沸石100 g置于240 mL内含1.5 g食盐的0.36%盐酸溶液中浸渍，取出沥干后再混入20 g酒精；取处理过的铁粉1.5 g和沸石10 g混合制得脱氧剂，将其封入透气小袋。此小袋放入一个装有蛋糕的容积为500 cm^3的容器中，封存12 h和24 h后，容器总的氧含量分别降到6.5%和0.4%。20 d后蛋糕仍未发霉，而对照品仅3 d就出现霉变。

(4)将铁粉、硫代硫酸钠、活性炭三者按100∶(1～50)∶(50～100)的比例混合，即获得脱氧能力较强的自制脱氧剂，可用于防腐和保鲜包装。

(5)粒度为1～3 mm的活性白土用30%的氯化镁($MgCl_2$)溶液浸渍后称取3 g，与0.3 g铁粉混合制得脱氧剂，该脱氧剂对保持食品原有的色、香、味有很好的效果。将此脱氧剂装入小袋与干鱼片置于500 cm^3的容器内，储藏1个月，干鱼片外观色泽无变化。

(6)粒度0.7 mm的氢氧化钙[$Ca(OH)_2$]100份浸渍于32份水中，再与25份石膏粉混合。将此混合物3 g与2 g铁粉、1 g食盐拌匀即得脱氧剂。这种脱氧剂用于咖啡等的包装，可保持其原有的色、香、味，也可以大大延长保存期限。

(7)将铁屑400 g、食盐30 g、硅胶150 g与30 mL水混合均匀后即制得脱氧剂。将其放在厚0.15 mm、内装40 kg洋葱的PE大袋中，在0℃下储藏3个月，一级品率可达92%。

(8)3 g氯化亚铁($FeCl_2$)、0.4 g氢氧化钙[$Ca(OH)_2$]、0.5 g亚硫酸钠(Na_2SO_4)和0.1 g碳酸氢钠($NaHCO_3$)混合形成的脱氧剂封入透气性的小袋中。将此小袋和柿子一起封闭于PP/PE(0.02 mm/0.04 mm)的复合塑料袋中，置于1℃的温度条件下，柿子可储藏3个月而不腐烂。

(9)称取纯度85%的碳酸亚铁($FeCO_3$)粉5.5 g，还原铁粉0.05 g(<100目)，食盐0.003 g

和水 0.002 5 g 充分混合即制得脱氧剂。此脱氧剂不仅脱氧效果好，而且可以产生二氧化碳，这是其特别之处。这种脱氧剂装入小袋封于 500 cm^3 的容器中 1 d 后，氧气含量可降至 0.1%，7 d 后二氧化碳的含量可达近 40%。

(10)取 3 份脱脂大豆粉、1 份饱和食盐水、4 份 400 目滑石粉、8 份 200 目铁粉、0.4 份氯化铵和适量活性炭充分混合即成脱氧效果良好的脱氧剂。将 1 g 该脱氧剂封入 500 cm^3 容器内，1 d、2 d、3 d 后的含氧量分别下降了 47.8%、81.3%和接近 100%。

4.4 食品无菌包装技术

随着全球食品贸易一体化和人们对方便、快捷、新鲜食品的需求，食品安全和食品质量就成了食品领域最关注的问题。而微生物的存在会导致食品腐败、变质，甚至产生有毒物质。科学家经过长期研究，将无菌包装技术运用于抑制微生物的生长。无菌包装技术的巨大优势给食品工业带来一场不小的变革，其优越性很快被消费者所认识，食品厂为了迎合顾客的口味，纷纷采用该技术，使无菌包装技术、设备和材料得以迅速发展。

4.4.1 无菌包装的原理与设备

1. 无菌包装的原理

无菌包装是一种高技术的产品保存方法，是指被包装的产品、包装容器、材料或包装辅助器材在包装前经短时间的灭菌，然后在无菌的环境中进行充填和封口的一种包装技术。食品无菌包装(图 4.15)是指将经过灭菌的食品(如饮料、奶制品等)在无菌环境中包装，封闭在经过杀菌的容器中，以期在不加防腐剂、不经冷藏条件下得到较长的货架寿命。无菌包装技术的主要研究对象是食品、饮料的包装，其次是热敏性产品(如医药等)的包装。

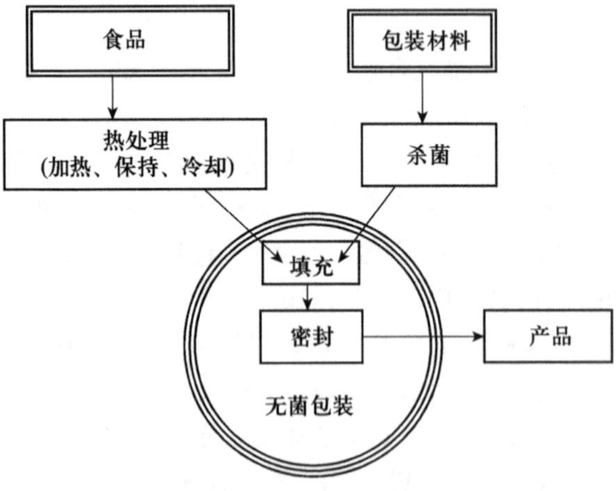

图 4.15 无菌包装流程示意图

(Zeki Berk, 2018)

2. 无菌包装的一般过程

食品无菌包装过程包括：包装机械及操作环境的杀菌处理，包装食品的杀菌，包装容器的预制成型及杀菌处理，定量灌装、封合、装箱打包运出等，各工序环节都要保证食品包装操作的无菌条件。无菌包装技术包含3个核心环节：包装材料、包装内容物和包装环境及设备的无菌化。

3.无菌包装材料及设备

目前，国际上约有30家公司提供各种不同的无菌包装设备，无菌包装系统设备主要类型有以下几种：

(1)纸盒无菌包装系统设备　无菌包装技术和创新正在迅速发展，是纸盒创新的重要组成。纸盒包装广泛用于果汁、奶品及鲜冷液体食品上，主要以“砖形”和“屋形”两大包装形式出现。该系统设备主要有砖形无菌包装机、利乐包纸盒无菌包装设备、三角形无菌包装机、屋形无菌包装机。

(2)塑料杯无菌包装设备　塑料杯包装设备有热成型和预制杯两种，热成型杯有法国的Erca、美国的Thermoform和Bosh等公司生产的机型，而预成型塑料杯有Fresh fill系统等。其中法国的Erca包装设备的包装材料采用一种中性无菌NAS(neutral aseptic system)片材(图4.16)，不需用H_2O_2灭菌，而其他热成型或预制杯的包装材料仍采用H_2O_2灭菌。

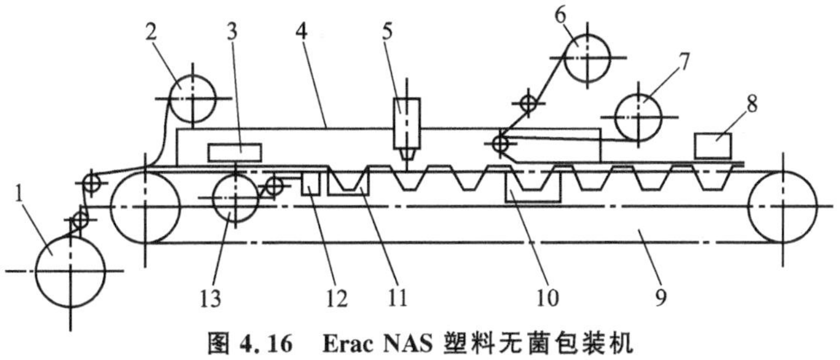

图4.16　Erac NAS塑料无菌包装机

(沈月新，2006)

1.片材卷　2,6.保护膜回收卷　3.片材加热装置　4.无菌空气室　5.罐装装置　7.盖材卷　8.塑料分割膜　9.片材驱动链　10.热封膜　11.成型膜　12.标材分割和插标装置　13.标材卷

(3)塑料袋无菌包装设备　塑料袋无菌包装设备以加拿大Du Potn公司的Pre Pak(百利包)和芬兰Elecster公司的Fin Pak(芬包)为代表，两者都为立式制袋充填包装机(图4.17)。我国已经引用于牛奶、果汁等低酸性食品的包装。

(4)塑料瓶无菌包装设备　塑料瓶无菌包装与纸盒、塑料杯、塑料袋无菌包装不同，通常采用吹塑工艺制成瓶后无菌充填并封口，由于容器形状复杂，表面积大，其无菌包装设备更复杂(图4.18)。目前有两种塑料瓶无菌包装设备，一种是吹塑制瓶时构成无菌状态并充填和封口，即吹塑瓶无菌包装系统；另一种是制瓶后在无菌包装设备内再消毒并无菌充填和封口，即预制瓶无菌包装系统。

(5)大袋或箱中袋无菌包装设备　大容量袋或容器(25～1 500 L)无菌包装适用于果蔬产地将原料大量加工成浓缩果汁或蔬菜汁后无菌包装，不仅保持食品的风味和质量，而且因及时处理而减少易腐原料的损耗。大容量的无菌包装可以在常温下长期储藏，有利于从产地长途运输到加工厂进行分装。由于包装量大易使软包装袋破裂，通常采用所谓的箱中袋包装形式，我国曾引进美国的休利(Scholle)、意大利的爱坡(Elpo)、德国的弗兰克(Frankica)3种类型箱

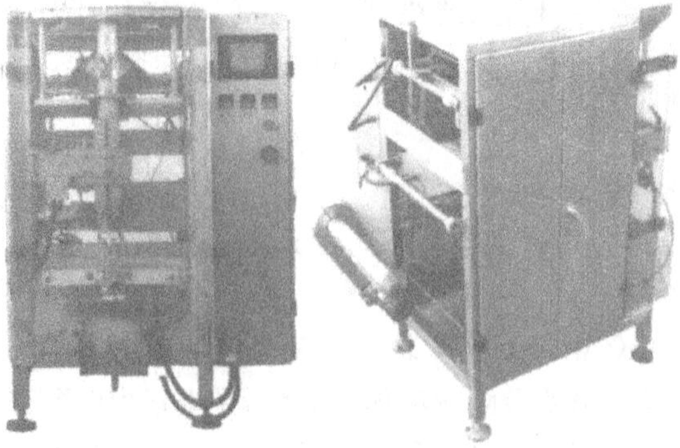

图 4.17　立式制袋充填包装机

(李义生,CN301162095)

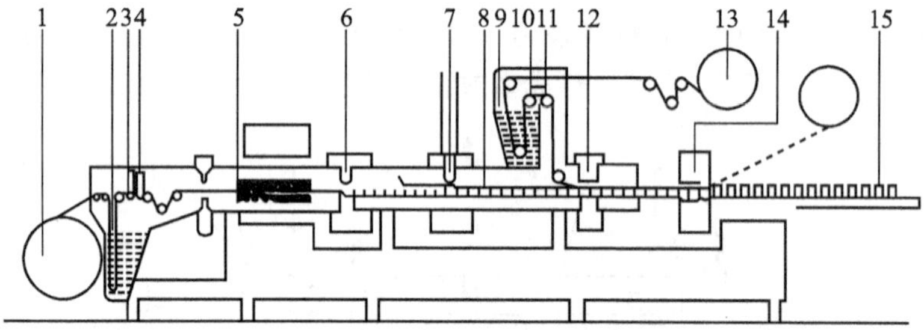

图 4.18　塑料瓶无菌包装系统

(中药材 GAP 认证实施与认证检查评定标准实务全书第 2 卷,2003)

1. 材料卷筒　2,9. 过氧化氢槽　3. 吸气吸液　4,11. 干燥空气　5. 加热元件
6. 热塑材料成型(用无菌空气)　7. 无菌充填部位　8. 充填区域(无菌通道)　10. 负压干燥
12. 真空封口　13. 铝材料卷筒(上盖)　14. 冲剪模　15. 输出

中袋无菌包装系统,主要用于番茄汁的加工。

(6)马口铁罐无菌包装设备　马口铁罐无菌灌装设备主要为美国的多尔无菌灌装系统(图 4.19),该系统由空罐消毒器、罐盖消毒器、无菌灌装室、无菌封罐机和控制仪表组成。

(7)玻璃瓶无菌包装设备　玻璃瓶无菌包装工艺与塑料瓶无菌包装基本一致,该系统由空瓶消毒器、无菌环缝灌装器、瓶盖贮盖和消毒器及压盖式无菌封瓶机等组成(图 4.20)。

4. 无菌包装的最新研究进展

下面介绍目前国外,特别是美国市场上已经开发使用的各种无菌包装的情况和研究进展。

(1)直立式圆棒(拐杖)形包装与杯子　使用以薄膜为基础材料制成的直立式圆棒(stick,"拐杖"形)包装是苹果汁和布丁之类可供人们一面步行,一面饮用(或食用)的食品类制品经常选用的包装形式(on-the-go,简称 O-T-G)。最近,Motts 公司生产上市的苹果汁"Fruit Blasters"就采用了圆滑瘦小的"拐杖"形包装。同时,美国 Hershey Foods 公司生产上市的布丁(餐后甜点)"Protable Pudding Stick Pack"也选用无菌的直立式圆棒包装。美国 Curwood 公司可以生产和提供采用直立式成型/充填/密封(F/F/S)高阻隔性复合薄膜包装布丁制品用的无菌包装机械系统。

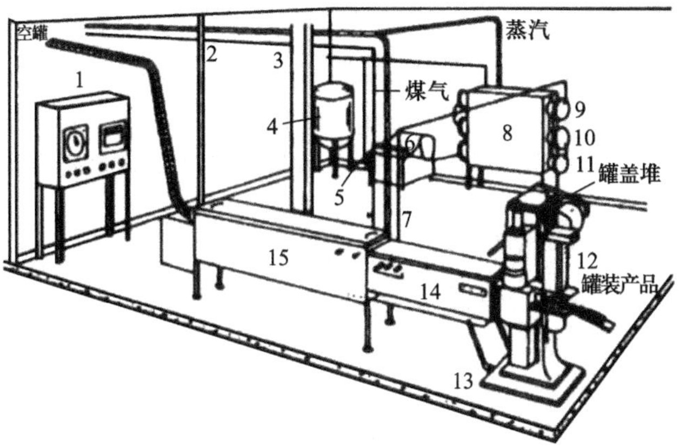

图 4.19　多尔无菌灌装系统

(杨晓清,2009)

1.温度控制记录仪和报警系统　2.蒸汽排气管　3.烟囱　4.产品供应槽　5.三通阀
6.泵　7.灭菌产品供应管　8.连续流体压力蒸煮器和冷却器　9.冷却段　10.保温段
11.加热段　12.罐盖消毒器　13.封罐机　14.灌装室　15.空罐消毒器

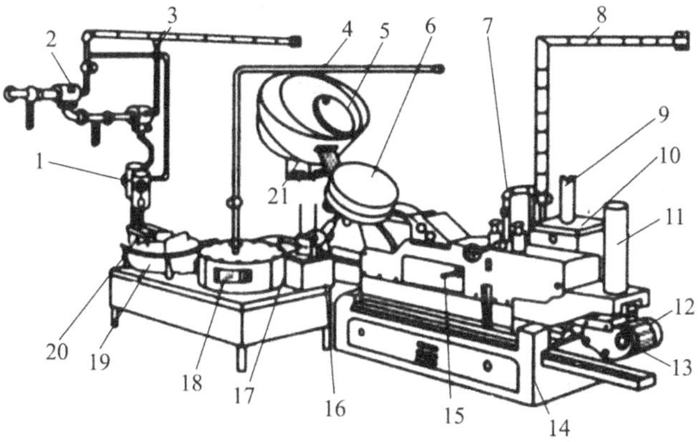

图 4.20　玻璃瓶无菌包装系统示意图

(卢立新,2011)

1.真空缓冲罐和压力表　2.蒸汽喷射泵　3.蒸汽管道　4.待灭菌产品输入　5.贮盖装置　6.瓶、盖杀菌装置
7.过热蒸汽输送装置　8.过热蒸汽　9.排气筒　10.蒸汽发生器运输带　11.排气筒　12.卸瓶输送装置
13.压盖装置　14.封瓶装置　15.观测室　16.传动机械　17.环缝罐装装置　18.视镜
19.空瓶杀菌装置　20.蒸汽缓冲罐和压力表　21.消毒瓶供送装置

(2)塑料瓶　现在,PET瓶和HDPE瓶正在无菌填充业界取得成功。

在美国已经有Dr. Pepper/Seven UP公司采用HDPE瓶生产乳饮料"Raging Cow"。同时,在欧洲,部分公司生产乳饮料使用了PET瓶的无菌充填技术。美国食品和药物管理局(FDA)对于这种牛乳类的低酸性食品已经批准使用无菌容器过氧化氢杀菌。因此,目前在美国,如果采用无菌充填的塑料瓶装低酸性食品,必须采用由过氧化氢杀菌的HDPE塑料瓶包装。正是由于这个原因,乳饮料 Laging Cow 的生产中使用了利乐(TetraPak)公司生产的无菌充填包装系统,同时也采用了 14 oz(1 oz=28.35 g)的 HDPE 瓶包装形式。

(3)异型纸盒　无菌纸盒包装随着铝箔阻隔性和充填装备的进步和发展而不断增加和变化着。如出现了各种新形状,即异型纸盒包装。异型纸盒可能本身就是一个独立的纸盒,也可能是管式折叠纸盒或盘式折叠纸盒的附件,必须与相应的纸盒组合使用。

4.4.2　无菌包装体系的杀菌方法

无菌包装的程序包括:包装材料的灭菌、产品的商业无菌、无菌输送以及无菌环境下充填和完整封合,从而生产出无菌产品(图 4.21)。

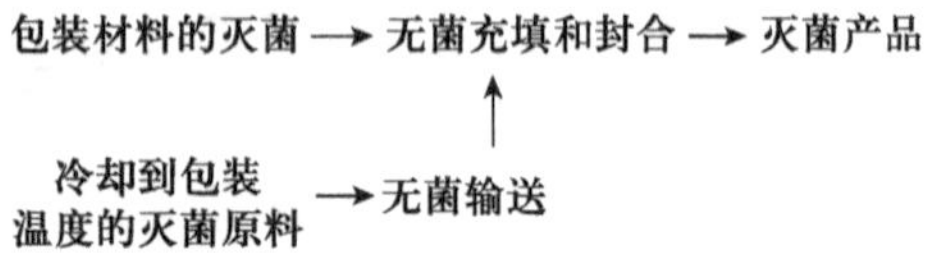

图 4.21　无菌包装的过程

(殷涌光等,2006)

根据食品无菌包装的原理易知,无菌包装技术的关键在于各类食品物料的杀菌、包装材料灭菌及物料填充环境的无菌这 3 个环节。不同的包装材料对灭菌操作的要求不同,设计无菌包装系统时必须考虑包装材料种类、灭菌方法以及包装材料与灭菌操作的关系。

1. 包装材料灭菌技术概述

作为无菌包装的材料种类有很多,主要根据无菌包装的工艺特点进行选择,而且不同的包装材料以及容器由于储运的环境及操作环境的影响,所感染的微生物的种类也不尽相同。而不同种类的微生物的生长条件、存活条件也不相同,因此,对于不同的包装材料需利用相应的杀菌方法进行灭菌来保证其无菌。

(1)无菌包装材料附带的细菌　包装材料所受污染的菌的种类如表 4.15 所示。

表 4.15　几种包装材料可能附带的细菌

(殷涌光等,2006)

无菌包装材料	细菌种类
金属包装材料	枯草杆菌、锈色假单胞菌、黑曲霉、黄曲霉
玻璃包装材料	枯草杆菌、锈色假单胞菌、黑曲霉、黄曲霉
塑料包装材料	枯草杆菌、无色菌、球菌、假单胞菌、产气菌、产黄菌、囊球菌、胶红酵母、变白菌、分枝芽孢菌
纸质包装材料	枯草杆菌、无色菌、球菌、假单胞菌、产气菌、产黄菌、囊球菌、胶红酵母、变白菌、分枝芽孢菌
复合材料	枯草杆菌、锈色假单胞菌、黑曲霉、黄曲霉

(2)无菌包装材料及容器的杀菌　无菌包装材料及容器的杀菌包括以下 3 种方法:化学法、物理法和综合法灭菌。

①化学法灭菌　化学法灭菌是指以灭菌过程中采用的灭菌剂为主要灭菌手段,依据所使用的化学制剂的类型不同分为以下几种:

a. 双氧水(H_2O_2)灭菌:无菌包装材料采用塑料薄膜或复合膜时采用双氧水灭菌法,双氧水是无菌包装中最普遍使用的杀菌剂。H_2O_2 杀菌能力很强,毒性小,对金属无腐蚀作用,在高温下可分解为氧和水:

$$H_2O_2 \rightarrow H_2O+[O]$$

这种分解的“新生态”氧[O]极为活泼，有极强的杀菌能力，能够破坏细菌酶蛋白的结构，致使细菌代谢发生障碍，因而导致细菌死亡。而双氧水在高温下可立即汽化，在包装材料上双氧水的残留量很少。

b. 臭氧(O_3)灭菌：臭氧是一种强氧化剂，灭菌过程属生物化学氧化反应。O_3 灭菌有以下3种形式：一是臭氧能氧化分解细菌内部葡萄糖所需的酶，使细菌灭活死亡；二是直接与细菌、病毒作用，破坏它们的细胞器和DNA、RNA，使细菌的新陈代谢受到破坏，导致细菌死亡；三是透过细胞膜组织、侵入细胞内，作用于外膜的脂蛋白和内部的脂多糖，使细菌发生通透性畸变而溶解死亡。

臭氧是广谱、高效、快速杀菌剂。它对使人和动物致病的病菌、病毒有很强的杀灭作用。它的杀菌效果与过氧乙酸相当，强于甲醛，杀菌力比氯高1倍，灭菌速度比氯快600～3 000倍，甚至可在几秒内杀死细菌。臭氧自1785年发现以来，作为一种气体杀菌剂广泛应用在食品加工、运输、储存等领域。臭氧消毒的主要优点是对环境、水、空气、冰、器具和食品不残留任何对人体有害的二次污染物质。

c. 环氧乙烷杀菌：环氧乙烷的灭菌机理是强氧化。环氧乙烷是一种非特异性烷基化试剂，在一般温度下能迅速同许多重要的有机物质(包括氨基酸蛋白质、核蛋白)起化学反应，能与微生物蛋白质上的羧基、氨基、巯基和羟基产生烷基化反应，生成一种烷基化合物，从而阻止微生物酶的正常化学反应，使微生物新陈代谢发生障碍而死亡。它主要用于包装机有关部件、包装容器和封口材料的消毒灭菌。

②物理法灭菌　物理法灭菌是指采用物理学的方法来进行灭菌处理，主要有饱和蒸汽灭菌法、紫外线照射灭菌法、超声波灭菌法等。

a. 饱和蒸汽灭菌：饱和蒸汽灭菌是一种比较可靠、安全的灭菌方法，这种灭菌是在压力室进行的，容器通过适当的阀门进入和离开压力室，同时为防止空气沉积于压力室内影响传热，必须及时去除压力室内由容器带入的空气，蒸汽灭菌后形成的冷凝水会残留于容器中并稀释产品。早期的罐装和瓶装无菌包装采用饱和蒸汽灭菌，自20世纪80年代后期开始，聚丙乙烯成型瓶开始采用加压饱和蒸汽灭菌。

b. 紫外线辐射灭菌：紫外线的灭菌原理是细菌细胞中的DNA直接吸收紫外线而被杀死。最适合致死微生物的紫外线的波长是250 nm，对于用纸、塑料薄膜及其复合材料制成的容器，要采用冷杀菌，即采用化学方法或辐射方法，采用辐射杀菌方法包装材料和容器可以通过高效紫外线照射而达到灭菌的目的。紫外线的灭菌效果与照射强度、照射时间、空气温度和照射距离有关，也与被照射材料的表面状态有关。

c. 超声波灭菌：超声波(频率在200 000 Hz以上)有强烈的生物学作用。几乎所有微生物都被超声波破坏，只是敏感程度不同而已，超声波可使细菌破裂死亡。超声波的杀菌效果与其频率、处理时间及细菌大小、形状、数量有关，频率高杀菌力强，杆状菌较球状菌敏感；而细菌芽孢具较强抗性，大多数情况下不受超声波影响。

③综合法灭菌　在包装材料灭菌过程中，由于包装材料的种类、微生物的类型和使用条件等因素的不同，使用单一的灭菌方法往往达不到效果，为了达到彻底而迅速地杀灭微生物的目的，实际生产过程所用的一般是两种或两种以上的灭菌方法结合使用，被称之为综合法灭菌。

a. 紫外线与 H_2O_2 结合使用：两者结合使用将产生惊人的杀菌效果，低浓度 H_2O_2 液（<1%）加上高强度的紫外线，只需在常温下就会产生立即生效的强杀菌效力，比两者单独使用效果强百倍，是一种十分经济的高效杀菌方法，且对于法定残留 H_2O_2 的最低限量也无须采用什么措施，现已为多家无菌包装机公司广泛使用。

b. 紫外线与乙醇或柠檬酸等并用：7%的乙醇、柠檬酸液单独使用时无杀菌效果，但与紫外线并用后均可在 3～5 s 内达到杀菌要求。其中最引人注目的是紫外线与柠檬酸并用的杀菌效果，当枯草芽孢杆菌孢子的污染程度达 10^6 个/cm^2 采用此法可在 3 s 内达到无菌状态。

2. 食品物料的杀菌技术

食品物料的杀菌分为热力杀菌和冷杀菌，食品无菌包装的物料杀菌到目前为止主要是热力杀菌。

（1）超高温杀菌　超高温杀菌（ultra high temperature，简称 UHT）指将物料加热到 135～150℃，保温 2～8 s，以达到商业无菌要求，然后在无菌状态下灌装于无菌包装中。

超高温杀菌处理一般有两种方法：直接加热法和间接加热法。直接加热法是将物料混注到一定压力下的蒸汽室内或将蒸汽注入物料中，在蒸汽瞬间冷凝的同时，将物料加热到 150℃的灭菌温度，保持 2 s 后，物料进入蒸发室，将物料中由蒸汽液化带来的水分等量闪蒸出去，同时物料被迅速冷却。间接加热法是通过热交换器器壁之间的介质间接接触加热制品的过程。

（2）低温灭菌　低温灭菌又称巴氏灭菌，是将被包装物在 61～63℃条件下保持 30 min，这种灭菌方法可直接作用于产品，亦可将食品充填于蒸煮袋、玻璃罐等，浸渍于热水中。低温灭菌的缺点是包装容量不宜太大，否则受热不匀；食品受热时间长，营养成分和风味损失大。

（3）欧姆杀菌　欧姆加热也称为焦耳加热，其基本原理是利用食品本身的介电性质，当电流通过时，在食品物料内部将电能转化为热能引起食品温度升高，从而达到直接均匀加热杀菌的目的。欧姆杀菌有如下优点：以体积加热方式处理食品液体和颗粒，升温快速均匀，热破坏小；液体和颗粒之间温度差异很小，产品拥有更高的安全水平；不存在传热表面，降低了设备结垢的可能性，设备连续运行时间长；移动部件少，维护费用低。

目前，欧姆杀菌方法在美国正广泛应用于低酸性或高酸性食品的加工；在日本用于生产酸牛奶的草莓、鱼糜制品及豆腐的加工等；在国内主要应用于肉的解冻和牛奶、豆浆的加热杀菌。

（4）微波连续灭菌　微波灭菌除了加热效应以外，还有相当的非热杀菌效应。生物体内的极性分子在微波场中产生强烈的旋转效应，这种旋转使微生物的营养细胞失去活性或破坏微生物的酶系统，造成微生物死亡。

（5）放射线杀菌　将产品放入由钴 60 为原料的放射室中，由产生的 γ 射线杀菌。目前，这种方法主要用于无菌大包装袋的成批杀菌。由于放射线的方向控制难度很大，防护技术要求高，直接用在无菌包装生产线上的可能性不大。

（6）超高压杀菌　将食品原料充填到塑料或其他柔软容器中密封，再投入 $(1\sim6)\times10^8$ Pa 的高压装置中加压处理，导致微生物的蛋白质变性，酶失去活性，最终导致细菌死亡。

（7）高压电场杀菌　将食品送入相互平行的两个脉冲管内，触点接通后电容器通过一对碳极放电，在几秒钟内完成杀菌。该技术可以克服因加热而导致的蛋白质变性和微生物破坏，可用于果蔬的杀菌与储藏保鲜技术。

（8）静电杀菌　食品不直接处在电场中，而是利用电场放电形成的粒子空气和臭氧处理，可以取得良好的杀菌效果，该技术可用于瓶装食品、罐装食品、粮谷类、果蔬类食品的杀菌与保鲜。

3. 无菌包装系统和操作环境的杀菌

无菌包装环境的无菌包装系统主要分为两大类：敞开式无菌包装系统（图 4.22）和封闭式无菌包装系统（图 4.23）。它们之间最大的区别是封闭式无菌包装系统比敞开式无菌包装系统多了无菌室。

对敞开式无菌包装机而言，在无菌填充之前，包装机内与产品接触的表面必须经过杀菌，其预杀菌是通过包装机自身产生的灭菌气体（或无菌热蒸汽）来实现的。在预杀菌过程后，无菌空气直接接触包装机与产品接触的表面从而与外界环境隔离开来。

封闭式无菌包装机的杀菌只通过无菌热空气是不够的，还要保证封闭空间的无菌，即无菌室的杀菌。生产前，无菌室一般用双氧水喷雾和无菌空气的干燥来实现，无菌空气是通过包装机内的无菌空气加热器将其加热至一定温度所得到的；杀菌时，液态双氧水喷射至无菌热空气中并瞬时蒸发，这样无菌空气和双氧水气体的混合物进入无菌室进行杀菌，冷凝在内表面的双氧水通过无菌热空气进行干燥，从而完成无菌室的杀菌。而操作环境的杀菌一般采用洗涤、加热、药物和紫外线照射等措施进行杀菌，与食品接触的装置和整个容器表面均需进行杀菌处理，其中，食品加工空间环境多采用药物杀菌，整个包装系统无菌状态的维持则靠进入无菌空气并使整个系

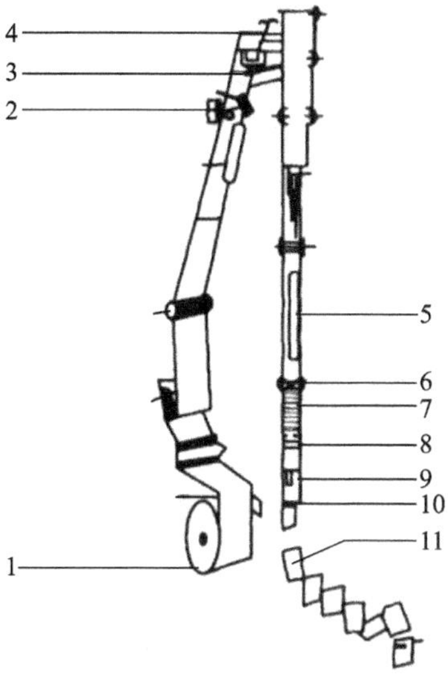

图 4.22 敞开式无菌包装系统的结构

（钱俊，2004）

1. 纸卷 2. 包装纸 3. 辊轮 4. 压力辊轮 5. 纵封加热器 6. 导轮 7. 加热器 8. 液位 9. 产品下端 10. 第二步封合 11. 纸盒

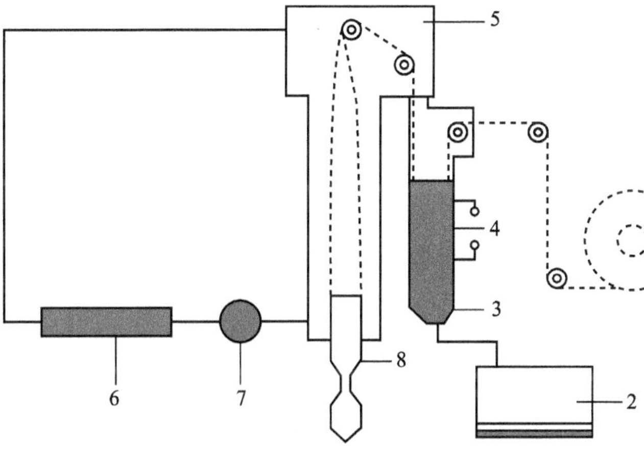

图 4.23 封闭式无菌包装系统的结构

（郭成宇等，2016）

1. 包装纸叠 2. 双氧水罐 3. 双氧水槽 4. 水浴加热器 5. 无菌室 6. 空气加热器 7. 压缩机 8. 产品

统保持一定的正压，以阻止外部空气中微生物侵入。设备停机时微生物会繁殖，可能导致大量微生物不能充分杀死。因此，设备在清洗后应尽量抽干，以保证没有水或溶液残留。

4.4.3 无菌包装的发展趋势

作为液态食品包装的先进技术，无菌包装技术的应用前景十分广阔。现在，无菌包装技术仍在不断发展中。即使在工业比较发达的国家，无菌包装技术也是一项高新技术，也需要加强投入进行技术创新。因此，包装企业应加强与其他相关企业的合作，一方面改进食品无菌包装材质及包装外形设计，另一方面要扩大无菌包装的使用范围，如对无菌包装材料进一步开发，以方便对含气饮料、带颗粒饮料和固体食品的包装，并拓宽无菌包装在酿酒、调味品、医药、化妆品等方面的应用。随着我国经济的迅速发展，食品无菌包装技术将不断提高，包装企业应不失时机地研究开发无菌包装新产品，拓宽无菌包装发展空间。

4.5 微波食品包装技术

微波加热是一种新型加热方式，它主要依靠电磁波来加热食品，区别于传统的热传导加热方式。因此，微波食品包装除了要具有包装的一般要求之外，还有其特殊要求，即具有对微波加热的适应性，微波食品包装时需要考虑微波的吸收、反射与透过性能对内装食品在加热过程中的影响。例如，当食品中含有的油脂黏附于包装材料，在微波场中加热，包装材料的温度会迅速升高，因此，要求包装材料具有较高的耐温性能。

4.5.1 微波食品包装的作用和要求

1. 微波食品包装的作用

一般来讲，包装对于食品有三大功能：保护功能、便利功能和促销功能。

保护功能即要保全食品的质量和安全，防止食品内容物在运输和销售过程中量的散失和成分的变化，如水分变化、风味散失和营养损失等，防止因微生物生长、繁殖而导致的食品变质，危害人体健康和生命安全；控制各种化学反应和生物化学反应的进行，防止各种水解、酶解和氧化变质的发生。

便利功能是指包装要便于食品的储存、运输和销售，直至在顾客购买食品后，包装也要提供给消费者以方便性。

促销功能日益为广大厂家所重视，一个好的包装设计、漂亮的图案往往能从心理上打动消费者，增强消费者的购买欲望，所以包装算得上是无声的“推销员”。

微波食品包装除了需具有以上 3 个方面的功能外，它还应具有以下一些特殊作用。

(1)控制食品在微波场中的受热情况。微波加热是通过分子偶极在高频交变电磁场中作高速定向转动“摩擦”生热实现的，宏观上表现为物料吸收了电磁波能而将其转化为热能，使自身温度升高。不同物料或同一物料的不同组分其吸收微波能的能力是不一样的，这主要取决于物料或其组分的介电性质。而食品是一复杂体系，包含有多种组分，各组分对微波能的吸收能力有所不同，所以在微波场中的温升情况也不一样。尤其是中餐的成分比较复杂，要在微波场中达到理想的加热效果，有时必须借助于包装材料的选择和包装形式的设计。

食物的几何形状对微波加热也有较大的影响，这些因素有边角、大小、厚度等。食物边角部分易为微波所穿透，热起来更迅速，有时整体还未热化，但边角部分可能已过度受热，时间太长还可能将其烧焦，严重地影响食物的感官品质。

(2)用于印刷微波加热或烹调的详细说明，以便于用户正确操作。微波加热不仅与微波炉功率、时间有关，还与食物的成分、数量和形状等密切相关，因此必须针对每一具体的微波食品，向用户提供详细的操作说明和指令，包装外仅有“可微波”标志是不够的。微波加热由于基本上是一种“内热式”加热，在微波可渗透的厚度范围内，食品几乎是内外同时受热，有时甚至里面温度比外表升得快，因此，用户很难根据食物的外观来判断是否已达到了加热或烹调的效果。因此，微波食品的外包装上应明确标注操作说明和各项指令，这具有特别重要的意义。

(3)作为微波食品在微波炉中直接加热的容器。微波加热的优点除了迅速、省时外，方便性和卫生性也是其中的两个重要方面。考虑到微波加热的要求，微波炉中一般要使用专用器皿。食品在入炉加热时，可以从包装中取出后放入专用器皿中加热，也可以直接连同包装一起加热，而后者更具有方便性。一般微波食品采用一次性包装材料，不回收使用，因此，以包装作为加热容器更省却了餐具洗涤的麻烦，也更加卫生和省时，符合微波食品的发展要求。汤料类微波食品和冷冻调料类微波食品，利用包装作加热容器更具有明显的优势。

(4)弥补微波加热的某些不足之处。微波加热与传统的热传导加热方式相比，存在着一些不足之处，如食物外表上色不足，缺乏烧烤的颜色特征；表面不能形成硬而脆的外壳等。造成这两种现象的原因是：微波加热时食物表面温度不高，褐变反应不足；由于水分的迁移使食物表面变软。解决问题的方法是从包装上采取弥补措施，如应用很广泛的微波敏片包装。

2. 微波食品包装的要求

(1)在包装材料选择方面　微波食品包装既要考虑到食品包装的要求，又要考虑到微波加热特性，具体的有以下几个方面：

①阻隔性能　材料的阻隔性能包括阻水、阻气、阻湿和阻光性，要视食品的内容物和对包装的要求进行选择。玻璃、陶瓷和金属的阻隔性能良好，有些甚至是完全隔绝性材料；塑料的阻隔性能差异很大，且随着高聚物中增塑剂含量的增加而下降。有些塑料的阻水性很好，但阻气性较差，如聚乙烯(PE)；有些则阻气性较好，但阻水性较差。高密度聚乙烯(HDPE)比低密度或中密度聚乙烯阻隔性好，拉伸聚丙烯(BOPP)的阻隔性比普通聚丙烯也要好。在塑料包装材料中，聚偏二氯乙烯(PVDC)、聚酯(PET)和聚氯乙烯(PVC)都具有相对较高的阻隔性能，尤其是PVDC的阻氧性能和PET的阻二氧化碳性能非常高。

②耐温性能　微波包装材料一般要求要具有耐高温性能，因为食品连同包装容器置于微波炉中加热时，包装材料一般也会吸收微波能量而使其温度升高，如果加热时间较长还会导致容器变形、熔化或烧焦。纸及纸制品能耐较高的温度，但纸会因长时间加热而焦化；塑料中的聚酯(PET)、聚酯胺(尼龙、NY)、高密度聚乙烯(HDPE)及聚碳酸酯(PC)等都是良好的耐热性树脂，可用作微波食品的包装材料；热固性的聚砜(PSF)也能耐受较高温度，且在高温下其尺寸稳定性良好，常被用作微波炉器皿。

③微波穿透性　材料的介电系数小，微波穿透性好，有利于提高食品的加热效率。材料需要能控制食品在微波场中的受热情况，弥补微波加热过程中的一些缺陷。

此外，还需要对微波包装材料的卫生标准、方便性、价廉性、环保性等方面进行考虑。纸、塑料、玻璃、陶瓷、金属以及这些材料的复合物都能够作为微波食品包装材料。由于微波食品的很大一部分是冷冻食品，需要具有耐热性和耐寒性。

(2)在包装形式设计方面　对于微波食品来说，包装形式设计同样重要。例如：冷冻调理食品多采用托盘包装，但在托盘外面一般还套一层塑料袋，这是因为考虑到包装的密封性和防止在微波加热过程中蒸汽的过度形成以及热液体的溅射；如果托盘采用铝箔封口，则铝箔外还应层合塑料膜，以防止金属在微波炉中打火，防止金属防护物与炉腔壁意外接触。有时整个托盘还需套在一只纸盒中，纸盒的作用与上面的塑料袋相似。

总的说来，微波食品的包装形式设计应考虑以下几个方面：

①是否需要屏蔽，以防止食品加热不均匀而导致食品过熟甚至焦化。

②是否需要对金属材料加以防护，以防止金属在微波炉中打火。

③是否需要控制包装内微波加热的分布，采用掩蔽或微波定向技术。

④是否需要采用敏片包装，对微波食品表面施以高温。

⑤是否需要在包装(如玻璃瓶)外采用套标，以防止容器高热而烫伤手。

⑥是否需要在容器内保持适量蒸汽，以利食品更好地熟制。

⑦是否需要采用分步加热。

4.5.2　微波食品包装材料

要正确选择微波食品包装材料，必须了解微波与各种材料的作用情况。

1. 不同材料在微波场中的特性

根据各种材料在微波场中的不同特性，基本上可将它们分为四大类：导体、绝缘体、电介质和磁性材料，见表4.16。

表4.16　不同材料在微波场中的特性

(高福成等，1999)

类别	反射	吸收	透过	示例
导体	√	—	—	各种金属
绝缘体	少部分	很少	√	塑料、纸
电介质	很少	√	很少	生物陶瓷和生物塑料
磁性材料	√	√	√	铁氧体

√表示现象显著；—表示现象不发生。

最好的导体是金属，如铜、黄铜和银等。微波在导体表面被反射，没有吸收和透过现象。在微波工业中，可以利用导体的这个性质来传送微波至特定的位置，如微波炉中的波导。微波碰到绝缘体能够穿透，并有少部分反射，但吸收部分非常少，可以说这类材料对微波是“透明”的。微波炉炊具就是应用这类材料制作的。电介质能够吸收微波，将电磁波能转化为热能。转化能力取决于材料的介电性质，介电性质越强，那么它在微波场中吸收的能量就越多，升温就越快。同时，微波在容器中反复改变方向可使食品更容易加热均匀，不易出现边角部位过度加热的现象。另外，利用金属对微波的反射特性也可以制作各种微波屏蔽材料用于食品包装中。玻璃和陶瓷是绝缘体材料，玻璃用于微波食品包装很常见，其最大的优点是，它对微波透明、耐热性好、强度高并且能够承受较高内压，而且使用非常方便。玻璃瓶采用由塑料保护的金属自泄压盖密封，可直接放入微波炉中加热，主要用于饮料等其他含水量大的液体的包装。陶瓷很少用于食品的包装，但作为微波加热器皿比较常见。陶瓷吸收微波，不太适合较长时间加热。

此外，还有一类材料很像电介质，它在微波场中能够反射、吸收和透过微波，我们把它叫作磁性材料。这类物质吸收微波能力非常强，常用作敏片包装材料。需要注意的是，敏片在加热过程中温度常常可达到 200℃，在此高温下，容易引起敏片中的某些成分向食品中迁移。

2.微波食品包装材料的分类

根据不同材料在特定包装中的作用不同，可以将它们分为 4 类：能透过微波的包装材料、能吸收微波的包装材料、能反射微波的包装材料和能改变电磁场的包装材料。

第一类材料能透过微波。包装食品在微波炉中加热或蒸煮时，常常要求微波最大限度地为食物所吸收，从而使食物迅速加热升温，提高热效率。因此，就要求包装材料或容器能透过微波能，且材料本身吸收微波能要尽可能少，这样透过包装到达食物的微波能才会更多。纸、塑料和玻璃都属于能透过微波能的包装材料，它们的介电常数一般都比较小，见表 4.17，通常用于微波食品包装的材料大部分都是这类材料。

表 4.17　在 2 450 MHz 下部分材料的介电性质

（高福成等，1999）

材料	相对介电常数	介质损耗	材料	相对介电常数	介质损耗
纸	3～4	0.05～1	耐热玻璃	4.00	0.02
聚乙烯	2.26	2.65×10^{-3}	木材	1.20～5.00	0.02～0.50
尼龙	2.40	0.02	瓷器	5.90	3.52×10^{-3}
电木	3.70	0.148	水(20)	76.70	12.04

第二类材料能吸收微波能，它们在微波场中能与食物一起被加热，甚至比食品内容物升温更快。这类材料通常用于微波敏片包装或微波炉专用器具。以使食品表面达到更高温度，产生脆性或发生褐变。

第三类材料能反射微波，主要用作微波屏蔽材料，防止食品边角或突出部位过度加热，这些材料一般是铝箔或铝箔复合材料。如果需要全部屏蔽，则可以将其做成铝制容器。屏蔽装置在微波食品包装和微波炉中并不鲜见。

最后一类包装材料主要由铝箔复合物制成，其圆顶能够不同程度地反射微波，从而可以改变食物内部不同部位的电磁振荡，使食品的加热更彻底、更均匀。

选择微波食品包装材料，除了经济性、包装保护性外，还要考虑到食品成分的微波加热特性和适当的包装形式。

3.常用的微波食品包装材料

(1)纸

①纸板　纸板可以做成杯状、碗状和托盘容器，它可以和食品一起置于微波炉中加热，具有一定的强度和形状保持性。纸板能吸收微波加热过程中食品逸出的水蒸气在其内表面所凝结的水，从而不致影响食品的外观品质。

②涂塑纸板　它属于一种复合包装材料，纸塑复合增强了纸板的适用性。最早出现的是涂聚乙烯(PE)纸板，用其来包装冷冻调理食品，用于微波炉的加热。由于聚酯是一种耐热性很强的树脂，因而大大提高了容器在微波炉中的耐热能力，而且这种纸质容器既可以用于微波炉加热，也可以用于普通炉加热，是所谓的"双炉通用"型容器。

③纸浆模塑制品　在微波食品包装中，用得最多的纸浆模塑制品是纸浆模塑托盘。这种托盘在制作时，要先进行纸浆模制，然后再层合上耐热性很高的聚酯膜。这种托盘外观光洁、高档，并且由于在内容物和纸浆间有一层阻隔膜，因此，包装材料不会从内容物中吸水，非常适合于作冷冻调理食品的包装。

"两炉通用"托盘一般配两层封口，下层用铝箔密封，上面再加一层塑料顶盖。如果消费者选用微波炉加热，可以去掉铝箔并重新合上塑料盖，然后一起放入微波炉中加热。如果选用普通加热方式加热，则只需取掉塑料顶盖而保留铝箔，就可直接进行加热。

(2)玻璃和陶瓷

①玻璃　玻璃瓶用于微波食品包装的最大优点是其方便和耐热性能好。玻璃瓶一般采用金属旋盖密封，或用由塑料保护的金属自泄盖封口。对于前者，在放入微波炉前只要去掉瓶盖即可直接加热；而后者甚至瓶盖也无须去掉，使用起来非常方便。食物在加热后可以放在玻璃瓶中食用，也可以倒入其他餐具中，无论是哪一种情况，都省去了微波炉加热器皿的洗涤工作，吃剩的食品还可继续密封在瓶中置于冰箱中保存。

玻璃瓶在加工时应经淬火处理以去除其表面的应力集中，使之耐高温及耐温差的性能更佳，防止玻璃瓶因温差过大而破裂。

②陶瓷　陶瓷包括陶、精陶、瓷和中国细瓷，它们对微波能的吸收有所不同，但与玻璃相比，吸收能力已大得很多。一般来说它们都能应用于微波炉加热，尽管用于方便食品包装的例子并不多见，但作为微波炉加热器皿则很常见。

由于陶瓷能吸收微波，所以当食物被加热到所需温度时，陶瓷往往已很烫了，不太好取放，这是它的一个缺点。另外，有些陶瓷由于与食物竞相吸收微波能，所以不太适合于长时间加热的情况。

③玻璃-陶瓷　玻璃-陶瓷可用来做微波器皿，其加工工艺很像玻璃，只是要选用一些特殊原料并经过热处理。玻璃-陶瓷与玻璃一样，没有孔穴，不会吸收水分，这一点与陶瓷不一样。玻璃-陶瓷通常有两种：上釉的和不上釉的。由于釉彩与玻璃-陶瓷具有不同的膨胀系数和吸收微波的能力，所以上釉的制品通常不用于微波炉加热。而不上釉的玻璃-陶瓷其耐热性甚至比耐高温玻璃还强，因此很适合作为微波炉的加热器皿，有些甚至还能应用于普通炉，如汽化炉和烤炉中。

(3)金属　对于金属能否作微波食品的包装，长期以来一直争论不休。很显然，如果食品的内容物完全被包装在金属容器中，那它就不可能为微波所加热。但是，如果有一面可以透过微波，微波可以从开口的一面进入容器，并且由于底和边的反射作用，而使食品内容物得到更均匀的加热，尤其是边角部分，在这种包装中不易出现通常的边角过度加热现象。如果是在对微波透明的包装容器中，我们常常可以看到冷冻食品边角部分已经沸腾而中间部分仍然是干硬冰块的情况。

最新的可用于微波加热的包装是钢罐，这种罐采用内外涂塑：内层塑料是为了防止食品与金属接触，外层涂塑是为了防止金属与微波炉壁接触。这种涂塑不锈钢罐比塑料罐还便宜，并且可以再生。这种钢罐放入微波炉中是安全的。

(4)塑料　塑料用于微波食品包装必须满足 3 个要求：一是对微波的穿透能力强；二是耐热性高；三是必须符合食品卫生法的要求。

聚乙烯硬度比较大，但不耐高温，在 77℃时就会变形，且在低温下会发生脆裂。聚丙烯的变形温度有所提高，达到 110℃，但硬度不大并且容易发生低温脆裂。聚碳酸酯在塑料中属于比较耐高温的树脂，聚碳酸酯的变形温度将近 120℃，而且抗破裂性特别强。尼龙的强度也很大，韧性很高，耐磨。此外，ABS 的最高使用温度在 90～105℃；SAN 稍低，限制在 90℃以下；苯乙烯-丙烯共聚物为 110℃。此外，发泡性聚苯乙烯(EPS)尽管具有良好的保温性能，对微波的穿透能力也很强，但它并不是理想的可微波包装材料，因为它在高温下具有单体迁移的危险性，而且容器易软化变形。

结晶聚酯(CPET)托盘的使用温度为－40～220℃，可见其耐高、低温性能均很好，这种托盘的成本大约是铝箔托盘的 2 倍。尽管如此，消费者还是比较乐意接受 CPET 包装，认为产品包装在 CPET 盒中更显高档。由于结晶聚酯最高能耐 220℃的高温，所以它是“双炉通用”型容器。此外，聚碳酸酯(PC)也可用于冷冻调理食品的微波包装，而且这种包装容器也是“双炉通用”的。

塑料的卫生安全性问题：首先是对食品风味的影响，其次是塑料单体的迁移问题，这对人体的健康会带来危害。在杀菌型的微波食品中，加工的温度达到 120℃或更高，塑料单体的挥发迁移很可能发生。很多时候要运用“微波敏片”以促进食品表面的上色和发脆。敏片在微波加热过程中甚至能达到 205℃的温度，如此高温对金属镀膜的敏片就可能存在安全性问题，可能会从食品中检测出迁移物。敏片产生的高温还可能引起层合膜中的增塑剂分子向食品中迁移，而增塑剂小分子一般被认为是有毒的。

4. 微波食品包装示例

(1)汤料　目前汤料的无菌包装有两种：一是康美包无菌纸盒包装系统；二是预成型的塑料碗无菌包装系统。很显然前者的无菌包装不能用于微波炉加热，不是微波包装，内容物必须先倒入微波专用器皿中才能加热。因为无菌纸包装材料中复合了铝箔，而铝箔会阻挡微波，所以内容物不能为微波所加热。预成型的塑料碗无菌包装可以用于处理含颗粒的物料，并且可以用微波炉加热，只要在加热前去掉铝箔盖子就行。

(2)方便面条或米粉　包装容器采用可水煮或微波加热的盒中袋。这种包装有两层，里面是塑料袋，外面是纸盒。每只盒子中有两个袋子，一只装面条或米粉，另一只装调料、肉、蔬菜和其他配料。塑料袋采用尼龙(Ny)和线性低密度聚乙烯(LLDPE)的层合膜。尼龙具有高强度、耐磨、耐高温的性质，而线性低密度聚乙烯不仅具有优异的热封性，而且其耐热性也比聚乙烯显著改善。复合塑料袋可以用微波加热，也可以放在水中煮。这种包装的优点是面条和调料相互分开，更有利于保持面条的质构。

(3)常温储藏食品　除了需冷冻和冷藏的调理食品外，还有一大类就是常温下能够稳定储藏的食品，因为常温下流通的食品与冷冻、冷藏食品相比，不仅更方便，而且它在流通中不需要冷库、冷藏车和冷冻陈列柜等冷藏设施，因此节省了成本和费用，价格就可以更便宜。常温下的食品有货架期，在加工中就必定要经过灭菌处理，这就对包装材料提出了更高的要求，材料要能经受高温灭菌，尺寸稳定，不变形，而且要具有很高的阻隔性，不仅要能阻氧、阻水、阻湿，而且还要能阻味，食品在感官和品质上还不能与冷冻、冷藏类食品有明显差异。阻隔性塑料的出现为这种货架稳定性的实现提供了可能。

在所有的塑料中,聚偏二氯乙烯(PVDC)和乙烯-乙烯醇共聚物(EVOH)是阻隔性能最好的两种树脂,见表4.18。

表4.18 各种薄膜的阻隔性

(高福成等,1999)

代号	名称	透气率* /[mL/(25 m^2 · 24 h · 0.1 MPa)]		透湿率** /[g/(2 m^2 · 24 h)]
		O_2	CO_2	
LDPE	低密度聚乙烯	4 030～74 404	15 500～41 850	15.5～24.8
HDPE	高密度聚乙烯	620～4 340	8 990～10 850	4.7～6.2
PP	聚丙烯(未拉伸)	2 325～4 030	7 750～12 400	6.2～10.9
BOPP	双向拉伸聚丙烯	2 325～2 480	8 370	3.1～7.8
PVC	硬聚氯乙烯	77.5～310	310～775	14.0～77.5
	软聚氯乙烯	465～31 000	1 150～46 500	77.5～1 163
PA	聚酰胺	40.3	155～186	248～341
PET	聚酯	46.5～62.0	233～388	15.5～20.2
PVDC	聚偏二氯乙烯	12.4～17.1	55.8～93	3.1～9.3
EVAL	乙烯-乙烯醇共聚物	2.9	—	29.5

* 50%RH,23℃(ASTMD 1434);** 90%RH,37.8℃(ASTME 96-E)。

用PVDC或EVOH提供阻隔性能,将其与聚乙烯、聚丙烯或耐冲击的聚苯乙烯进行复合,所得到的复合膜能够满足可微波、耐高温处理和高阻隔性三者的要求。最富创新的一项发明是非金属蒸镀材料,即在塑料表面镀一层二氧化硅涂层。资料表明PET/二氧化硅的非金属镀膜材料的阻氧性是普通PET的3～10倍,而且这种材料能耐高温、可微波处理,并且可以回收再生。

(4)微波调理食品 市场上还有一些采用气调包装(MAP)的微波调理食品,采用可热封合的聚酯复合膜托盘可以延长产品的货架寿命。

另外,在可微波的玻璃包装容器方面,有一种外形为碗状的广口玻璃瓶,瓶颈采用缩颈,瓶身采用360°标签包裹,只留瓶颈处让消费者看清瓶中的内容物。标签采用发泡性塑料标签,这样,食品在微波炉中加热后就可立即取出,不怕烫手,无须等待冷却。瓶盖由金属制成,外层涂布聚丙烯保护边缘,防止在微波炉中产生电弧火花。瓶盖沿内圆周注塑料溶胶,以增强瓶子的密封性能。设计瓶盖时充分考虑了消费者十分关心的金属在微波炉中打火的问题,盖子在微波炉中不会发生电弧火花。瓶盖上有自动排气孔,在瓶内超过了一定的内压后排气孔即自动打开放气,所以这种玻璃瓶包装在微波加热前无须去掉或松动盖子,可直接加热。瓶盖上还有防伪真空安全按钮。

4.6 活性与智能化包装新技术

4.6.1 活性包装

1.活性包装的概念及类型

活性包装通过在包装材料中添加或附着活性因子,从而改善包装食品的环境条件,以维持食品稳定性，保持食品原有感官特性，保障食品安全，减少食品浪费。活性包装依据作用原理可分为两种主要类型，即释放型和清除型，释放的活性因子包括 CO_2、抗菌物质、抗氧化物质、风味物质等；清除的作用对象为 O_2、水分、乙烯、异味等。

"活性"成分可以直接加入包装材料中或涂覆在其表面，或以小袋、衬垫、托盘等形式添加到食品包装中。氧气去除剂可以抑制嗜氧微生物的生长；乙烯清除剂可以降低乙烯含量，延缓果蔬的成熟与腐烂；干燥剂有助于降低干燥食品包装中的水分含量，从而保持食品感官品质，并延长其货架期；抗菌包装可以抑制包装内微生物的生长，从而降低食源性疾病的风险，减少食品浪费。概括起来，活性包装技术主要可分以下几类：①脱氧包装技术；② CO_2 释放型包装技术；③乙烯清除型包装技术；④水蒸气吸收型包装技术；⑤抗菌包装技术。

目前常见的活性包装类型、活性物质及其应用如表 4.19 所示。

表 4.19 常见活性包装类型、活性物质及其应用

活性包装类型	活性物质	功能及作用	食品应用
脱氧剂	铁粉、抗坏血酸、葡萄糖氧化酶	抑制氧化反应（不稳定的色素）和好氧微生物的生长，防止氧化酸腐，抑制酶促褐变	易氧化食品，如烘焙产品、鱼肉类、油炸食品等
CO_2 释放剂	碳酸亚铁、抗坏血酸与碳酸氢钠	减少微生物生长和腐败，降低微生物代谢率，保持食品质量	烘焙产品、油炸食品、新鲜肉类等
乙烯清除剂	活性炭、高锰酸钾、1-甲基环丙烯	延缓成熟和变质，延长保鲜期	水果、蔬菜
水蒸气吸收剂	氧化钙、氯化钙、分子筛、天然黏土、硅胶	抑制微生物生长，保证食品感官品质	谷物制品、烘焙产品、干果类、鱼肉禽干制品
抗菌防霉剂	纳米 Ag、有机酸类、精油、细菌素	抑制微生物生长，延长保质期，减少采后腐烂，维持贮藏质量	谷物制品、烘焙产品、新鲜肉类、果蔬类

2. 常用活性包装技术及应用

(1)脱氧包装技术　本章"脱氧包装技术"已有详细介绍，此处不再赘述。

氧气是造成食品品质劣变的一个重要因素，为维持易变质食品质量或延长其保存期而使用的真空和充气包装被称为气调包装(MAP)，虽然 MAP 能大大降低包装袋内的氧气含量，但这种包装方法仍有 2%～3% 的氧气残留在包装中，导致食品氧化变质。采用脱氧包装技术，可使包装内氧气浓度降至 0.01%，从而更有效地控制产品的质量。

封入脱氧剂包装常与真空或气调包装结合应用，借以弥补快速充氮时气体置换率低的缺陷。脱氧包装在易氧化食品包装方面应用较广，如月饼、饼干、面包等烘焙产品，以及熏肉、熏鱼、鱼干等肉制品。

(2) CO_2 释放型包装技术　一般认为，真空包装是防止包装食品中微生物繁殖的有效方法，但真空包装的肉制品往往难以达到预期的储存效果。其主要原因是包装内部还残存着少量氧，无法彻底抑制微生物的繁殖，并且某些厌氧型细菌在温度较高时也会繁殖生长。二氧化碳(CO_2)通过降低食品包装中的相对氧气水平和(或)直接发挥抗菌作用，有效抑制部分需氧细菌和真菌的生长繁殖。CO_2 浓度在 10%～80% 之间对于鲜鱼、肉、草莓等鲜活食品以及对霉菌敏感的加工食品的贮藏是有利的。

然而，由于 CO_2 在水和油中的溶解度都很高，一部分 CO_2 溶解于包装内的食品后，常造成包装袋内的真空环境，使包装袋塌陷。此外，塑料薄膜对二氧化碳的透过率是氧气的 5～10 倍。因此，需要 CO_2 释放剂增加包装环境中的 CO_2 浓度。CO_2 释放系统通常与气调包装等结合使用，这种释放系统多基于碳酸亚铁或者抗坏血酸与碳酸氢钠混合物的作用，还可将亚硫酸盐系脱氧剂与 $NaHCO_3$ 混合，在产生 CO_2 的同时还可以除氧。

$$Na_2S_2O_4 + O_2 \rightarrow Na_2SO_4 + SO_2\uparrow$$
$$2NaHCO_3 + SO_2 \rightarrow Na_2SO_3 + H_2O + 2CO_2\uparrow$$

CO_2 释放型活性包装系统产生的 CO_2 气体使包装袋更丰满，且一定比例的 CO_2 对有呼吸作用的鲜果蔬、鱼、肉、鸡的贮存更为有利。

(3)乙烯清除包装技术　水果、蔬菜在贮运过程中易受到乙烯的影响而过快成熟并导致品质劣变，因此，有必要除去果蔬包装中的乙烯。水果本身会产生乙烯，从而激活促进水果成熟软化的酶类的作用，进而改变水果的颜色、风味、质构以及营养价值等，导致水果的储存期缩短，因此抑制乙烯的作用可以延缓水果成熟，从而达到保鲜的效果。通常绿叶蔬菜产生的乙烯量较少，但加工操作(如切割、破碎、去皮)也会刺激乙烯的生物合成，促进叶绿素的分解，引起蔬菜生理调节紊乱，导致产品品质降低。如新鲜菠菜切割加工时产生的乙烯会明显加速叶绿素的分解，其品质损害程度与乙烯含量呈比例关系，芹菜梗在有乙烯存在的环境中储藏时，其颜色会由深绿色向黄绿转变。在蔬菜包装袋中加入乙烯清除剂可以吸附乙烯或阻止乙烯的作用，维持蔬菜的绿色与新鲜品质。

目前，常用的乙烯清除剂主要是吸附型、氧化分解型和竞争受体型抑制剂，分别以活性炭、高锰酸钾和 1-甲基环丙烯为代表。

①吸附型乙烯吸收剂　活性炭吸收乙烯气体主要是利用其多孔性，活性炭可将乙烯吸附，随后将其降解。以 PdCl 作为金属催化剂的活性炭，在 20℃时可有效抑制乙烯的积累。硅胶、活性炭、沸石、膨润土等能吸收乙烯，但不能氧化乙烯，若将它们与高锰酸钾结合可提高清除速度。

②氧化分解型乙烯吸收剂　高锰酸钾能将乙烯氧化成乙酸和乙醇，从而脱除包装袋中的乙烯，高锰酸钾的颜色从紫红色变为褐色时，就失去了脱除乙烯的功效。高锰酸钾不宜直接与食品接触，只能做成小袋。实际应用中常把表面积较大的惰性载体(如矾土、硅胶、蛙石、硅藻土、活性炭等)在浓度为 4%～6%的高锰酸钾液中浸泡，然后制成乙烯脱除包放入食品包装内。

③竞争受体型乙烯吸收剂　1-甲基环丙烯(1-MCP)作为一种乙烯竞争受体抑制剂，可与乙烯受体有效结合，使乙烯作用信号的传导和表达受阻，从而延缓果实成熟，防止果蔬后熟变软甚至腐烂，延长保质期。1-MCP 作用效果良好，使用操作简单，目前已经广泛用于延缓梨、猕猴桃、香蕉、西兰花、菌菇等果蔬的成熟。

Keep it Fresh 公司开发了 KIF 小袋(图 4.24a)用于果蔬保鲜，小袋内填充了由沸石粉和高锰酸钾组成的特殊混合物，能吸收乙烯和水分，同时产生挥发性抑菌物质，这是阻止质量损失、提高产品品质、延长保质期的有效方法。如图 4.24b 所示，It's Fresh!™ 产品由 Food Freshness Technology Holdings (FFTH)公司开发的活性成分 e+™ 制成，其中含有专有的黏土和矿物质。黏土的多孔性和矿物质的结合意味着 e+™ 只吸附某些分子，例如对乙烯具有高度选择性。但它对更大的分子如芳香化合物没有影响，因此它们可以保留在食品中从而保持水果的良好风味。

a　　　　　　　　b

图 4.24　Keep it Fresh 乙烯吸收剂(a)和 It's Fresh!™ 乙烯吸收剂(b)

乙烯清除剂是在果蔬中最常用的活性包装，如图 4.25 所示，乙烯清除剂在果蔬中的应用具有多种形式，具体可分为：

图 4.25　乙烯清除纸在果蔬中的应用

a. 乙烯脱除膜：乙烯气体可被多孔性的无机矿物质（如氧化砂、沸石）吸收。将粉末状和多孔性无机物质直接混入这种薄膜可用于包裹青花菜等蔬菜，延长其保质期。乙烯吸附薄膜是为了除去有害的乙烯气体，在聚乙烯或聚丙烯的塑料材料中混入气体吸附性多孔物质，如凝灰石、沸石、石英石和硅石等微粉末（这些物质大部分能吸附乙烯或隔断远红外线辐射），挤压成薄膜，就制成了具有吸收乙烯气体功能的乙烯脱除膜。吸附乙烯的机理在于多孔无机物表面的微孔能吸附乙烯，即使在高水分的情况下，孔内存在的水分子也能与乙烯置换。

b. 除乙烯气体的瓦楞纸箱：在纸箱内和外装衬中央放进保鲜膜或在造纸阶段混入能吸附乙烯气体的多孔质粉末，这种瓦楞纸箱具有吸附乙烯的功能，达到控制乙烯气体含量的效果，从而保持蔬菜水果的鲜度。

c. 除乙烯气体的保鲜袋：将聚乙烯果蜡涂覆在塑料袋内层即可制成除乙烯保鲜袋。将新鲜桃、无花果等装入袋中密封，可使这类较难保鲜的产品在常温下 15 d 不变软、不腐烂，在冷藏条件下可保鲜 60～80 d。

(4)水蒸气吸收型包装技术　果蔬的呼吸、温度波动造成水蒸气凝结，冷冻肉及海鲜中冰的融化、切割肉制品中渗出的组织液以及环境中的水分都会使包装内水分含量增加。水蒸气会在包装内部形成雾从而影响消费者观察，会影响干燥食品等的性质，还会加速细菌和霉菌的生长，导致食品营养和质量的下降。因此控制食品包装内的水分对于抑制微生物生长和维持食品感官特性是至关重要的。

包装的水分控制可以分为 3 种方式：减少水分（如通过干燥的气体置换顶空环境中湿润气体的气调包装，或者去除顶空环境中湿润气体的真空包装），阻隔水分（通过高阻隔性包装），消除水分（通过干燥剂或水分吸收剂）。其中只有消除水分的方式属于活性包装，这也是控制包装中多余水分的最有效途径，常用干燥剂有氧化钙、氯化钙、分子筛、天然黏土和硅胶，通常以小袋、衬垫、湿度调节托盘等形式进行应用。硅胶因其无毒、无腐蚀性，是应用最为广泛的干燥剂。小袋形式的水分吸收剂已广泛用于商业化应用（图 4.26），可直接放入包装袋中，用于吸收果蔬呼吸产生的水分，或烘焙产品、固体饮料（如奶粉、咖啡等）包装顶空环境的多余水分。

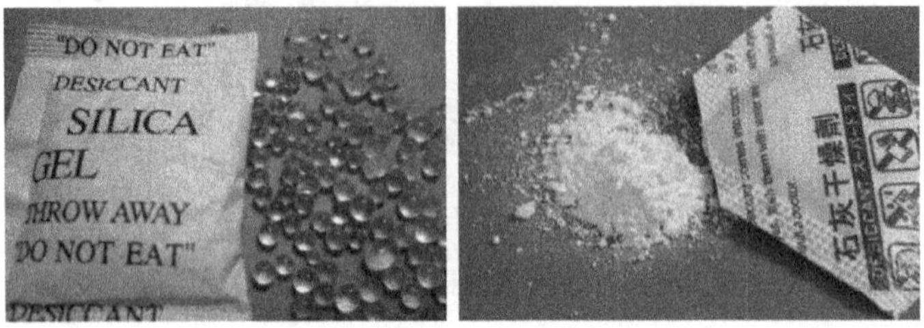

图 4.26　常用的水分吸收剂

含有吸湿垫的食品包装系统的典型结构如图 4.27 所示，吸湿垫通常由两张微孔或无纺布聚合物（如聚丙烯或聚乙烯）以及嵌于它们之间的颗粒状或粉末状的高吸水性聚合物（如聚丙烯酸盐或淀粉接枝共聚物）或高吸水性纸组成。吸湿聚合物可以吸收其重量 100～500 倍的液态水，将这些吸收垫放于包装好的新鲜家禽、肉类和鱼类下面，可吸收渗出的组织液，在运输冷冻海鲜的过程中，大型吸湿垫可用于吸收冰融化产生的水。

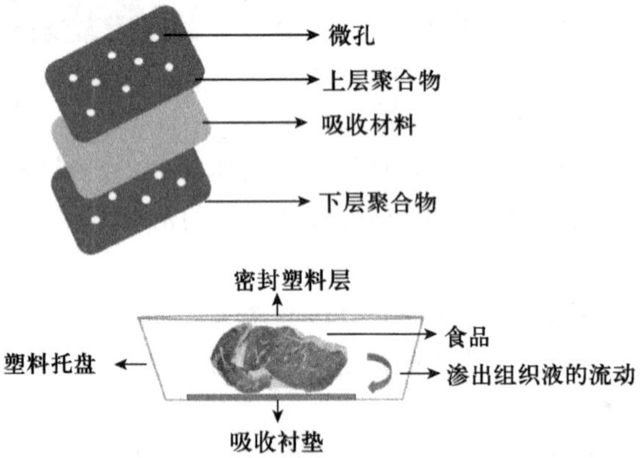

图 4.27　具有吸湿垫的食品包装系统

（5）抗菌包装技术　抗菌包装是通过在基材中添加抗菌物质或通过改性使得基材具有抗菌性，从而抑制食品中微生物生长繁殖的包装方式。抗菌物质发挥作用主要通过两种方式：一种是通过直接接触将抗菌物质传递至食物从而抑菌，另一种是利用抗菌物质的挥发性，使其充满包装的内环境而抑制食品细菌生长繁殖。抗菌剂有多种来源，包括无机抗菌剂（纳米 Ag、Zn、TiO_2 等）、有机抗菌剂（如有机酸类、小分子酚类、醇类和带季铵盐官能团的大分子类等）以及天然抗菌剂（如精油、抗菌肽、细菌素和噬菌体等）等。抗菌包装主要有以下几种形式：将抗菌物质直接掺入聚合物基材中，在与食品接触的聚合物表面上涂覆或吸附抗菌物质，通过离子或共价键法固定抗菌剂于聚合物中，以及本身具有抗菌活性的包装基材。

①直接添加型抗菌包装　将抗菌剂直接掺入聚合物材料是抗菌活性包装的常用方法。不同类型的抗菌剂可采用不同的方式添加到包装材料中,热稳定抗菌剂可以通过流延、挤压或注射成型添加入包装材料,而热敏性抗菌剂(如酶和挥发性抗菌剂)的常用添加方法为溶剂浇铸法,如今静电纺丝也逐渐用于制备直接添加抗菌剂的聚合物包装材料。

结合了抗菌剂的聚合物基质包装已经得到商业应用,加入的抗菌剂可抑制包装食品表面微生物的生长。将抗菌酶、抗菌肽、纳米银掺入聚合物中可以有效提高膜材料的抗菌性,当乳酸链球菌素或溶菌酶与螯合剂(如 EDTA)结合负载在食用薄膜上可有效抑制大肠杆菌的生长。此外,植物精油作为一种天然来源的安全的抗菌物质,其在抗菌食品包装中的应用受到了广泛研究,在果蔬、肉类、烘焙食品中都具有广泛的应用前景。

②表面涂覆型抗菌包装　此方法适用于不能承受聚合物加工过程中高温的抗菌剂,在聚合物表面涂覆抗菌剂使其具有抗菌性,基质中的这些抗菌剂可以迁移至食品表面而发挥作用。

具有乳酸链球菌素涂层的薄膜材料常被用于家禽的保鲜,含有乳酸链球菌素涂层的聚氯乙烯、线性低密度聚乙烯(LLDPE)和尼龙等疏水材料可以有效抑制新鲜鸡肉表面的鼠伤寒沙门氏菌的生长。此外,含有精油(如薄荷精油、马郁兰精油、百里香精油)涂层的膜材料可以有效改善肉制品的感官品质,抑制微生物生长,延长保质期。

③化学键合型抗菌包装　此类抗菌包装的设计需首先筛选出抗菌范围广、无毒副作用且稳定性高的抗菌官能团,并将其以离子键或共价键的形式连接在聚合物材料表面。具有官能团的抗菌剂主要有肽、酶、多胺、有机酸以及其他抗生素蛋白。大多数商业聚合物没有活性基团,因此在嵌入生物活性化合物之前需进行表面功能化,通常可采用等离子体技术。此外,还可以使用交联剂或间隔分子来实现固定化,这些交联剂或间隔分子将功能化的聚合物表面与生物活性化合物结合,并确保生物活性物质不会迁移到食品中。

该类抗菌活性包装通过直接接触杀菌,因此抗菌剂的迁移较少,对食品感官品质的影响较小,保障其安全性。从固定化聚合物中释放抗菌剂取决于键的类型,离子键可使抗菌剂缓慢释放到食品中,而当共价键结合时,抗菌剂的扩散较少,只有在高温或者强酸的条件下才会释放。固定乳酸链球菌素的聚合物材料可以有效降低火腿中金黄色葡萄球菌和李斯特菌的数量,并且在冷藏或室温条件下储存 90 d 仍然保持抗菌活性。

④抗菌聚合物型抗菌活性包装　自然界还存在一些具有固有抗菌性的聚合物,如壳聚糖、聚 L-赖氨酸聚合物等,它们通过改变微生物细胞膜的通透性,引起胞内成分的泄漏,从而抑制微生物的生长。壳聚糖具有广谱的抗菌性是由于其带正电荷,可以与带负电荷的微生物细胞膜表面相互作用。此外,壳聚糖还具有优异的成膜性以及良好的生物相容性,目前已被广泛用于食品包装的研究。将壳聚糖涂层应用于水果和蔬菜的包装可保护其免受真菌污染,同时壳聚糖薄膜和涂料还能充当各种抗菌剂和香料的载体。聚 L-赖氨酸聚合物可以通过离子吸附抑制微生物的增殖,聚 L-赖氨酸聚合物膜应用于面包可以抑制霉菌的生长从而延长面包保质期。海藻酸钙膜也有抑制天然菌群和大肠菌群生长的作用,其抗菌机制可能与氯化钙对细菌细胞的离子作用和毒性作用有关。

肉制品在储藏、运输和销售过程中都有被细菌二次污染的可能,从而导致腐败变质,因此,微生物的生长繁殖成为诱导肉制品变质的主要原因之一。目前,国际上流行使用能释放抗菌剂的膜或小包来抑制有害菌的生长繁殖,从而起到阻止食品变质的作用。有一种酒精蒸气释放小包，此小包由纸与乙烯醋酸乙烯酯共聚物积层材料制成，内装55%的食品级酒精、10%的水分及35%的二氧化硅粉末及少量香料，包的大小取决于食品的重量、食品的水分活性和要求的保质期。此酒精蒸气可控制10种不同的霉菌、15种细菌、3种致腐败的酵母菌。这种活性包装也特别适用于肉制品，尤其是半干肉类、半干鱼类的保藏。

将灭菌和脱氧包装技术结合使用，可更好地保持食品的品质。脱氧剂和乙醇发生剂联合系统有很好的延长食品保质期的效果，脱氧的酶系统活性包装在脱氧的同时会产生一些抗菌副产品。葡萄糖氧化酶系统可降低食品表面的pH，并可产生过氧化氢；酒精氧化酶也能产生过氧化物，过氧化物具有杀菌的作用，这样可起到保持食品品质的作用。

3. 活性包装的发展趋势

近年来，人们对新型活性包装技术进行了广泛的研究，开发了各种各样的活性包装系统，以用于延长食品的货架期。由于食品是非常复杂的体系，对应的包装也会有相应不同的参数要求。因此，为了实现活性包装系统的最佳性能，需综合考虑各影响因素，如食品的物理、化学、生理特性，包装容量以及存储条件，从而设计出每种食品对应的最合适的包装。

考虑到人类健康和生态友好问题，活性包装技术近些年的发展在许多方面都发生了变化。活性包装的材料与食品之间不发生相互作用是最基本的要求，天然提取物逐渐被用于包装系统，因为它们具有抗菌和抗氧化作用，可提高包装产品的质量，并且与化学合成物质相比其安全风险较小。此外，由于石化基材料对自然环境带有较大不利影响，近些年有关可降解材料在食品包装中的应用越来越受关注。

然而，活性包装技术的规模化和产业化还是非常具有挑战性的，因此在早期开发阶段应考虑商业化生产，并使技术开发成本与产品利润同步。由于活性包装系统存在活性物质的迁移等，因此必须解决活性包装材料安全法规和管理问题，并获得消费者的广泛接受。想要克服这些挑战，需要研究机构和企业联合起来解决包括成本、法律法规和商业化等方面的问题。

4.6.2 智能包装

1. 智能包装的概念及类型

智能包装是具有监测、传感、记录、跟踪、通信等智能功能，从而实时监测包装食品或食品周围环境条件，提供实时信息，以提高食品安全性的包装系统。智能包装的主要功能是跟踪产品，监测食品的质量/安全状况，通过各种信号检验包装系统的有效性和完整性，并向制造商、零售商或消费者提供有关潜在可能的食品质量和安全问题的早期预警。因此，智能包装不仅提供了产品本身的信息(如重量、成分、营养价值、产地、生产日期、保质期等)，还可以追溯产品历史的任何变化(如贮存温度、微生物生长、成分变化、新鲜度、顶空组成等)。总之，智能包装与传统包装相比最先进的方面在于信息交流功能的拓展。

近些年包装设备和计算机网络的高速发展与广泛普及为智能包装的发展创造了有利的环境，智能包装不再仅仅是一个学术概念，部分产品已经得到了商业化应用。智能包装系统中常用的技术有时间-温度指示器(time-temperature indicator，TTI)、新鲜度指示器、气体指示器、生物传感器、射频识别(radio frequency identification，RFID)标签等。

目前常见的智能包装类型、指示剂及其应用见表 4.20。

表 4.20　常见智能包装类型、指示剂及其应用

智能包装类型	指示剂	提供的信息	食品应用
时间-温度指示器	pH 敏感指示剂，纳米粒子，氧化还原染料等	贮存条件	通过冷链运输或者在冷冻或冷藏条件下贮存的食品
新鲜度指示器	pH 敏感指示剂，与(非)挥发性代谢物反应的指示剂	微生物代谢产物(如 CO_2、H_2S、有机酸、生物胺)	易腐食品，如肉类、鱼类或家禽类
气体指示器	氧化还原染料、pH 敏感指示剂、酶	贮存条件，包装完整性	通过气调包装的食品
生物传感器	酶、抗原、微生物、激素或核酸	特定微生物，如大肠杆菌、李斯特菌	易腐食品，如肉类、鱼类或家禽类
射频识别标签	无线电波	产品信息，制造条件，运输环境	产品识别、供应链管理、产品跟踪、安全控制

2. 常用智能包装技术及应用

(1)时间-温度指示器(time-temperature indicator，TTI)　大多数导致食物变质的反应都与时间或温度有关，因此，食品储藏温度的变化将反映食品的质量和安全。TTI 是一种简单、廉价的设备，可以安装在运输集装箱或单个消费者包装上，通过不可逆的视觉反应监测包装食品在运输、储藏等环节的温度变化。这种反应取决于机械的、化学的、物理的、酶的或微生物的变化，且这种变化与实时时间-温度历史对应的程度取决于指示剂的类型及其工作的物理化学原理，但通常这些变化随着时间的推移而累积，并随着温度的升高而加速。

市面上可买到的 TTIs 主要有 3 种类型：临界温度指示器[显示接触温度高于(或低于)参考温度]、部分历史指标(表明产品已暴露于足以引起产品质量或安全变化的温度下)和完整历史指标(记录产品完整的温度历史变化)。

法国 Cryolog 公司开发的 TOPCRYO(图 4.28，又见彩图 4.28)是一种温度敏感的微生物标签，通过时间-温度导致的从绿色到紫色的颜色变化来监测贮存条件，反映冷链运输过程中的时间-温度变化，并指示微生物风险程度，从而立即识别不适合消费的产品。

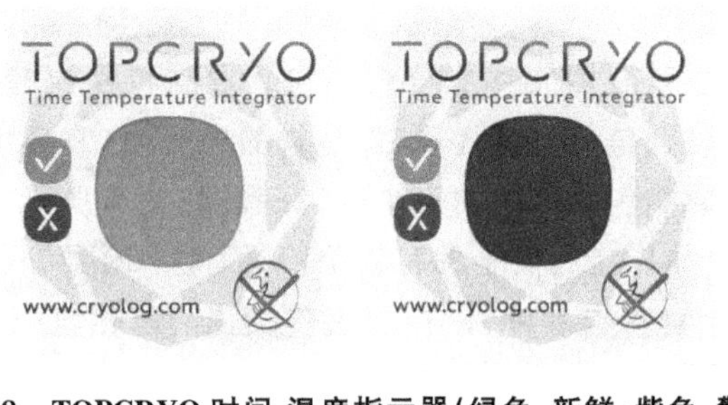

图 4.28　TOPCRYO 时间-温度指示器(绿色：新鲜；紫色：警示)

(2)新鲜度指示器　时间-温度指示器可以监测食品的温度变化，然而食品在运输、储藏和配送过程中受到其他因素影响，也极易受到微生物污染并发生质量劣变。因此，一个明确显示产品发生腐烂或新鲜度下降的指示器对于包装食品的质量控制具有重要应用价值。

新鲜度指示器就是一种可以直接显示包装商品的变质或新鲜度降低的智能包装系统。新鲜度指示器的发展是基于与包装食品类型、腐败菌群、包装类型和贮存条件相关的质量指示代谢物的作用，这些指示代谢物包括有机酸（如 *d*-乳酸正丁酸、乙酸、*L*-乳酸）、乙醇、二氧化碳、硫化氢、生物胺（如组胺、尸胺、酪胺、腐胺）和挥发性氮化合物等。

由于食品在变质过程中至少会产生一种指示代谢物，并且这些代谢物或化学物质通常为 pH 敏感的气体分子，因此许多 pH 敏感指示剂如溴酚蓝、二甲酚蓝、溴甲酚紫、溴甲酚绿、甲酚红、酚红、甲基红以及天然的 pH 敏感指示剂花青素、姜黄素、茜素、类胡萝卜素等可被用于制备新鲜度指示器，随着各种代谢物的生成及其含量的增加，新鲜度指示器会发生颜色变化进而指示新鲜度的变化。

由 Vanprob 公司开发的 Food fresh™ 可以设定在给定的“食用时间”范围内（从几天到几周或几个月不等）发生颜色的变化，是一种监测食品包装开封后储存时间的有效方法。如图 4.29 所示（又见彩图 4.29），Food fresh™标签由 PET 制成，厚度小于 50 μm，可应用于罐头、真空包装食品或纸箱等产品。

图 4.29 Food fresh™标签(a)和 Food fresh™标签的颜色变化(b)

还有许多研究开发了新鲜度指示标签。有研究将细菌纳米纤维素（BNC）浸入葡萄花青素（GA）溶液中，采用浸渍法制备了一种易于使用的比色指示标签。如图 4.30 所示（又见彩图 4.30），当牛肉在 4℃下贮存 1 d 时，标签变为亮红色（新鲜牛肉），贮存 3 d 和 5 d 时，标签变成紫红色（中等新鲜度的肉类），贮存 7 d 时标签变成蓝色，表示腐烂状态。所有颜色变化都可用肉眼辨别，并且指示标签的总色差与牛肉品质的参数之间具有显著相关性，证实了该 pH 指示标签可辨别牛肉新鲜程度。

（3）气体指示器　食品包装内气体成分受到包装食品特性（如新鲜果蔬的呼吸和蒸腾作用）、腐败微生物的生长繁殖、包装材料性质（如材料的透气性）和环境条件（温度或包装泄漏）的影响而发生改变，从而影响包装产品的完整度、保质期、食品质量及安全。监测包装内气体成分的变化是一种监控食品质量和安全的有效手段，因此不同类型的气体指示器以标签或者包装印刷膜的形式应用于食品包装中，以检测氧气、乙醇、硫化氢（H_2S）、水蒸气、二氧化碳或其他气体组分。一般情况下，气体指示剂会在包装上产生不可逆的肉眼可见颜色变化，以指示气体组成的变化。

氧气通过氧化酸败、颜色变化和微生物腐败对食品质量造成不利影响，因此，氧气指示剂在食品包装中的应用越来越广泛。Ageless Eye 产品（图 4.31，又见彩图 4.31）可以通过指示标签从粉色到蓝色的变化表示氧气含量的上升，以此指示包装内氧气含量的变化。

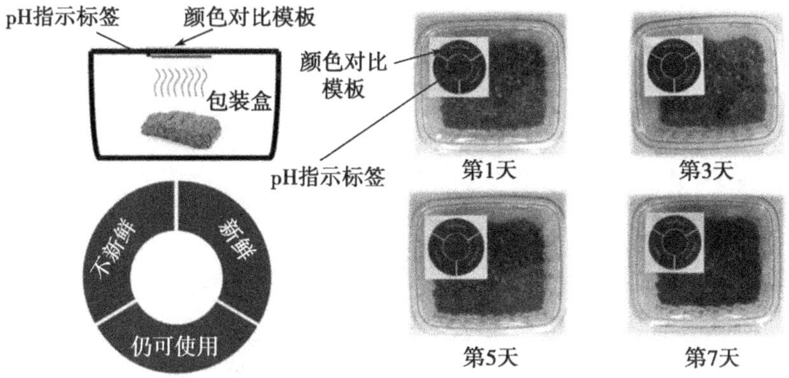

图 4.30 新鲜度指示器用于牛肉品质的监测

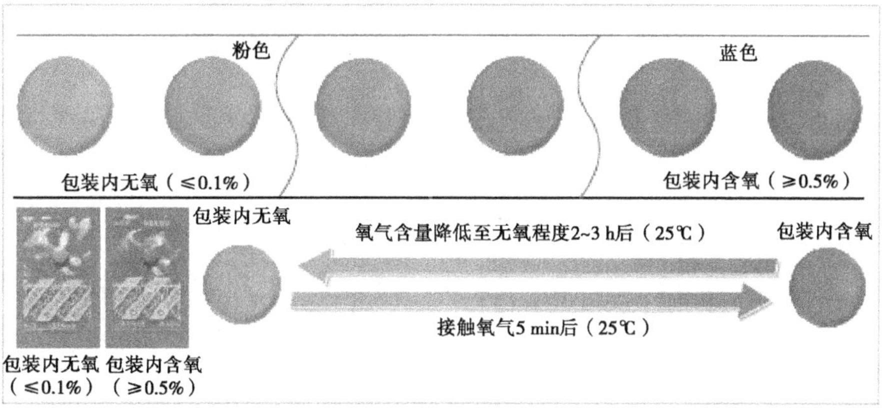

图 4.31 Ageless Eye 氧气指示器(粉色:氧气含量低于 0.1%;蓝色:氧气含量高于 0.5%)

由于微生物在生长过程中会产生 CO_2,而 CO_2 溶于水会形成微酸性环境,因此有研究利用溴酚蓝和甲基红组成的 pH 敏感混合指示剂制备了 CO_2 指示标签,通过肉眼可见的颜色变化响应腐败代谢物 CO_2 的生成(图 4.32,又见彩图 4.32),以此指示中水分活度点心中腐败微生物的生长情况。

(4)生物传感器　除以上介绍的反映食品变质的智能包装系统外,可直接监测食品中病原微生物污染的指示器也是重要的智能包装之一。这种指示器是一种生物传感器,可以检测、记录和传递病原体引起的生化反映的信息。生物传感器包括识别目标分析物的生物受体和将生化信号转换为可量化电反应的传感器。生物受体可以是有机或生物材料,如酶、抗原、微生物、激素或核酸,而传感器可以是电化学的、光学的或量热的。这些微生物传感器也会改变食品包装的颜色,以警告消费者/零售商不能食用食品。

FoodSectinel System® 是一种用于检测食品中病原微生物的商用生物传感器。如图 4.33 所示,当包装食品被沙门氏菌、大肠杆菌、李斯特菌等病原体污染时,特异性抗体会附着在膜上,导致条形码中局部暗带的形成,使条形码在扫描时无法读取,以此指示病原微生物的存在。

(5)射频识别(radio frequency identification,RFID)标签　RFID 是一种基于无线通信(磁

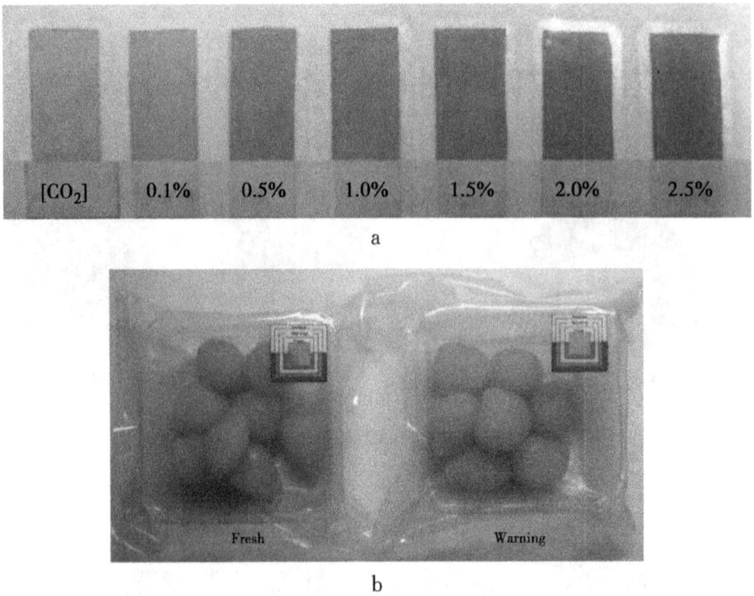

图 4.32　CO_2 指示器颜色变化(a)和 CO_2 指示器在食品中的应用(绿色:新鲜;黄色:警示)(b)

图 4.33　Food Sectinel System® 待使用状态(a)和无法扫描的失效状态(b)

场或电磁波)的自动识别技术,利用无线传感器识别物品并收集数据,无须人工干预。与传统的标签和条形码相比,RFID 可以更方便地对产品进行识别,具有较大的数据存储容量,具有更广的读取范围(可达几十米甚至 100 m 以上的距离)。如图 4.34 所示,RFID 标签包含一个微型应答器和天线,它们有一个独特的数字或字母-数字序列;阅读器发出无线电波来捕捉 RFID 标签上的数据,然后通过实时数据库服务器将数据传送到主机(主机可能进一步连接到本地网络或互联网),以用于分析和决策。

图 4.34　适用于食品包装的 RFID 系统原理

RFID 标签可以嵌入物品,放置在食品包装中,或注射到动物体内,从而实时提供关于温度、相对湿度、营养和供应商等信息,提高食品可追溯性,并确保食品安全和质量。因此,RFID 标签现在被认为是条形码的替代品,已成功应用于可追溯性控制和供应链管理流程,因为它具有识别、分类和管理商品流的能力。然而，由于其成本相对较高，一些公司难以负担技术研究，限制了 RFID 的商业应用，未来的研究应尽可能降低 RFID 标签的成本。

3. 智能包装的未来

智能包装是一种具有传递信息功能的包装系统，对于各种食品如液体食品、肉类、海鲜、乳制品、水果和蔬菜等的质量评估都具有应用价值。将智能包装引入包装系统，可以在不破坏包装食品的前提下实现对质量指标的监测，并将信息反馈到制造商、零售商以及消费者，从而降低产品损耗与经济损失，并显著提高食品的可追溯性，对于保障食品安全性具有重要意义。

应用于食品监测的多种新兴技术正在快速发展，通过不同的科学领域的合作，实现开发突破，将传感技术和包装技术整合到食品供应链的众多环节。这些开发创新对于延长保质期，提高食品安全性和可追溯性，全面提供有关产品的质量信息是至关重要的。利用目前已经开发的生物传感探头，研究人员开发出智能包装或固定于食品包装上的智能条形码，通过扫描就可以确保食品来源的安全性。

然而，由于开发和制造集成传感系统的成本较高，目前已开发的技术在商业应用方面仍然受到限制。但随着技术进步，预计智能包装的商业化应用将在未来的十年里发生巨大的突破。下一代智能包装将以提供更高的质量保证和更长的货架期为目的，以满足食品供应链对食品质量不断增长的需求。

思考题

1. 简述常用的干燥剂有哪些，它们各有什么特点。
2. 在选择干燥剂时要考虑哪些因素？
3. 某种产品干燥时重 200 g，装入厚度为 0.03 mm 的 PVDC 塑料袋中，包装面积为 1 300 cm^2，该产品干燥时含水量为 3%（此时平衡相对湿度为 20%），允许最大水分含量为 5.5%，如果储存在温度为 20℃，70%RH 的环境中，其储存期限为多少天？
4. 简要说明真空和充气包装的原理和特点。
5. 什么是 CAP 和 MAP？它们各有什么特点？
6. 简述常用的脱氧剂和使用场景。
7. 试说明脱氧包装的含义和特点，并与真空充气包装作比较。
8. 试说明在食品包装中应怎样选择氧气的浓度。

参考文献

[1]陈黎敏．食品包装技术与应用．北京：化学工业出版，2002.
[2]高德．实用食品包装技术．北京：化学工业出版社，2003.
[3]高福成，陈卫，等．微波食品．北京：中国轻工业出版社，1999.
[4]郭成宇，吴红艳，许英一．乳与乳制品工程技术．北京：中国轻工业出版社，2016.
[5]郭风军，张长峰，姜沛宏，等．果蔬保鲜包装技术及其研究进展．保鲜与加工，2019，19(06)：197-203＋210.

[6]和克智. 包装分类设计. 北京:印刷工业出版社,2009.

[7]李代明. 食品包装学. 北京:中国计量出版社,2008.

[8]李良. 食品包装. 北京:中国轻工业出版社,2017.

[9]李婷,钟泽辉,邵杰,等. 食品抗菌包装材料的研究进展. 包装学报,2011,3(2):34-36.

[10]李义生. 立式制袋充填包装机(VFS5000D). 授权公告号:CN301162095,安徽正远包装科技有限公司.

[11]刘丹飞,崔子杰,尚咪,等. 用于食品质量监测的pH智能指示剂的研究进展. 食品安全质量检测学报,2020,11(22):8351-8358.

[12]卢立新. 包装机械概论. 北京:中国轻工业出版社,2011.

[13]路飞,陈野. 食品包装学. 北京:中国轻工业出版社,2019.

[14]潘松年. 包装工艺学. 北京:印刷工业出版社,2007.

[15]钱俊. 特种包装技术. 北京:化学工业出版社,2004.

[16]任发政. 食品包装学. 北京:中国农业大学出版社,2009.

[17]沈月新. 食品保鲜贮藏手册. 上海:上海科学技术出版社,2006.

[18]徐文达. 食品软包装新技术:气调包装、活性包装和智能包装. 上海:上海科学技术出版社,2009.

[19]杨福馨,吴龙奇. 食品包装实用新材料新技术. 北京:化学工业出版社,2009.

[20]杨晓清. 包装机械与设备. 北京:国防工业出版社,2009.

[21]殷涌光,等. 食品无菌加工技术与设备. 北京:化学工业出版社,2006.

[22]张靖国,陈启亮,杨晓平,等. 1-MCP处理对翠冠梨货架期品质的影响. 湖北农业科学,2020,59(21):121-123.

[23]张琳. 食品包装. 北京:印刷工业出版社,2009.

[24]章建浩. 食品包装. 北京:科学出版社,2019.

[25]赵冬菁,仲晨,朱丽,等. 智能包装的发展现状、发展趋势及应用前景. 包装工程,2020,41(13):72-81.

[26]中药材GAP认证实施与认证检查评定标准实务全书第2卷. 北京:中国医药科技电子出版社,2003.

[27]周云令,魏娜,郝晓秀,等. 智能包装技术在食品供应链的应用研究进展. 食品科学,2020:1-14.

[28]Ahmed I, Lin H, Zou L, et al. A comprehensive review on the application of active packaging technologies to muscle foods. Food Control, 2017, 82: 163-178.

[29]Ahmed S, Sameen D E, Lu R, et al. Research progress on antimicrobial materials for food packaging. Critical Reviews in Food Science and Nutrition, 2020, (4): 1-14.

[30]By Renato Souza Cruz. Oxygen Scavengers: An Approach on Food Preservation. IntechOpen, 2011.

[31]CRYOLOG company, Inc. Topcryo: simple and innovative. Available: http://cryolog.com/en/topcryo/

[32]Dobrucka R, Cierpiszewski R. Active and intelligent packaging food-Research and

development-A review. Polish Journal of Food and Nutrition Sciences,2014,64:7-15.

[33]Fang Z,Zhao Y,Warner R D,et al. Active and intelligent packaging in meat industry. Trends in Food Science & Technology,2017,61:60-71.

[34]Farmer N, Emblem A, Plimmer J, et al. Contributor contact details. Trends in Packaging of Food, Beverages and Other Fast-Moving Consumer Goods (FMCG). 2013, xi-xii.

[35]Food Freshness Technology Holdings company,Inc. The It's Fresh! Technology. Available:https://itsfresh. com/technology/

[36]Gaikwad K K,Singh S,Ajji A. Moisture absorbers for food packaging applications. Environmental Chemistry Letters,2018,17:609-628

[37]Han J W,Ruiz-Garcia L,Qian J P,et al. Food Packaging:A Comprehensive Review and Future Trends. Comprehensive Reviews in Food Science & Food Safety, 2018, 17: 860-877.

[38] Keep it Fresh company, Inc. KIF Papers & Chips. Available: https://keep-it-fresh. com/paper/.

[39]Keep it Fresh company,Inc. KIF Sachet. Available:https://keep-it-fresh. com/sachets/.

[40]Lee S Y,Lee S J,Choi D S,et al. Current topics in active and intelligent food packaging for preservation of fresh foods. Journal of the Science of Food and Agriculture,2015,95(14):2799-2810.

[41]Mitsubishi gas chemical company,Inc. The AGELESS EYE is an in-package monitor which indicates the presence of oxygen at a glance. Available:https://www. mgc. co. jp/eng/products/sc/ageless-eye. html

[42]Mohebi E,Marquez L. Intelligent packaging in meat industry:An overview of existing solutions. Journal of Food Science & Technology,2015,52(7):3947.

[43]Nopwinyuwong A, Trevanich S, Suppakul P. Development of a novel colorimetric indicator label for monitoring freshness of intermediate-moisture dessert spoilage. Talanta, 2010,81(3):1126-1132.

[44]Taherkhani E, Moradi M, Tajik H, et al. Preparation of on-package halochromic freshness/spoilage nanocellulose label for the visual shelf life estimation of meat. International Journal of Biological Macromolecules,2020,164:2632-2640.

[45]Theeranun,Janjarasskul,Panuwat,et al. Active and intelligent packaging:The indication of quality and safety. Critical Reviews in Food Science & Nutrition, 2018, 58(5): 808-831.

[46]Yousefi H,Su H M,Imani S M,et al. Intelligent food packaging:A review of smart sensing technologies for monitoring food quality. ACS Sensors,2019,4:808-821.

[47]Zeki Berk. Food Process Engineering and Technology. 3rd. ed,2018.

第 5 章

食品包装机械与设备

本章学习目的与要求

1. 了解食品包装机械的种类与特点；
2. 熟悉各类食品包装机械的作用；
3. 掌握食品包装机械选配的一般原则。

5.1　概述

现代食品包装必须由食品包装机械来完成。根据国标 GB/T 4122.2—2010《包装术语　第 2 部分》中的规定，包装机械（packaging machinery）是指完成全部或部分包装过程的机器。包装过程包括成型、充填、封口、裹包等主要包装工序，以及清洗、干燥、杀菌、贴标、捆扎、集装、拆卸等前后包装工序，转送、选别等其他辅助包装工序。

5.1.1　食品包装机械的种类

各种食品包装工艺过程操作及要求各不相同，需配有相应的包装机械来完成，因此包装机械种类很多，大致分类如下：按完成主要包装操作任务不同，分为包装印刷机械、包装材料及制品加工机械、产品包装机械等；按功能不同，主要分为充填机、灌装机、裹包机、封口机、贴标机、打印机、集装机、清洗机、多功能包装机（指在一台整机上可以完成两个或两个以上包装工序的机器）等；按自动化程度不同，分为半自动包装机和全自动包装机；按包装适应范围不同，分为专用包装机、多用包装机和通用型包装机。

现代高新技术如计算机、激光、光电等技术广泛应用到食品包装机械设备中，使食品包装朝高速化、联动化、无菌化、智能化方向发展。

5.1.2　食品包装机械的基本构成

食品包装机械是完成食品主要包装工艺过程的机械，其种类繁多、形式多样，但究其结构一般都由被包装食品的计量与供送系统、包装材料或容器的整理和供送系统、主传送系统、包装操作执行系统、成品输出系统、包装机动力及传动系统、操纵控制系统和机身支架等几部分组成。

5.1.3　食品包装机械选配的一般原则

(1)满足食品包装工艺要求，对食品包装所用的材料及容器有良好的适应性，保证包装质量和包装生产效率的要求。

(2)技术先进，工作稳定可靠，能耗少，使用维修方便；注意机械的通用性，能适应多种食品的包装需要。

(3)符合食品卫生要求，易清洗，不污染食品；对食品包装所要求的条件，如温度、压力、时间、计量、速度等有合理的、可靠的控制装置，尽可能采用自动控制方式。

(4)长期生产单一产品，选用专用型机械；生产多品种、同类型多规格产品时，选用多功能机械，一台机器可完成多项包装操作，提高工效，节省劳力及减少占地面积(图 5.1)。

(5)改善工人劳动条件和减轻劳动强度。

5.1.4　食品包装生产线

完成一种食品包装的全部机械，按包装工序排列，并用联结传送装置连接起来，即形成包装生产线。建立一条食品包装生产线一般应考虑以下几方面问题：

(1)包装生产线应满足以某种或某类食品为主的包装工艺的要求，各包装机械生产能力相

图 5.1 人工灌装牛奶与机器灌装牛奶

匹配，生产线联动流畅，能连续、协调运转，并能达到要求的生产率。

(2)生产线紧凑有效。包装机械之间的食品输送及包装容器供给、传送距离尽量短，尽量利用空间输送物料，避免物料输送重复往返。这可使生产线占地面积小，紧凑，同时各种物料输送距离短，提高生产效率。但是要注意保证操作维修保养的方便。

(3)液体食品包装尽量采用封闭式输送的包装系统，固体食品的输送充填，凡能使用机械操作的全部用机械操作，以保证包装满足食品卫生要求。

(4)以包装某种食品为主，适当地留有包装调节产品的余地，以便适应新的包装需要，能灵活地调度、调整，组建新的生产线。

(5)包装是食品生产大系统的一个部分，包装生产线应与食品生产线紧密衔接。

为适应现代食品高速化、规模化发展和国际食品市场一体化的需要，食品包装生产线为引入 GMP 和 HACCP 等食品卫生质量技术规范管理系统，可采用全程在线检测系统，集中统一控制管理，使食品包装生产线向更高自动化方向发展，从而确保规模化食品产品过程的高效、规范、卫生、安全。

思政案例

我国包装机械的起步、现状与未来

中国包装机械起步较晚，20 世纪 70 年代，北京市商业机械研究所购买了一台日本的包装机。在研究了日本的包装机械后，完成制造了中国第一台包装机。经过 20 多年的发展，中国包装机械已成为机械工业中十大行业之一，为中国包装工业快速发展提供了有力的保障，有些包装机械填补了国内空白，已能基本满足国内市场的需求，部分产品还有出口。中国包装机械进口额与总产值大抵相当，但与发达国家还有差距。

在行业快速发展的同时也存在一系列的问题，现阶段中国包装机械行业水平还不够高。包装机械市场日趋垄断化，除了瓦楞纸包装机械和一些小型包装机有一定规模和优势外，其他包装机械几乎不成体系和规模，特别是市场上需求量大的一些成套包装生产线，如液体灌装生产线、饮料包装容器成套设备、无菌包装生产线等，在世界包装机械市场中均被几家大包装机械企业集团所垄断，面对国外品牌强劲冲击，国内企业应该采取积极对策。

从现阶段情况看，全球的包装机械需求以每年 5.3% 的速度增长。美国拥有最大的包装设备生产商，其次是日本，其他主要生产商还包括德国、意大利和中国。但未来包装设备生产增长最快的是在发展中国家和地区。发达国家将从刺激国内需求中获利，并在发展中国家寻找当地合适的生产厂家，特别是对食品加工厂进行投资，提供包装机械设备。而中国自加入世贸组织以来取得了长足的进步，中国的包装机械水平提升非常快，与世界的先进水平差距逐渐缩小。随着中国的日益开放，中国的包装机械也将进一步打开国际市场。

由此可见，我国提出“国之重器”战略非常重要，也很有意义。全力以赴发展我国的基础研究和核心技术至关重要。广大科技工作者要坚持面向世界科技前沿、面向经济主战场、面向国家重大需求、面向人民生命健康，加快实现高水平科技自立自强。

（根据 http://www.china-spjx.com.cn/a/xinwenmeiti/hangyexinwen/10.html 相关内容整理）

5.2 充填包装机械设备

充填(filling)是食品包装的一个重要工序，它是指将食品按一定规格质量要求充入包装容器中的操作，主要包括食品计量和充入。由于食品的种类繁多，形态及流动性各不相同，包装容器也是形式多样，用材各异，因此就形成了充填技术的复杂性和应用的广泛性。

5.2.1 容积式充填机

将产品按预定的容量充填至包装容器内的充填机叫作容积式充填机。

根据物料容积计量的方式不同，容积式充填机可分为量杯式充填机、可调容量式充填机、气流式充填机、柱塞式充填机、螺杆式充填机、计量泵式充填机、插管式充填机、料位式充填机、定时充填机等。

容积式充填机适合于干料或稠状流体物料的充填。它的特点是结构简单、计量速度快、造价低，但计量精度较低。因此，它适用于价格比较便宜的物品的包装作业。

螺杆式充填机是通过控制螺杆旋转的转数或时间来量取产品，并将其充填到包装容器内的机器。只要准确地控制螺杆的转数，就能获得较为精确的计量值。适用于装填流动性良好的颗粒状、粉状固体物料，也可用于稠状流体物料，但不宜用于装填易碎的片状物料或比重变化较大的物料。

量杯式充填机是采用定量的量杯量取产品，并将其充填到包装容器内的机器。该装置是容积固定的计量装置，其定量不能调整，若要改变定量，则要更换量杯。

可调容量式充填机是采用可随产品容量变化而自动调节容积的量杯量取产品，并将其充填到包装容器内的机器。

气流式充填机是利用真空吸附原理量取定量容积的产品，并采用净化压缩空气将产品充填到包装容器内的机器。

柱塞式充填机是采用调节柱塞行程而改变产品容量的柱塞筒量取产品，将其充填到包装容器内的机器。应用比较广泛，粉、粒状固体物料及稠状流体物料均可应用。

计量泵式充填机是利用计量泵中齿轮的一定转数量取产品，并将其充填到包装容器内的机器。计量泵可以使用常见的齿轮泵，也可以采用转阀式计量泵。这种装置适合充填黏性体的充填机，也适用于粉末的充填。

插管式充填机是将内径较小的插管插入储料斗中，利用粉末之间的附着力上粉，到卸粉工位由顶杆将插管中的粉末充填到包装容器内的机器。多用于小容量的药粉胶囊充填。计量范围为 40～100 mg，速度为 30 次/min。

料位充填机是通过控制充填到包装容器内的产品料面高度的方法进行计量和充填的机器。

定时充填机是通过控制产品流动的时间或调节进料管流量而量取产品，并将其充填到包装容器内的机器。

5.2.2 称重式充填机

由于容积式充填机计量精度不高，对一些流动性差、密度变化较大或易结块物料的包装，计量效果就显得更差。因此，人们对计量精度要求较高的各类物料的包装，就采用称重式充填机。

称重式充填机是将产品按预定重量充填到包装容器内的机器。它又分为毛重式充填机和净重式充填机。

毛重式充填机是在充填过程中，产品连同包装容器一起称重的机器。毛重式充填机结构简单，价格较低。包装容器本身的重量直接影响充填物料的规定重量。它不适用于包装容器重量变化较大、物料重量占整个重量百分比很小的场合，而适用于价格一般的自由流动的物料及黏性物料的充填包装。

净重充填机是称出预定质量的产品，并将其充填到包装容器内的机器。该机称量物料的结果不受容器皮重变化的影响，因此是最精确的称量充填机。为了达到较高的充填精度，可采用分级进料的方法。称量时，大部分物料高速进入计量斗，剩余的小部分物料通过微量进料装置缓慢地进入计量斗。在采用电脑控制的情况下，对粗加料和精加料可分别称量、记录、控制，做到差多少补多少。由于净重充填机称量精度高(如 500 g 的物料，其称量精度可达±0.5 g)，所以广泛用于包装重量要求精度高或较贵重的、能自由流动的固体物料的包装，或者用于不适合容积充填机包装的物料，如膨化玉米、油炸土豆片、炸虾片等的充填包装。但净重充填机充填速度慢，所用的机器价格较高。为了获得较高的充填效率，可采用多个充填头。许多易碎产品，如油炸土豆片、椒盐饼干等，可采用多头净重充填机进行充填包装。

根据称重形式的不同，称重式充填机又可分为间歇式(常用普通电子秤和机械电子秤)和连续式(常用电子皮带秤或螺旋式电子秤来实现连续称重)两种。

5.2.3 计数充填机

计数充填机是将产品按预定数目充填至包装容器内的机器。按计数的方式不同，可分单件计数和多件计数两类。

单件计数充填机是采用机械、光学、电感应、电子扫描方法或其他辅助方法，逐件计数产品件数，并将其充填至包装容器内的机器。根据计数装置不同，单件计数充填机有转盘计数充填机、履带式计数充填机等。

转盘计数充填机是利用转盘上的计数板对产品进行计数，并将其充填到包装容器内的机器。履带式计数充填机是利用履带上的计数板对产品进行计数，并将其充填到包装容器内的机器。

单件计数充填机适用于物料呈杂乱堆积而需要计数包装的情况，如颗粒状的巧克力糖、药片等，它们都各自具有一定的重量和形状，但难以排列，其包装常常以计数方式进行。

多件计数充填机(图 5.2)是利用辅助量，如长度、面积等，进行比较以确定产品件数，并将其充填到包装容器内的机器。它通常有长度计数机构、容积计数机构、堆积计数机构等。

长度计数机构：计数时，排列有序的产品经输送机构送到计量机构中，行进产品的前端触

图5.2 胶囊计数充填(多件计数充填机)

到计量腔的挡板时，压迫挡板上的电触头或机械触头发出信号，指令推进器迅速动作，将一定数量的产品推到包装台上进行裹包包装。该机构常用在饼干、云片糕包装或茶叶等小盒包装以后进行第二次大包装等场合。

容积计数机构：物料自料斗下落到计量箱内，形成有规则的排列。计量箱充满时，即达到预定的计量数，这时料斗与计量箱之间的闸门关闭，同时计量箱底门打开，物品就进入包装盒。此次包装完毕，计量箱底门关闭，进料闸门打开，于是第二次包装计量工序就开始了。另外，为避免物品在料斗中架桥起拱，料斗箱常以凸轮机构带动进行振动。

堆积计数机构：该机构工作时，计量托与上下推头协同动作，完成计量及大包装的工作。开始时，托体作间歇运动，每移动一格，从料斗中落送一包至托体中，但料斗的启闭时间随着托体的移动均有一相应的滞差，故托体移动几次后才能完成一大包的计量充填。

5.3 灌装机械设备

灌装机的包装容器目前按其材料主要有玻璃瓶、金属罐、纸包容器、塑料瓶等，广泛用于食品行业，如啤酒、饮料、乳品、植物油及调味品等。灌装液料的黏度是影响灌装工艺的决定性因素。液料是否含气(二氧化碳、氧气)也会影响到流体流动情况。此外，温度、固体粒子的含量、分解性、表面张力或起泡特性等也是影响因素。

按照包装容器的主要运动形式，灌装容器可分为旋转型灌装机、直线型灌装机。旋转型灌装机灌装迅速、平稳、生产效率高，现在大中型企业液体灌装设备多采用旋转型。按照包装物料特性，分为液体灌装机、膏体灌装机、粉剂灌装机和颗粒灌装机。按照灌装方法分为常压灌装、等压灌装、真空灌装、机械压力灌装等。

不论哪种形式的灌装机，按其各部件的功能大致可分为六个部分，即定量供料部分、传动部分、瓶托升降部分、灌装阀及其控制部分、封盖部分和电气控制部分。

5.3.1 常压灌装

在常压下液体靠自身重力产生流动而灌入容器的方法称常压灌装。大部分自由流动的液体都可用此法灌装。这种方法适用于低黏度非起泡性的液体，如牛奶、矿泉水、酱油、醋等，使

二维码 5.1 全自动塑瓶旋式灌装封口机视频(由杭州中亚机械股份有限公司提供并授权使用)

用的设备构造简单、操作方便、易于保养,至今仍被广泛使用(二维码 5.1)。

5.3.2 真空灌装

真空灌装指在真空条件下进行的灌装,有重力真空灌装和真空压差灌装两种方法。

重力真空灌装即贮液箱处于真空,对包装容器抽气形成真空,随后料液依靠自重流进包装容器内。此法采用低真空,可消除纯真空灌装法所产生的溢流和回流现象。这种灌装系统尤其适用于白酒和葡萄酒的灌装,因为灌装过程中,挥发性气体的逸散量最小,不会改变酒精浓度,使包装产品不失醇香。

真空压差灌装即贮液箱内处于常压,只对包装容器抽真空,料液依靠贮液箱与待灌装容器间压差作用产生流动而完成灌装。液体靠压力差,从贮液槽流入瓶内。当液体上升到灌装阀中真空管口时即停止流动,液位保持不变。如果瓶子不离开阀口,液体会继续缓慢地流出,因为抽真空时会将液体从瓶内吸出,形成溢流和回液。真空压差灌装适用于易氧化变质的液体食品,如富含维生素等营养成分的果蔬汁产品的灌装。

5.3.3 等压灌装

在高于大气压条件下首先对包装容器充气,使之形成与贮液箱内相等的气压,然后再依靠被灌装料液的自重流进包装容器内称等压灌装。等压灌装属于定液位灌装,仅限于灌装含二氧化碳的饮料,如汽水、啤酒和香槟酒等。加压的目的是使液体中二氧化碳含量保持不变,压力可取 98～882 kPa。

当液体灌装到规定液位时,容器顶部的空气具有一定压力,为排除这种压力,在阀门中装一个机械泄压口,使容器顶部与大气压力相同,当容器下降,失去密封时,液体不至喷出。

5.3.4 机械压力灌装

利用机械压力如液泵、活塞泵或气压将被灌装液料挤入包装容器内称机械压力灌装。主要适用于黏度较大的黏稠性物料,例如果酱类食品的灌装。

5.4 裹包与袋装机械设备

裹包(wrapping)是块状类并有一定刚度物品包装的基本形式,是用柔性包装材料将产品或经过原包装的产品全部或局部包封。包装形式灵活多样,不仅能对单件物品进行裹包,也能对排列的物品作集合式裹包。其特点是用料省,操作简便,用手工和机器均可操作,适于不同形状、不同性质的产品包装,包装成本低,流通、销售和消费方便,因此应用十分广泛。用于裹包的挠性材料有多种,常用的有纸、玻璃纸、单层塑料薄膜和复合材料等。

5.4.1 折叠式裹包机

用挠性包装材料裹包产品,将末端伸出的裹包材料折叠封闭的机器称为折叠式裹包机。一般是先将物品置于包装材料上,然后按顺序折叠各边。在折边过程中根据工艺要求,有的在最后一道折边之前上胶使之黏合,有的用电热烫合,有的则只靠包装材料受力变形而成型。

折叠式裹包机使用广泛，包装外形美观。常用来裹包糖果、方糖、巧克力、香烟、香皂及作为茶叶盒外部包装等。

1. 工艺路线

图 5.3 所示为卧式直线型折叠裹包工艺路线。被裹包物品可采用 3 种不同的供送方案：A 方案物品可以首尾衔接，也可不衔接，比较灵活，但供送路线较长；B 方案物品供送路线短，但不能首尾衔接，将物品由工位Ⅰ推送到工位Ⅱ的执行机构须作平面曲线运动；C 方案供送路线最短。在实际应用中，3 种方案均可采用。

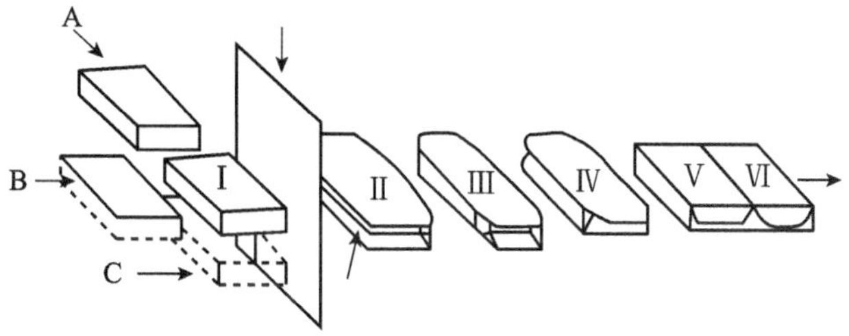

图 5.3　卧式直线型折叠裹包工艺路线

（孙凤兰等，2005）

图 5.4 所示为阶梯形折叠裹包工艺路线。在裹包过程中，被裹包物品既有水平直线运动，又有垂直直线运动。

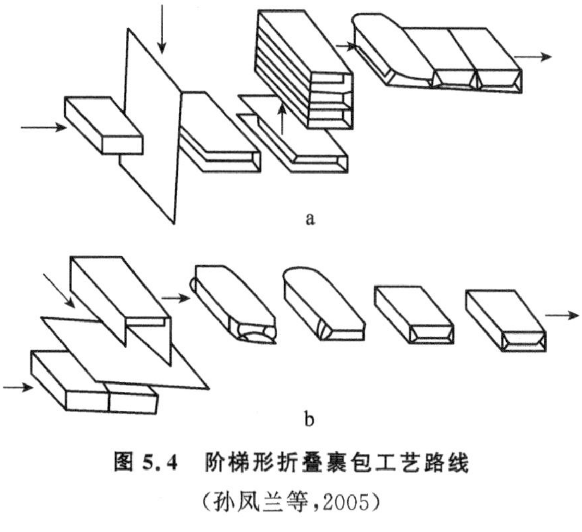

图 5.4　阶梯形折叠裹包工艺路线

（孙凤兰等，2005）

图 5.5 所示为组合形裹包工艺路线，物品在裹包过程中，既有直线运动，又有圆弧运动，图中 a、b 两种的区别在于接缝形式不同。

2. 典型折叠式裹包机

由于包装物品的种类繁多，折叠裹包工艺路线、折叠裹包形式也多种多样，实现折叠裹包的机器种类也很多。

如图 5.6 为一种典型的条盒透明纸折叠式全自动裹包机。包装材料采用卷筒式连续供

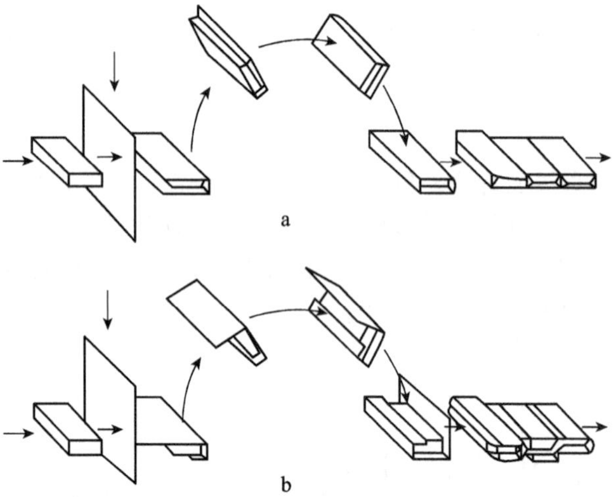

图 5.5 组合型裹包工艺路线

(孙凤兰等,2005)

送,被包装物品由输送带连续供给。可用于包装条盒烟、盒装茶叶及长方形块状物品等。该裹包机的折叠裹包工艺路线为阶梯形。

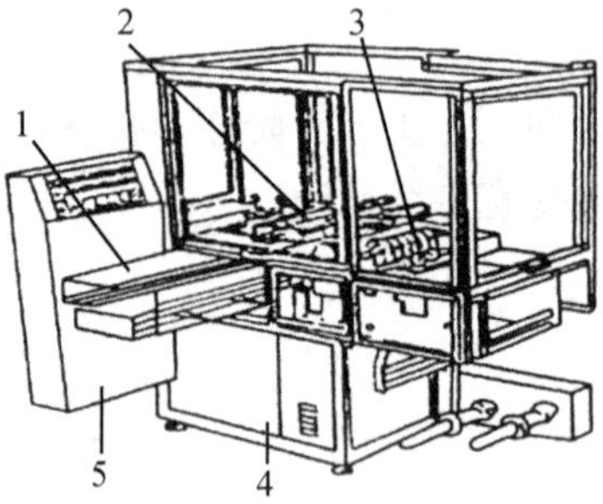

图 5.6 条盒透明纸裹包机外形图

(孙凤兰等,2005)

1.条盒输入装置 2.包装系统
3.透明纸供送系统 4.动力装置
5.条盒输出机构及控制系统

5.4.2 缠绕式裹包机

缠绕式裹包机即利用塑料或其他包装材料将被包装物缠绕裹包的机器,是集装机的一种。

1.塑膜拉伸集装机

塑膜拉伸集装机是把托盘连同其上承载的货物用拉伸薄膜牢固地包卷,形成一种可靠的搬运单元的机器。用拉伸薄膜裹包托盘货物,可根据其强度的不同和所用材料的不同采取如下方法:

(1)普通裹包法 将货物固定于转台上,货物的回转运动使薄膜从材料卷筒上徐徐拉出,如图 5.7 所示。货物旋转时薄膜卷上有制动装置控制薄膜的展开,从而保证薄膜受到拉伸力后裹卷于货物外围。拉伸时全部的拉伸薄膜的力作用于薄膜卷与货物棱角之间。如要获得更高的拉伸力,可能会导致货物被过分挤压或货物从转台上滑倒,甚至突出外形将薄膜撕裂,因此,这种方法不可能发挥薄膜的极限潜力。实际生产中,具有 200%～600%拉伸率潜能的薄膜最多发挥到它的 55%左右。

(2)预拉伸裹包法 将拉伸过程与裹包货物棱角的过程分隔开,薄膜裹包之前从两个由机电装置控制的压辊中通过,输出辊转速大于输入辊,使薄膜在光滑辊面上受到一个恒定的拉伸力(图 5.8)。预拉伸法可将拉伸率提高到 250%,从而降低了裹包材料消耗量,同时又提高了薄膜的张紧力(较高的拉伸率使薄膜分子链取向产生比原薄膜更高的张力)。操作这种预拉伸装置时可以自由调节裹包货物的拉伸力。此种装置拉伸效果不受物体棱角的影响,其全部拉伸力都用于使货物集装加固。

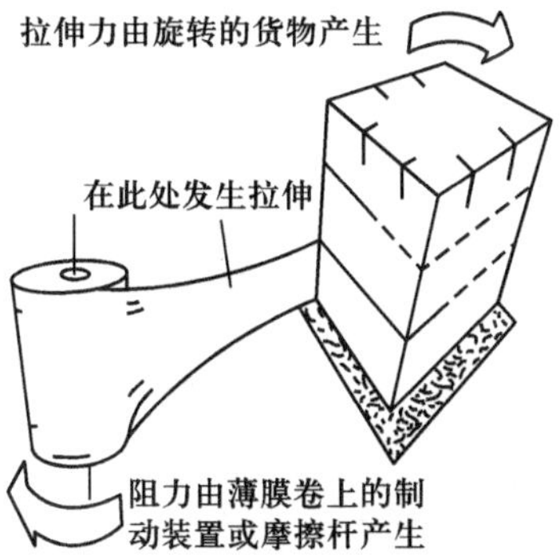

图 5.7　普通拉伸裹包法

（孙智慧，2007）

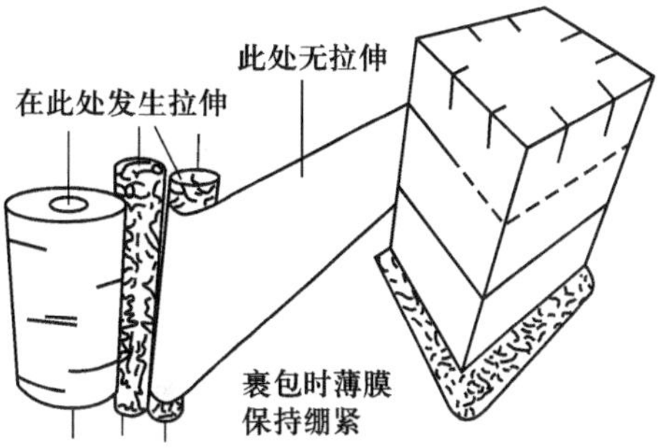

图 5.8　预拉伸裹包法

（孙智慧，2007）

(3)拉伸薄膜缠绕方法　托盘货物的拉伸裹包可用宽幅薄膜，也可用窄幅薄膜。

窄幅螺旋裹包法：采用单一尺寸宽度的卷筒薄膜（如 50 cm 或 75 cm）可裹包各种长、宽、高尺寸的堆码货物，如图 5.9(a)所示。当转台转动货物时，机器支座上的薄膜卷筒上下移动，从货物底部缠绕到顶部，再从顶部裹绕到底部。操作者可计划出每个托盘货物从底到顶所需薄膜的层数，有选择地使薄膜重点分布于货物受外力最大的区域。由于能灵活适应物品的尺寸形状的变化，螺旋形裹包法成为主要的托盘货物集装加固方法。

整幅裹包法：用一种宽幅（常为 140～180 cm）的薄膜以不变的高度来裹绕货物，覆卷于货物表面，如图 5.9(b)所示。因货物是在转台上一次旋转中被全部包裹起来，所以生产速度比螺旋形裹包法要高，操作也较简单。在货物不高于 130 cm 时，薄膜成本较低，生产速度可超过 100 件/h。

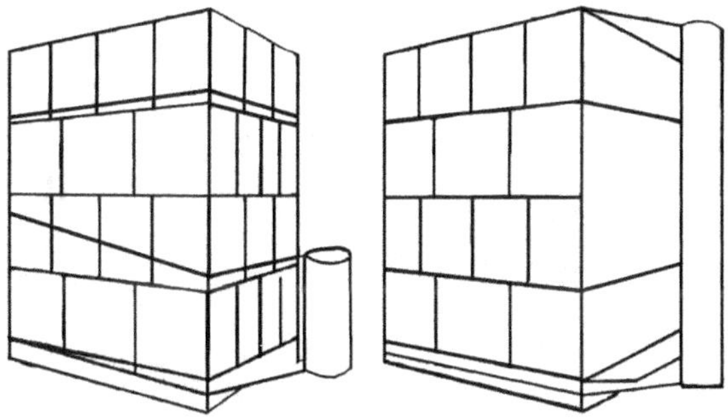

a　　　　　　b

图 5.9　窄幅螺旋裹包法(a)和整幅裹包法(b)

（孙智慧，2007）

薄膜拉伸裹包机主要有两种：一种是螺旋形裹绕机。该机由旋转盘、压紧机构、支撑机构、塑膜供送机构、切断机构、控制与传动系统等组成。其工作原理是在供膜机构的控制下，较小宽度的塑膜随着旋转盘的转动而上下移动，将货物盘旋地裹包起来。其特点是应用范围广，可以包装不同高度、不同长度与宽度的货物。另一种是回转式捆扎缠绕机，该机主要组成部分有供膜机构、封合与切断机构、支撑机构、驱动机构、控制系统等。这种集装机自动化程度低，但包装质量好(图 5.10)。

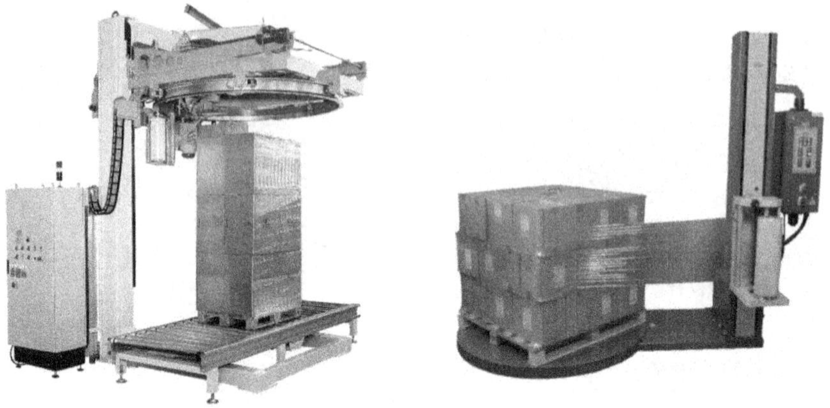

上驱动型螺旋式裹绕机(窄幅)　　　　回转式捆扎缠绕机(宽幅)

图 5.10　塑膜拉伸裹包机

2. 薄膜套包集装机

薄膜套包集装机结构简图如图 5.11 所示。该机主要组成部分有薄膜供送机构、封口切断机构、撑角机构、控制与驱动系统等。薄膜 7 经导辊 8 后，被一对夹板 6 撑开，四根撑角伸缩杆 4 向中心、向上偏转移动，插入被夹板 6 撑开的薄膜筒内，且一边向四角偏转，一边把薄膜撑开成四方形，一边下降，把从输送带 2 输送过来的货物 5 套上。当薄膜下降到一定位置(一般要超过货物 150～200 mm)时，货物上端薄膜由横封器 9 封门并剪断。

后面的薄膜由吸嘴吸开，进行下一个动作循环。已套入薄膜的货物，在下一个工位将薄膜收缩使之紧紧地裹住货物。

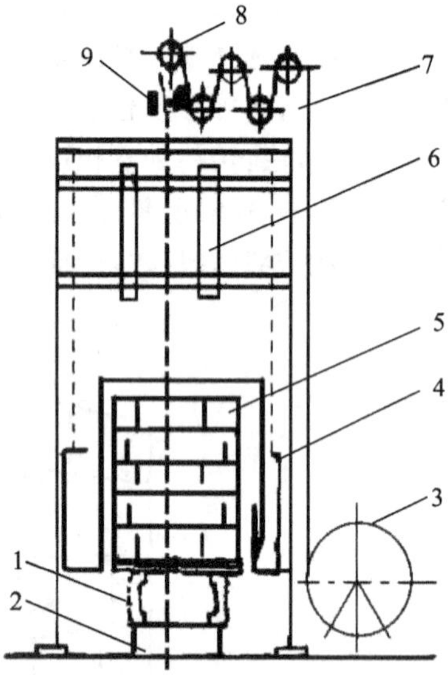

图 5.11　薄膜套包集装机结构简图

(孙凤兰等，2005)

1. 托架　2. 输送带　3. 薄膜套筒
4. 撑角伸缩杆　5. 货物　6. 夹板
7. 薄膜　8. 导辊　9. 横封器

5.4.3　扭结式裹包机

用挠性包装材料裹包产品，将末端伸出的裹包材料扭结封闭的机器称为扭结式包裹。裹包方式有单端和双端扭结。扭结式裹包机按传动方式分为间歇式和连续式两种。下面介绍一种国内常见的间歇双端扭结式裹包机(图 5.12)。

1. 组成及工作原理

间歇双端扭结式糖果包装机主要由料斗、理糖部件、送纸部件、工序盘以及传动操作系统等组成。可完成单层或双层包装材料的双端扭结裹包。

图 5.13、图 5.14 所示分别为糖果包装机的包装工艺流程图和包装扭结工艺路线图。如

图 5.12　YW-S800 型高速全自动双端扭结食品机械

图 5.14 所示，主传送机构带动工序盘 2 作间歇转动。随着打糖杆 3 的转动，分别完成对糖果的四边裹包及双端扭结。在第Ⅰ工位，工序盘 2 停歇时，送糖杆 7、接糖杆 5 将糖果 9 和包装纸 6 一起送入工序盘上的一对钳手内并被夹持形成 U 形。然后活动折纸板 4 将下部伸出的包装纸（U 形的一边）向上折叠。当工序盘转动到第Ⅲ工位时，固定折纸板 10 已将活动折纸板 4 下部伸出的包装纸（U 形的一边）向上折叠。当工序盘转动到第Ⅲ工位时，固定折纸板 10 已将上部伸出的包装纸（U 形的另一边）向下折叠成筒状。固定折纸板 10 沿圆周方向一直延续到第Ⅳ工位。在第Ⅴ工位，连续回转的两只扭结手夹紧糖果两端的包装纸，并已完成扭结。在第Ⅵ工位，钳手张开，打糖杆 3 将已完成裹包的糖果成品打出，裹包过程全部结束。

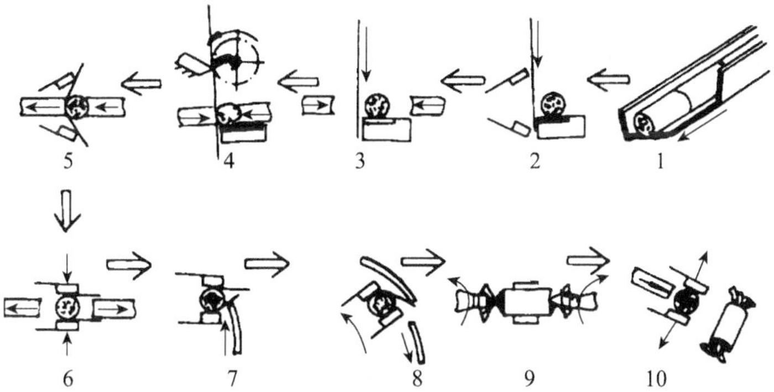

图 5.13　糖果包装机的包装工艺流程

（孙凤兰等，2005）

1. 送糖　2. 糖钳手张开、送纸　3. 夹糖　4. 切纸　5. 纸糖进入糖钳手
6. 接送糖杆离开　7. 下折纸　8. 上折纸　9. 扭结　10. 打糖

2. 机器的主要结构

（1）理糖供送机构　如图 5.15 所示，该机构采用振动料斗给料，转盘式理糖机构理糖，然后用输送带将理好的糖果送到包装工位。它主要由间歇振动料斗、转动的锥形盘、螺旋槽、毛刷及输送带等组成。

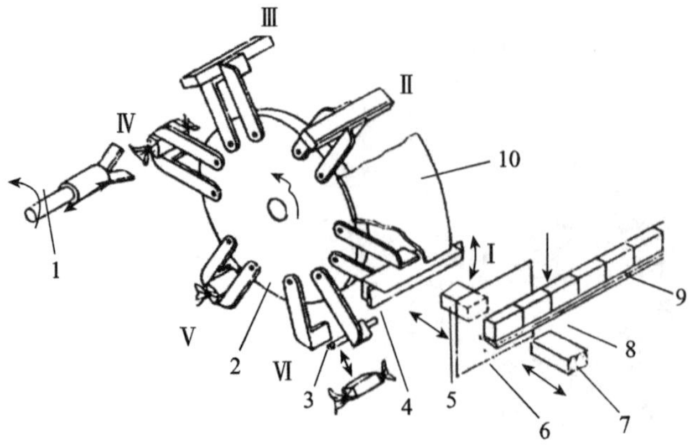

图 5.14 糖果包装机包装扭结工艺路线

(孙凤兰等,2005)

1. 扭结手 2. 工序盘 3. 打糖杆 4. 活动折纸板 5. 接糖杆 6. 包装纸 7. 送糖杆 8. 输送带 9. 糖果 10. 固定折纸板

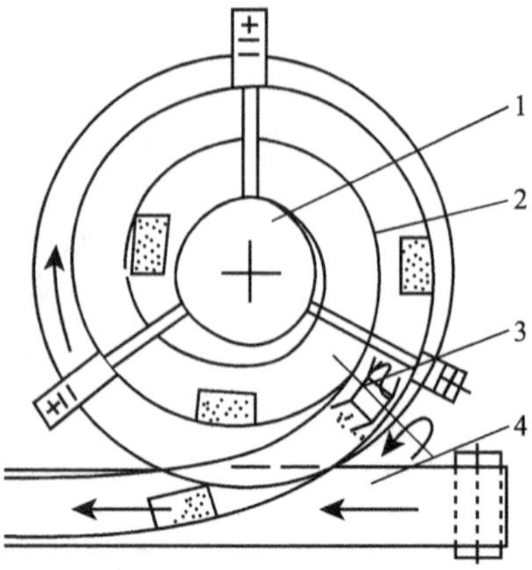

图 5.15 理糖供送机构

(孙凤兰等,2005)

1. 锥形盘 2. 螺旋槽 3. 毛刷 4. 输送带

糖果由间歇振动料斗落到锥形盘上,由于锥形盘的快速转动,糖果在离心力的作用下向四周分散,并进入螺旋槽内。糖果的运动由槽下面转动的圆盘带动。反向旋转的毛刷将层叠的糖果刷掉。理顺好的糖果进入输送带上,由输送带送到包装工位。

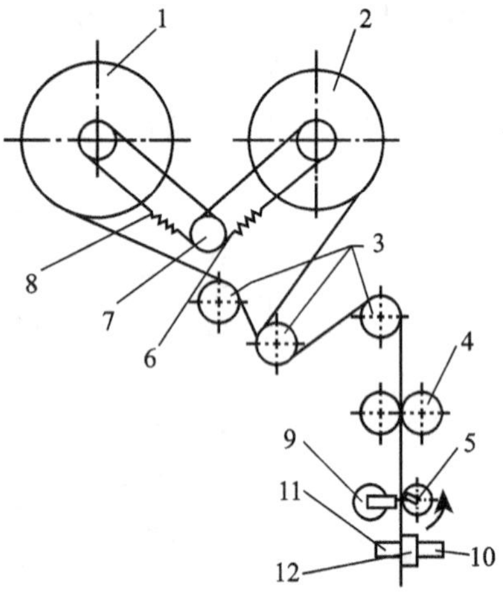

图 5.16 供纸机构原理图

(孙凤兰等,2005)

1,2. 供纸辊 3. 导向辊 4. 拉纸辊 5. 旋转切纸刀 6. 皮带 7. 固定销 8. 弹簧 9. 固定切纸刀 10. 送糖杆 11. 接糖杆 12. 糖果

(2)包装纸供送机构 本机构采用卷筒纸连续供纸方式,图 5.16 所示为供纸机构原理图。它主要由供纸辊、导向辊、橡胶拉纸辊及切纸刀等组成。两个供纸辊分别装有商标纸和内衬纸,经导向辊后,由一对拉纸辊拉下并送到包装工位。当送糖杆、接糖杆将糖果和包装纸一起夹住时,包装纸被切纸刀切断。

(3)拉纸、切断机构 图 5.16 拉纸辊 4 与橡胶拉纸辊转速相同,而旋转切纸刀 5 的转速是拉纸辊的 2 倍,切断的纸长近似于拉纸辊周长的一半。当糖果的规格有较大变动时,应调整相应直径的两个拉纸辊及一对啮合齿轮。两个拉纸辊之间应保持一定的压力,使包装纸顺利拉下而又无相对滑动,此压力靠重锤产生。压力沿辊轴线方向应保持均匀,以保证送纸顺利。

固定刀片的刃口应稍低于导纸板的平面,以防包装纸送下时碰到刃口。旋转切纸刀 5 的刀片应调整到刀刃与固定切纸刀 9 的刀刃轻轻擦过,保证切下的纸边光滑整齐。

(4)裹包机构 裹包机构主要由工序盘、送糖杆、接糖杆、活动折纸板、固定折纸板及摆动凸轮、连杆等组成。

送糖时，为避免把糖果夹碎或变形，在摆杆和接糖杆之间设有缓冲压簧。偏心轮通过连杆驱动活动折纸板向上摆动，把下部伸出的包装纸向上折叠。工序盘在槽轮机构的驱动下转位，在转位过程中，由于安装在工序盘钳口外围的固定折纸板(图中未示)的阻挡，使上部伸出的包装纸向下折叠，从而完成对糖果的四面裹包。

糖钳手可以是一对活动钳子，也可以是一只活动钳手、一只固定钳手。本机采用一对啮合的扇形齿轮驱动活动钳手，适合于不同宽度的糖果，在扭结时能对准扭结手的中心线，包装质量较好。

(5)扭结机构　糖果经包装纸四面裹包后，两端带翅结封闭。扭结机构由左右对称两部分组成。它主要由扭结手、槽凸轮、摆杆、拨轮、齿轮及传动轴等组成。

为满足包装纸扭结封闭的要求，扭结机构在扭结过程中应完成扭结手的转动、轴向移动和扭结手的张开或闭合 3 种运动。

5.4.4 袋装机械

1.简介

袋装机械通常同时完成计量、袋成型/开袋、充填、密封多个工序。所以袋装所用的机械属于成型(开袋)—充填—封口多功能包装机。常用的包装材料为塑料薄膜及其复合材料等。

根据工艺袋装机械可以分为袋成型—充填—封口包装机和开袋—充填—封口机。前者是用可热封的柔性包装材料完成制袋、物料计量和充填、排气/充气、封口和切断等多种功能的包装机。这类包装机可用于包装粉状、粒状、片状、块状物料、流体和半流体以及气体物料，应用范围很广，无菌袋包装和蒸煮袋包装也可采用这类包装机进行。而开袋—充填—封口机使用预先制好的空包装袋，工作时完成取袋、夹袋、开袋、充填、排气/充气、封口和切断等多种功能。根据夹袋手的运动可分为回转式和直移两种机型。本节只介绍典型袋成型—充填—封口包装机。

根据包装机主要工序的总体布局，大致可分成立式与卧式。

图 5.17 为立式袋成型—充填—封口包装机，成型、充填及封口工序依次布置在同一条垂直线上，适于流动性好的粉粒状或液体类食品的包装。图 5.18 为卧式袋成型—充填—封口包装机，其成型、充填及封口工序顺序布置在同一条水平直线上，适用包装形状规则或不规则的单件或多件产品，如饼干、点心、鱼、肉类、蔬菜等食品。

袋成型—充填—封口包装机主要工序如图 5.19 所示。

2.袋成型—充填—封口包装机主要工作部件

该设备的主要构成部分有包装物料的供送装置、制袋成型器、产品定量和充填装置、封口与切断装置、成品输送装置等。现就其特异性部件进行介绍。

(1)制袋成型器　在制袋—充填—封口包装机中，制袋成型器用来将平面状包装材料折合成所要求的形状。成型器需要具有能够满足袋型需要、结构简单、成型阻力小及成型稳定质量好的特点。常见的制袋成型器有如下几种。

①三角形成型器(图 5.20a)　结构简单，通用性好，多用于扁平袋。

②U 形成型器(图 5.20b)　它是在三角形成型器的基础上加以改进而成的，它在三角板上圆滑联接一圆弧导槽(U 形板)及侧向导板，成型性能优于三角形成型器，一般用于制作扁平袋。

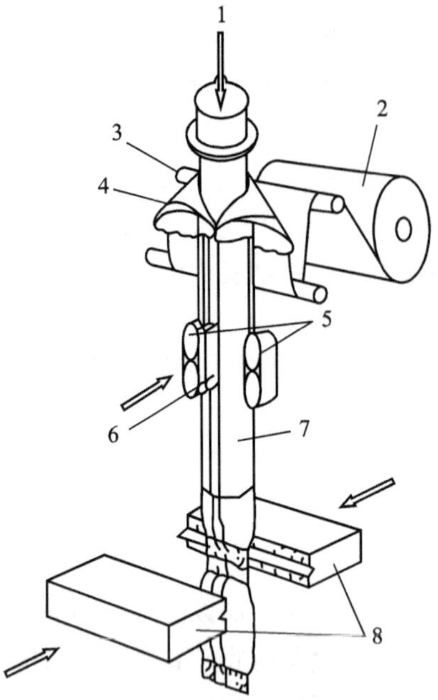

图 5.17　立式袋成型—充填—封口包装机示意图

（崔建云，2004）

1. 被包装物料　2. 包装用薄膜材料　3. 张紧棍　4. 翻领成型器　5. 包装材料牵引装置　6. 纵封装置　7. 圆筒导管　8. 横封与切断器

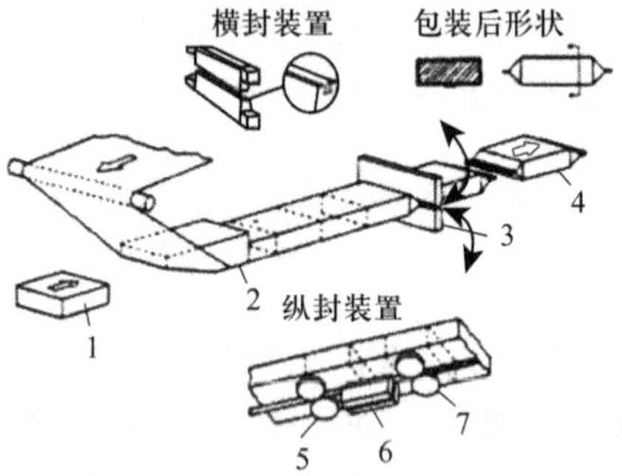

图 5.18　卧式袋成型—充填—封口包装机示意图

（崔建云，2004）

1. 块状物料　2. 材料成型器　3. 横封与切断　4. 枕式包装件　5. 包装材料牵引轮副　6. 加热装置　7. 纵封压轮

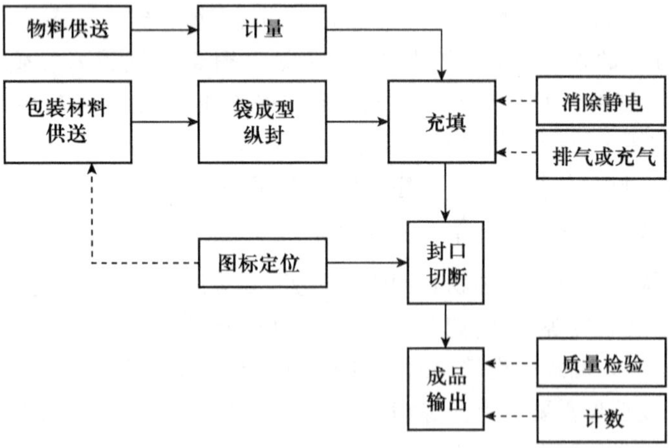

图 5.19　袋成型—充填—封口包装机基本工艺过程

（崔建云，2004）

③缺口平板成型器（图 5.20c）　平板中间开有缺口，顶端设有一切刀，卷膜经切刀分割后，经缺口及导向杆呈两幅引出，仅适用于四面封口袋。

④翻领成型器（图 5.20d）　由内外两管组成，其外管呈衣服的翻领形，内管横截面依所需

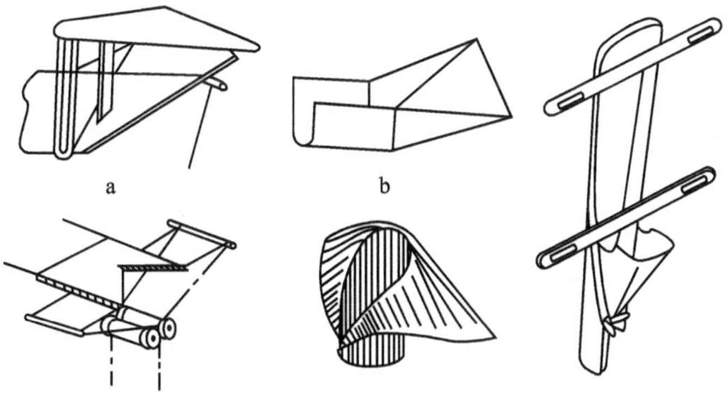

图 5.20　常见袋成型器类型

(崔建云,2004)

a. 三角形　b. U 形　c. 缺口平板　d. 翻领　e. 象鼻形

袋型而有不同形状(圆形、方形、菱形等),并兼有物料加料管的功能。成型阻力较大,容易造成拉伸等塑性变形,故对单层塑料薄膜的适应性较差,设计、制造和调试都较复杂,而且一只成型器只能适用于一种袋宽。但成型质量稳定,包装袋形状精确。

⑤象鼻形成型器(图 5.20e)　成型过程平缓,成型阻力较小,对塑料单膜的适应性较好,不但可制作扁平袋,还可制作枕型袋,但一个成型器只能适应一种袋宽。该成型器多用于立式连续制袋充填封口包装机。

(2)封口装置　在多功能包装机中,封口装置包括纵向封口装置及横向封口装置两部分,其基本原理与热封机相同,只是结构形式不尽相同。接触式热封装置的常见结构类型有如下几种:

①滚轮式热封器　一般用作纵封,同时还兼有牵引薄膜前进的作用。

②辊式热封器　连续回转型,主要用作连续式横封。

③板式热封器　封合速度快,通常用于横封。

(3)切断装置　物料充填成型并封合后,由切断装置将其分割成单个小袋。卷筒塑料薄膜材料的切断装置有冷切断和热切断两种类型。

冷切是利用锋利的金属刀刃使薄膜在横截面上受剪切力而分开薄膜料袋的方法。实现冷切断可采用回转刀刃、压刃、剪切和齿形刀等方法进行。回转式切刀(图 5.21)适用于材料较厚、有一定挺度和硬度的薄膜;剪切式剪刀只适用于间歇运动的包装机,对包装材料有较广的适应性;锯齿形切刀适合穿刺强度和撕裂强度较好的材料。

热切是在一定压力作用下,将薄膜局部加热熔化分离的一种切断方式,通常和横封机构联在一起,即在横封的同时完成切断。常见热切装置有高频电热切断刀、脉冲电加热熔断器和恒温电热刀等。在一些高速包装机上,常采用图 5.22 所示的电加热恒温切断装置(又称恒温电热刀)。刀体 3 包裹于高温绝热材料(丁腈橡胶)4 内,并固定于轴(或刀等)5 上,在一个刀体上用螺钉 1 将刀片固定,并保持一定的间隙,下端夹耐热弹性材料 6,它主要起缓冲作用。另一刀体上的刀片尖形(通常为 60°),主要与平刀口配合进行切断,刀体两边的突出部分在加热后对压,对薄膜起封热作用,电加热器 2 有两只,对刀体起加热作用。

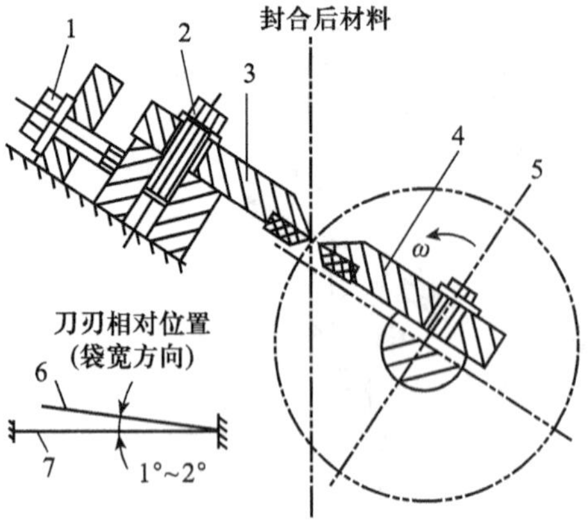

图 5.21　回转式切断装置结构示意图

（刘筱霞，2007）

1. 调节螺栓　2. 固定螺栓　3. 定刀　4. 动刀　5. 旋转刀轴　6. 动刀刃口线　7. 定刀刃口线

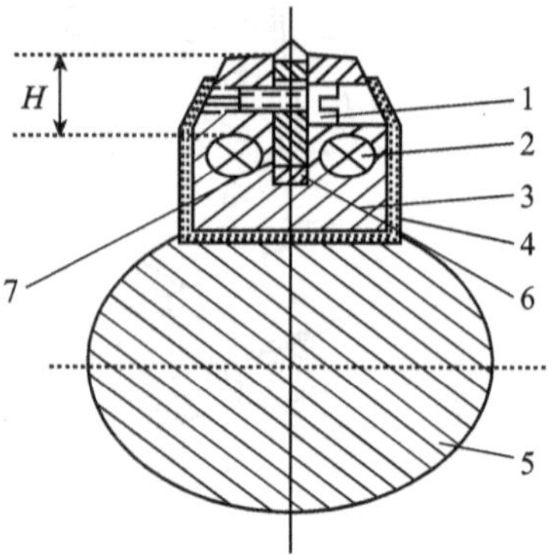

图 5.22　恒温电热刀

（刘筱霞，2007）

1. 固定螺钉　2. 电加热器　3. 刀体　4. 丁腈橡胶　5. 轴　6. 耐热弹性材料　7. 刀片

为了保证刀体的工作热合表面稳定地达到需要的温度，常与热电偶和恒温控制仪表一起配合使用，保证刀体温度稳定在一定范围内。电功率太大，会使恒温控制仪表动作太频繁；电功率太小，刀体无法加热到需要的温度。

3. 立式袋成型—充填—封口包装机

图 5.23 所示为一立式袋成型—充填—封口包装机外形图。工作时成卷包装材料薄膜 1，经张紧导棍 5，透射式光电装置 2，由象鼻形成型器 3 对折成型。对折后薄膜两侧边叠在一起，纵封牵引膜辊 11 将两边薄膜加热加压封合成卷筒形，横封辊压住底边加热封口。经容杯式给料盘 6 计量好的颗粒状物料被充入袋子中，横封辊 9 转开，袋子被纵封牵引辊拉下，横封辊又转回加热加压封顶边，完成横向封口。然后由切断器切断成为单件产品，最后包装好的物料顺出料槽 13 被送出袋装机。如果薄膜发生伸长或缩小，使包装材料上的色标错位，或发生断裂等，由透射式光电头 2 检测并发出电信号，经与标准电信号比较后放大，使控制系统驱动伺服电机相应地加快或减慢薄膜输送速度，或者停机。

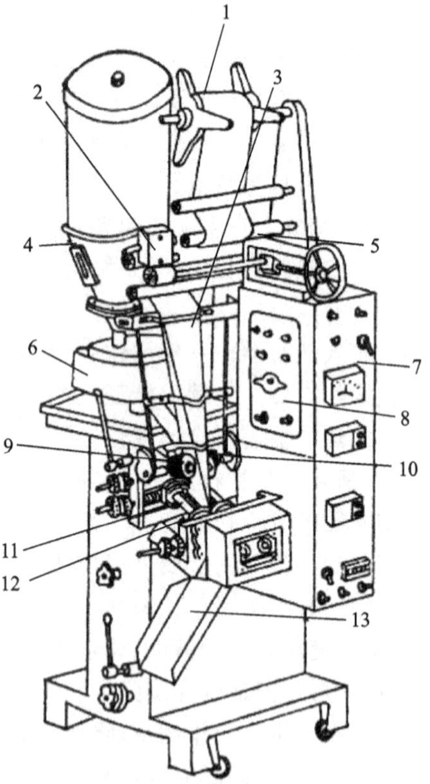

图 5.23　立式袋成型—充填—封口包装机外形图

（崔建云，2004）

1. 包装材料卷　2. 光电装置　3. 象鼻形成型器　4. 贮料斗　5. 导棍　6. 容杯式给料盘　7,8. 电光控箱　9. 横封辊　10. 纵封辊测温传感器　11. 纵封牵引膜辊　12. 横封辊测温传感器　13. 出料斜槽

为保证各机构同步工作，主电机经皮带式

无级调速机构、蜗杆蜗轮减速器和链传动至中心轴后，将动力分配成4个部分：驱动喂料盘的旋转，用于物料计量与喂料；纵封拉膜辊的回转，完成纵封及将包装薄膜拉下；横封辊的转动，完成袋子顶边和底边的横封；旋转刀的转动，将封好的物料切成单件体。伺服电机及齿轮差动机构可改变纵封辊的转速，用于补偿包装材料薄膜的伸长和缩短。

4. 卧式袋成型—充填—封口包装机

图5.24和图5.25为卧式枕形袋包装机，包装袋型为枕形袋，可用于包装方便面、饼干、糕点、糖果、冰棒、雪糕等块状物品。包装机连续工作，没有间隙和往返过程，生产率较高。

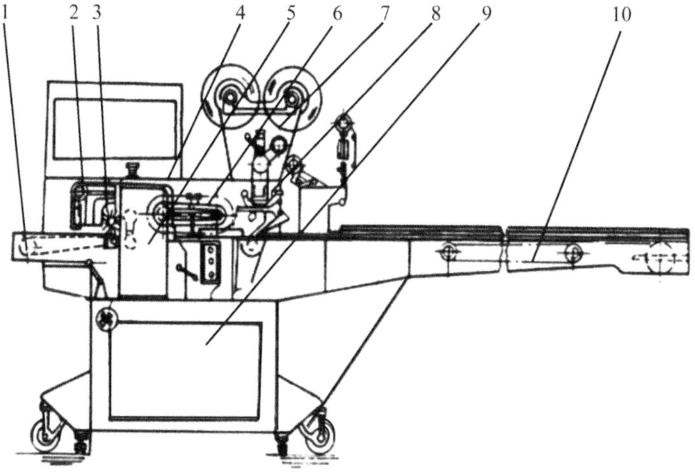

图5.24 卧式枕形袋包装机结构示意图

（崔建云，2004）

1. 出料带 2. 偏心不等速机构 3. 压料毛刷 4. 控制箱 5. 封切机构
6. 纵封机构 7. 供纸架 8. 成型器 9. 传动箱 10. 进料输送带

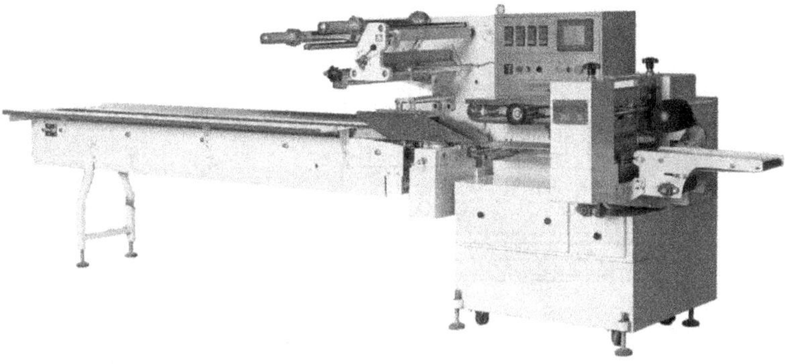

图5.25 卧式枕形袋包装机

薄膜从卷筒上抽出后，经成型器将包装材料翻折成筒状，并把供送来的物料包裹在里面，经热封滚轮进行纵封，再通过封切刀具在两个包装物中间进行横封并切断，即完成一个包装，由出料带送出。

5.5 热收缩与热成型机械设备

5.5.1 热收缩裹包机

1. 热收缩裹包机简介

将产品用热收缩薄膜裹包后再进行加热，使薄膜收缩后裹紧产品的机器称为热收缩裹包机。按机器类型分为隧道式收缩机、烘箱式收缩机、框式收缩机和枪式收缩机。

热收缩裹包机主要由裹包机、热收缩通道和输送装置等组成。输送装置将被包装物品按包装规格要求送入包装机，用收缩薄膜将其裹包封合，然后送入热收缩通道，使薄膜收缩将物品紧紧裹住。

热收缩裹包机用途较广，主要用于销售包装和运输包装，可裹包食品、日用品和工业品等。既可单件包装，也可多件包装。特别适合于形态不规则物品的包装。

目前使用较多的收缩薄膜材料为聚氯乙烯、聚乙烯和聚丙烯，也有使用偏二氯乙烯、聚酯乙烯、聚苯乙烯的。其主要技术指标包括收缩率、收缩张力、收缩温度、热封性等。常用收缩薄膜，大多要求纵向、横向的收缩率均为50%左右，也有特殊要求纵横两方向的收缩率不等的。

收缩温度较低为好，特别是对于生鲜食品、纤维制品等的包装更应注意这一点。裹包装置同前面第四节(5.4)。

2. 热收缩装置

热收缩装置的作用是利用热空气对裹包完毕的物品进行加热，使薄膜收缩。被包装产品的多样性，对收缩的要求也不尽相同，因此热收缩装置也不相同。

如图5.26所示，将收缩薄膜裹包完毕的物品放在输送带上送入热收缩装置(隧道)，用热空气进行加热。经加热，薄膜紧裹在包装件上，冷却后输出。通常，大部分热收缩隧道都是采用电加热。为保证热风能均匀地送到包装物上，使薄膜收缩均匀，一般采用温度自动调整装置

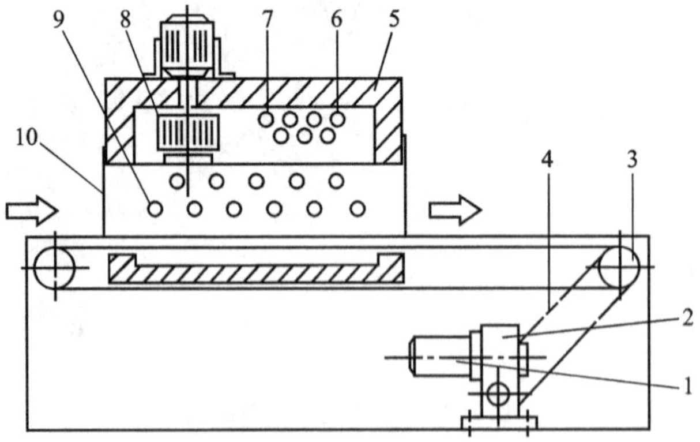

图5.26 热收缩装置

(孙凤兰等，2005)

1.电机 2.减速器 3.输送带轴 4.链条 5.隔热层
6.测温热电耦 7.加热器 8.风机 9.热风吹出口 10.帘

保证隧道内温度恒定（温差小于10℃），并采用强制循环系统来保证热风的循环。通常，传动系统中，设有无级调速装置或采用调速电机，以便于热收缩时间的调整。

为防止输送带与收缩薄膜粘连，通常输送带表面预涂一层聚四氟乙烯。输送带除采用耐热皮带以外，还有回转辊、金属网带等多种形式。

5.5.2 热成型设备

热成型设备一般是在加热条件下对片状热塑性包装材料进行深冲成型，形成包装容器，然后进行充填和封口的机器，同时完成多个工序。常用成型材料为任何可热成型及热封合的单片或复合材料，如硬质聚氯乙烯薄片、聚苯乙烯薄片、聚丙烯薄片、聚氯乙烯-聚偏二氯乙烯复合膜、聚氯乙烯-聚氟乙烯复合膜、聚氯乙烯-聚乙烯-聚偏二氯乙烯复合膜等。

1.热成型—充填—封口包装机的包装工艺过程

如图5.27所示，热成型—充填—封口包装机工序包括底膜材料加热成型和冷却、产品的充填、成型容器与盖材封合。底膜材料热成型通常采用真空拉引、冲头拉延或压缩空气吹压等方法。

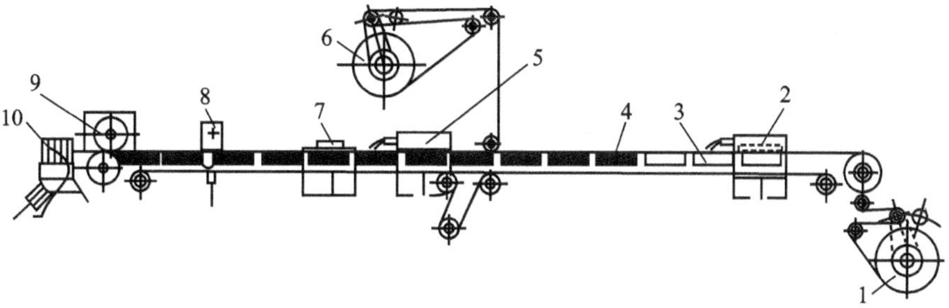

图5.27　热成型—充填—封口包装机包装工艺过程示意图

（崔建云，2004）

1.底膜卷　2.热成型　3.冷却　4.充填　5.热封　6.盖膜卷
7.封口冷却　8.横向切割　9.纵向切割　10.底膜边料引出

2.立式小型热成型—充填—封口包装机

如图5.28所示，底膜材料经加热滚筒2加热后，随即被真空成型模2的凹模吸入成型，并被冷却定型，随后脱模被拉到充填料斗4的下方，物料便自动充填到已成型容器中。当运行到热封辊6处时，被面板（盖材）覆盖、封口。最后由冲裁机构11冲裁，成品由输送器12输出，废料则由废料卷辊卷取。该机占地面积小，结构紧凑。

3.卧式热成型—充填—封口包装机

图5.29所示为该机的组成示意图。机器的工作过程为：底膜从膜卷7被输送链夹持步进送入机内，在热成型装置6加热软化并向深度方向拉伸成型盒；成型盒在充填部位5充填包装物，然后被从盖膜卷4引出的盖膜覆盖，再由加热封口装置8封口；完成热封的盒步进经封口冷却装置3、横向切割刀2和纵向切割刀1将数排盒分割成单件送出机外，同时底膜两侧边料脱离输送链送出机外卷收。

图5.30是卧式热成型—充填—封合包装机实物图。

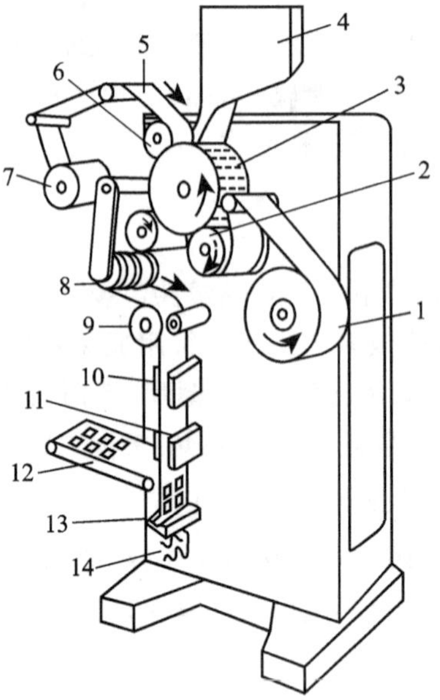

图 5.28　立式热成型—充填—封口包装机

（崔建云，2004）

1.薄膜　2.加热滚筒　3.真空成型模　4.料斗　5.铝箔　6.热封辊
7.铝箔卷辊　8.张紧装置　9.传送辊　10.打印装置
11.冲裁模　12.输送器　13.剪切装置　14.废料

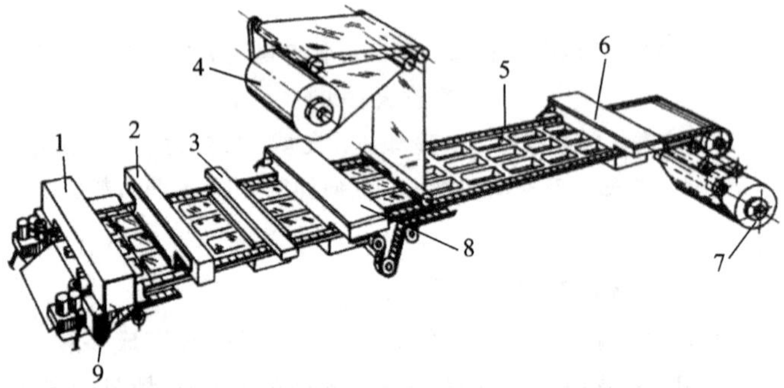

图 5.29　卧式热成型—充填—封口包装机组成示意图

（崔建云，2004）

1.纵向切割机构　2.横向切割机构　3.封口冷却装置　4.盖膜卷　5.包装盒充填部位
6.热成型装置　7.底膜卷　8.加热封口装置　9.底膜边料引出装置

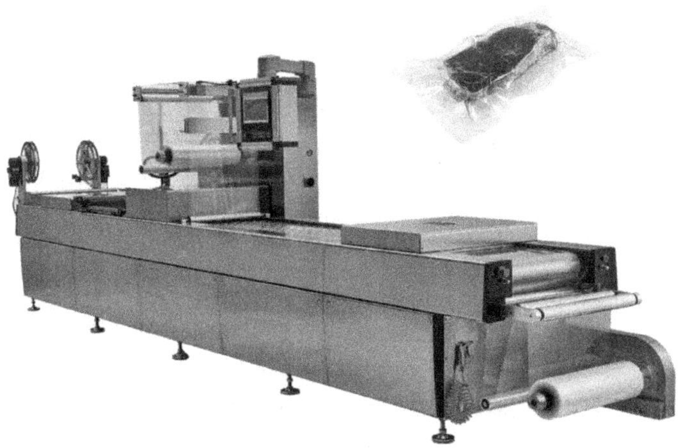

图 5.30　热成型包装机

5.6　装盒与装箱机械设备

装盒方式一般分为充填式和裹包式。充填式使用模切压痕好的盒片经现场成型或者将预先折合好的盒片现场撑开(有的包括衬袋),进行充填封口作业,能包装多种形态的物料;裹包式多用来包装呈规则性状(如长方体、圆柱体)、有足够耐压强度的多个排列物件,需借助成型模进行裹包。充填式装盒机械占有优势地位,常用的有开盒—充填—封口机及盒成型—充填—封口机两种。此处仅介绍充填式装盒机械。

装箱机是将经内包装的产品按照一定的方式装入箱子的包装机械。装箱工艺过程和装盒类似,所不同的是装箱用的容器体积大,大部分是瓦楞纸箱,纸板较厚、刚度较大。通常由制箱厂先加工成箱坯,装箱时把箱片从箱片库中取出,打开成型,然后进行充填并封口。完成这些作业的机械又称为开箱—充填—封口多功能包装机。

根据装箱工艺的不同,装箱机可分为 3 类:装入式装箱机、裹包式装箱机和套入式装箱机。裹包式包装方式前面已经介绍过,基本原理相同;而套入式装箱法适合包装质量大、体积大和较贵重的大件物料,如电冰箱、洗衣机等,本章仅介绍装入式装箱机。

装入式装箱工艺分为落入式、吊入式和推入式。在落入式与吊入式装箱工艺中,物品通常是从直立箱子的上开口装入,故又称直装式,通常采用立式装箱机。推入式则是将物品从侧放箱子的侧面开口装入,故又称侧装式,通常采用卧式装箱机。

5.6.1　开盒—充填—封口机

该类机械在工艺上可采用推入式充填法及自落式充填法。

1. 推入式充填法

如图 5.31 所示,该机主要组成部分包括内装物传送链带 1(分立挡板式)、产品说明书折叠供送装置 2、纸盒片撑开供送装置 3(下部吸推式)、推料杆传动链带 4、纸盒传送链带 5(分立夹板式)、纸盒折舌封口装置 6、成品输送带与空盒剔除喷嘴 7 以及编码打印、自动控制等工作系统。

工作时,内装物传送链带 1、产品说明书传送链带 2、推料杆传送链带 4 和纸盒传送链带 5

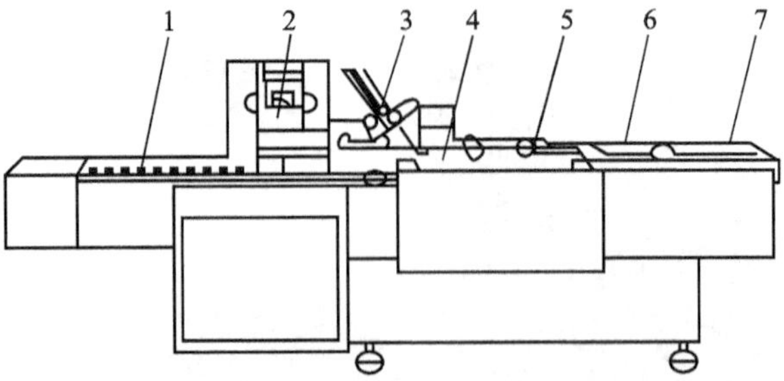

图 5.31　连续式开盒—推入充填—封口机外形简图

（张国全，2013）

1. 分立挡板式内装物传送链带　2. 产品说明书折叠供送装置　3. 下部吸推式纸盒片撑开供送装置　4. 推料杆传动链带　5. 分立夹板式纸盒传送链带　6. 纸盒折舌封口装置　7. 成品输送带与空盒剔除喷嘴

并列配置，以同步速度连续循环运行。内装物和纸盒从同一端供送到各自链带上，被推料杆 4 平稳地推进盒内，接着依次完成折边舌、折盖舌、封盒盖、剔空盒（或纸盒片）等作业。最后，将包装成品逐个送出机外。

图 5.32 为盒装机实物图。

图 5.32　装盒机

2. *自落式充填法*

适用于上下两端开口的长方形纸盒。散粒物料大都依靠自身重力进行自落充填。为便于同容积式或称重式计量装置配合工作，并且合理解决传动问题，将计量—充填—振实工位集中安排在主传送路线的一个半圆弧段，其余的直线段可用于开盒、插入链座、封盒底、封盒盖等作业。对这种盒型，多以热熔胶粘搭封合。

5.6.2　成型—充填—封口机

该类机型的工艺通常有衬袋成型法、纸盒成型法、盒袋成型法和袋盒成型法等。

1. *衬袋成型法*

如图 5.33 所示，首先把预制好的折叠盒片撑开，逐个插入间歇转位的链座，并装进现场成型的内衬袋。

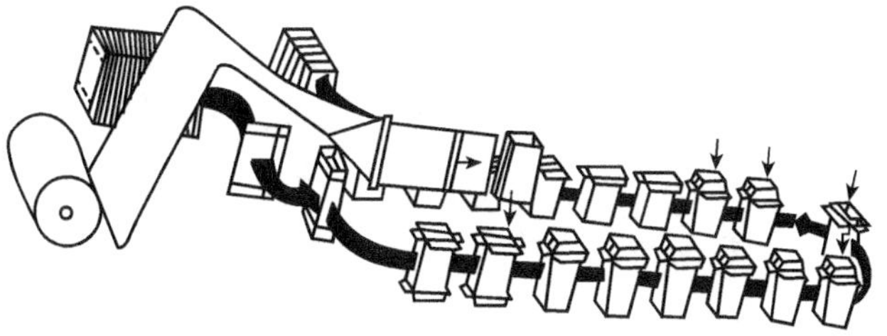

图 5.33　开盒—衬袋成型—充填—封口机多工位间歇传送路线图
（张国全,2013）

该包装工艺方法的特点是：采用三角板成型器及热封器，衬袋现场成型，简单省料，利于管理，降低成本，也便于实现袋子的多规格化，能根据包装条件的变化适当选择不同品质的盒袋材料；而且可方便地改为开盒—充填—封口的包装过程。其缺点主要是需要配备一套衬袋现场成型装置，占用空间较大。

2.纸盒成型法

如图5.34所示。模芯向下推动已模切压痕好的盒片使之成型，然后带翻转盖的空盒被推送到充填工位，分部夹持放入按规定数量叠放在一起的竖立小袋及隔板。经折边舌和盖舌后，就可插入封口。适用于顶端开口难叠平的长方体盒型的多件包装。

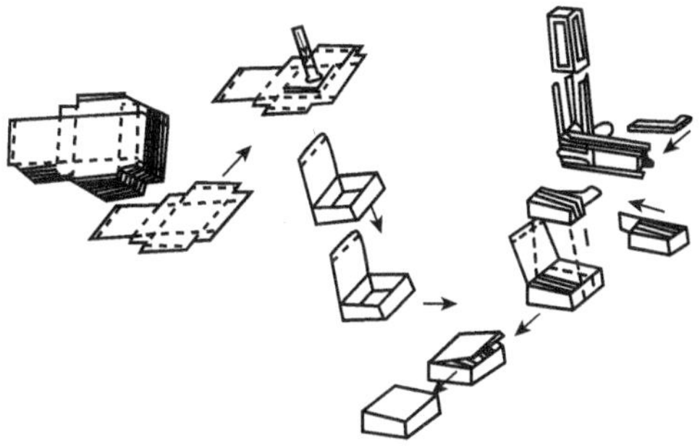

图 5.34　盒成型—夹放充填—封口机多工位间歇传送路线图
（张国全,2013）

3.盒袋成型法

如图5.35所示。先将纸盒片折叠粘搭成为两端开口的长方体盒型，转为竖立状态移至衬袋成型工位。采用翻领成型器和模芯制作有中间纵缝、两侧窝边、底面封口的内衬袋。

4.袋盒成型法

如图5.36所示。卷筒式衬袋材料经定长切割，单张供送到成型转台。该台面上均布辐射状长方体模芯，借机械作用将它折成一端封口的软袋。接着，用模切压痕好的纸盒片紧裹其外，待粘搭好盒底便推出转台，改为开口朝上的竖立状态。然后沿水平直线传送路线依次完成计量充填振实、物重选别剔除、热封衬袋上口、粘搭压平盒盖等作业。由于该机的成型与包装工序较分散，生产能力较高。

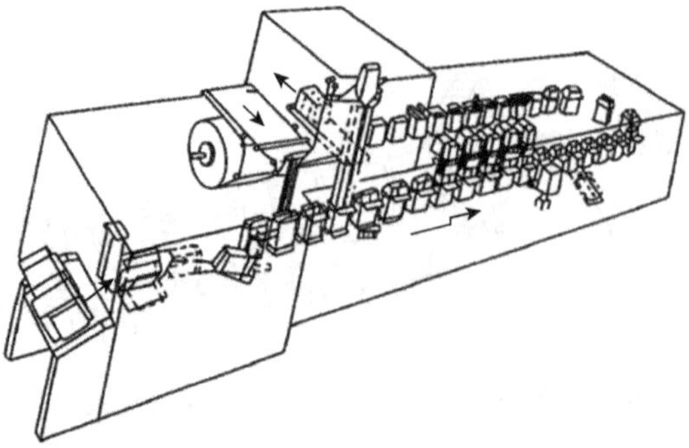

图 5.35　盒袋成型—充填—封口机多工位间歇传送路线图

（张国全，2013）

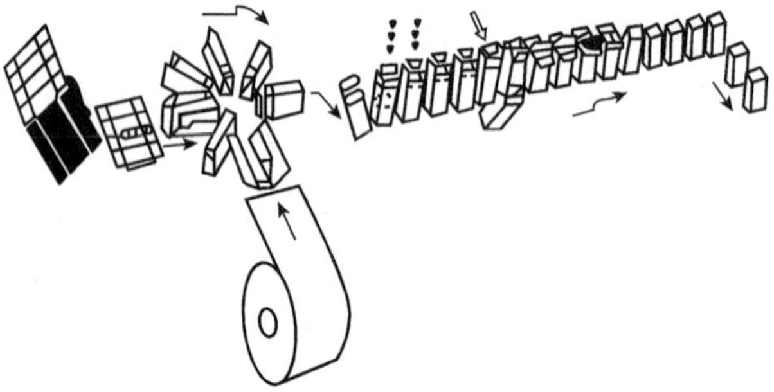

图 5.36　袋盒成型—充填—封口机多工位间歇传送路线图

（张国全，2013）

5.6.3　落入式装箱机

落入式装箱机常用于软袋、瓶子等的集合包装，装箱装置一般由计数装置、装入执行机构和滑道组成。下面介绍几种常见的落入式装箱机。

1. 升降式装箱机（图 5.37）

由滑槽、光电传感器、计数器、输送带和垂直提升器组成，主要用于软袋商品的装箱。

工作时软袋由袋装机的夹爪放至滑槽 1，滑到由 7 根皮带组成的小型输送带 2 上被输送到垂直提升器 4 中。在输送带 2 的一侧装有光电传感器 3，当软袋通过时计数，同时控制提升器的垂直提升动作，每通过一个软袋触发一次，垂直提升器上升一个工位。当软袋提升到提升器顶部时，翻落到料槽 5 内，滑到下面放置的纸箱中。装箱时，有摇动装置从侧面摇动纸箱，使软袋在纸箱内平整分布，软袋够数后料槽的闸门关上。装满的纸箱由输送带送去封箱。

2. 跌落式装箱机（图 5.38）

跌落式装箱机常用于瓶类产品的装箱，由输送带、举箱装置、排瓶板、落瓶栅格及导瓶框架组成。

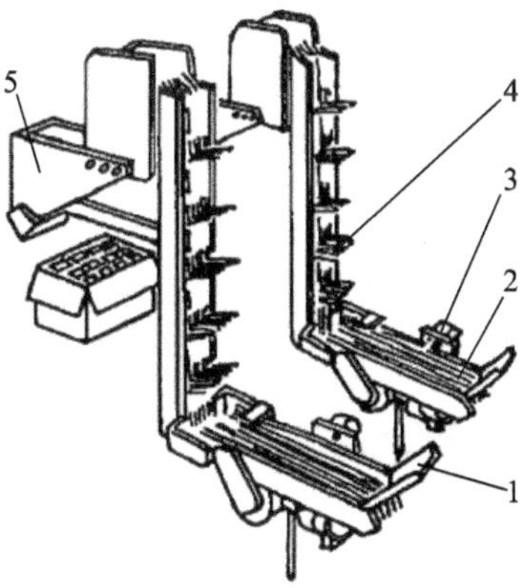

图 5.37　升降式装箱机结构图

（卢立新，2011）

1. 滑槽　2. 输送带　3. 光电传感器

4. 垂直提升器　5. 料槽

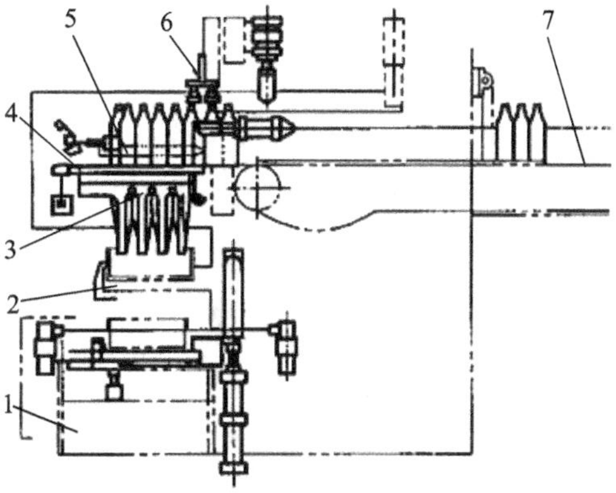

图 5.38　跌落式装箱机结构图

（卢立新，2011）

1. 输箱带　2. 举箱装置　3. 导瓶框架　4. 落瓶栅格

5. 排瓶板　6. 止瓶装置　7. 输瓶台

工作时输瓶台 7 上的瓶子向前输送到达排瓶板 5，离开输瓶带，但输瓶带上的瓶子由于进给运动在后面推动这些瓶子，使之完全到达落瓶栅格 4 上，并顺着排瓶板 5 排列整齐。同时输箱带 1 将箱子输送到指定位置后，被举箱装置 2 举起，使得导瓶框架 3 上的导瓶弹簧片插入箱格。在气缸的作用下，落瓶栅格 4 移位，瓶子顺着导瓶弹簧片跌落箱中。随后举箱机构下降，装满瓶的箱子被输出。止瓶装置 6 由气缸控制，控制输送带上瓶子的运动，以控制落瓶栅格上瓶子所受的进给压力。

3. 气动抓头式装箱机（图 5.39）

由输瓶带、排瓶架、挡瓶、输箱停箱、举箱、抓瓶、升降二级气缸及导瓶等装置组成。工作时，当瓶子在排瓶架上 1 排列整齐后，第一级气缸动作，使抓头下降套入瓶颈，接着抓头充气将瓶子抓紧。当底栅被推开后，在第二级气缸 2 的作用下，瓶子缓慢下降。当瓶子下降到箱子底部后，抓头排气，随后气缸复位，抓头离开瓶子。这样就可以控制瓶子的下落速度，减少对瓶子的冲击力，克服了跌落式装箱机的缺点。

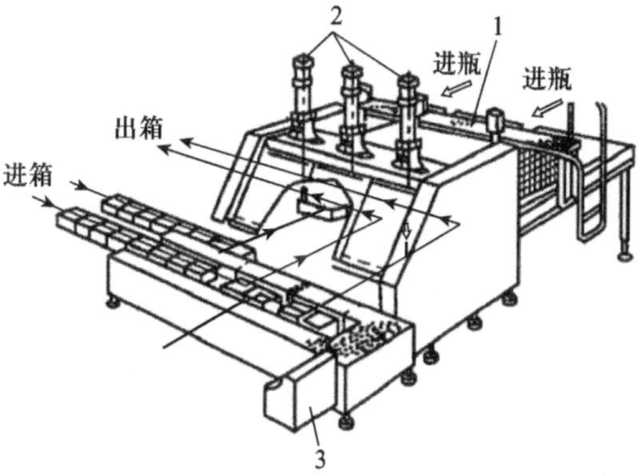

图 5.39　气动抓头式装箱机结构图

（卢立新，2011）

1. 排瓶架　2. 二元气缸　3. 操作控制台

5.6.4　推入式装箱机

推入式装箱机一般为水平推入式装箱机，箱子一般侧放，进口平面垂直于水平面或稍倾斜。推板平面与箱子进口平面平行，装箱时推板将排列堆积好的物品推入箱内。在物品前进的滑道两侧，可配置防止被装物品散乱倾倒的挡板或挡条。推入式装箱机应用广泛，可应用于盒装、袋装、瓶装等物品的装箱。

一般由输送机构、堆码机构、封箱装置、输送装置、控制与驱动系统等组成，控制与驱动系统则由机械、气动和电气共同实现。

以罐头装箱机（图 5.40）为例。

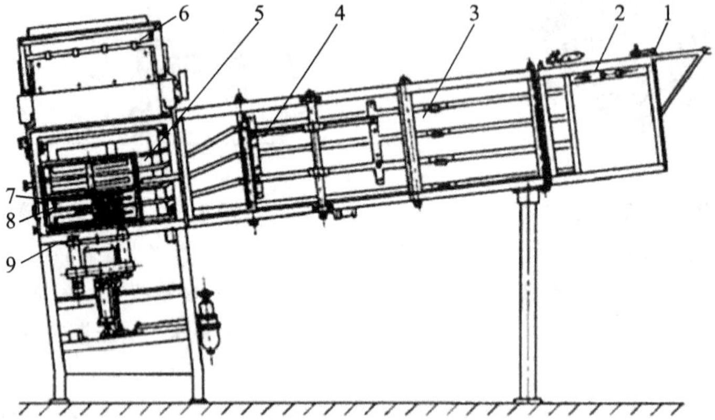

图 5.40　罐头装箱机结构图

（卢立新，2011）

1. 入口　2. 进罐门　3. 分流器　4. 排列仓　5. 待入仓　6. 插纸板机构　7. 推罐器　8. 箱子　9. 托箱板

工作时从贴标机滚过来的罐头沿滑槽滚动到进罐部分入口 1，经进罐门 2 和分流器 3 分流到达排列仓 4，按装箱要求实现排列，并进入待入仓 5，等待装箱。同时，箱子 8 预先封底，用人工把箱子上口套上，由拖箱板 9 托住。纸箱挡住光电管光源，气动系统的气缸动作，推罐器 7 推罐入箱。成叠隔板纸竖放在待入仓上方，纸辊筒在齿轮的驱动下转动，使隔板纸及时插下，在推罐器 7 推罐入箱时，隔板纸与罐头被一起推入箱内。当箱中罐头装够层数后，自动发出满箱信号，托箱板放下箱子，送入出箱轨道至封箱工序。

5.6.5　吊入式装箱机

吊入式装箱机的种类很多，多用于瓶子的装箱作业。它主要由输送物料机构、送箱机构、装箱机构和自动控制等部分组成。根据被包装物的运动方向分为水平旋转式、垂直旋转式、抓头移动式等几种。下面以垂直旋转式为例。

结构：由输送带、输箱带、垂直双凸轮槽导轨及大十字臂式抓头组件等部件组成。

工作原理：如图 5.41 所示，抓瓶装置 3 在大十字回转架 1 的带动下，沿着导轨 2 做有规律的回转运动，并在运动过程中保持抓头位置

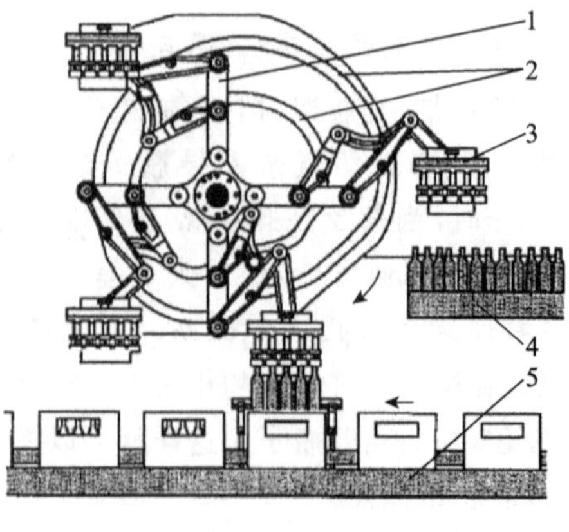

图 5.41　垂直旋转式装箱机结构图

（卢立新，2011）

1. 大十字回转架　2. 导轨　3. 抓瓶装置
4. 输瓶台　5. 输箱台

始终处于垂直状态。在输瓶台 4 上的瓶子被编组整齐排列，当抓头装置到达瓶子上方时，在导轨 2 的作用下，抓头正好套在瓶颈上，并把瓶子抓牢；然后抓瓶装置升高离开输瓶台，再下降转到输箱台 5 的上方，正好与箱子同步；这时，抓瓶装置继续下降，瓶子顺利装入箱中；随后抓头装置上升再转到输瓶台上方，准备进入下一个装箱过程。

配合装箱机械一起工作的还有开箱装置、封箱装置以及其他一些辅助装置，此处不赘述。图 5.42 为装箱工艺过程。

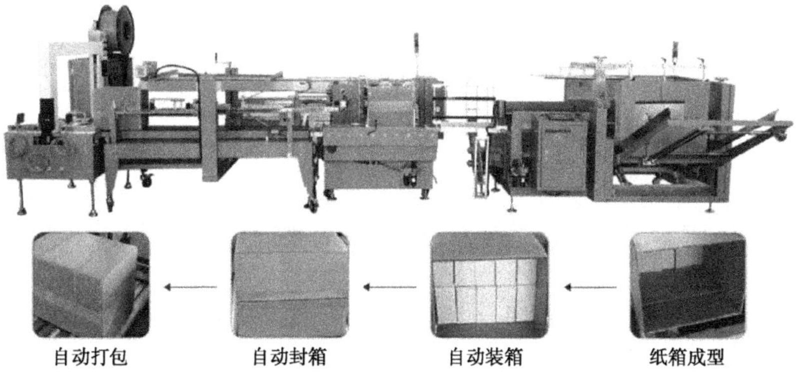

图 5.42　装箱工艺过程

5.7　封口、贴标、捆扎机械设备

封口工序的机械化、自动化操作是提高封口质量的重要保证。单一功能封口机的类型可根据包装材料、封口工艺、成型方法及封口形式等方面进行划分。按包装材料种类，可分为金属封口机、塑料封口机、玻璃瓶封口机和纸箱封口机；按成型方法，可分为卷封、卡封、旋封、热封和粘封。通常按封口形式分为热压式、熔焊式、压塞式、压盖式、卷边式、旋合式、滚压式、缝合式、结扎式等。

5.7.1　热压式封口机

薄膜包装材料的封合部位局部经加热至高于其黏流温度达到熔融状态后，施加压力使处于熔融状态的两层薄膜黏合成一体，冷却后即得密封性封口。这种封合方法称为热压封合，适用于单膜塑料及复合膜塑料。一般采用热压封口机完成，在多功能包装机中采用热压封口装置完成。

1. 热压封口装置的类型

根据热封头加热方法的不同，可将热压封口装置分为普通热压封合装置、熔断封合装置、脉冲封合装置和超声波封合装置等。其中，普通热压封合装置最为常用，封合设备简单，成本最低。

（1）普通热压封合装置　根据结构形式，又分为平板热封装置、圆盘热封装置、带式热封装置和滑动夹封装置。这种装置获得的封口强度高，热压封口机结构及操作简单。

平板热封装置（图 5.43a）：应用最为广泛的热封装置。结构简单，封合速度快，但无法完成连续封合，不宜用于受热易收缩的薄膜。若采用容器边沿形状的封合杆，即可用于杯、浅盘及盒的封盖。

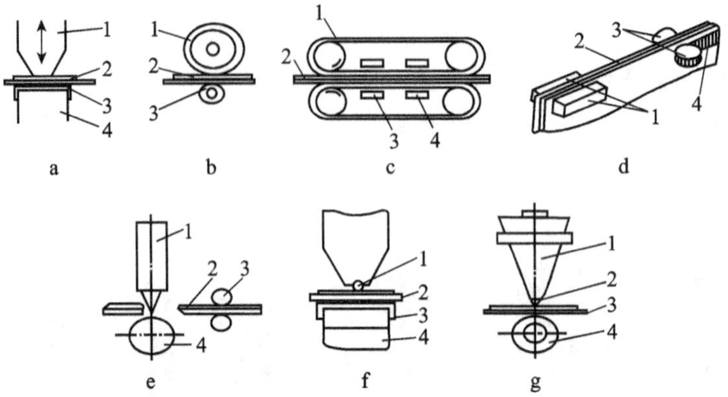

图 5.43 热压封合装置

(刘筱霞,2007)

a. 平板热封:1. 加热平板 2. 薄膜 3. 绝热层 4. 承压台 b. 圆盘热封:1. 加热圆盘 2. 薄膜 3. 耐热橡胶圆盘 c. 带式热封:1. 钢带 2. 薄膜 3. 加热器 4. 冷却器 d. 滑头夹封:1. 加热板 2. 薄膜 3. 加热辊 4. 封接部分 e. 熔断封合:1. 加热刀 2. 薄膜 3. 薄膜引出轮 4. 橡胶辊 f. 脉冲封合:1. 镍铬合金线 2. 薄膜 3. 绝热层 4. 橡胶缓冲层 g. 超声波封合:1. 振动头 2. 尖端触头 3. 薄膜 4. 橡胶辊

圆盘热封装置(图 5.43b):所用热封头为圆盘结构,可实现连续热封操作,适用于不易热变形薄膜材料的封合,特别适用于复合薄膜。

带式热封装置(图 5.43c):袋口被夹持于两个移动的钢带之间,在连续移动过程中经加热板加热和钢带加压而完成热封,再经冷却器通过压紧的细带吸收热量完成冷压后推送出。这种装置可连续封合,适用于易热变形薄膜材料。

滑动夹封合装置(图 5.43d):用平板加热器对薄膜加热,加压辊压合完成热压封合。这种装置可连续封合,适用于受热变形较大的薄膜。

(2)熔断封合装置(图 5.43e) 用加热刀或热金属线将薄膜加热后加压封合,同时切分余材。封合部位占用包装材料少,故封合强度较低。

(3)脉冲封合装置(图 5.43f) 用镍铬合金线压住薄膜后,瞬间通过的脉冲大电流加热薄膜并使其压合,冷却后放开。这种装置封口质量好,封接强度高,适用于易变形且热封温度高而窄的薄膜的封接。主要缺点是脉冲封合条板易损耗,需经常更换。

(4)超声波封合装置(图 5.43g) 放大的超声波经振动头传递到薄膜上,使之振动摩擦而放热,从而完成薄膜熔接封合。这种装置可使热量集中于封合部位,而不会使封合材料的其他部位加热到发生降解的程度,适用于易热变形和特别厚的薄膜。

(5)高频热封装置 通过高频电流的电极板压住薄膜,同时使薄膜由内向外升温达到热熔状态后加压封合。高频热封不易造成薄膜过热,适宜于黏流温度范围较窄及易变形薄膜,封接质量好。

(6)感应热封合装置 利用金属片(常用铝箔)在交流电场中产生的感应电流,实现加热封合。对于其他材料制成的瓶子,只要将适当的热塑性材料涂布在铝箔上即可实现感应热封合。

2. 热封头的结构

热压封合的执行机构为热封头，通过调整热封头的温度和压力，可以满足不同的封合要求。对于单膜热封来说，热封头表面大多采用光面，一板为加热板，用不锈钢制成。另一板为耐热的硅橡胶。为了阻止热封合时塑料与加热板粘连，在加热板上与塑料接触的地方应涂上一层聚四氟乙烯。对于复合膜，为了提高封接强度和增加美观，封头表面常有纵横花纹。

对于薄膜厚度大、加热时间短的热封接，宜采用双面加热的热封头。以免塑料薄膜表面过热所造成的热变形和热分解，影响封接质量。

在高速包装机中，为了提高热封速度，加热温度较高，热封部位用水或氟利昂来强制冷却。由于热收缩薄膜遇热收缩，不宜用电热带热封，常用镍铬电热丝作切断封合或用脉冲热封装置热封。

5.7.2 压盖式封口机

压盖封口是用配有高弹性密封垫片（通常用橡胶制造）的皇冠形瓶盖，加在待封口装料瓶口上，由机械施以压力，促使位于盖与瓶口间的密封垫产生较大的弹性变形及瓶盖波纹形周边结构（常叫作“裙边”）被挤压而变形，卡在瓶子封口凸棱的下缘，造成盖与瓶间的机械勾连，得到牢固且紧密的密封性封口连接。

如图 5.44 所示，经定向装置定向的皇冠盖通过送盖滑槽送至压盖模处，被压盖头柱塞中的磁铁吸住或由压盖机头导槽内定位。压盖头柱塞随即下降，皇冠盖在压盖模作用下被压向瓶嘴，实现封口。最后，压盖头柱塞上升，被封口的瓶子退出，压盖机等待下一个瓶进入。压盖封口机械可单独使用或与灌装机组合成一体构成联合机组应用。

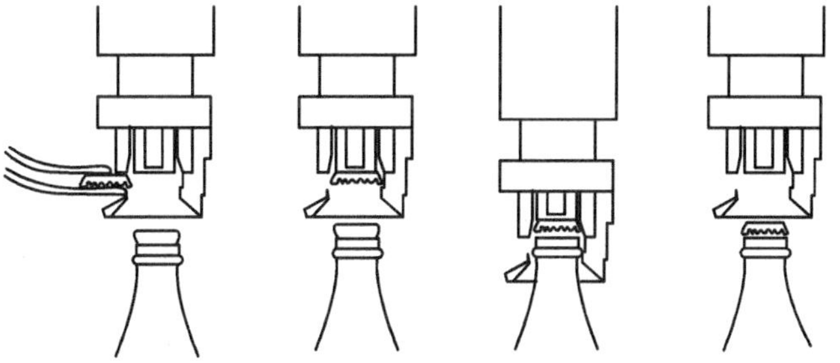

图 5.44　压盖过程示意图
（崔建云，2004）

图 5.45 为压盖机主体的结构图，压盖凸轮 1 为圆柱凸轮，固定于安装在机座箱体 5 上的心轴 8 上部，压盖机头的滚轮沿凸轮槽运动。为适应不同高度规格瓶子的压盖封口，心轴上设置有升降调节螺旋机构，调节时，手动转动手轮轴 11，通过小、大调高齿轮，带动调节螺母 12 转动，使心轴 8 做轴向移动，从而带动压盖凸轮 1、压盖机头滑座 2 轴向移动，实现滑座 2 和传送转盘 4 之间的相对位移。空心支承轴 3 通过轴承支承于机座上，由驱动装置通过齿轮 6 带动在空心支承轴 3 上的瓶子、传送转盘 4 及压盖机头滑座 2 转动，压盖机头上的滚轮将循着压盖齿轮的槽道滚转，受压盖凸轮槽的约束，促使压盖机头得到升、降运动，完成轧压盖的封口作业。

皇冠盖压力封口机结构见图 5.46。

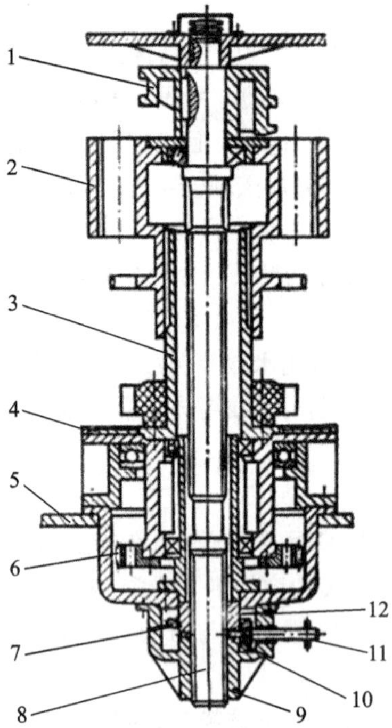

图 5.45　压盖机主体的结构图

(崔建云,2004)

1.压盖凸轮　2.压盖机头滑座　3.空心支承轴　4.传送转盘　5.机座箱体　6.驱动大齿轮　7.调高大锥齿轮　8.心轴　9.锁紧螺母　10.调高小锥齿轮　11.手轮轴　12.调节螺母

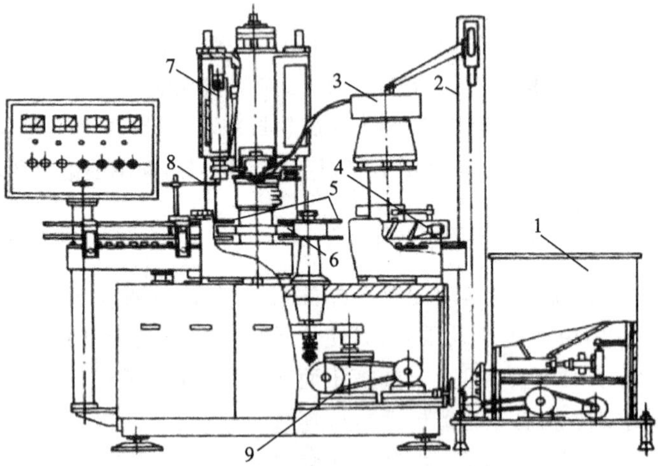

图 5.46　皇冠盖压力封口机结构图

(崔建云,2004)

1.贮盖箱　2.磁性带　3.电磁振动给盖器　4.供瓶装置　5.拨轮　6.压盖转盘　7.压盖机头　8.吊瓶安全装置　9.无级变速器

5.7.3　旋合式封口机

旋合式盖封(图 5.47)是对螺纹口或卡口容器用预制好的带螺纹或凸牙的盖,经专用封口机旋合而完成容器口密封的一种封口形式,广泛用于玻璃瓶罐的封口及塑料瓶口的封合。

旋合式封口机利用夹爪、摩擦轮或摩擦带,使瓶盖与瓶相对转动,并使其沿螺旋线轴向移动,使盖顶的密封胶压紧在瓶口端部而形成密闭的封口。

1.旋合式封口机的类型

旋合式封口机有多种类型,可按其自动化程度分为半自动旋合式封口机、自动旋合式封口机和数控旋合式封口机。按照瓶内真空度形成方式划分为常压封口机、热排封口机、蒸汽喷射封口机和冷排封口机。

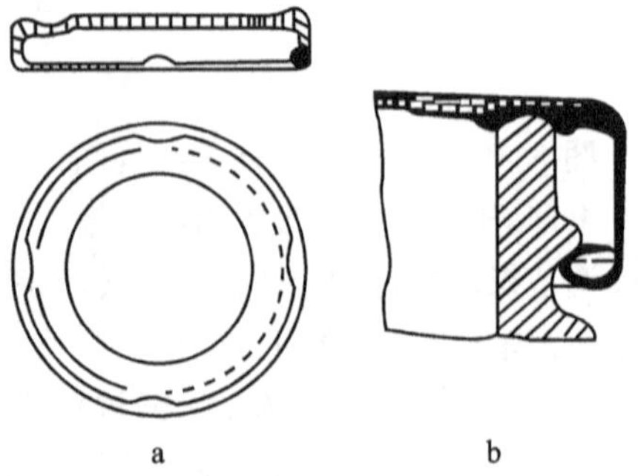

图 5.47　旋合式封口

(刘筱霞,2007)

a.旋盖　b.旋合后剖面

2.旋合式封口机的构成及工作过程

旋合式盖封所用旋合封口机主要由供瓶机构、

供盖机构、旋盖头及定位和控制机构等部分组成。

旋合式盖封的执行机构是旋盖头，其结构如图 5.48 所示。旋盖夹头由两片组成，包括取盖夹头 20 和抓盖夹头 21。取盖夹头用螺钉 18 与升降轴 5 固连，抓盖夹头经螺纹及夹紧螺钉 17 与升降套 16 固连，小弹簧 19 用于保证夹盖时有足够的夹紧力。升降轴 5 用螺钉 6 与定位凸轮 8 固连，又用键 2 与摩擦离合器 3 固连，升降套与上、下挡圈 10、15 分别用螺钉 11、14 固连，升降块 13 卡在上、下挡圈之间。定位凸轮 8 与升降块 13 分别在转盘旁固定凸轮的控制下，均可作上下运动。因小齿轮 4 在绕旋盖机中心轴公转的同时又作自转，摩擦离合器与小齿轮的轴端压合后作旋转运动。

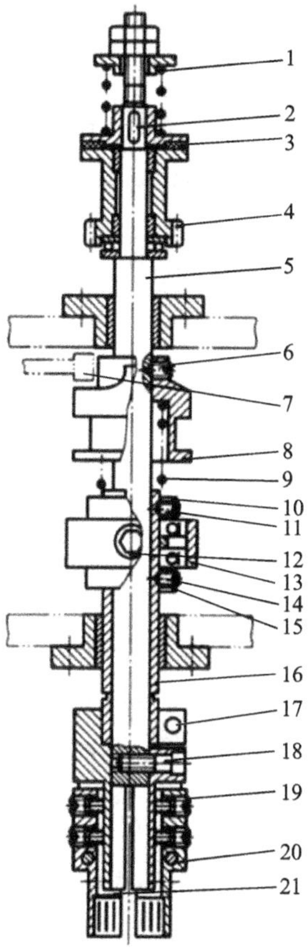

图 5.48　旋盖头结构

（刘筱霞，2007）

1，9. 弹簧　2. 键　3. 摩擦离合器　4. 小齿轮　5. 升降轴　6，11，14，18. 螺钉　7. 挡块　8. 定位凸轮　10. 上挡圈　12. 滚轮　13. 升降块　15. 下挡圈　16. 升降套　17. 夹紧螺钉　19. 小弹簧　20. 取盖夹头　21. 抓盖夹头

旋盖开始前，两片夹头处于上下错开位置。此时，定位凸轮顶端的切向槽被挡块 7 顶住，摩擦离合器被迫打滑，两片夹头均不旋转。在旋盖头接近进盖工位时，定位凸轮 8 控制取盖夹头 20 略微下降，完成取盖动作。随即，升降块 13 控制抓盖夹头 21 迅速下降，与取盖夹头一起完成抓盖动作。与此同时，定位凸轮解脱了挡块 7 的作用，摩擦离合器接合，经升降轴 5 使两片夹头一起旋转。两片夹头抓紧盖子旋转过程中，在定位凸轮和升降块的控制下逐渐下降，完成旋盖动作。待螺纹旋到底后，摩擦离合器因阻力过大而打滑，避免拧坏瓶盖；随后，挡块 7 下降重新顶住定位凸轮，使两片夹头停止转动；抓盖夹头和取盖夹头将分别在升降块和定位凸轮的控制下先后上升，脱离瓶盖恢复至原始位置。

图 5.49 所示为一直线行进式旋盖机。已装料瓶由输送带 4 送进，盖由自动料斗送至送盖滑槽 3。滑槽 3 的端头有弹性定位夹持器夹持定位瓶盖，使料瓶送达时，瓶口碰到盖而自动套在瓶口上，料瓶继续行进至两条平行反向运行的皮带 7，使瓶在行进中自转，瓶盖上方的压盖板 2 和输送带 1，阻止盖随瓶转动而使盖作轴向送进，从而实现瓶与盖的旋拧作业。当旋拧达到封口密封要求时，瓶在输送带 7 的传动带间打滑，以保障旋拧安全可靠。

5.7.4　卷边式封口机

卷边式封口机通常用于金属罐的封口，习惯上称之为封罐机。马口铁罐、铝箔罐等金属容器的罐体与底或盖之间卷边封合密封是在完成罐身筒端部边缘翻边、罐底或盖圆边注胶烘干后才进行的。卷边封口机按操作方式来分有手动式（利用手扳动滚轮进行卷边）、半自动式（人工加盖送罐，卷边由机械完成）和全自动式。

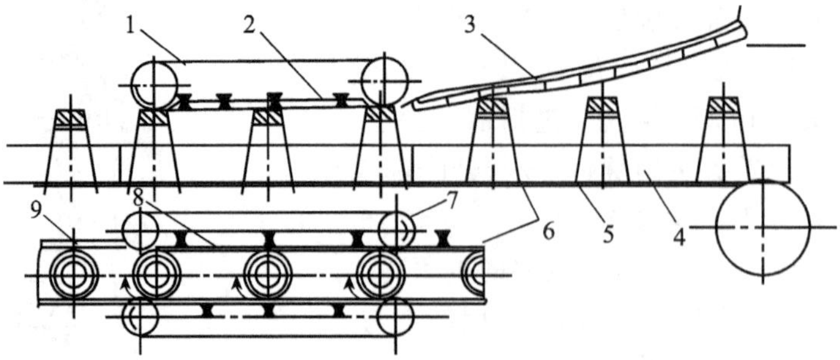

图 5.49 直线行进式旋盖机工作示意图

(崔建云,2004)

1.压盖输送带 2.压盖板 3.送盖滑槽 4.输送带 5.托板
6,8.侧导板 7.旋瓶皮带 9.已旋盖瓶子

1.卷边式封口机的工作过程

图 5.50 所示为一全自动卷边式封口机示意图。充填物料后的罐体由推送链上的推头 15 间歇送入六槽转盘 11 的进罐工位Ⅰ。盖仓 12 内的罐盖由连续转动的分盖器 13 逐个拨出,然后由往复运动的推盖板 14 送至进罐工位处罐体的上方。罐体和罐盖一起被间歇传送到卷封工位Ⅱ。而后,先由托罐盘 10、压盖杆 1 将其抬起,直至上压头完成定位后,利用两道卷边滚轮 8 依次进行卷封。托盖盘和压盖杆恢复原位,已封好罐头降下,由六槽转盘再送至出罐工位Ⅲ。

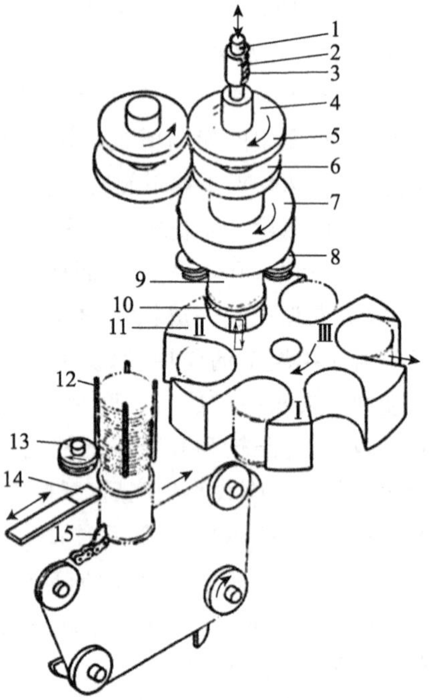

图 5.50 卷边式封口机示意图

(崔建云,2004)

1.压盖杆 2.套筒 3.弹簧
4.上压头固定支座 5,6.差动齿轮 7.封盘
8.卷边滚轮 9.罐体 10.托罐盘
11.六槽转盘 12.盖仓 13.分盖器
14.推盖板 15.推头

2.卷边封口机构

卷边封口常见机构为二重卷边机构(图 5.51),以橡胶或树脂材料作充填料,将罐体与罐盖的周边牢固、紧密钩合而形成的 5 层(罐盖 3 层、罐体 2 层)卷边缝,形成密封的罐边。

在卷边过程中,对于圆形罐,头道及二道卷封滚轮的运动包括相对于包装容器的行星运动及径向进给运动,对于异形罐还需要仿形运动。

(1)卷边滚轮周向旋转形式 分为罐体固定及自转两种。

罐体固定:罐体与罐盖固定不动,卷边滚轮绕罐身公转。目前的卷边封口机大都属于这种结构形式,其结构较为复杂,适用于圆形或异形罐的封口,尤其适宜对盛有汁液的罐头实罐进行封口,以避免容器内汁液外溢。

自转:罐体与罐盖绕自轴自转,而卷边滚轮不作公转运动。图 5.52 所示为 GT4B13 型卷边封口机卷封机构示意图,罐体被紧夹在上、下压头 7、8 之间,并由行星齿轮 2 带动自转,从而

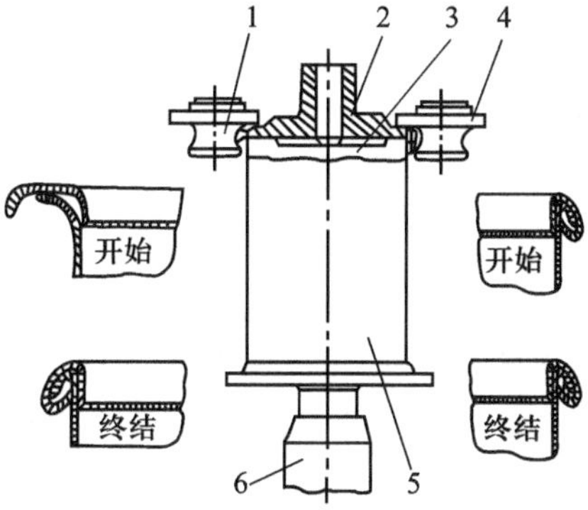

图 5.51　二重卷边封口作业状况示意图

（崔建云，2004）

1. 头道卷封滚轮　2. 上压头　3. 罐盖
4. 二道卷封滚轮　5. 罐体　6. 下压板

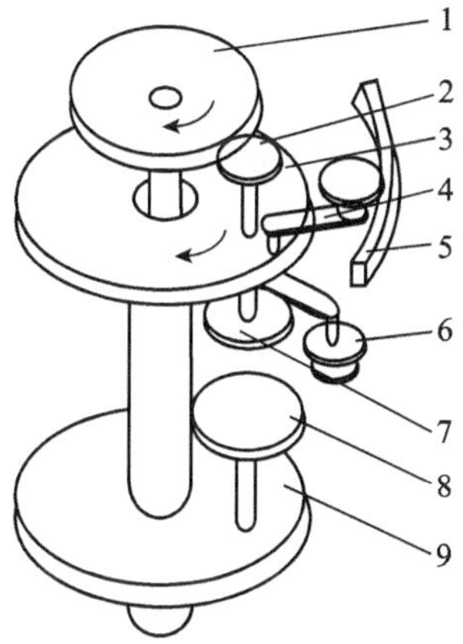

图 5.52　卷边封口机卷封机构示意图

（崔建云，2004）

1. 中心齿轮　2. 行星齿轮　3. 上转盘
4. 摆杆　5. 固定凸轮　6. 卷边滚轮
7. 上压头　8. 下压头　9. 下转盘

完成相对于卷边滚轮 6 的周向旋转运动。这种结构虽较简单紧凑，但因罐体既有自转又有公转，若用于实罐卷封则其内装的液料形成旋转抛物面，易从罐口流出，从而限制了自转的速度以及生产能力的提高。

（2）卷边滚轮径向进给机构　常用有差速凸轮曲柄机构、差速偏心套筒机构和差速行星齿轮曲柄机构等。

差速凸轮曲柄机构：凸轮与机头盘作差速同向旋转运动（凸轮转动以能够完成多圈进给），滚轮回转中心位置与曲柄和曲轴摆动转角有关。这种进给机构的进给运动规律任意，设计灵活，性能优良。

差速偏心套筒机构：机头盘与滚轮公转运动为同向不同速旋转，滚轮公转半径取决于偏心套筒与封盘速差，该速差呈现出周期性变化，从而使卷边滚轮实现周期性径向进给运动。

差速行星齿轮曲柄机构：封盘与中心齿轮同向不同速构成差动轮系，行星齿轮在公转的同时作自转。偏心固定于行星齿轮上的滚轮做周期性远离与靠近封盘中心的运动，从而实现进给运动。

（3）仿型运动机构形式　作用件有罐型靠模和非罐型靠模两种。

以罐型靠模为作用件，完成仿型运动。由于在转弯处曲率变化较大，卷边滚轮在该处的惯性变化剧增，会严重影响卷封质量，且限制生产能力的提高。例如，卷封方形罐在从一条罐边到另一条罐边的转角处，很容易出现卷封不紧、起皱纹、轧伤等不符合质量标准的现象。

（4）卷封滚轮　作为卷边滚封的模具，依靠它对罐体及罐盖上的凸缘进行卷边挤压加工。

一般封罐机的头道和二道卷封作业是在同一组卷封机构中完成的。对于高速封罐机，为稳定卷封过程，提高卷封质量，常将头道和二道卷边置于不同的两组卷封机构处完成；将外侧沟槽滚轮转换为内侧沟槽滚轮，增加其与罐盖接触的弧长。

5.7.5 贴标机

贴标机是将事先印制好的标签粘贴到包装容器的特定部位的机械设备。一般在包装作业的最后进行，其完成的工艺过程包括取标签、送标签、涂胶、贴标签、整平等。在瓶装食品行业中常见的贴标机有直线真空转鼓式贴标机、直列式贴标机、摆杆式贴标机、直列式滚动贴标机、回转式单面双标贴标机、多标贴标机等。

1. 贴标工艺

根据材质、形式和形状、功能、位置等方面，标签的分类方法很多。根据贴标工艺可以分为胶黏标签、热敏标签、压敏标签、系挂标签、插入标签和直接印在包装件或包装容器上的标签。不同贴标机贴标工艺过程略有差别，但一般可以概括为取标、标签传送、印码、涂胶、贴标、整平。

2. 黏合贴标机

黏合贴标机是指采用黏合剂将标签粘贴在包装件或产品上的机械。按包装件或产品运动方式可分为直线式和回转式黏合贴标机，按取标签方式不同分为机械式、真空转鼓式、取标板式黏合贴标机等多种方式。按标签形式可分为单页和卷筒标签黏合贴标机等。

(1)直线式黏合贴标机　指包装件或产品的总体作直线或近似直线运动时贴标，按单个包装件或产品运动状态不同又可以分为直立粘贴和滚动粘贴两种。

直立粘贴：直立粘贴指容器向前移动呈直立状，并将涂有黏合剂的标签贴在容器指定位置，一般用于局部标签的粘贴。局部标签可用糨糊粘贴在瓶子、坛子、纸板箱、盒子及其他包装件上面，由于标签在容器表面仅仅覆盖了一个部分，所以在同一容器上可以贴 2 种、3 种或更多种的标签。

图 5.53 所示为单片标签直线式黏合贴标示意图。

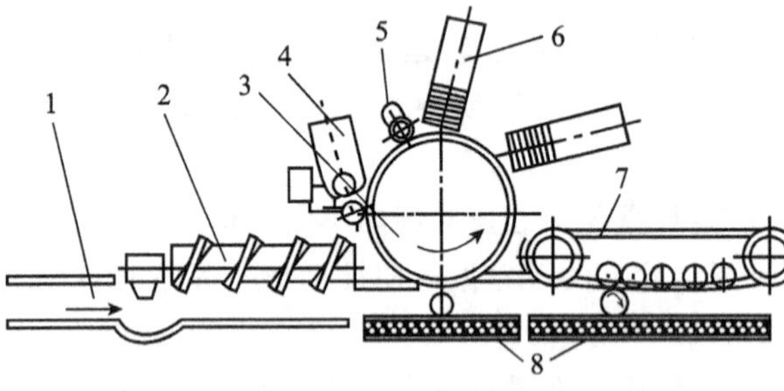

图 5.53　单片标签直线式黏合贴标示意图

(尹章伟等，2006)

1. 板式输送链　2. 供送螺杆　3. 真空转鼓　4. 涂胶装置
5. 印码装置　6. 标盒　7. 搓滚输送带　8. 海绵橡胶衬垫

有些贴标机是把预先裁切好的一碟标签装入标盒里，由专门的取送标签装置来取出标签；而有些机器则采用印好的卷筒标签，根据需要由机器裁成一张一张的标签直接输送。

被贴标的包装件或产品由板式输送链 1 和供送螺杆 2 向前等间距输送到贴标工位；真空转鼓 3 不断地绕自身垂直轴作逆时针旋转，将标盒 6 中的标签取出并由印码装置 5 进行背面打印；当真空转鼓3带着标签经过涂胶装置4时，涂胶辊靠近转鼓标签背面涂胶；涂胶完毕，涂胶辊摆动离开真空转鼓3，以防胶液涂到真空转鼓表面；标签继续输送到达贴标工位；当标签和包装件在贴标工位相遇时，真空转鼓3内通入大气，标签顺势粘贴到包装件或产品上；搓滚输送带7、海绵橡胶衬垫8实施对标签的抚平整理，完成黏合贴标过程。

滚动粘贴：指将瓶、罐类容器横卧，在旋转过程中粘贴标签，一般用于环贴标签。滚动粘贴标签机将标签沿容器环贴一周，除了顶部以外标签可以覆盖容器的绝大部分，也可以作为容器的颈标。

(2)回转式黏合贴标机　回转式黏合贴标机指包装件或产品的总体是绕中心线做回转运动时贴标。图5.54所示为真空转鼓回转式黏合贴标示意图。链轮带动真空转鼓2和齿轮14转动；齿轮14又带动大齿轮13旋转，从而使装在其上的小齿轮9随大齿轮13一起转动；小齿轮9的运动又带动扇形板齿轮上的滚轮沿凸轮底盘10做曲线运动，使扇形齿轮上的扇面板11和扇底板12相啮合，因此凸轮曲线通过扇形齿轮带动小齿轮摆动，使小齿轮轴8摆动，当小齿轮轴上的身标取标板7和颈标取标板3转到涂胶辊6位置时，身标取标板7和颈标取标板3都被涂上胶；当取标板回转到标签盒4位置时，就能粘上颈标和身标；转到真空转鼓2位置时标签受真空吸力的作用而紧贴于真空转鼓表面，此时涂胶面朝外；当转鼓上标签与贴标回转台1上的容器相接触时，标签即被张贴于容器上，再经毛刷或抚平装置抚平整理后输出。

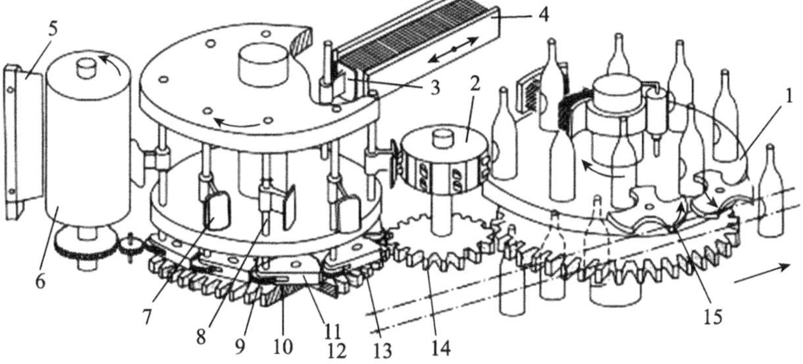

图5.54　真空转鼓回转式黏合贴标示意图

(尹章伟等，2006)

1.贴标回转台　2.真空转鼓　3.颈标取标板　4.标签盒　5.刮胶板　6.涂胶辊　7.身标取标板　8.小齿轮轴　9.小齿轮　10.凸轮底盘　11.扇面板　12.扇底板　13.大齿轮　14.齿轮　15.拨轮

黏合贴标机中使用的黏合剂的黏性对标签粘贴质量有很大影响。许多新的塑料容器和镀层玻璃容器要求使用专门的和特殊的黏合剂，一般使用水溶性糨糊。贴标机还应该防止糨糊外溢或飞溅，保持上浆装置的清洁，如果辊轮上面有干糨糊，会使糨糊涂得不均匀并损坏机器。

3.不干胶标签机

不干胶标签机是指通过加标机构将不干胶标签贴在包装件或产品上的机器。

不干胶材料又称自粘材料、压敏材料、即时贴等，是标签印刷较常用的材料，一般按不干胶表面基材分为不干胶纸和不干胶薄膜两种，无论哪种都由表面基材、黏合剂和剥离层3个基本单元组成。

不干胶标签的黏合方法与作业设备比其他方法简便，故成本低廉，但其价格比热敏标签要高些。一般使用卷筒式材料以便于机器操作。粘贴工艺有滚压法（适在平面上贴标）、空气喷射法（可贴长方形和异形标签，并能在曲面或凹面上贴标）和冲击法（适合在凹进较深的商品表面贴标）。另外，在小批量生产或生产速度要求很低的场合，如超市里给商品打标签，则可以直接用一个简单的手枪式装置或分配器人工加到产品或容器上。

不干胶标签机按其结构形式可分为立式和卧式两种。不干胶标签贴标原理如图5.55所示。当舒展的标签衬带经过剥标器4时，由于标签2较硬，它不易沿剥标器急转弯，因此当标签衬带急转弯时，标签2由于惯性继续向前运动，与剥离层分离，顺势与输送到位的容器接触，经过刷标或滚压，贴到容器上。该工艺的要点是：控制好切割深度，使标签恰好能完全切开而不切开背衬纸。

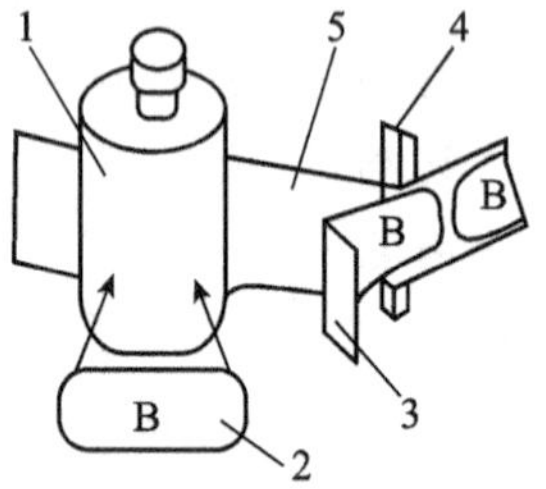

图5.55 不干胶标签贴标原理图

（尹章伟等，2006）

1.容器 2.标签 3.黏合剂 4.剥标器 5.剥离层

4.收缩标签机

收缩标签机是指用可热收缩或弹性收缩的方法将筒状标签紧套在包装件或产品上的机器。标签可紧贴于瓶子的口盖、瓶子全身、瓶身中段等处。常为塑料薄膜标签，收缩标签预制成管状或筒状，在贴标时绕容器一周套在容器上，但不与容器粘牢，其形式如图5.56所示。

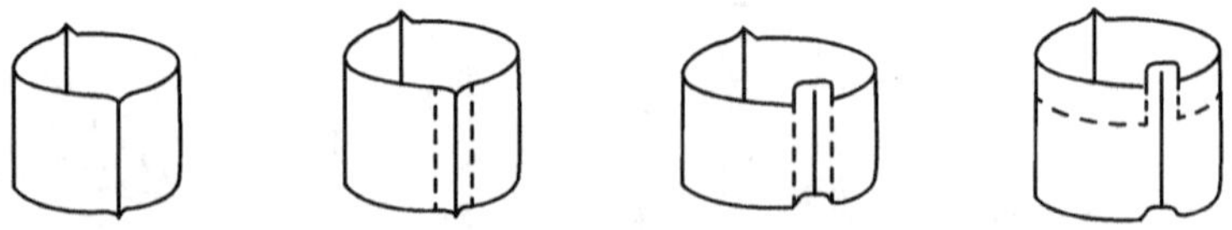

图5.56 收缩标签形式示意图

（尹章伟等，2006）

弹性收缩标签全自动贴标机工作原理如图5.57所示。卷筒状收缩标签以卷筒形式装入机器中；两组进给轮间歇地向前拉标；标签被拉到第一组进给轮3后面的钢丝成型架内，标签开始被扩张成筒形；第二组进给轮2的转速比第一组快，由于两组进给轮速度不同就产生了拉力，使被拉的标签沿穿孔部位与卷幅分离；分离开的单张标签穿过第二组滚轮，落到叶片式可张开可合拢的金属丝成型器5上，当标签落到成型器上时，光电管4检测到标签，发出操作信号，使提升器7上升，提升器带有容器穿过成型器时，容器就朝外推成型器的叶片，张开套筒收缩标签。当容器开始穿过成型器的顶部时，夹标器将标签套到容器上；提升器下降，套好标签的容器离开贴标机，贴标完成。

此外，还有龙门式标签机、压盖贴标机、订标签机、挂标签机和环贴标签机等多种贴标机，此处不赘述。

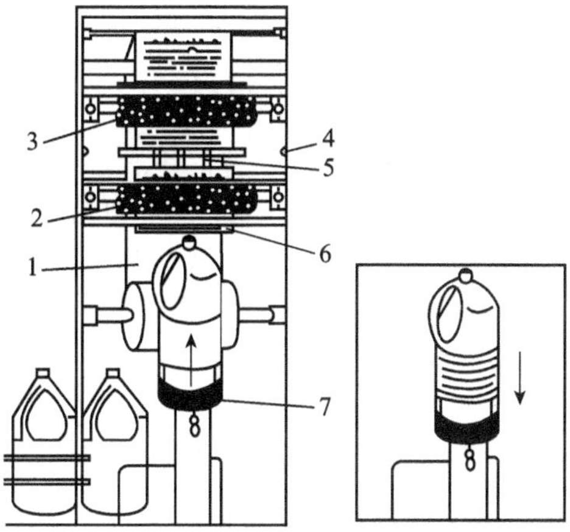

图 5.57　弹性标签全自动贴标机工作原理示意图

（尹章伟等，2006）

1.卷筒标签　2.第二组进给轮　3.第一组进给轮　4.光电管　5.金属丝成型器　6.标签　7.提升器

5.7.6　捆扎机械设备

捆扎是把松散的物品或数个包装物用绳、带等捆紧扎牢以便于保管、运输和装卸的一种包装作业，是外包装的最后一个环节。捆扎机械是用来完成捆扎作业的机器。目前捆扎材料以塑料袋和钢带为主，塑料带比钢带、纸带具有较低的使用成本和不锈蚀、不污染、强度适中、手感柔软、制造方便、外观美观等优点，使用更为广泛。捆扎作业和材料的强度、延伸率及对机械捆扎适应程度有关。

捆扎机械根据其传动形式、自动化程度、捆扎材料等的不同，有多种分类方法。其中根据所用捆扎材料形态的不同，可分为捆扎机（使用带捆扎）和捆结机（使用线、绳捆结）；据传动形式的不同，可分为机械式捆扎机、液压式捆扎机和气动式捆扎机；根据自动化程度的不同，可分为全自动捆扎机、半自动捆扎机和手提式捆扎机。

1.捆扎机

(1)自动捆扎机的工作原理　自动捆扎机的工作过程主要由抽带、张紧、切烫、送带等环节组成，自动捆扎机的工作原理如图 5.58 所示。

①抽带　在按下捆扎开关按钮后，滚轮 8 顺时针方向转动，利用摩擦力将捆扎带从导轨架中拉出，并缠在物品 11 表面。如图 5.58(a)所示。

②张紧　捆扎带缠在物品表面后，张紧臂 7 顺时针向下摆动，将带子拉紧捆扎物品。如图 5.58(b)所示。

③切烫　后端压头 3 上升压紧捆扎带的末段，位于上下两层捆扎带之间的导向板 2 后退，电热烫头 12 跟随进入两层捆扎带之间。切段压头 4 上升，先与固定刀板配合切断捆扎带，再将两层捆扎带的内表面压紧贴靠电热烫头 12，使捆扎带的内表面受热熔融。随后烫头退出，切段压头 4 继续上升，将二层捆扎带紧压在上衬板 1 下，使捆扎带两端压粘在一起，完成切带、烫带和粘接操作。如图 5.58(c)所示。

④复位　切断压头 4、前端压头 6 和后端压头 3 下撤，上衬板 1 从捆扎带与物品之间抽

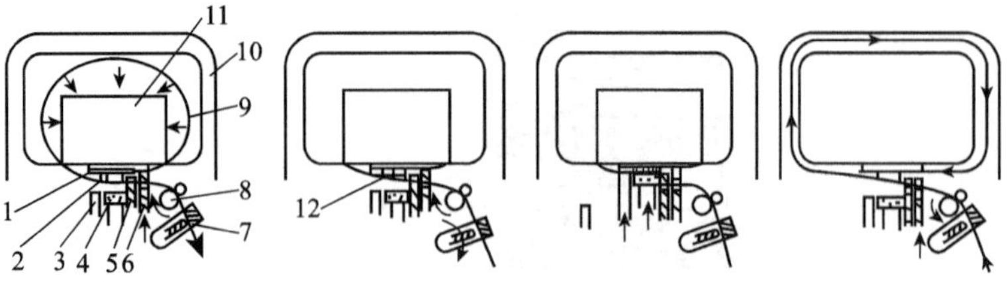

a. 抽带　　b. 张紧　　c. 切烫　　d. 送带

图 5.58　自动捆扎机工作原理图

（卢立新，2011）

1. 上衬板　2. 导向板　3. 后端压头　4. 切段压头　5. 固定刀板　6. 前端压头　7. 张紧臂　8. 滚轮　9. 捆扎带　10. 导轨架　11. 物品　12. 烫头

出，完成捆扎物品的动作。导向板 2 和张紧臂 7 也同时复位。

⑤送带　滚轮 8 逆时针旋转，使捆扎带 9 沿导轨架 10 运动，直至捆扎带的前端碰触到止动器的微动开关时停止。随后前端压头 6 上升，压住捆扎带的前端，为下一次的捆扎作业做好准备，并使机器处于待捆状态。如图 5.58(d)所示。

(2)自动捆扎机的主要机构　自动捆扎机主要由导轨架、送抽带机构、张紧机构、接头熔接切断装置、传动系统及控制装置等组成。图 5.59 所示为塑料带自动捆扎机的结构示意图。当捆扎带的自由端碰到止动器 1 时送带停止；送抽带机构 7 反转，收紧捆扎带；带熔接结构 3 对捆扎带两端进行加热搭接，切段捆扎带并对捆扎带进行加压熔接，冷却后得到牢固的接头。

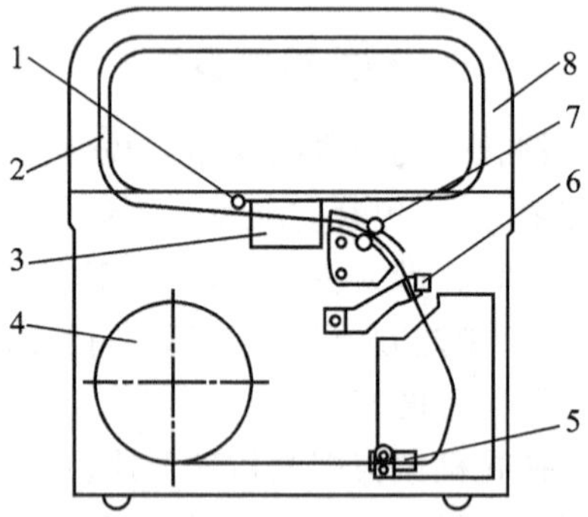

图 5.59　塑料带自动捆扎机结构示意图

（卢立新，2011）

1. 止动器　2. 捆扎带　3. 带熔接机构　4. 捆扎带盘　5. 预送带机构　6. 张紧机构　7. 送抽带机构　8. 导轨架

①带熔接结构 3(捆扎带接头连接装置)　捆扎带接头的连接方式，虽然有热熔搭接、胶粘搭接、铁扣式搭接等多种。但在自动捆扎机中主要应用的是热熔搭接。这是由于热熔搭接具有连接强度高、装置结构简单、操作简便等优点所决定的。

热熔搭接是对捆扎带圈两端头的重合接触部分进行表面快速加热，使其成为热熔状态，随后对其进行加压，使重合搭接两部分的表面熔合在一起，经冷却后得到牢固的接头。此连接方式适用于塑料捆扎带和金属捆扎带。

塑料捆扎带的热熔搭接：目前塑料带自动捆扎机中主要应用的是板式热熔搭接。加热板常用电加热板，多取脉冲电加热或高频电加热。加热时间和温度与捆扎带的材料有关。通常多取高温、短时加热方式，加热时间为 0.2～0.3 s。熔接压头所加压力在加热阶段要低些，电热板撤出后的压力要大些，加压时间宜长些，一般从加热到压接结束需 0.7～1 s。

金属捆扎带的热熔搭接：铁带、钢带的搭接方式有冲模式和焊接式，焊接过程共分两次进行，这样可以保证焊接的可靠性。

②送抽带 7 与张紧机构 6　送带是指把捆扎带自卷盘中引出送到导轨架滑槽内，抽带是指把捆扎带自导轨架滑槽中抽出来捆在待捆扎物品上。送带与抽带只是捆扎带运动方向不同，故可共用一对摩擦滚轮，通过滚轮的正、反转来实现。

张紧机构的主要作用是把抽带后紧贴物品的捆扎带进一步拉紧，以达到捆扎所需要的紧束度。捆扎带的捆紧程度是由张紧臂回抽捆扎带的长度所决定的。对于捆扎同一尺寸的物品，回抽的捆扎带越长，物品就捆得越紧。改变捆扎带的回抽长度，从而调整捆扎的捆紧程度。这种调整通常是凭操作者的经验，经试捆后才能调定的。

③导轨架8　自动捆扎机的导轨架是引导捆扎带做送进运动的。导轨架内的长腔是导槽，捆扎带的前端沿导槽滑动送进。为此，导槽的形状应有利于带子滑动顺畅，导槽内要光洁圆滑，过渡圆弧半径应尽量大些，使带子不被阻滞。

捆扎带绕导轨架一周后带子的前端头碰撞止动器1，触动微动开关发出信号，停止送带。为了使捆扎带捆绕在物品上，导槽为活动式封闭结构，有让带子脱出的活门。当带子受到牵引力时能迫使活门开启，让带子从导槽顺利脱出。带子脱出后，活门又能自行复位封闭。

此外，还有带盘阻尼装置防止送带停止时带盘在惯性作用下不能随之停转，会使带卷散乱；压紧凸轮机构在进行捆扎作业时，当捆扎带送达要求位置后，需用前端压头压住捆扎带的前端，以便进行抽带收紧并保持捆扎的张紧状态。

图5.60为自动捆扎机的实物外观图。

2.捆结机

捆结一般用于捆绑轻型的物品，常用绳材料为聚乙烯塑料薄膜绳。捆结机一般作为内包装捆扎或商业零售货物捆扎，需要拆包时只要拉动扣结的活动端，就能自行松开物品，使用十分方便。

(1)捆结机的分类　可以分为基本型(标准型捆结机)和特殊型捆结机。前者适合于各行业普通包装件的捆扎，如图5.61所示。后者主要有以下几种：

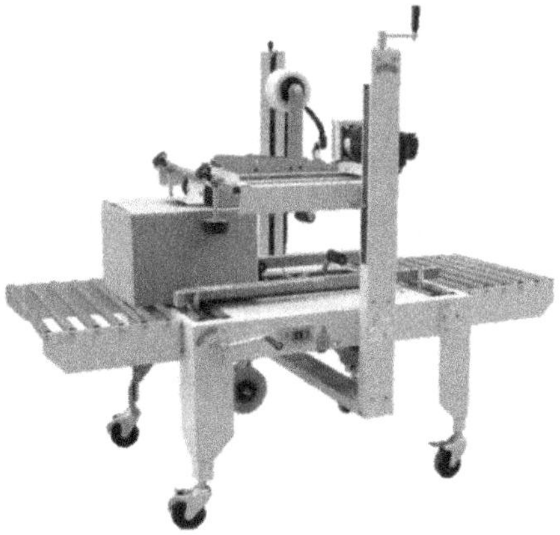

图5.60　自动捆扎机

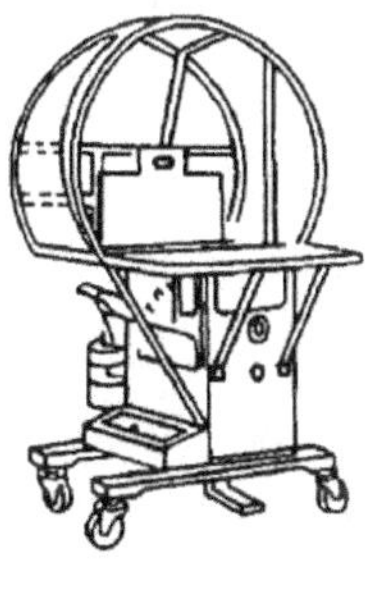

图5.61　基本型捆结机

(卢立新，2011)

①压力型捆结机　由压缩装置和捆结装置组合而成的捆结机，适合于松软包装件或需预压紧后进行捆扎的包装件捆扎，特别适用于轻纺、出版发行、纸制品等行业，一般采用顶部气压或液压，使压板对被捆扎包装件进行自动压缩，然后再进行捆包。如图5.62a所示。

②轻便托盘用捆结机　主要用于堆积在轻便托盘上物品的捆结，可以防止物品倒塌。属于自动式捆结机，对物品的捆绑依靠摆臂完成，摆臂长800～1 320 mm，最大回转直径1 600～2 600 mm。

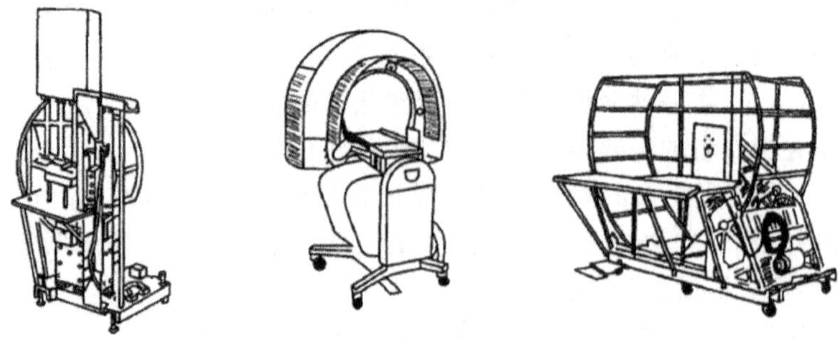

a. 压力型捆结机　　b. 贯通式自动捆结机　　c. 纸箱捆结机

图 5.62　特殊型捆结机

（卢立新，2011）

③贯通式自动捆结机　主要用于捆绑铁管、塑料管、木材等。捆卷的截面尺寸最大为 300 mm×300 mm，最小为 100 mm×100 mm。如图 5.62b 所示。

④纸箱捆结机　主要用于捆绑各种已封箱完毕的纸盒、纸箱，如图 5.62c 所示。每分钟可捆 24 箱。

⑤瓦楞纸箱坯捆结机　专门与瓦楞纸箱坯制造机连在一起使用的捆结机，用于对瓦楞纸箱进行捆结。并附有传送带和压缩机。

(2)捆结机的工作原理　捆结机能自动完成绕绳、捆紧、打结、断绳等一系列动作，以达到捆结的目的。

①绕绳　绕绳动作可由牵引式送绳臂机构执行。将绳头用压绳器 8 压牢，需捆结的物品放在工作台上，踏下启动板启动机器，送绳臂开始转动，将塑料绳缠绕在物品的表面。根据捆包需要，可绕包件 1～3 圈。如图 5.63a 所示。

②捆紧　如图 5.63b 所示，插入器 1 将塑料绳 7 的尾端向右推移，使缠绕在物品上的塑料绳收紧。结绳嘴 3 的上、下喙向前伸入插入器的槽中。当插入器开始左移时，结绳嘴就可勾住塑料绳。随后，如图 5.63c 所示，抬绳器 6 将绳的始端上提，直至与塑料绳的尾端靠近，进一步收紧塑料绳，使物品逐渐捆紧。

③结扣　如图 5.63d 所示，结绳嘴绕其垂直轴线旋转 180°，使塑料绳绕在结绳嘴上。在开嘴凸轮的作用下，结绳嘴的下喙逐渐张开。当结绳嘴回转至 360°时，结绳嘴的上下喙正好咬住塑料绳的端部。随后，如图 5.63e 所示，脱圈器 4 下降至结绳嘴上下喙的左右两侧挡住绳圈，结绳嘴的上下喙衔着绳头后撤，使绳圈从结绳嘴喙上脱出，并收紧绳头。

④割绳　如图 5.63f 所示，割刀 2 向下摆动，将塑料绳割断后复位，完成捆扎打结全过程。

5.8　多功能包装机

多功能食品包装机是指在一台整机上可以完成 2 个或 2 个以上包装工序的机器，通常以它所能完成的包装工序联合命名，比如前面介绍过的袋成型—充填—封口机、热成型—充填—封口机；也有以其主要功能命名的，本节将分别介绍真空/充气包装机和无菌包装机。

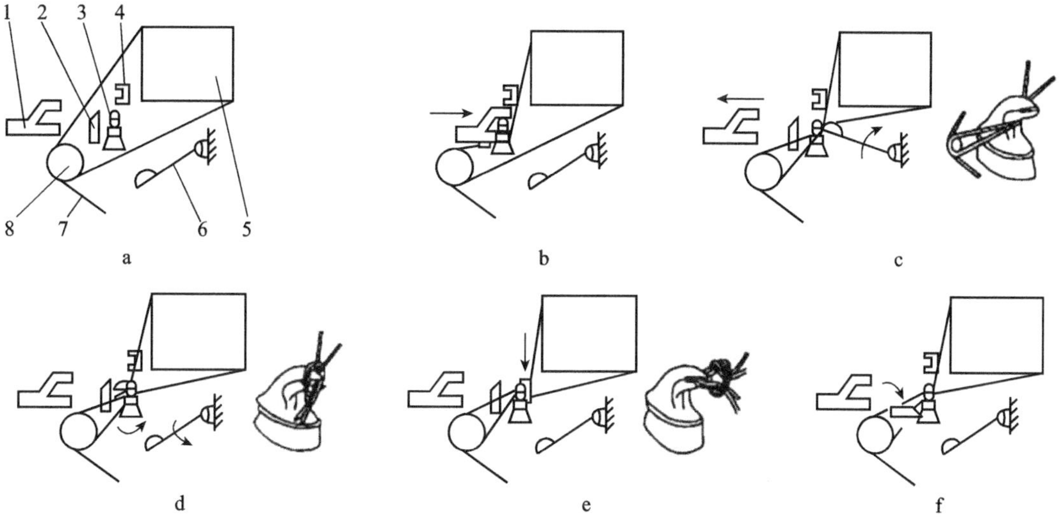

图 5.63 捆结工作原理示意图

(卢立新,2011)

1.插入器 2.割刀 3.结绳嘴 4.脱圈器 5.物品 6.抬绳器 7.塑料绳 8.压绳器

5.8.1 真空/充气包装机

将物品装入包装容器,抽出容器内部的空气,达到预定的真空度后进行热合封口的机器,称为真空包装机。将物品装入包装容器后,用氮、二氧化碳等气体置换容器内的空气,并完成封口工序的机器称为充气包装机。真空包装机使用的包装材料是塑料及其与纸、铝箔等复合的复合薄膜,热成型真空包装机除使用上述复合薄膜外,还可使用单体或复合片材。

真空/充气包装机可广泛用于包装食品、药品、中药材、化工原料、金属制品、精密仪器、电子元件、纺织品、医疗用具、文物资料等物品。

1.真空包装机

真空包装机械有室式、带式、插管式、旋转式和热成型式 5 种类型,前 4 种用于塑料袋式真空包装或真空充气包装,热成型式用于塑料盒式真空包装。

(1)室式真空包装机 室式真空包装机有台式、单室式和双室式,由真空室、真空和热封装置构成。真空系统由真空泵和电磁阀等组成,通过控制器控制各阀启闭,自动完成抽真空—热封操作。

室式真空包装机的工作原理如图 5.64 所示,将已经充填物品的包装袋放入真空室内,合上真空室盖,真空泵和抽气阀即自动开启,抽去真空室内的空气,达到预定的真空度后,合拢热封装置,将包装袋口封住,最后向真空室导入大气,打开真空室盖,取出已包装好的成品,其中真空表可显示真空室的真空度。室式真空包装机最低绝对气压为 1～2 kPa,机器生产能力根据热封杆数和长度及操作时间而定,每分钟工作循环次数 2～4 次。

图 5.65 是典型真空室结构示意图,热封杆 8 和真空室盖 2 上的耐热橡胶垫板 1 构成热封装置,根据热封杆长度在其内侧配置 2～3 个充气管嘴 9,供 2～3 个袋同时充气并热封。真空室内放有活动垫板 4,可根据包装袋 3 的厚度放入或取出以改变真空室容积,调节真空泵抽气时间以提高效率。真空室后端装有管道连接真空泵。操作时,放下真空室盖即通过限位开关

接通真空泵的真空电磁阀进行抽真空，其室内负压而使室盖紧压箱体构成密封的真空室。

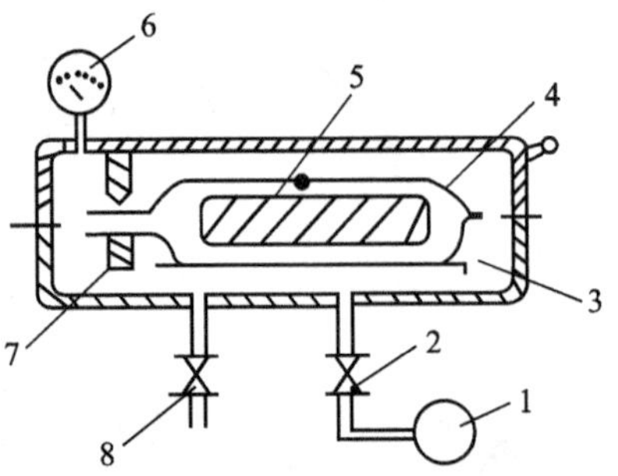

图 5.64 室式真空包装机原理图

（刘筱霞，2007）

1.真空泵 2，8.阀门 3.腔室 4.包装袋
5.被包装物 6.真空表 7.热封器

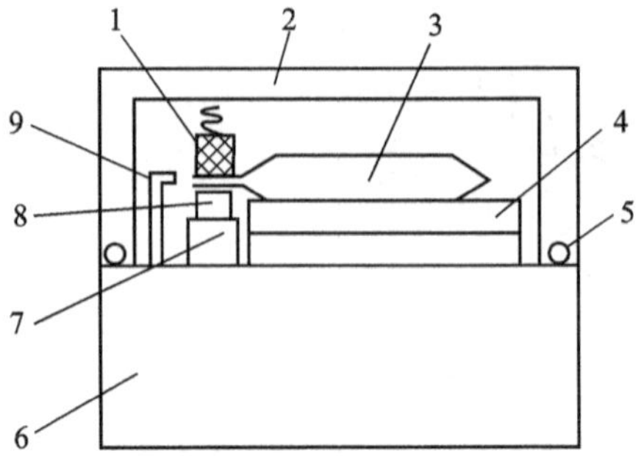

图 5.65 真空室结构示意图

（刘筱霞，2007）

1.橡胶垫板 2.真空室盖 3.包装袋 4.垫板
5.密封垫圈 6.箱体 7.加盖装置
8.热封杆 9.充气管嘴

室式真空包装机结构紧凑，真空度较高，绝大多数真空包装机都采用这一形式；因需人工充填装袋及放袋取袋，其生产率较低。

(2)带式真空包装机　带式真空包装机由传动系统、真空室、充气系统、电气系统、水冷及水洗装置、输送带、机身等组成。操作时只需将被包装物品按袋排放在输送带上，即自动完成工作循环。

带式真空包装机抽气、充气、封口、冷却时间、封口温度均可预设。只设一个较大的真空室，可以用来包装尺寸较大的物品，也可用于小袋大批量的包装作业。封口装置采用内水冷却，封口平整牢固，冷却快，其热封质量通常优于室式真空包装机。输送带角度可调，使被包装物品在倾斜状态下完成包装工作，包装物品不易溢出袋外，特别适用于粉状、糊状及有液汁等物品。

图 5.66 是带式真空包装机的结构简图，输送带 8 可作步进运动，包装袋置于输送带的托架 1 上，随输送带进入真空室盖 4 位置停止，真空室盖在输送带上方，活动平台 6 在输送带下

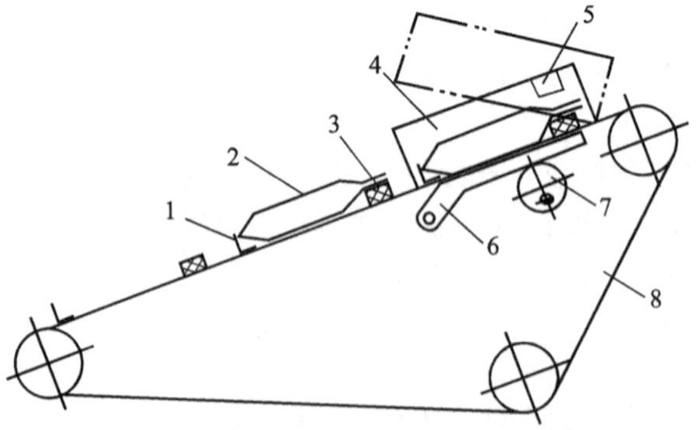

图 5.66 带式真空包装机结构简图

（刘筱霞，2007）

1.托架 2.包装袋 3.耐热橡胶垫 4.真空室盖 5.热封杆 6.活动平台 7.凸轮 8.输送带

方，真空室盖自动放下，活动平台在凸轮7作用下抬起，与真空室盖合拢形成真空室，随后进行抽真空和热封操作；操作完毕，活动平台降下而真空室盖升起，输送带步进将包装袋送出机外。输送带上有使包装袋定位的托架，只要将盛有包装物品的包装袋排放在输送带上，便可自动完成以上循环。

带式真空包装机的真空室盖自动开闭，工作循环更快，周期更短，工作周期为12～30 s，生产率高。

(3)旋转式真空包装机　旋转式真空包装机是一种自动化程度非常高的多工位真空包装机，其特点是在转盘上有多个旋转的真空室，分别完成从充填到抽真空的多道工序，因此生产能自动、连续、高效地进行，生产率可高达40袋/min。主要适用于食品行业，特别适用于包装软罐头，如包装家禽、肉类、蔬菜、水果等。

图5.67是旋转式真空包装机工作过程示意图。该机由充填和抽真空两个转台组成，两转台之间装有机械手自动将已充填物料的包装袋送入抽真空转台的真空室。充填转台有6个工位，自动完成供袋、打印、张袋、充填固体物料、灌装5个动作；抽真空转台有12个真空室，包装袋在旋转一周过程中完成抽真空、热封、冷却到卸袋的动作，机器的生产能力可达40袋/min。由于机器的生产能力较高，国外机型配套定量杯式充填装置，预先将固体物料称量放入定量杯中，然后送至充填转台的充填工位充入包装袋内。

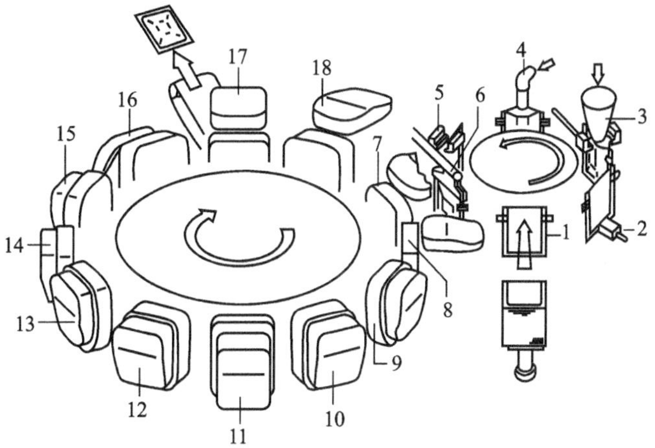

图5.67　旋转式真空包装机工作过程示意图

(刘筱霞，2007)

1.取袋　2.打印　3.开袋充填　4.灌装　5.空工序　6.转移　7.接袋　8.闭盖　9.预抽真空　10.第一次抽真空　11.保持真空　12.第二次抽真空　13.密封　14.自然冷却　15.第二次冷却　16.进气　17.出袋　18.准备工位

(4)热成型式真空包装机　热成型式真空包装机是将热成型—充填—封口机与真空充气包装机二者结合起来而形成的一种高效、自动、连续生产的多功能真空包装机。基本结构主要包括包装材料供送装置，热成型装置，充填装置，槽孔开切装置，抽真空、封口装置，无氧气冲洗装置，成品切割装置和控制系统等。

热成型真空包装机实现了机械、气动、电气一体化，整个包装过程自动进行，可靠性高，适用于软膜包装、硬膜包装、泡罩包装、贴体包装4种形式的包装。

(5)插管式真空包装机　插管式真空包装机最大特点是没有真空室,操作时将包装袋直接套在吸管上,直接对塑料袋抽气,或抽气-充气。如图5.68所示,塑料袋4的开口处插入抽气-充气管嘴1后,橡胶夹紧装置即将袋口夹紧,由真空泵抽出袋内空气然后封口。有的插管式真空包装机的扁形管嘴直接装置在热封装置上,利用上下热封杆橡胶夹住袋口进行抽真空或抽真空后充气,热封时将扁形管嘴抽出袋口。

插管式真空包装机因省去真空室,结构大为简化,同时抽真空及充气时间的缩短使生产率明显提高,但是真空度不及室式真空包装机。

2.充气包装机

充气包装机与真空包装机基本相同,只是在抽真空后,加压封口前增加了充气工序。图5.69为充气包装机结构示意图。推袋器4的作用是将袋口压住,以保证充气后的封口质量。

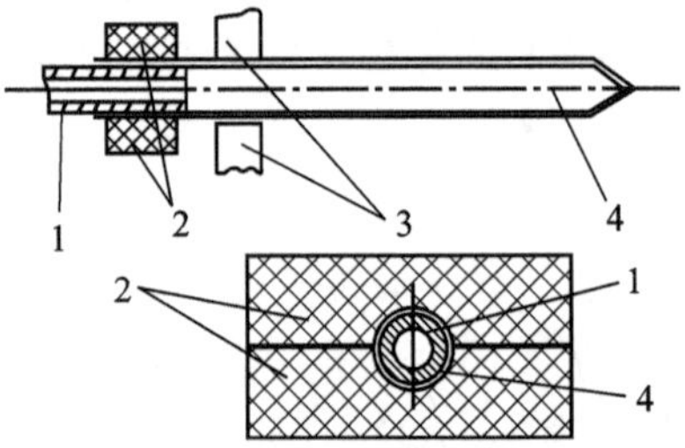

图5.68　插管抽真空原理图

(刘筱霞,2007)

1.抽气-充气管嘴　2.夹紧装置　3.热封装置　4.塑料袋

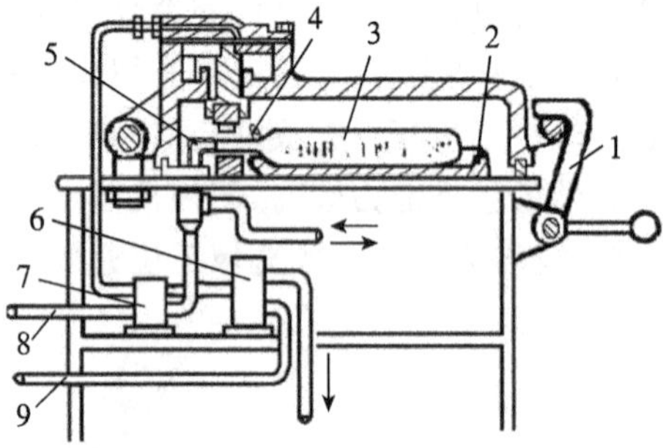

图5.69　充气包装机结构示意图

(刘筱霞,2007)

1.锁紧钩　2.盛物盒　3.包装制品　4.推袋器　5.充气管　6.阀门　7.充气转换阀　8.惰性气体进气管　9.压缩空气进气管

作为一种特殊类型的充气包装机,气调保鲜真空充气包装机的充气方式有两种类型:半密封状态下的冲洗补偿式和全密封状态下的真空置换式。

冲洗补偿式气调包装原理:利用真空发生器的快速气流形成一半真空区域,然后补充进混合气体,经几次冲洗即可使容器内获得一定比例的混合气体,待容器内外等压后进行封口。这种充气方式可使包装容器内含氧量从21%降低至2%～5%。冲洗补偿式包装机多由各种立式或卧式自动制袋充填包装机改型,这种气调方式因冲洗时容器内尚有残存的含氧量,所以真空度不高,不适于对氧敏感的食品包装。但因气调补偿时间短,生产效率稍高。

真空置换式气调包装则是在全密封状态下,利用真空泵抽尽容器内的空气,然后充入适合食品延期保鲜的混合气体,当容器内外压力相等时封口。这种包装容器内含氧量低,应用范围广。但因抽气时间稍长,工效略低。置换式制作工艺比补偿式复杂。

在气调保鲜真空充气包装机中,气体比例混合装置是将2种或3种气体按预定比例混合后向真空充气包装机供气。气体比例混合装置有两种类型:一种是与插管式真空包装机组成一体,由包装机控制混气、充气并热封;另一种是由配件式气体比例混合装置单独控制,可与各种真空充气包装机联机操作。

气体比例混合大多采用流量阀对气体作节流比例混合。图 5.70 是一种气体比例混合装置，由微机控制器 2、压力传感器 6、充气电磁阀、气体混合罐 8、真空泵 10 和放气电磁阀 11 等组成。操作时，在微机上设定 2 种或 3 种气体比例值，启动真空泵排除气体混合罐内的气体，然后经由各电磁阀分别向混合罐内充气，当罐内压力达到预定总压值后由放气电磁阀 11 向真空充气包装机供气。

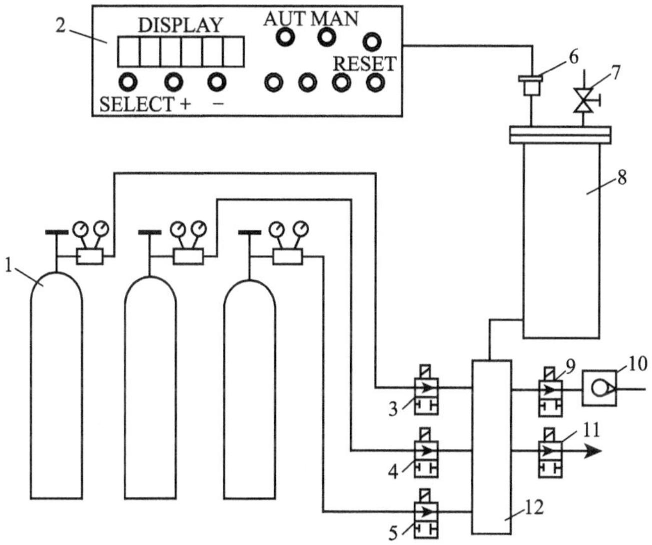

图 5.70　气体比例混合装置

（刘筱霞，2007）

1. 气体钢瓶　2. 微机控制器　3,4,5. 充气电磁阀　6. 压力传感器　7. 放气阀　8. 气体混合罐　9. 真空电磁阀　10. 真空泵　11. 放气电磁阀　12. 连接管件

包装机每次充气后，微机控制器根据混合罐内剩余总压力，再次启动各充气电磁阀向气体混合罐叠加配气，保持放气电磁阀 11 向包装机连续供气。由于这种气体比例混合装置仅须在第一次气体混合时抽除罐内气体，故可利用真空充气包装机的真空泵抽气，而不需单独配置真空泵。

5.8.2　无菌包装机

无菌包装机属于一种特殊形式的多功能包装机，内置有相对独立的包装材料杀菌系统和无菌充填与封口环境系统，可实现食品的超高温瞬时杀菌和确保包装产品的风味和质量。根据包装袋的来源有制袋式（如利乐包）和给袋式（如康美盒）无菌包装机，根据包装材料不同有纸塑复合膜、纸铝塑复合膜、塑料袋和热成型无菌包装机。

1. 利乐包无菌包装机

利乐包无菌包装机属于一种制袋式无菌包装机，特指使用纸基与铝箔及塑料复合层压制的包装材料，袋型为菱形、砖形、屋顶形、利乐冠和利乐王等的无菌包装机。

在利乐包无菌包装机上，包装材料采用 H_2O_2 杀菌，该系统有浸润和深槽浴两种形式。在浸润系统中，包装材料通过时，其内表面附着一层 H_2O_2（浓度 15%～35%）液膜，利用后续对液膜加热干燥进行杀菌消毒。杀菌效果受浸润、加热干燥过程影响。在深槽浴系统中，包装材

料进入一盛有 H_2O_2(浓度 30%～40%,温度＞70℃)槽中,利用加热后有一定温度的 H_2O_2 对包装材料进行杀菌。为保证润湿效果,槽内还配有 0.3%的湿润剂。

为了满足无菌灌装的要求,需要采用通入无菌热风(最高温度 360℃)及雾化的 H_2O_2 对所有与食品接触的零部件表面进行消毒杀菌。工作过程中需要通入无菌热风,保持有可能污染产品的区域处于无菌状态。

2.康美盒无菌包装机

康美盒无菌包装机属给袋式,便于使内容物与包装盒有一定的顶隙,适合多种大小不同包装盒灌装等特点。

康美盒无菌包装系统先经过复合材料制造、印刷、分切、压痕、纵封折叠及纵封等工序制成盒坯,再将盒坯送到无菌灌装机。在无菌灌装机中,经过盒坯拉开、底部密封、H_2O_2 喷雾杀菌、灌装、顶部封口等工序,完成充填—封口过程。

康美盒无菌包装机的结构如图 5.71 所示,其包装过程如下:

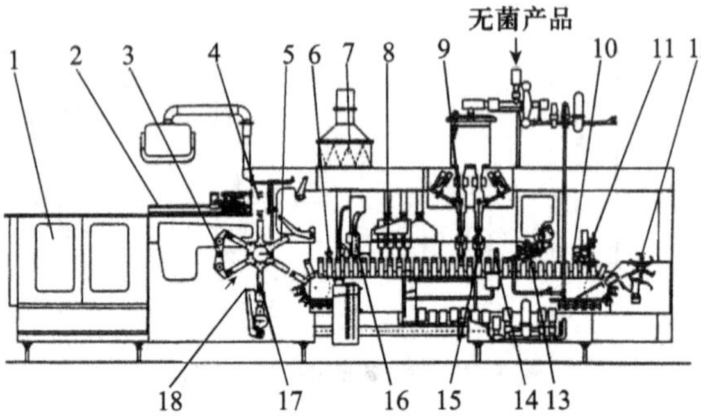

图 5.71 康美盒无菌包装机结构示意图

(崔建云,2004)

1.仪表控制台 2.盒坯输送台 3.盒坯底部加热装置 4.活动吸盘 5.定形轮 6.顶部折纹装置 7.H_2O_2 蒸汽收集罩 8.热空气干燥装置 9,15.灌装机构 10.热印装置 11.顶部压平装置 12.传送轮 13.盒顶部封口装置 14.除沫器 16.喷 H_2O_2 装置 17.盒坯底部密封装置 18.盒坯底部折叠装置

(1)盒坯输送与成型 已完成纵封的预制盒坯通过输送台 2 依次送到定形轮 5 旁,由活动吸盘 4 吸牢和拉开成无底、无盖的长方盒,并推送至定形轮中。长方盒随定形轮转动,进入盒底部加热熔化区,两个热空气喷嘴伸入盒内,使盒底四壁的塑料面受热熔化。当转到底部折叠区时,开口的纸盒即被折叠器 18 纵横折压出折纹。然后,在封底器压力下将盒底封闭。当定形轮将已封好底的空盒推出,随即被链式输送带扣住往前移动。

(2)包装容器杀菌 在进杀菌区前,包装容器顶部被一折叠器由顶向下折纹,以备最后封口用。盒顶折纹后即进入正压状态无菌区,H_2O_2 在喷雾装置 16、电加热器作用下呈雾状喷射到空盒内部,包装盒内表面附着的 H_2O_2 冷凝后,由喷雾区下方的 H_2O_2 收集槽收集,而其余的悬浮雾状 H_2O_2 则由喷雾区顶部排气罩排出。在热空气干燥装置 8 作用下,通过多次吹热空气操作,H_2O_2 分解,对空盒进行杀菌,并干燥。

(3)无菌制品灌装 在无菌区,已经过杀菌的制品由灌装机构 9,15 完成灌装。不同物料的特性灌装方法有所不同。对黏度较大的或含颗粒的制品如番茄酱、浓缩汤等需用机械压力灌装法，在待装物料槽底部有柱塞泵，由柱塞往返运动将制品吸入、计量、推出，经输出管注到消毒好的纸盒中；对黏度较小的制品如果（蔬）汁、牛奶等用定时流量法。灌装易起泡沫的制品，用除沫器 14 吸取泡沫并送到另一贮槽。

（4）顶部加热与密封　顶部加热与密封是无菌区内的最后工序。灌装完成的盒顶封口处吹热空气，使该处复合材料软化，随后折叠，再用超声波封口装置 13 密封。超声波封口装置是使折叠后复合包装材料产生振动摩擦而发热。本机采用的超声波频率为 2 万 Hz。

由于康美盒无菌包装机是给袋式，灌装时能实现容器与内容物间有一定的顶隙，可用来完成果蔬汁的热灌装，热蒸汽冷凝后顶隙具有真空度这对保持维生素 C 等营养物质能起一定作用。

（5）热印与顶部压平　封口后立刻热印上灌装或过期时间。对包装袋四端处的凸翼（耳朵）由顶部压平装置 11 折叠压平，使包装成砖形。

（6）送出　通过传送轮 12 及传送带将包装产品送出机外。

康美盒无菌包装机的清洗消毒是在灌装开始前，灌装机构及与制品接触零部件的表面均需用 CIP 系统清洗和用蒸气消毒。

5.9　自动包装生产线

5.9.1　包装生产线的特点及组成

包装生产线是按照产品包装工艺过程，利用分流、合流、贮存、传送装置把包装机以及辅助设备连接起来而形成的，具有独立控制装置的包装生产系统，分为包装流水线和自动包装线。

被包装物只是由输送装置送到各个包装工位，在工位上主要是由工人操作机器或工具来完成规定的包装任务，这种生产线一般称为包装流水线。

在自动包装线上，被包装物按照设定的包装工艺顺序，自动地经过各个包装工位，完成预定的包装作业。例如，现代化啤酒饮料厂家大都拥有一条或数条生产能力很高的自动灌装线，从箱瓶移送、洗验、灌封、杀菌、贴标等各工序均由计算机自动控制。采用自动线组织生产，有利于应用先进技术和管理技术，可简化布局，减少被包装物贮备量，缩短生产周期，提高包装产品质量，提高劳动生产率，降低生产成本，改善劳动条件。但是，成本高，占地面积比较大，对于生产组织管理要求高。

自动包装线主要由包装机、传送与中间存贮装置、控制系统和信号及检测装置等组成，如图 5.72 所示。其中，自动包装机是基本工艺设备，输送及中间存贮装置是必要的辅助装置，依靠自动控制系统来完成工作循环，自动控制系统控制包装机和辅助装置，使生产线中各设备工作协调，从而获得最佳的工作状态。成组包装时还需装有数量检测、识别等装置。

5.9.2　自动包装生产线的分类

按包装机排列形式不同分为串联、并联和混联 3 种类型。一般以串联和混联生产线较多。图 5.73 所示为一混联式自动灌装线。

按生产线的布置方式可分为直线型、曲线型、环型和树枝型等。

按照包装机之间的联系特征可分为刚性、挠性和半挠性生产线 3 种类型，如图 5.74 所示。

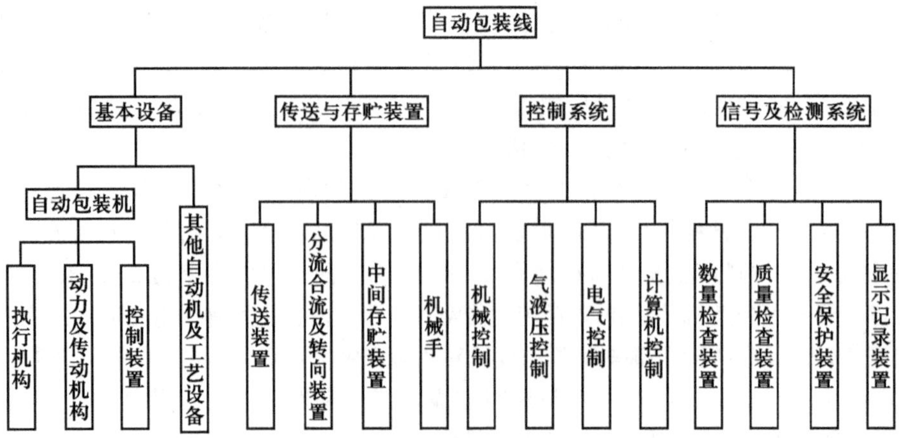

图 5.72　自动包装线的基本组成

（孙智慧，2007）

在刚性生产线（图 5.74a）中，被包装物在生产线上完成全部包装工序，均由前一台包装机直接传递给下一台包装机，所有机器按同一节拍工作。如果其中一台包装机出现故障，其余各机均应停止。

在挠性生产线（图 5.74b）中，被包装物在生产线上完成前道包装工序后，经中间存储装置储存，根据需要由输送装置送至下一包装工序。生产线中某台包装机出现故障时，不会立即影响到其余包装机的正常工作。

半挠性生产线（图 5.74c）则由若干个区段组成，各区段内的包装机间又以刚性连接，而区段间为挠性连接。如灌装生产线，其中灌装机与压盖机常以刚性连接组成机组。

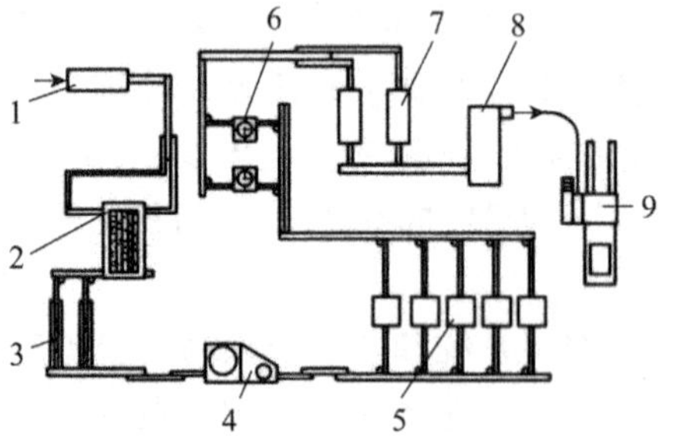

图 5.73　混联式自动灌装线

（刘筱霞，2007）

1. 卸箱机　2. 洗瓶机　3. 空瓶检查台　4. 灌装封口机
5. 检液装置　6. 贴标机　7. 中间存储装置
8. 装箱机　9. 堆码机

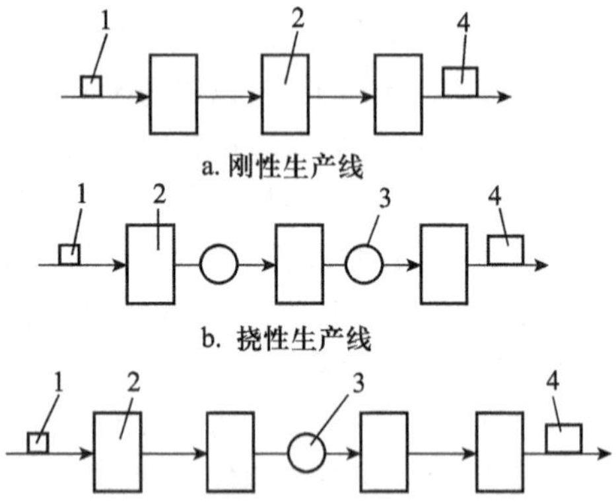

图 5.74　包装机之间的连接特征

（孙智慧，2007）

1. 被包装物品　2. 包装机
3. 中间存储器　4. 成品

在生产实践中，人们往往习惯于以被包装产品或成品的性状区分包装生产线，如流体或半流体类包装线、粉粒状食品包装线、块状物品包装线等。流体与半流体类包装线应用较多，如啤酒、汽水等饮料刚性容器灌装线及牛奶、果汁等液体类食品软包装线。粉粒状物品包装线如砂糖、精盐等软袋包装线。块状类食品包装线如糖果、雪糕等包装线。

自动包装生产线为包装产品的质量及生产的高速化、规模化提供了保证，特别是计算机在包装控制和管理上的应用，以及包装机械手、机器人在自动包装线上的应用，使包装线不断完善，具有更广的适应性和一定的柔性，适应了包装市场上千变万化的多品种的包装要求，使包装生产线朝着包装自动化车间和自动化工厂发展。

5.9.3　自动包装生产线的发展趋势

现代包装生产线已发展成包括包装容器的成型、制造或包装材料的印刷、裁切等包装材料容器的制备机械在内的各种完整的包装工程综合自动化线。图 5.75 所示即为一条容器成型与产品包装综合生产线，由 4 台吹塑机组组成的自动吹瓶机组、直立理瓶机、灌装机、封盖机、箱成型与装箱封箱机等组成，可完成瓶成型、灌装、封盖、箱成型与装箱等作业。

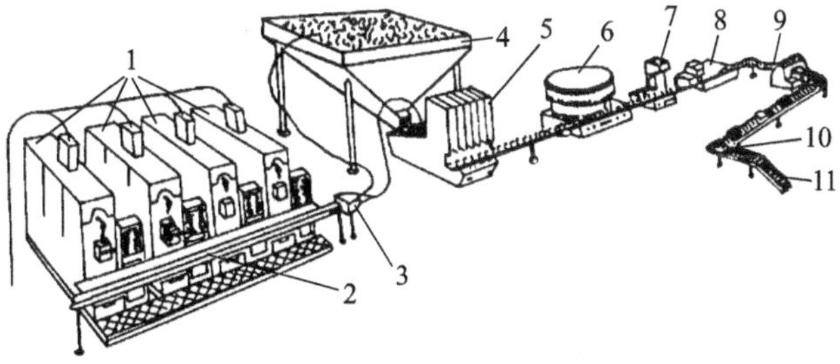

图 5.75　容器成型与产品包装综合生产线

（刘筱霞，2007）

1. 自动吹瓶机组　2. 传送带　3. 运瓶器　4. 瓶仓　5. 直立理瓶机　6. 灌装机
7. 装盖封盖机　8. 贴标机　9. 箱成型与装箱封箱机　10. 转向装置　11. 输送装置

在一些工业发达的国家，还将自动包装生产线与现代化的自动仓储系统相连接，包装材料及容器传送设备通至各个包装部位，自动包装生产线出来的成品直接由输送装置送到自动仓库的货架上，取用出厂时，可将包装产品从货架上自动卸下，并从仓库出口处装入运输工具运走。产品包装过程及分类管理、自动仓库的操纵和管理、记账、开发货单以及发货等均由计算机集中控制，从而形成了产品生产和包装管理的自动化工厂。二维码 5.2 为全自动高速预制杯灌装封口机视频。

二维码 5.2　全自动高速预制杯灌装封口机视频（由杭州中亚机械股份有限公司提供并授权使用）

思考题

1. 食品包装机械选配的一般原则有哪些？
2. 番茄酱灌装适合采取什么计量方式？适合什么灌装方式？

3. 热压封口装置主要有几种类型？各有什么特点？

4. 制袋成型器有哪几种？各适用于何种袋型？

5. 哪些物料适合于热收缩包装？

6. 绿豆糕适合哪种裹包包装方法？其采用设备主要由哪些部分组成？

7. 什么是包装生产线？主要由哪几部分组成？

参考文献

[1]刘筱霞. 包装机械. 北京：化学工业出版社，2007.

[2]卢立新. 包装机械概论. 北京：中国轻工业出版社，2011.

[3]孙凤兰，马喜川，等. 包装机械概论. 北京：印刷工业出版社，2005.

[4]孙智慧. 包装机械概论. 北京：印刷工业出版社，2007.

[5]尹章伟，毛中彦. 包装机械. 北京：化学工业出版社，2006.

[6]张国全. 包装机械设计. 北京：印刷工业出版社，2013.

第6章

食品包装设计

本章学习目的与要求

1. 了解食品包装设计的基本思路；
2. 熟悉食品包装设计的基本要素和程序；
3. 掌握食品包装设计的方法和内容。

包装设计是指运用合适的材料及合理的工艺手段，借助符合人们消费心理的装饰性视觉元素，针对生产、生活制品进行的保存、运输、销售等方面的设计过程。

包装设计作为一种高度知识密集型的创造活动，在诱导消费、提高商品竞争力、促进企业发展等方面起着重要作用。包装设计是人类文化活动的重要组成部分。它有着稳定的基本文化格局，并不断为社会文化注入鲜活的新内容，不断产生着与时代同步的特征。

包装设计作为文化的媒介，通过包装设计承载一个国家的民族文化精神及本土文化特征，如意识形态、审美趣味、民族习俗等，作为一种文化，其实用价值日益凸显。包装文化以追求效益、功能、美观为目的，它是科学与艺术相结合的综合形态。因此，包装设计毫无疑问地蕴涵着本民族、地域深厚的文化观念。随着时代的进步，包装文化不仅会改变人们的生活方式，同时还会改变人们的生活价值观。而且，由于包装的外在界面以直接的、艺术化的形象诉诸人的视觉，它能在商品营销活动中引导人们的消费选择，提高时尚消费品位。

6.1 食品包装设计的基本思路

食品包装是以食品为核心的系统工程，涉及包装材料、包装机械、装潢设计、品牌形象、标准法规、质量控制等。设计的真谛就是在共性中寻求个性特色，对特定商品包装进行物质与精神功能的目标定位，是包装设计的出发点，也是包装设计的归宿与目的。因此，食品包装设计的思路也要围绕这一系统工程来展开。

6.1.1 把握产品的特性

食品的包装设计必须根据具体食品的不同性质、形态与食用方式等确定其特定包装的功能目标定位，进而依据特定商品包装的功能、目的与要求开展包装的策划设计。因此，食品的包装设计必须首先了解该食品的物理、化学特性，才能确定所选用的材料、封装方式、展示效果等，才能对产品进行有效的保护和营销宣传。

6.1.2 对目标人群的了解

包装是与消费者接触最广泛、最频繁的视觉形象。不同的食品针对着不同的消费群体。只有对消费对象充分了解，其中包括不同的地域、各种年龄段、职业、性别、社会阶层、收入状况、文化习俗、消费心理、宗教信仰等，才能设计出符合不同消费群体兴趣的食品包装，使消费者对设计的包装“一见钟情”。因此，要从产品所涉及的消费对象的喜好、偏爱以及特定含义等来考虑视觉形象的表现形式。具体可以根据不同目标人群进行针对性设计。

6.1.3 对企业品牌形象理念的了解

经营理念即是系统的、根本的管理思想，是企业管理者追求企业绩效的根据，是对顾客、竞争者以及职工价值观与正确经营行为的确认，然后在此基础上形成企业基本设想与科技优势、发展方向、共同信念和企业追求的经营目标，这些可称为企业的“经营理念”(theory of business)。现代商品需要借助包装的形象和宣传促进营销，包装是塑造商品与企业形象品位的重要构成部分，是企业营销中最经济有效的广告宣传媒介与竞争工具。

一般说来，每一个品牌都有一套明确的、始终如一的、精确的经营理念。因此，在进行包装设计时首先就必须对企业的经营理念有着深刻的理解，才能在总体上把握包装设计所要表现的企业形象和思想、文化内涵。

包装设计需要进行深入细微的产品与市场调研，通过包装尽可能地强化与表现内装产品的商品特色，塑造品牌真实、美好与可信的企业形象，准确迅速地传达商品信息，以吸引顾客、引导消费，为树立商品与企业形象服务。

6.1.4　对食品质量安全的控制

食品包装既要符合一般商品包装的标准与法规，更要符合食品卫生与安全有关的标准与法规。食品包装标准就是对食品的包装材料、包装方式、包装标识、包装技术要求等方面做出的规定。食品包装标准与法规同食品标准法规密不可分，两者都有十分具体的要求，但最基本的核心问题都是保证食品质量与安全。因此，在进行食品包装设计时不仅要遵照食品包装标准和法规，而且要保证食品质量安全。

6.1.5　对包装产品经济成本的控制

经济成本控制，就是对企业在进行产品生产和经营过程中所有费用的发生和产品成本的形成所进行的一系列科学管理工作。“如何控制成本，实现利润最大化”是企业财务管理的重要目标，搞市场经济，就要讲究市场运作，讲究经济效益，讲究降本求利，讲究公平交易、平等竞争，而这一切都是和企业的目标成本管理工作分不开的，包装产品也不例外。在满足产品包装所需功能的基础上，要合理、适当地选用材料和对材料进行模数分析，最大限度地利用材料，避免浪费。

6.1.6　绿色包装设计

20 世纪 90 年代以来，“环境与发展”成为世界共同关注的焦点问题。在绿色设计浪潮的冲击下，绿色包装设计是以环境资源保护为核心概念的设计过程，是包装质量、功能、寿命、环境一体化的设计过程，具有节省资源与能源、减量、易回收再利用、避免或减少废弃物产生、不污染环境等特点。随着经济全球化和环保意识在各个领域的渗透，绿色包装设计是未来产品包装设计的唯一选择。绿色包装材料的设计原则主要包括：

(1)实行包装材料减量化。采用新材料和新技术，使包装材料的用量最少，从而减少对环境的影响。

(2)包装材料应该易于重复利用或易于回收再生。通过循环再利用、生产再生制品、焚烧利用热能、废弃物综合利用等措施，达到再利用的目的。

(3)包装材料中不含有毒元素、卤素、重金属等对人体和生物有害的成分。包装材料废弃物可以降解消化，不形成永久垃圾，减小固体废弃物对环境的影响。

6.1.7　智能包装设计

随着包装技术的不断发展，智能包装的应用迅速崛起。智能包装被认为是包装基本功能的延伸，属于包装交互功能的延伸。智能包装的实时监控功能对食品安全有着重大意义。交互式智能包装种类繁多，不同的包装其交互对象、交互方式与交互内容都不相同。包装流通中的交互对象主要包括消费者、产品、环境、供应链 4 个方面，交互式智能包装可通过不同的技术方案实现交互对象之间的智能交互。交互式智能包装的应用可以使消费者更加快速、准确地获得产品信息和判断产品价值，能够最大限度地保证消费者的权益，提高消费者的购物体验感。

（1）基于人—物交互的智能包装　人—物交互即消费者与产品包装之间的交互，是产品包装将包括产品新鲜程度、品质、生产日期等产品信息传达给消费者的行为。随着现代生活节奏的加快，消费者在购物过程中愿意花费的时间与精力越来越有限，同时消费者对产品信息获取的全面度越来越高。与其他食品倾向情感、人文类信息的表达方式相比，人—物交互包装食品往往追求简单、清晰的表达方式，使消费者能够准确、便捷地了解产品状态。

（2）基于物—物交互的智能包装　物—物交互指的是物体与物体之间的交互行为，即包装与供应链、产品之间信息、物质的交换流通。包装作为产品与外部环境之间的唯一屏障，它不仅起到隔绝产品与外部环境之间的作用，也起到维持产品内环境氛围的作用，通过物—物交互智能包装可实现产品信息智能化管理、延长产品保鲜期等功能。

6.2　食品包装设计的要素与程序

6.2.1　食品包装设计要求

包装设计之前，必须充分了解产品属性，包括使用方法、净含量、出厂日期、保质期、成分说明。多角度考察、综合分析各种因素，才能设计出符合各种要求的合理包装。

（1）保护食品　设计产品包装，首要因素是包装对内容物的保护保存性能。同时，包装结构设计要合理、新颖、具有吸引力；包装材料选用要适当、安全卫生；等等。

（2）包装标准化和工业化　设计包装的标准化和工业化程度能否适应新工艺、新材料、新技术的发展；节约原材料、减少制造成本，节约储存成本和运输费用；等等。

（3）方便储运使用　包装产品便于使用、储存运输、货架陈列和节省贮运空间；保证在正常贮运条件下不受损；确保产品包装容易开启、再封存和取出内容物，且方便计量出正确的使用量；个体包装的大小、容量须符合人机工程学原理、适合消费者的需求、便于携带；包装的大小是否适于存放于冰箱、餐橱或食品柜中；等等。

（4）有利于促销　现代商品竞争除基于产品内在的质量外，在很大程度上还与包装的形象和宣传促销方式有关。设计定位能准确显示产品的特点并体现销售策略；与其他同类产品相比较具有竞争力，价格合理；包装尽可能地强化与表现产品的商品特色，塑造特定商品真实美好可信的形象，准确迅速地传达商品信息，为吸引顾客和正确引导消费树立商品与企业形象服务；等等。

（5）切合时代潮流　包装作为商品的载体和有机构成部分，与商品生产、流通环境条件，与当代人们的生活方式、消费观念、审美要求密不可分。因此商品设计需要分析把握包装与市场的发展趋势，顺应时代潮流，更新观念，及时应用新材料、新技术、新方法、新形式，更新改造，开发适合当代人的消费要求与引导市场潮流的新包装。

（6）设计美观、制作精美　包装结构设计要科学、新颖；装潢造型设计要美观大方，符合目标市场消费者的风俗习惯或心理反应，能引起消费者的购买欲望；包装样品制作符合设计意图；加工工艺、印刷水平与设计的结合完好；等等。

（7）与国际接轨　现代商品与市场发展趋势是自由开放型的，不受地域或国界的限制。包装作为商品不可分割的构成部分和市场竞争的工具，与各类商品同时进入国内与国际市场，各个地区和不同国家的商品在市场同时销售竞争。因此，包装设计与生产必须与国际市场接轨，符合国际标准规范及环境保护的要求。放眼不同地区和国际市场，树立国际性大环境设计的观念。

（8）智能化防伪包装　智能化防伪包装设计主要体现在防伪标识（图 6.1）、特种材料工艺、印刷工艺等方面，融入食品包装设计中，更加高端、便利和智能。智能化包装的主要形式有二维码防伪技术、无线电射频识别（radio frequency identification，RFID）、激光防伪标签等。智能化包装可减少假冒伪劣商品，RFID 智能标签和防伪智能包装作为非接触的自动识别技术，能极大降低和减少假冒伪劣商品的数量，保障食品的安全。此外，智能化包装设计对智能型物流体系的建立起到重要作用，通过智能化包装，从生产到运输、储存的各个阶段实现可追踪性，形成一套扩展跟踪体系，所得到的精准数据可以合理分配人力和物力，从而优化物流管理。

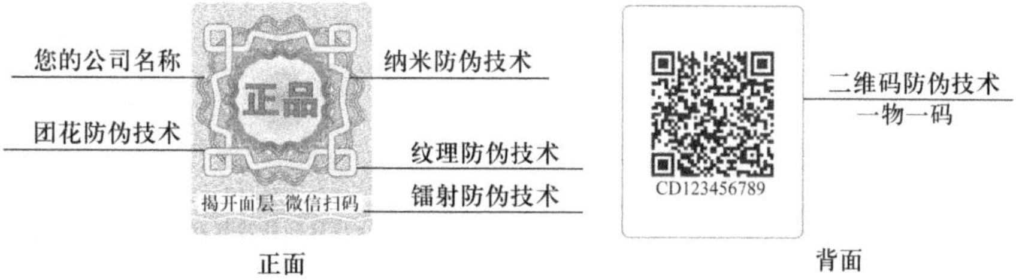

图 6.1　防伪标签

（9）有利环境保护　包装设计应体现“绿色包装”（图 6.2）的特点，要设计多用途和可循环使用的包装，避免过分包装，等等。

图 6.2　环保包装盒设计

6.2.2　包装设计要素

包装设计是一个综合性的设计体系，包装设计一般包括三大部分内容：包装造型设计、包装结构设计和包装装潢设计。在包装设计策划阶段，需对以下几方面的因素加以分析研究。

（1）市场因素　确定包装产品最终消费人群及其年龄、性别；最终消费人群所隶属的收入阶层、社会或文化背景、种族、地区等；消费地域是内销还是外销。

(2)产品因素　产品是包装保护的对象，对包装而言称为内容物或内装物。内容物的形态，包括形状、质量、尺寸、刚度、强度、耐候性(耐水、耐潮、耐微生物)、品质、价格等是设计构思应注意的重点。内容物不同，设计构思不同，设计重点不同，所采取的包装手段也不同。

(3)经济因素　经济因素主要指包装的造价和运价。首先是指包装箱成本。包装箱成本的要素包括：材料费用、工时费用、管理费用以及配套费用。这些都与设计时选材的合理与否、设计结构的工艺性(即是否易于加工，是否适合批量加工)等有直接联系。避免过度包装，造成浪费，同时包装不足或包装失当也会造成损失。诸如此类，都需要包装设计者进行全面仔细的分析。降低包装的运价，一是要尽量缩小包装箱的体积，以节约运输空间；二是要使包装箱具备一定的堆码强度和顶部负载强度，充分利用有限的运输空间。

(4)尺寸规格　包装大小及容量对消费者是否便利；对购买数量和使用过程影响如何。

(5)陈列效果　包装产品是陈列在自选市场的货架上还是商店柜台或橱窗中；包装产品的形状、尺寸是否适于批量陈列(图6.3)，单一陈列时吸引力是否足够；包装的正面，或是每一面都需要传递产品的信息；是否需要辅助物品陈列或采用展示包装。

图6.3　商超康师傅茶饮批量陈列

(6)统一形象　包装是塑造商品与企业形象(corporate identity system，CIS)品位的重要构成部分。包装设计必须受CIS总体战略的指导，即包装设计必须和企业形象进行有机融合，运用CIS设计中规定的视觉设计要素，进行整体策划、定位，保持视觉形象的统一性；包装上所有应体现的特征是否都在正确的位置上，并加以适当强调；商标品牌的位置和文字是否明显且不易误认，是否能使消费者产生视觉冲击；此产品包装与本企业其他产品包装是否统一，是否需要采用系列包装。

(7)竞争能力　该产品包装的材料、形态、尺寸、色彩及其设计与其他同类商品有何差异；商品与同类商品竞争方式如何，竞争力如何；商品的性质更适合传统方式包装，还是新颖的包装设计；研究其他同类商品的包装特点，利用造型、色彩对比，突出自身。

(8)资料显示　相关法规要求标注的资料是否已注明；内销及外销包装的说明资料(图6.4)是否以通用的方式注明(包括条形码、二维码、QS认证标识等)；商品的介绍文字是否简明易懂;装潢插图能否引起顾客的兴趣;是否需预留出空白位置以供经销商使用。

图 6.4 良品铺子低脂魔芋(香辣味)外包装产品信息

(9)吸引力 包装的色彩、装潢设计是否符合市场流行趋势,是否具有竞争优势;近看或远看、单一陈列或大量陈列效果能否切合消费者特定时间场合的心理需求;是否有足够的自我推销能力,或必须依赖相关推广宣传支持;装潢造型设计是偏重传统风格还是现代风格或异国情调,是注重民族性还是国际性;等等。

思政案例

过度包装超市被处罚

江苏常州,监管人员在市场巡查时发现,一家超市销售的一款茶叶,包装豪华,锦盒体积巨大,里面的茶筒却小得可怜,这一下子就吸引了市场监管人员的关注。打开包装后,执法人员发现里面只放了半斤茶叶,包装很漂亮,按照碧螺春茶叶市场价格,半斤茶叶应该在100元左右,而这款茶叶销售价格为280元,明显高于市场价格。监管人员对该茶叶包装进行了称重,5两的茶叶,包装竟高达2斤,就将这款茶叶送往常州检标院检测。从2010年4月1日起实施的《限制商品过度包装要求——食品和化妆品》国家标准规定:包装层数3层以下,包装空隙率不得大于60%,初始包装之外的所有包装成本总和不得超过商品销售价格的60%。经检测,送检茶叶包装空隙率过大,明显不符合上述标准。

(根据CCTV-2财经频道正点财经栏目的报道整理,央视网2021年04月16日)

6.2.3 包装设计程序

1. 确定设计对象

设计者在接到设计任务时,应该全面了解包装食品的成分、特性、食用方法、销售对象、市场目标及销售方式等信息。

2. 市场调查

由于科学技术的迅猛发展,企业的生产规模不断扩大,社会分工也越来越细。包装设计人员一般都不直接面对消费者和销售市场,不能直接听取消费者的意见,在设计上容易从自我出发、从概念出发，容易出现设计的盲目性。因此，设计之前进行市场调查是非常必要的。

(1)市场调查的内容　包装设计中的市场调研，目的是使设计者对消费者的喜好、需求、趣味，同类产品的销售情况及客户的意见等进行充分的了解，以研究市场的潜在消费群体的购买力、购买动机，即对以往同类产品的优缺点的分析。如果是新上市的产品，则主要重视产品的消费需要，还有消费者的心理需求、社会氛围等方面的分析。

市场调查一般可分为两个步骤：一是设计之前的调查，将企业产品和市场上其他同类或者相近产品进行比对分析。二是产品上架后的销售调查。当产品上市后，需及时对消费者、销售人员以及商场管理人员反映的信息进行收集、整理分析，以便为下一次包装的改进做好准备。在调研过程中设计师应该主要对包装市场、产品市场、消费者有一个很好的把握。

市场调查内容应包括：

①产品消费群体的相关情况，包括消费者的消费水平、审美爱好及消费动机等。

②同类产品的包装及其历史变化情况，不同包装被市场接纳的情况。

③同类产品的包装在产品销售中的贡献率。

(2)市场调查的方法　进行市场调查的基本方法有以下 3 种：

①观察法　选择有代表性的不同类型的商场，定时观察同类产品的销售情况，以及消费者对同类产品包装的反映，同时要了解不同类型卖场同类商品陈列的方式、装饰色彩、环境氛围等。

②询问法　直接以询问的方式向销售人员了解情况，或直接询问选择同类产品的消费者，收集整理相关人员的意见和建议。询问之前要有一个相对完整、全面的询问计划方案。注意按相应的比例作问询，防止片面的认识影响后期的设计。

③实例调查法　制作出新包装产品的样品，小批量发售，或者在节假日做些赠送活动，之后对使用新产品的消费者进行问卷调查，分析问卷所得详情，以直接获得最详尽、贴切的反馈。

(3)分析调查结果　通过市场调研，设计者多方面地搜集到产品包装设计所涉及的市场、消费者等方面的信息，对此进行加工整理写出调研报告。要求简明扼要，观点明确，调研搜集的材料与提出的观点要保持一致，提出设计中所要解决的问题与解决方法。尤其对于一个新产品，在与市场上众多竞争对手的激烈角逐中，要战胜已被消费者认可品牌的同类产品，包装必须要有特点，要有与市场调研结果相符的创意，使包装具有鲜明的个性与新颖性，能让消费者过目不忘，从而使产品具有延续性消费的可能。市场调研可以避免风险，协助企业把重点放在最大利润市场。在信息时代，调查研究可以帮助人们及时了解所发生的变化，以便通过优秀包装设计去找到销售的各种途径。懂得了不同消费者购买不同包装商品的奥妙，就可以按照调研的结果去满足人们的各种需要，促进商品销售。

设计师在设计包装时，要充分意识到调研数据的参考价值，更全面地考虑如何设计。但是在设计中也不能局限于调查数据，被调查数据禁锢了头脑，而应该从实际情况出发，充分运用自己的设计经验、知识积累，把握正确的设计方向，设计出优秀的产品包装。

3.设计

(1)创意与构想　在对调查数据进行处理分析之后，设计人员开始设计包装方案。包装的设计分析是对整个包装的视觉部分、使用性、保护、安全、合理性及环保型等方面进行考虑，在对这些因素进行综合考虑后，设计人员开始着手设计包装，并以草图的形式体现出来（图 6.5、图 6.6）。

图 6.5　“三美四和”酱菜包装

图 6.6　燕之坊系列包子包装礼盒设计

（2）确定设计方案　从设计草案中挑选出一些较好的设计方案，并绘制出预想图，利用 3D 绘图软件，制作 3D 模型，再与委托方及相关部门进行讨论，探究其合理性，最后从其中挑选出最为合理的方案进行具体细化。

（3）选定包装材料及包装辅助材料　科技的飞速发展使现代包装材料也发生了巨大的变化。包装材料从早期的自然材料到各种复合材料，品种各异。在包装材料的选择和应用上要以适用性、科学性、经济性为基本原则。优选标准材料和绿色材料，成本要适宜，能满足产品的防护、安全与使用要求，具有良好的印刷与制作性能。

（4）选择包装技术与方法　由于新技术及新材料的发展，食品包装增添了很多新的功能特性，包装材料和技术的确定不仅出于健康方面的考虑，对于减少食品的大量浪费也非常重要。

（5）包装的结构、造型、装潢设计　在包装结构、造型及装潢设计统一考虑的前提下，一般先确定基本造型，然后进行结构设计。从科学原理出发，根据包装材料的性能特点和包装容器的成型方式，以及包装容器各部分对结构的要求，对包装结构进行具体设计。最后进行装潢设计。包装是立体的，设计时一定要有三维概念，要注意几个展示面的相互关系。在做个体包装方案的同时，也应对内、外包装采用同一系列风格设计。

4. 制作样品包装并对样品进行验证

根据选择的设计方案制作出一个或几个与实物同样大小的精细样品包装（盒样、容器模型），根据有关要求或标准对样品进行科学测试，并将样品包装与原有的及竞争对手的包装进行比较，从科学性、销售性和美观性等方面来研究，选定最佳方案。

样品验证是包装设计的最后一个程序，它相当于产品的试运行，将开发出的产品装入小批量生产出来的包装中，经过企业内部的检验可以小批量上市。其目的是使包装设计通过消费者的试用、产品的试销以及市场调查后进行自我鉴定，听取消费者的意见，收集反馈信息并及时进行调整和改进设计，最终决定投入生产的包装方案。

5.确定工艺，制作设计正稿

确定包装印刷工艺、制作工艺及印刷加工工艺等工艺方案按国家制图标准和印刷设计要求制作详细的设计正稿。

6.确定正稿，投入生产

样品评估无碍后，上市的包装产品无论大小、尺寸、包装材料或生产印刷工艺都必须做到与所设计的包装相一致，严格按照设计要求进行生产，应尽量适应工业化、标准化生产。

7.评价鉴定

在设计出的实物样品生产出来时，再次对其进行试验评估，并进行市场调研，探究其是否达到预期效果。

6.3 食品包装设计方法与内容

包装设计是一个综合性的有机整体，总的来说，包装设计包含三大部分内容：造型设计、结构设计和装潢设计。造型设计是指运用美学观点，在保障包装功能要求基础上，依据内容物形态对包装容器外观形体进行的设计。结构设计是指按一定的造型样式和设计要求，选取包装材料及相关辅料，并以一定的设计、技术方法来设计包装容器内外部构造。装潢设计指的是根据内容物的特征进行的文字、图形、色彩等方面设计。其目的是通过艺术手段将商品信息更加直观、准确地传达给消费者，最终促进商品销售。

6.3.1 包装造型设计

商品的包装设计中一个较重要的设计元素是包装的整体造型设计。造型设计是指将思想观念实体化的过程，而包装造型设计是指包装外观形状的设计，并且包含了携带和运输的方便性。现代企业逐渐意识到好的产品不仅是指产品的功能及其内在质量，而且还包括产品外观及其包装，富有美感的包装和装潢往往是吸引消费者的重要因素。

商品的功能、属性、重量决定了包装容器造型的形态。优秀的包装容器设计应是物质与精神有机统一。就物质功能来看，其内容在于实用，其形式是体现实用意义的形态及表现；就精神功能来看，其内容在于是否包含人的创新创造，其形式则是显示了人的本质力量的感性形态。因此容器造型设计是优秀包装设计的前提，新颖的造型外观形状是设计分析中至关重要的环节。

盛装食品的容器按形态分类主要有瓶、罐、盒、管、盘、杯、筒、篓、壶、碟等，作为包装设计重要组成部分的造型设计（主要是容器设计）不仅要求美观、科学、经济，还要便于生产加工、携带、运输。

1.包装容器造型与空间

包装容器的空间是有限的，它是依据物体大小和距离来设计的。包装容器造型除了它本身所应有的容量空间外，还有组合空间、环境空间。容量空间依据它所包装的内容物而定，组合空间是容器与容器之间相互排列所产生的空间，环境空间则是容器本身的形态与其周围环境所形成的空间。在过去的设计中，往往只孤立地考虑容器的形体及形体上的装饰，而忽略了“空间”对容器的影响，所以在现代设计中，容器造型的设计必须考虑到三种空间关系。特别是组合空间，它要求容器在货架上陈列时，有较为理想的视觉效果。而现代包装设计已从三维空间（长、宽、高）发展到六维空间（即长、宽、高、时间、环境、人的感受）。

2.包装容器造型与形体

决定形体美不可缺少的重要因素包括容器形体的线型和比例，而容器形体的变化则是强化容器造型设计个性所必需的。

（1）线型　线是立体造型的最基本设计要素之一，是最富有表现力的一种手段。线的对比强调造型形态的主次及丰富形态的情感。容器的形体一般由方和圆组成，体现在线型上就是直线与曲线的结合，设计时要使之成为既对比又协调的整体。在包装容器造型设计中，线分为形体线和装饰线两种。包装容器的主体形态和立体结构取决于形体线的设计，可以表示在主视图、侧视图、俯视图三个方面。装饰线属于辅助线，依附于形体而不影响整体造型。

形体线是构成外形轮廓的基本元素，容器造型的基本外轮廓就取决于形体线设计。在设计时要确定容器造型以直线为主，还是以曲线为主，或曲直结合。直线所构成的形面和棱角往往给人以庄严简洁之感，曲线则使人感到柔软、活泼、律动。形体线的复杂多变，决定了容器造型的多姿多彩和千变万化。一般把容器造型分为头颈、胸腹、足底3部分。通过线的长短、角度及曲直的变化，可以形成多种造型。

装饰线能起到加强装饰效果的作用。装饰线不仅能丰富形态结构，还能制造不同的质感、肌理效果。因此，设计时要充分运用装饰线的方向、长短、疏密、曲直等对比效果。如对凹凸的装饰线进行分割，以加强形态的立体感和层次感。

包装设计的造型设计中，对于形与线进行对比调和是其主要内容，也是形成造型设计基本轮廓的主要元素。容器主体的造型设计，极易受到形、线对比的局部细节处理水平的影响。

（2）比例　是指容器各部分之间的尺寸关系，包括上下、左右、主体与附件、整体与局部之间的尺寸关系。容器的各个组成部分（如瓶的口、颈、肩、腰、腹、底）比例的恰当安排决定了容器的形体美。确定比例的根据：体积容量、功能效用和视觉效果。

（3）变化　容器造型有球体、筒体、锥体、柱体四种基本形，形体的“变化”就是相对这几种基本形而言，没有基本形，变化也就失去了依托，由于单纯基本形过于单调，则以基本形体为基础块，采用对各部位的切割、折屈、旋转、凹入、组合、模拟（如仿动植物等自然形体或人工产品的造型）等方法，从而使容器造型具有独特的个性，充满生机。

常见的变化方式包括切割、凹凸、配饰、拟形、空缺和变异。

切割：先根据构想确定基本几何形态，然后进行平面、曲面、平面和曲面相结合切割。由于切割时的切点、角度、大小、深度、数量的不同，从而切割出无数种新的形态，获得不同的造型。接着进一步削减几何体边线或在棱角上作切除修饰，以此增强立体形态的艺术感染力，这样抽象的立体形态就有了一定的表情和动感。而且切割不同部位的面所得到的面可以体现出不同的情感，平面使人感到平整、光滑、简洁，曲面使人感到柔软、温和、富有弹性之感。圆的流美、丰满，方的严格、庄重。

模拟与概括：模拟与概括就是以自然界中自然形态和人工形态为设计依据进行创作，给人以生动自然之感。在大自然中任何美好的事物以及人们生活中接触的任何事物都能引起人们的丰富联想，给人以启发。我们模仿和概括抽象出自然中的美的形象和要素，使设计更富有感染力，增加了设计的情感个性。面对如今数字化信息化时代，人们的物质生活极大丰富，要求设计作品不仅要具有实用性，而且要在设计中体现出人的精神和情感。在造型设计中，我们可以加工提炼自然物体,凝练出最富感染力的部分,并与容器造型的设计规律相匹配,使商品变得生动活泼,具有自然、亲切之美。这样的设计既能够满足现代人追求轻松、幽默、愉悦的消费心理,同时也表达出人们“亲近自然,回归自然”的美好愿望。

总的来说,在进行以上任何一种变化手法时,都必须考虑到生产加工上的可行性,因为复杂的造型会使开模有一定的难度,而过于起伏或过于急转折的造型同样会令胎模变得困难,造成废品率的增加,这些相对会提高成本,同时还必须注意到材料对于造型的特殊要求。

3. 包装容器造型与材料

材料对食品包装的造型也同样起着重要作用。不同的包装材料具有不同的性能和质感,质感是由于材料的组织和构造差异而使人得到的视觉质感与触觉质感,材料的重量感、柔软感及冷暖感多由质感而产生,这就导致了不同的制作工艺产生不同的肌理效果,并带给人们不同的视觉感受。

现代的食品包装容器造型更多地追求表现材料自身的质感美、肌理美,如玻璃瓶(图 6.7。又见彩图 6.7),玻璃由于其材料的特性,瓶身具有水晶般的透明感,给人以玲珑与丰富的光影变化;陶瓷酒瓶(图 6.8,又见彩图 6.8),为了方便制模和成型工艺,一般造型便不能过于复杂,力求饱满,因而古朴,具有民族特色;金属罐装食品(图 6.9,又见彩图 6.9),给人以光洁富丽的感受。即便是同种材料,也会因施加工艺不同而有不同的功能、肌理,玻璃既可制成单面透明的镜面玻璃,也可制成亚光效果的磨砂玻璃。

图 6.7 玻璃瓶装酒

图 6.8 陶瓷瓶装酒

(秦杨等,2015)

图 6.9 金属罐装酒

现代新型材料的不断涌现,使我们在包装设计时有了相当大的选择空间。因此,设计时要及时采用新材料、新技术,并充分利用材料特点和科学原理。而要选取合适的食品包装材料,就必须综合考虑它的科学(卫生、阻气、防潮、遮光、耐挤压等)、美观、经济、适销等多种因素。

4.包装容器造型与人体工程学

手直接接触容器时，会产生有关触觉的问题，如何使接触容器时产生舒适感就涉及人体工程学。

人体工程学是研究人在某种工作环境中的解剖学、劳动生理学及劳动心理学等方面的因素，了解并掌握人的活动能力及其极限，研究人与机器或器物及环境相互作用的一门科学，也是研究人的操作或动作以此探索人在生产或操作过程中动作的合理规则和输出适宜力的条件的学科。体现在容器设计上面就是大小应触觉舒适、食用方便，符合生理和心理需求等。

食品包装设计中关于人体工程学问题主要在于手，是否可以用手随心所欲地接触、拿取容器并获得舒适感。关于手与容器的多种动作，归结起来共有 4 种：把握动作——开启、移动、摇动；支持动作——支托；加压动作——挤压；触摸动作——探摸、抚摸。

容器直径一般是由要盛装的容量决定的，但最小不应小于 2.5 cm，太小就失去盛装作用；最大不超过 9 cm，以防止拿取过程中容器从手中滑落；如果容器直径超过手所能承受的范围，就要考虑在容器适当部位设计手握(图 6.10)，以方便拿取及开启旋拧盖。盖的直径和长度与力有关(图 6.11)，要考虑到手掌及指尖的抓握运动，需用很大力的容器，就要将手指全部放上，容器的长度要比手幅的宽度长；不需要用很大力的容器，只需把必要的手指放上，或用手掌托起，因而长度可短些。一般情况下，男性和女性手幅也是有所不同的(图 6.12)，并且在设计针对不同年龄段对象的包装容器时，也要注意不同年龄段的人抓握力度也有不同。

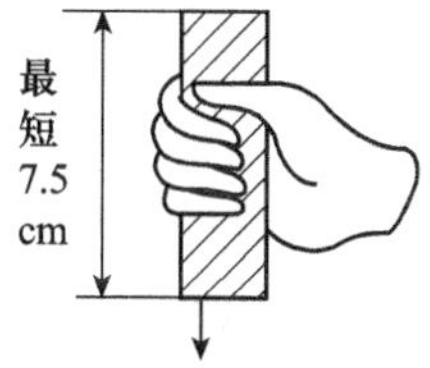

φ最大9 cm，最小2.5 cm

图 6.10 容器的最佳直径尺寸和长度

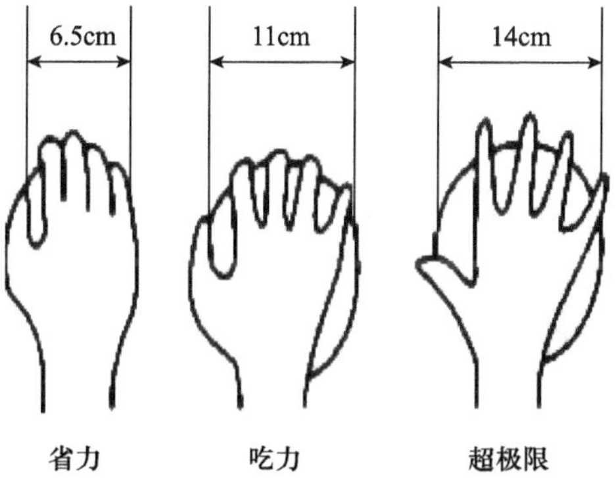

图 6.11 瓶盖与手的尺寸

男 (cm)		女 (cm)	
大	9.7	大	8.7
中	8.7	中	7.6
小	7.6	小	6.6

图 6.12 成年男女的手幅与手部的测量参数

6.3.2 包装结构设计

1.包装结构的设计要求

(1)实用性原则 包装必须满足标定的或是用户要求的容纳内容物的要求，不能有任何渗漏或内容物之间冲撞造成产品破坏。如月饼礼品包装，须注意包装的整体容纳性。

(2)保护性原则　食品在装卸、运输、储藏、上架、展示，最后到达消费者手中等流通过程中会受到各种不利条件及环境因素影响，采用合理包装结构可使食品免受或减少这些破坏和影响。但也要注意保护性需建立在科学基础上，并非防震包装材料越厚越可靠。

(3)审美性原则　须符合一定美学原则，不是任何结构都可以来包装食品。

(4)便利性原则　食品包装既要体现流通过程中对包装件操作的方便性，又要方便消费者挑选、观察、携带、开启及取用。

(5)促销性原则　精美的包装是提高商品竞争性，促进销售不可或缺的一部分。食品包装设计最大的任务就是促进销售，因此，要注意其造型美观性和展示陈列性。

(6)经济性原则　在批量生产情况下，必须符合生产过程中的合理性和经济性。要避免设计过度包装和超大包装，控制设计成本。

(7)生态性原则　包装设计时应该时刻具有环保意识，体现“绿色包装”理念。绿色包装是指对生态环境和人类健康无害，能重复使用和再生，节约资源、符合可持续发展战略的包装，也叫生态包装。相对于其他材料包装，纸盒和纸箱在这方面占有一定优势。

2. 包装容器结构分类

包装容器的结构可分为骨架结构、板式结构(如箱、盒)、薄壳结构(如瓶、罐、桶)、薄膜结构、编织结构(如麻袋、塑料编织袋、网袋)等，其中以板式结构应用最广，尤以纸盒和纸箱最为典型。包装容器封口结构种类多样，如螺旋、卡口、撕拉、层合等。

3. 造型设计与结构设计之间的关系

包装设计中，包装造型与结构的关系尤为密切，包装结构的可变性较小，而外观造型表现手法多，同一结构往往可设计成多种不同的外观造型。因此，在进行包装造型设计时，一般不要以造型为基础来变更结构，而应以结构为基础来变更造型，只有在必要时，才对结构做适当调整。如水井坊酒瓶设计(图 6.13，又见彩图 6.13)，将增加瓶底强度的内凸扩大成六角形井台状，结构变化不大，但造型独具新意。

图 6.13　水井坊酒瓶设计

6.3.3　包装装潢设计

包装装潢设计就其本质而言，是由文字设计、色彩设计、图形设计等多个方面组成的总体设计，通过艺术手法将商品名称、商标、用途、性能及企业形象等要素传达给消费者。优秀的商品包装设计，会给消费者强烈的视觉冲击，从而起到引发消费者购买欲望的目的。传统包装着重于对包装的外表进行美化装饰，而现代包装与之最大的不同在于现代包装更注重促进销售，主要目的是在最短的时间内发挥它最大的吸引力。

1. 包装装潢设计的构图

包装装潢的构图和其他艺术构图一样，就是将特定艺术品所必需的构成元素进行合理的、巧妙的组合，使其适应人们的视觉欣赏规律，是构思的进一步具体化。包装装潢的构成元素包括文字、符号、图案、插画、摄影，一般称之为包装装潢的构图五元素。

(1)包装设计的构图元素

①文字 文字是向消费者直接传达商品信息的最主要途径和手段,在包装设计中这一元素必不可少。通过文字可以使人们了解到商品的牌名、企业名、产品名等。其中要特别注意的是标准字体,是经注册后受到法律保护的特定标志,它是企业形象策划的一个组成部分,并且经常作为企业的注册商标单独出现,其他任何企业未经同意不得使用这种字体。

②符号 在构图中使用的各种符号元素,其中最重要的是首推商标。在食品外包装中有些符号用来标明商品档次,有些用来注明商品需要防潮或防震等信息。需要注意的是,还有一些如“绿色食品”“保健食品”“质量安全”“转基因食品”等符号,是不能随意附加的,必须经过国家权威职能机构认证才能附着在商品的外包装上。

③图案 图案的设计是用简单的线条、生动的个性事物搭配合理的色彩来给消费者留下深刻的印象。在包装装潢的构图中,图案一般主要起装饰和背景的作用,它与文字、符号相匹配,而与插图、摄影互为衬托,从而加强各个构图元素间的联系并起到突出主题的作用。

④插图 为了体现商品的特有属性、地域特色、民族风味等,插图一般采用当地具有浓郁地方特色的如建筑形式、山水地貌、服饰图形、象征性图腾等作为包装装潢的插图。这些插图可以用手绘,也可以通过摄影作品在电脑上做出特殊的效果,以表现产品的特殊性、唯一性。

⑤摄影 在包装中使用摄影作品,主要是为了表现产品的真实性,故摄影也是构图的元素之一。真实是摄影作品的最大特点,消费者通过包装上的摄影作品应该就对该商品有了明确的认知。在采用摄影作品时,一定要能够最真实、完美地表现出产品的特点。

(2)构图的形式美法则 形式美法则是人类在创造美的形式、美的过程中对美的形式规律进行的经验总结和抽象概括。通俗地来讲,就是当我们从形式条件上来评价某一视觉形象时,我们对此存在大致相同的共识,这种共识就是形式美的法则。构图的形式美法则包括对比与和谐、变化与统一、对称与均衡、比例、节奏与韵律等。

①对比与和谐 对比是指将具有较大差异的各种形式要素放在一起进行对照的方法,使其形成鲜明的视觉冲突。例如构图的虚与实、聚与散,形体的大与小、方与圆、高与低、宽与窄,线条的粗与细、曲与直、长与短,色彩的明与暗、冷与暖、饱和与灰暗等对比因素。对比可以产生强烈的视觉冲击力,有对比才会显出生动、活泼、丰富的效果。但仅有对比是不够的,还要求画面和谐。

单独的一种颜色、单独的一根线条无所谓和谐,几种要素具有基本的共通性和融合性才称为和谐,比如一组协调的色块、一些排列有序的近似图形等。和谐的关键是要主次分明,比如使用线条时,如以直线为主,则可用少量曲线辅助以达到和谐与对比的效果;在构图中色彩如果以暖色调为主,则可在局部使用冷色调形成对比,可达到调和的效果等。和谐的组合也要保持部分差异性,但当差异性表现强烈时,和谐的格局就会向对比的格局转化。

②变化与统一 变化与统一主要指在图案的设计中对构成元素的排列、组织过程。我们一般说在统一中求变化,在变化中求统一,在构图中,如果统一的因素相对较多,画面会显得舒缓、宁静、和谐;当变化的因素较多一些,画面的反差感会较大,使人感受到强烈、动感、跳跃。

③对称与均衡 对称具有静态的秩序美,在装潢上常用来表现一种恬静、庄重美的风格。在自然界中到处都可见对称的形式,如蝴蝶的翅膀或树木的叶子形状等。但有时候在构图中不需要绝对的对称,否则会显得单调或呆板。偶尔在整体对称的格局中加入一些不对称的因素,反而能增加构图版面的生动性和美感。

均衡是在不对称中求平稳。在一个交点上双方不同量，但能获得力学上的平衡状态，称为均衡。除图案造型的均衡外，还有量的均衡、色的均衡。实际上均衡是一个占有了体量，一个占有了空间，这是为了打破绝对对称式平衡的呆板与严肃，追求活泼、动感、新奇的情趣。为追求标志设计中的视觉张力，在图形设计中要相应考虑这一因素。

④比例　比例是指物体与物体之间、整体与局部之间的长、宽、高的数量关系。在包装构图设计中，比例有两层意思：一是包装造型设计各部分之间的比例；二是各构成元素之间量与度的比例。在装潢设计中需根据商品的规格用途决定比例关系。人们在长期的生产实践和生活活动中总结出了许多视觉美感的比例关系，我国传统图案的比例一般是 1∶2、2∶3、5∶8、8∶13 等；还有被全世界公认的黄金分割比 1∶1.618，德国标准比例 1∶1.41。

⑤节奏与韵律　节奏和韵律指的是同一图案在一定的变化规律中，重复出现所产生的运动感。韵律是节奏的变化形式，它赋予节奏以强弱起伏、抑扬顿挫的变化。节奏具有机械美，韵律具有音乐美。通过图形的大小、强弱、虚实、疏密、明暗，或方向、位置等方面的有规律的组合，以构成富有节奏与韵律的图案。

2. 包装装潢的设计形式

(1)单件与组合包装设计　单件包装即单个包装，是市场销售最小包装单位，是与商品直接接触的包装。每一个小包装上都有清晰明确的产品信息，使消费者可以了解到商标标志、生产单位、性能介绍、使用说明等。组合包装是将若干小包装件组合成一个较大包装件。将同一系列的同类或相近产品的单个小包装组合在一起，将其组合并设计出造型优美、组合巧妙的包装系列。采用这种组合包装方式可以增强产品的货架冲击力，便于消费者成件购买，有利于扩大产品销售。

(2)礼品包装设计　每逢佳节，我们都会遵循传统来互赠礼物，这使礼品成了联络感情、促进友谊的媒介，同时也是商家在市场竞争中采用的重要促销手段。礼品包装的设计要根据产品而决定，送礼文化在我国已有多年的历史，可以将其融入包装设计中来体现传统文化。

(3)系列化包装设计　系列化包装是现代包装设计中较为普遍、流行的形式。它以一个企业或一个商标、牌名的不同种类的产品用一种共性特征来设计，形成统一的视觉形象，具有强烈的视觉冲击力和品牌吸引力，能够鲜明地突出商品特征。图 6.14(又见彩图 6.14)是一款良品铺子的零食，不同的果干产品运用相似的包装，将相应的水果呈现在外包装上，加以相同的品牌名称，使消费者能够很容易辨识出这是同一品牌的产品。

图 6.14　良品铺子系列包装产品图片

当今企业都有非常高的品牌意识，为了达到应有的品牌效应，其产品以系列的方式出现不失为一种上佳的品牌策略。

(4)收藏性包装设计　收藏性包装是针对特殊的对象和特殊的事件而设计的,其意义往往不在于包装本身的价值,而体现在赋予包装的特定含义和丰厚的情感因素。它会给接收者留下极为深刻的印象或深远意义,并随着时间的推移,其价值与日俱增。

收藏性包装的设计包括选用的材料、图案、装饰手法都必须围绕着接受对象或特定事件进行思考。制作时应将高度把握材料的精致和准确把握文化内涵完美地结合起来。收藏性包装具有限量性、特指性、专题性、纪念性、持久性,有时甚至是唯一性的特点。

3.包装装潢的文字设计

在包装设计中,色彩、文字、图案是视觉形象的三大要素。文字是设计的基础,即便没有图画,文字也是必不可少的。文字设计经过艺术加工,能够在文字说明食品信息的基础上让消费者更能感受到和谐,享受到艺术美感。

一件包装产品要表达给消费者的东西很多,除了选用合适的文字外,进行合理的文字编排设计也是必不可少的。作为食品包装设计的重要元素之一,文字通常会配合其他元素构成整个包装画面,但是也有完全只是利用字体进行画面布局的。

(1)文字设计的要求　作为包装装潢设计中最主要的视觉表现要素之一,文字设计的重点是要使包装设计具有识别性和审美性。消费者凭借包装上的文字,认识了解食品的口味、原料、产地、食用方法,更充分地理解食品文化和企业文化。因此,食品品牌的形象建立需要依靠文字传达,所以文字应具有清晰、准确的可识别性。如果采用了繁体或容易引起歧义的文字会使消费者识别困难,从而达不到想要的效果;文字编排设计也应注意科学性,合理的位置、合理的大小都是文字设计中应该考虑的问题。在满足了基本的信息识别的前提下,文字设计应该善于运用美的形式法则,通过优美的字体设计,合理的文字排版,将文字的审美性发挥得淋漓尽致。从而为消费者留下深刻的印象,获得心理上的认可进而产生消费行为;另外,文字设计应该与包装设计风格保持一致,可以体现包装商品的属性特点。

(2)文字设计的要素　包装上的文字根据不同应用功能主要分为品牌文字和说明性文字两种。

①品牌文字　包括商标的牌名、商品的品名、企业标志的名称和厂名,这些文字是代表产品形象和企业形象的文字。在包装设计上,这些文字都要求在主展面上精心安排,并具有个性特征,同时也要起到视觉诱导的作用。

②说明性文字　说明性文字按照相关的行业标准和规定来说是必不可少的功能性文字,主要说明商品的使用方法和内容。其主要内容有食用方式方法、内容量、产品用途、功效、成分、重量、体积、型号、规格、生产日期、保质期限、生产厂家等各种资料信息。这些文字为了不影响主展示面,一般安排在包装的侧面或背面,也有的商品附有专门的单页或册子形式的说明于包装内部。

常见包装说明以特仑苏牛奶包装文字为例(图6.15),一般产品包装以上两种文字类型会同时出现。

(3)中文文字设计类型

①书法字体　书法字体一般用于具有传统风味土特产的包装上,具有这些字体的包装可以体现民族风格。它从古到今包括甲骨文、大篆、小篆、隶书、楷书、行书等。展现了一种书写艺术,有着丰富的视觉表现力。

②印刷字体　汉字中常用的有宋体、仿宋体、黑体、楷体等,其中楷体类似于楷书。其中以

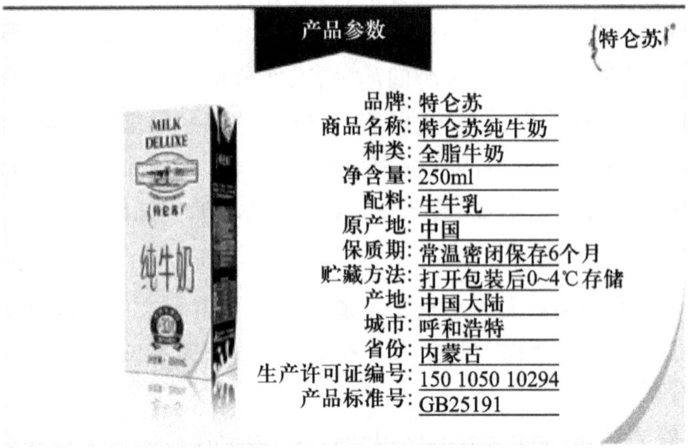

图 6.15　特仑苏牛奶包装设计文字

宋体在书籍中应用的最为广泛，被设计界称为最美、阅读效果最强的字体。

常见字体如图 6.16 所示。一般包括略有装饰的设计字体和夸张变形的设计字体，一般用在标题名和名称中，强调字与字之间的统一性和完整性。

包装设计	包装设计	包装设计
（宋体）	（隶书）	（黑体）
包装设计	包装设计	包装设计
（幼圆）	（舒体）	（新魏）

图 6.16　常见包装设计字体

在商品包装上，字体设计时一定要考虑到商品的属性类别，进而采用相应的字体进行设计与艺术表现，以达到更好的视觉形象，美化商品。

4. 包装装潢的色彩设计

作为食品包装设计中的重要元素之一，色彩设计不仅能起到美化食品包装的作用，而且在食品销售的过程中也有着不可忽视的作用和地位。色彩是视觉传达力最活跃的因素，色彩的识别性、象征性、传达力都能影响到商品包装的最终传达效果。其中色彩的象征性是商品包装色彩设计中最有影响力的因素。此外，不同的地域、不同的民族对色彩的认识和喜好都不一样，其象征意义也各自不同，所以在色彩的运用上，应该灵活运用并要注意象征的准确性。

一件包装产品，它所发挥的价值大小与色彩的运用有很大的关系。利用色彩可以使消费者对包装中的产品进行联想。因此，在利用色彩进行食品包装设计时，应该充分考虑食品的特性、口味、消费对象等因素来选择合适的色彩进行包装设计。

(1)色的三要素　色彩基本上分为有彩色系（红、黄、蓝、绿等）和无彩色系（黑、白、灰等）。无彩色未包括在可见光谱中，有时又称为中性色。色的三要素也是色的基本属性，是指色相、明度和彩度。无彩色系只有明度这一要素，而有彩色系同时具备这三要素。

色相就是指色彩的相貌，通常以色彩的名称来体现，如红、黄、蓝、绿等色别，又如在蓝色中又有深蓝、浅蓝、靛蓝等区别。

明度指色彩的明暗程度。无彩色系中，白色明度最高，黑色最低；有彩色系中，黄色明度较高，蓝色、紫色明度较低，红色、绿色居中。

彩度又称纯度或饱和度，指色彩的纯净程度。如深蓝的纯度高于浅蓝和靛蓝。

(2)色彩的语言特征　人们根据自然与人类经验对颜色赋予情感内容，这也就告诉我们色彩有语言特征，它符合自然规律，符合人类生活的经验感受，具有象征性。不同的颜色有着不同的象征意义，带给人不同的感受。在传统观念的影响下，我们一直视红色为喜庆、热情、幸福的代表。一般结婚用品、高级商品、滋补品等包装装潢多用红色。调查也表明，包装装潢中的红色使用率为各种色彩之首。包装装潢中使用黄色可产生商品的本质特征，柔和的淡黄色使包装黄色产生了轻巧可爱的感受。高贵的金黄色使包装装潢产生了舒美明亮、活泼的感受。金色使人联想富丽、丰收等画面，金色还象征着光明。由于黄金的颜色是金色，又有贵重、珍贵的感受。金色多表示贵重、高级、富丽、华美、美好。高档商品的包装多用金色。金色在包装上多用在小面积上，以提高注目率。但滥用金色则适得其反。

(3)色彩的视觉传达设计　画面的整体色调是包装设计给人的最初视觉感受，主导色调决定了整体的色彩。在设计中可以根据整体效果来进行不同色调的调配，比如暖色调的调配给人以温馨的感觉，冷色调的调配给人以寒冷的感觉。不过在包装设计当中，我们不能一味地强调统一的色调，还需要有不同性格的对比色彩，这可使画面变得活跃，突出主题。如将对比色彩安排到主要的图形和品牌形象部位，就可以产生双重效果，既吸引了人们的注意力，又加强了人们对品牌及图形的认识，尤其在货架上堆积陈列的商品包装，通过图形的连续，可以造成强烈的视觉冲击力。

5.包装装潢的图形设计

作为视觉形象的三大要素之一，图形设计在包装设计中有着十分重要的作用。图形包括图案、绘画和摄影等类型，是商品特色的放大镜。优秀的图形图案才会更吸引人们的注意，使消费者产生购买的欲望。

图形设计要依赖于设计师的想象力，因此，图形图案设计应典型、鲜明、集中和构思独特。图形设计以艺术的形式将包装内容主题形象化，使人们单凭视觉即可从图形图案中直接或间接地感受到商品内容及所带来的需求欲望。

(1)图形设计的种类　在包装装潢设计中，图形设计起着介绍商品的功能的作用。包装装潢中的图形设计分为两类：一类是图形商标设计（即标志品牌），要求图形有独创性、具有深刻的含义、区别其他的商品有新颖美感；二类是商品包装装潢辅助图形设计，肩负着美化商品以及提高商品身价的作用。

作为包装设计师来讲，包装上的图形设计必须要把文字、图案、照片、标志、文样、插图、绘画等元素及色彩编排进行综合与协调设计，而不是单纯用电脑绘图来完成。这样才能使商品具有独特性、感染力和视觉冲击力。

(2)图形设计的表现方式　按照表现方式，图形设计可以划分为以下几种形式：自然图形、抽象图形和寓意图形。

①自然图形　顾名思义，自然图形是以实物的自然形态作为基础，加以设计、变化，最终形成具有美感的设计图形，用以表现食品的特质。

②抽象图形　抽象图形是把点、线、面当作最基础的形态单位，利用线条的排列、色彩变换来将图案组合起来。抽象图形无法直观地展现出形态的实际含义，但它能给人以含蓄的意境，通过人们的视觉经验，使消费者产生与商品有关的美的遐想，从而了解商品，产生购买欲。但这些抽象的图案仅靠设计者凭空想象是做不到的，应间接或直接从自然物中得到启示而获得。

③寓意图形　寓意图形是抽象的具象，具象的抽象，它以时代、民族、地域、信念的图形形式与商品结合，给人们产生一种寓意深刻的印象。

在传统文化中，人们常常用一些美好的事物来寄予美好的愿望以及对理想生活的向往。例如，中国过年时的剪纸娃娃寓意多子多福，仙鹤寓意健康长寿等。因此，在食品包装上使用寓意图形，会使消费者产生共鸣，进而了解商品，达到促进销售的目的。

(3)图形的创意思维　图形创意就是寻找视觉传达的独特性意念、构象。图形的核心是创意，而联想是创意的关键，是形成设计思维不同联系的事物的基础。客观事物之间是通过各种方式联系的，这种联系正是联想的桥梁，通过这种桥梁，可以找出表面上毫无关系甚至相隔遥远的事物之间的内在关联性。

联想是指由一件事物想到与之相关的另一件事物。具有各种不同联系的事物在头脑中所形成的信息组织样式会以不同的方式形成暂时的联系，从而形成不同的联想规律。联想可以分成简单联想和复杂联想。简单联想是把具有类似特征的现象或时空上接近的事物或相对立的现象联系在一起，包括类似联想、接近联想、对比联想；复杂联想又称关系联想或意义联想，它是指由见到的某种事物而联想到它的意义及它与其他事物的关系等。复杂联想包括因果关系以及作用关系、效用关系等。在图形创意的过程中，设计师必须从主题的要求出发，通过联想和想象，找出这些看似各自孤立的形象之间的内在联系，再通过反复艰苦的思维活动进行分析和研判，选择最具代表性的、最有意义的形象重新整合，同构共生，孕育并创造出全新的图形来。

思考题

1.食品包装设计应该考虑哪些基本思路？包装设计应主要解决的问题有哪些？

2.简要说明包装设计时常用的包装策略。

3.简述食品包装设计的程序。

4.对超市、商店的食品或生活中出现的食品包装进行观察、分析、研究，找出两个设计比较成功的包装和两个设计不理想的包装，分别说出理由。

5.什么是包装容器造型的容量空间、组合空间和环境空间？为什么设计中要考虑到这3种空间关系？

6.包装结构设计有哪几方面的要求？谈谈自己的看法。

7.包装装潢设计包括什么内容？

8.为什么在食品包装设计中要注重文字设计？

9.食品包装设计中，构图的美的形式法则是什么？

参考文献

[1]蔡惠平,鲁建东,张笠峥,等. 包装概论. 北京:中国轻工业出版社,2018.

[2]陈佳屹. 浅谈智能化理念下的食品包装设计. 天工,2019(10):116.

[3]戴宏民. 包装管理. 北京:印刷工业出版社,2013.

[4]道格拉斯·里卡尔迪. 食品包装设计. 常文心译. 沈阳:辽宁科学技术出版社,2015.

[5]华佳. 插画在食品包装设计中的应用研究. 大众文艺,2019 (01):96-98.

[6]李代明. 食品包装学. 北京:中国计量出版社,2008.

[7]李良. 食品包装学. 北京:中国轻工业出版社,2017.

[8]刘亚平,王愈,石建春. "食品包装学"课程思政融合教育探索实践. 农产品加工,2019(19):110-112,115.

[9]陆斌. 现代包装设计中中国元素精神的构建与思考. 中国包装,2019,39(03):31-33.

[10]秦杨,黄俊,金保华. 包装设计. 西安:西安交通大学出版社,2015.

[11]任发政. 食品包装学. 北京:中国农业大学出版社,2009.

[12]王安霞. 包装装潢设计. 开封:河南大学出版社,2004.

[13]王安霞. 产品包装设计. 南京:东南大学出版社,2015.

[14]肖禾,等. 包装造型与装潢设计基础. 北京:印刷工业出版社,2006.

[15]谢琪. 纸盒包装设计. 北京:印刷工业出版社,2008.

[16]薛佳祺,王颖,周辉,等. 包装技术在肉制品保鲜中的研究进展. 食品工业科技,2021,42(16):367-373.

[17]杨钢,胡艳珍,牛玉慧,等. 包装设计. 郑州:大象出版社,2016.

[18]张艳华. 中国风在食品包装中的设计应用. 食品工业,2020,41(12):451.

[19]章建浩,王审,孙蓉芳. 食品包装技术. 北京:中国轻工业出版社,2008.

[20]章建浩. 食品包装学. 北京:中国农业出版社,2005.

[21]章建浩. 食品包装学. 北京:中国农业出版社,2009.

[22]章建浩. 食品包装大全. 北京:中国轻工业出版社,2000.

[23]赵艳云,连紫璇,岳进. 食品包装的最新研究进展. 中国食品学报,2013,13(04):1-10.

[24]周云令,魏娜,郝晓秀,等. 智能包装技术在食品供应链的应用研究进展. 食品科学:1-14 [2020-12-27].

[25]Grönman K, Soukka R, Järvi-Kääriäinen T, et al. Framework for sustainable food packaging design. Packaging Technology and Science, 2013, 26(4): 187-200.

[26]Maffei N P, Schifferstein H N J. Perspectives on food packaging design. International Journal of Food Design, 2017, 2(2): 139-152.

[27]Nemat B, Razzaghi M, Bolton K, et al. The role of food packaging design in consumer recycling behavior-A literature review. Sustainability, 2019, 11(16): 4350. doi: 10.3390/su11164350

[28]Wells L E, Farley H, Armstrong G A. The importance of packaging design for own-label food brands. International Journal of Retail & Distribution Management, 2007, 35

(9):677-690.

[29]Wu A. Food packaging design and its application in the brand marketing. Carpathian Journal of Food Science & Technology,2015,7(3):5-15.

拓展阅读网站

食品包装设计欣赏:https://www.fevte.com/shejixinshang/baozhuangsheji/shipinbaozhuang/

中国包装网-包装设计:http://bzsj.pack.cn

包装设计网-专业包装设计产学研教学平台:http://www.packty.com

中国食品包装网:http://www.ic-hm.com

第 7 章

食品包装印刷工艺

本章学习目的与要求

1. 了解包装印刷工艺新技术及发展方向；
2. 熟悉各种食品包装印刷工艺的特点；
3. 掌握选择食品包装印刷工艺的方法。

7.1 概述

与其他产品包装一样，食品包装除了为内装食品提供必要的防护功能外，为提高食品的销售性能，需要对其进行包装装潢设计并通过印刷工艺生产出来。包装设计构筑了食品包装造型与装潢的蓝图，印刷工艺则是将该蓝图变成现实的富于销售吸引力的食品包装产品。

根据国标 GB/T 9851.1—2008，印刷是指“使用模拟或数字的图像载体将呈色剂/色料（如油墨）转移到承印物上的复制过程”，此为狭义的印刷定义；广义的印刷则指整个印刷工艺流程，即包含 3 个部分：印前（prepress）、印刷（press）、印后（postpress）。其中的印前部分完成由原稿制作成数字文件或（和）印版，印刷部分完成将图文信息由印版或数字文件向承印物表面转移，印后部分使印刷品获得所要求的形状和使用性能，如制成食品的彩盒包装。

包装印刷是指以满足包装要求为目的的印刷，其产品是各种包装容器或制品。包装印刷为目前最主要的商业印刷方式，约占全部印刷产值的 70%。在各类包装中，食品包装是针对食品这一特殊内装物而设计使用的包装。众所周知，食品具有独特的食用卫生、安全性的相关标准要求，因此，食品包装印刷除了具有包装印刷一般的工艺类型和质量要求外，还应体现绿色环保、对内装物无污染的发展要求。食品包装印刷质量的好坏直接影响到食品工业产品的质量、档次和市场销售。随着食品领域供给侧结构改革的深入推进，食品工业产品结构将进一步调整并升级、更新换代，对食品包装装潢印刷和食品包装形象的要求将更高。

7.1.1 食品包装印刷常见的工艺类型及特点

目前，食品包装印刷主要采用包装印刷的传统工艺类型。包装印刷的分类依不同的分类标准有多种形式，一般地，按照印版表面结构可分为平版印刷、凸版印刷（含柔性版印刷）、凹版印刷、孔版印刷（主要为丝网印刷）四类。各工艺类型的特点分别如下：

1. 平版印刷

平版印刷采用的印版为平版，印版上的图文信息和非图文信息（即空白部分）几乎在同一个平面上。平版印刷采用的是油水互斥原理，使印版表面形成图文部分被印刷油墨润湿，空白部分被润版液（主要成分是水）润湿的两类区域。印刷时，根据相似相溶原理，附着在图文部分的印刷油墨与橡皮布具有亲和力，在印刷压力的作用下印刷油墨可以转移到橡皮布表面，接着转移到承印材料（如纸张）表面，最终形成平版印刷产品。目前，胶印是平版印刷最主要的类型，所以平版印刷也通常指胶印。

2. 凸版印刷

凸版印刷采用的印版为凸版，即印版上图文信息部分的空间位置凸起，而空白部分凹下。印刷时，印刷油墨只能润湿凸起的图文部分，而不能润湿空白部分；在印刷压力的作用下，附着在图文部分的印刷油墨转移到承印物表面，最终形成凸版印刷产品。对于食品包装尤其是塑料软包装的印刷而言，常见的柔性版印刷属于凸版印刷类型。

3. 凹版印刷

凹版印刷采用的印版为凹版，即印版上图文部分的空间位置凹下，低于空白部分。印刷时，印刷油墨润湿印版，凹版印刷机的供墨机构利用刮墨刀将空白部分的油墨刮除净，只剩下附着在图文部分的油墨。在印刷压力的作用下，图文部分的印刷油墨转移到承印物表面，最终形成凹版印刷产品。由于印版上图文部分为凹下的孔穴，因此转移到承印物上的最终墨层具有较高的厚度，所以凹版印刷产品具有较为鲜艳的颜色外观。凹版印刷除了作为食品的塑料软包装常用的印刷工艺之外，也特别适合用于印刷纸或纸板的销售包装。

4. 孔版印刷

孔版印刷采用的印版为孔版，该类印版因表面图文为镂空的孔洞结构而得名，目前最常见的类型是丝网印刷版（网版）。网版晒制完成后，图文部分的网孔可漏过印刷油墨，空白部分的网孔被堵死而不能漏过油墨。印刷时，在印刷压力的作用下，印刷油墨可于图文部分漏印到承印物表面，最终形成丝网印刷品。

平版印刷、凸版印刷、凹版印刷、孔版印刷为四大传统印刷方式，也是食品包装印刷最广泛采用的工艺类型。包装印刷工业发展到今天，随着数字化和网络化技术的进一步推进，行业内不断涌现出许多新的印刷工艺类型（如数字印刷）和数字化产品（如数字化印前设备及工艺、数字化印刷流程等），这些极大地提升了包装印刷生产的质量和效率。今后，（食品）包装印刷工业将继续朝着“印前数字、网络化；印刷多色、高效化；印后多样、自动化；器材高质、系列化”的方向发展。

7.1.2 现代印刷复制工艺基础

印刷复制的目的是实现对原稿的忠实再现，包装印刷一般为彩色复制，复制的内容包括颜色、阶调、清晰度等。原稿的形式丰富多样，颜色千变万化，那么，印刷工艺是如何实现对其的复制再现呢？

1. 食品包装印刷用原稿

传统意义上的印刷原稿通常分为反射稿和透射稿两种。反射稿是指不透明的，靠反射光来形成图像的原稿，例如彩色照片、杂志封面；透射稿是指透明的，靠透射光来形成图像的原稿，例如彩色照片的冲印底片。

随着电子、信息技术的发展和应用，电子原稿（或数字原稿）的应用越来越广泛，它是指以电子媒体为图文信息载体的原稿，如光盘图库等。经济社会的发展，人们的生活消费水平不断提高，对食品包装的装潢色彩、图案等的质量和个性化要求越来越高，而计算机软件技术在这方面具有独特的优势；此外，电子分色技术和数字加网技术的成熟，使电子原稿的利用越来越方便，因此食品包装印刷主要采用这种形式的原稿。对于食品包装印刷而言，无论是模拟原稿（即反射稿和透射稿）还是电子原稿，一般指的是彩色、具有丰富层次变化的连续调原稿。

2. 彩色连续调印刷复制的原理

对于一幅彩色原稿，可能包含成千上万种颜色和丰富的明暗层次。数量如此多的颜色，而相对固定、有限的印刷条件是通过颜色的分解和合成来实现对原稿的复制再现的。连续调图像的明暗层次（阶调），目前在各种印刷品的表现方式可分为两类：一类是利用墨层厚度的变化，如凹版印刷品；另一类是通过利用具有不同面积率的“网点”来呈现，也是最主要的印刷品呈色方式，如凸版印刷品、平版印刷品和丝网印刷品。

(1)单色连续调图像与印刷网点　彩色连续调图像较为复杂,颜色千变万化,阶调(层次)分布范围广。因此,对该类图像的复制难度也相对较高,而实现其复制的一个非常重要的方面即是实现阶调的复制。彩色连续调图像可看成是各单色连续调图像叠加的效果。图7.1所示为某单色连续调图像的阶调全范围分布,最左端表示100%该色,即最纯;最右端表示0%该色,即空白;其余为该色的中间色。

图7.1　某单色连续调图像的阶调分布示意图(阶调全范围分布)

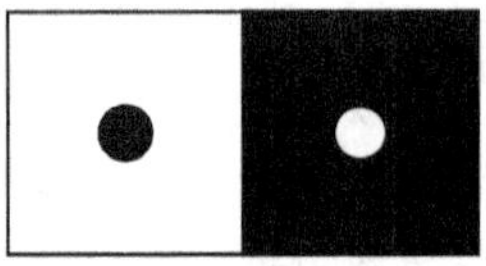

图7.2　某单色网点
(左10%网点,右90%网点)

连续调的阶调分布范围如此广,近似“连续”状分布,为“多值”型。另一方面,印刷条件中的激光照排机、印版(如平印版、凸印版)、印刷机均为“二值”型设备,即只有曝光与非曝光、着墨与不着墨(空白)、供墨与不供墨之分。因此,必须解决印刷条件“二值”与图文信息“多值”相匹配的问题。现代印刷工艺采用的方法是:将二值平面划分成多个网格,在每个网格中放置1个或多个网点,通过改变网点的面积(图7.2)或网点的数量,或者同时改变网点的面积和数量,使网点在网格内所占的面积总和具有多值性,以网格为单位传递不同数量的印刷油墨,从而达到在宏观上改变阶调层次的目的,实现对连续调原稿的阶调复制再现。图7.3表示的就是印刷品通过网点面积的变化,来再现原稿从明到暗的一系列阶调层次。加网时,以改变网点的面积率来再现原稿不同阶调的方式即为调幅加网(AM Screening),其加网参数常见的有加网线数(单位:lpi,线/英寸)、加网角度、网点形状和网点面积率;以改变单位面积内的网点数量来再现原稿不同阶调的方式即为调频加网(FM Screening)。调幅网和调频网的特点及应用效果如图7.4所示。

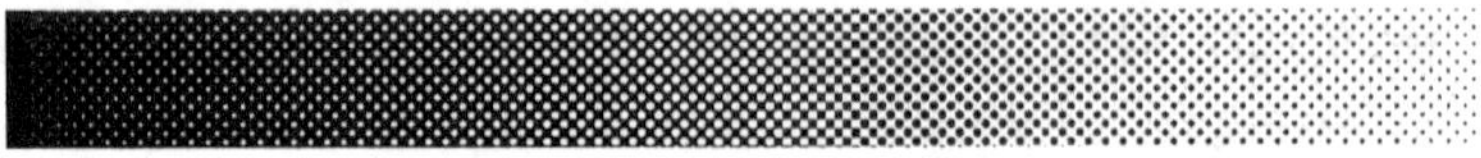

图7.3　离散后的半色调(网点)图像

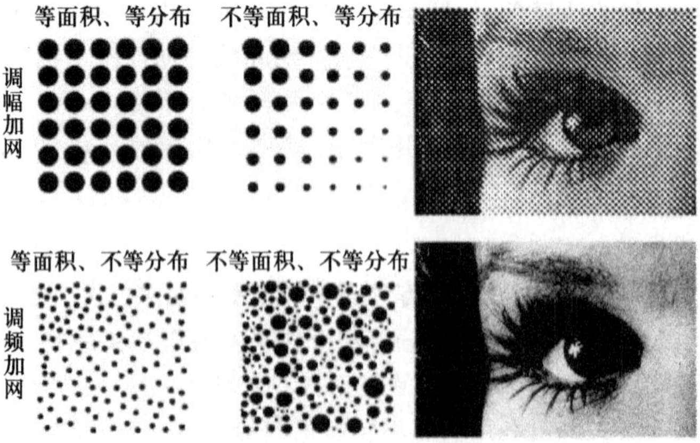

图7.4　调幅加网与调频加网

(2)彩色印刷品呈色机理(图 7.5,又见彩图 7.5)　彩色印刷品利用色料减色法的规律再现丰富多彩的颜色。色料减色法在彩色印刷、印染、绘画等过程中有着广泛的应用,其利用色料(颜料、染料)颜色中的黄色(Y)、品红色(M)、青色(C)之间的相互混合来得到不同的颜色,且这三种颜色不能由其他色料色混合得到,故称之为色料三原色。如图 7.5(a)所示,色料三原色等比例混合时的减色规律是:

黄(Y)+ 品红(M)=红(R)

黄(Y)+ 青(C)=绿(G)

品红(M)+ 青(C)=蓝(B)

黄(Y)+ 品红(M)+ 青(C)=黑(K)

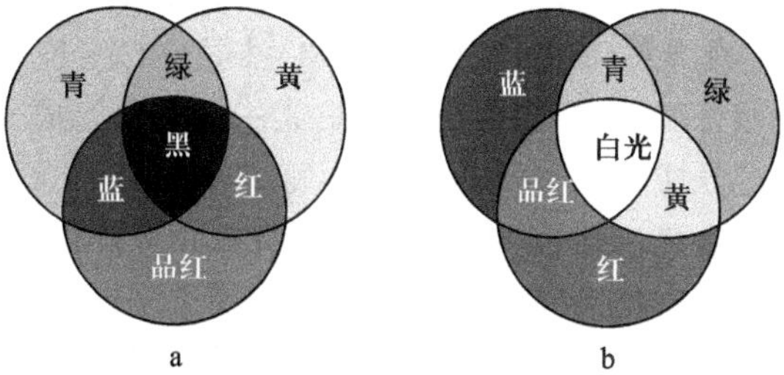

图 7.5　色料三原色减色混合(a)与色光三原色加色混合(b)

改变色料三原色的混合比例,可以获得其他不同的颜色。在减色法得到的混合色中,若将红(R)、绿(G)、蓝(B)三色的色光进行叠加,可以得到自然界中各种颜色,且其本身不能被其他色光混合得到,称为色光加色法的三原色。如图 7.5(b)所示,色光三原色等比例混合时的加色规律是:

红(R)+ 绿(G)=黄(Y)

红(R)+ 蓝(B)=品红(M)

蓝(B)+ 绿(G)=青(C)

红(R)+ 绿(G)+ 蓝(B)=白(W)

其中,如果把红、绿、蓝三原色光分别与青、品、黄 3 种色光等量混合时,可得到白光。当两种色光相加得到白光时,称这两种色光互为补色光,故红光与青光互为补色光,绿光与品红光互为补色光,蓝光与黄光互为补色光。

事实上,人眼能看到食品包装上的装潢印刷色,是色料减色法和色光加色法共同作用的结果。例如,人眼看到的红色,是由等比例的黄色油墨和品红色油墨印刷叠印得到。印刷完成后,标准光源(含等量红绿蓝成分)入射印张,黄色油墨吸收(减去)其补色光蓝光,品红色油墨吸收(减去)其补色光绿光,剩下的只有红色光反射进入人眼,因此人眼看到的印张呈现红色。如果黄色油墨和品红色油墨不是等比例叠印混合,人眼看到的将是各反射光加色后的颜色。

对于食品包装用的彩色连续调原稿的复制,采用数字印前工艺制作好印版后[见本章第二节(7.2)数字化印前处理技术],印刷时利用晒有网点的各色印版进行套印,由于加网角度与网点大小的差异,印刷品上的网点呈色方式有两种情况:网点的叠合呈色和网点的并列呈色。图 7.6(又见彩图 7.6)为采用放大镜观看到的彩色食品包装盒局部的放大图,从中可以观察到不同颜色网点的排列分为叠合、并列两种方式。

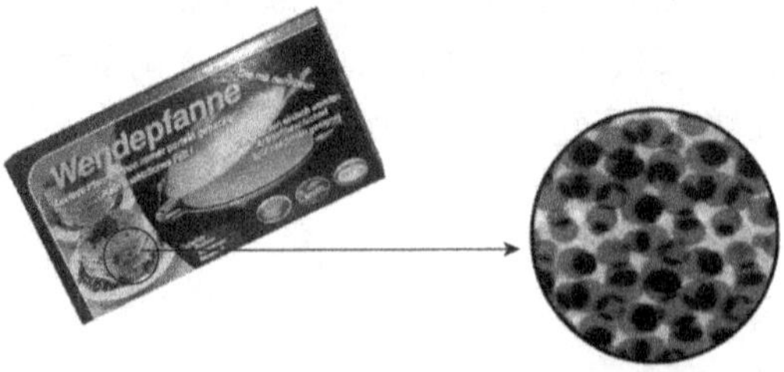

图 7.6 彩色包装印刷品中网点的排列

网点的叠合呈色：图 7.7(又见彩图 7.7)为三原色等面积率网点的叠合呈色示意图。图 7.7a 表示在印张上叠印有透明黄(Y)油墨和品红(M)油墨，白光(视为 RGB 三原色的复色光)照射在黄、品红油墨的叠印处时，品红油墨吸收了白光中的绿色光成分，透过红、蓝色光。二者接着透过黄油墨，其中的蓝光成分又被黄油墨吸收，最后只剩下红光反射出来，人眼看到的就是黄、品红油墨叠合得到的红色。同理，图 7.7b 表示青(C)油墨和黄(Y)油墨叠合得到绿色，图 7.7c 表示青(C)油墨和品红(M)油墨叠合得到蓝色，图 7.7d 因白光中的 R、G、B 完全被吸收，没有光线反射出来，故呈现黑色。以上均符合减色法的呈色规律。

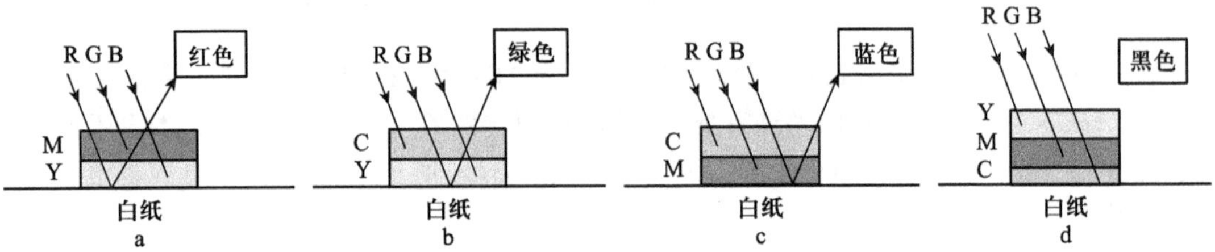

图 7.7 网点的叠合呈色

网点的并列呈色(图 7.8，又见彩图 7.8)：如图 7.8(a)为等面积率的黄(Y)网点和品红(M)网点并列示意图。当白光(RGB)照射黄网点时，其中的蓝光成分被黄油墨吸收，反射红光和绿光；当白光(RGB)照射品红网点时，其中的绿光成分被品红油墨吸收，反射红光和蓝光。由于网点并列，两网点分别反射出的红光、绿光，红光、蓝光进行空间混合，其中等量的红光、绿光、蓝光组成白光，余下的为红光，因此人眼看到的是黄、品红网点并列呈现的红色。其他色料原色的网点并列呈色的规律也符合减色法。图 7.8b、图 7.8c 为黄、品红网点的面积率不等时的并列呈色情况，同样符合减色法的规律。

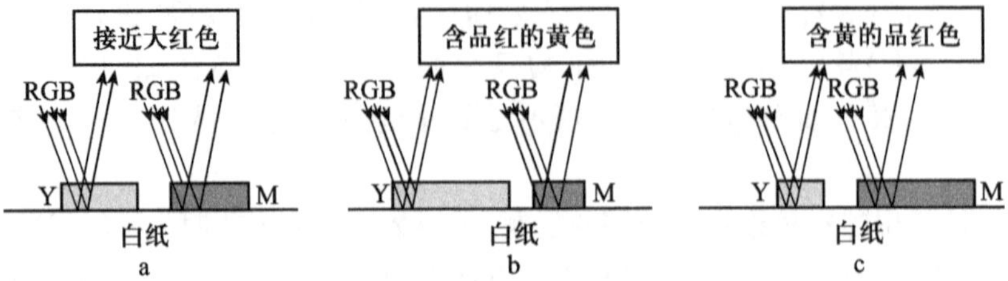

图 7.8 网点的并列呈色

(3)四色印刷与专色印刷　由加色法和减色法知，彩色印刷品中的色彩都可以利用光学过程分解为色光三原色红(R)、绿(G)、蓝(B)，也可以通过色料三原色青(C)、品红(M)、黄(Y)色油墨混合得到印刷品中丰富的彩色。事实上，彩色印刷正是通过分解原稿的颜色(称为分色)，制成印版，然后在印刷机上将各印版进行套印以完成颜色的合成，最后得到彩色印刷品，实现对原稿的色彩和阶调再现，整个过程如图7.9所示(又见彩图7.9)。

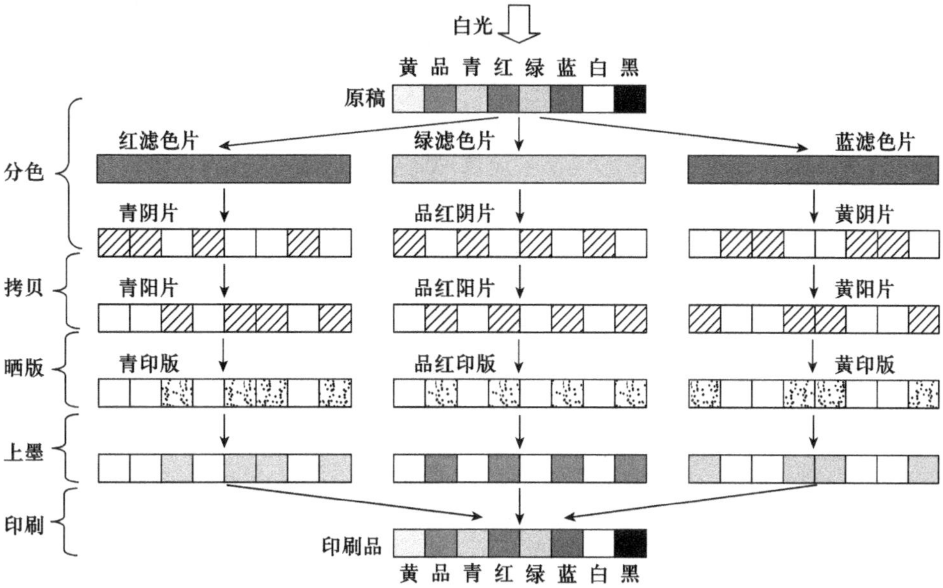

图7.9　印刷工艺中的颜色分解与合成

理论上，三原色青、品红、黄油墨之间的叠印完全能够实现彩色印刷，即三色印刷。但在实际生产中，印刷油墨不可能达到理想的纯度，这样的三色油墨在印刷黑色和中性灰色时效果往往不理想，且图像轮廓不够清晰，反差不足，为了弥补这一缺陷，印刷时通常需要外加一个黑版，保证了彩色的明暗层次细节，并可以专门印刷其中的黑色和中性灰色，这就是目前彩色印刷工业中最普遍采用的黄(Y)、品红(M)、青(C)、黑(K)四色印刷。

对于食品包装(尤其是食品销售包装)而言，装潢印刷可通过采用独特的色彩效果展示内装食品的风味、个性，以激发消费者的购买欲望，促进食品及其包装的销售，并可起到一定的防伪效果。因此，现在越来越多的食品生产企业都偏好于在其食品包装上设计采用大面积的色块，尤其是高档食品、营养补品、国产烟酒包装更是喜欢应用大面积的红黄色块或金银色块。在印刷大面积底色时，为了得到比采用传统四色套印更独特、稳定的色彩效果，通常将该底色单独进行分色并制成专门的印版，用预先配制好的该专色的油墨单独进行印刷，而其他颜色仍然采用CMYK四色套印来实现，此即专色印刷。目前，专色的印前分色、印刷工艺已十分成熟，加上专色印刷本身的特点，在增强食品包装的销售性和防伪性方面的应用越来越受到青睐。在食品软包装材料的印刷中，比如柔性版印刷和凹版印刷，采用专色印刷已较为普遍。

7.2　数字化印前处理技术

印刷工艺全过程可分为印前、印刷、印后3个阶段。其中，印前工艺阶段完成由原稿的准备、图文信息处理、版式设计和制作到形成可用于上机印刷的印版的全过程，该过程进行的状况如何是后面工序获得良好包装印刷产品的前提条件。

近一个世纪来，印前处理技术发生了巨大的变化，经历了从照相制版、电子分色制版，发展到现在的彩色桌面出版制版。其中，彩色桌面出版系统又名 DTP(desk top publishing)，是 20 世纪 90 年代推出的新型印前处理技术，利用扫描仪、计算机和激光照排机等数字设备，能同时完成文字输入编辑、图形设计制作、图像处理，并能实现图文合一的技术。图 7.10 为目前最通用的 DTP 复制工艺过程示意图，图中的 RIP(光栅图像处理器)处理后的页面信息如果不输出到分色菲林，而直接输出到印版，则称为计算机直接制版(CTP)，包括脱机直接制版和在机直接制版，后者又叫直接成像(DI)。如果 RIP 处理后的页面信息既不是输出到菲林也不是输出到印版，而是直接作为控制油墨在承印物上成像，则称为数字印刷。

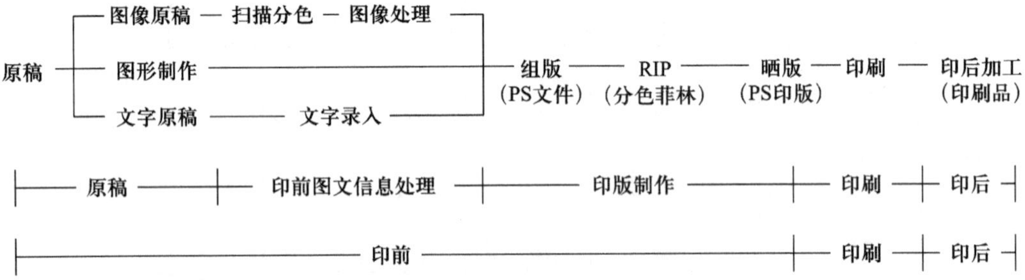

图 7.10　DTP 系统印刷复制工艺流程

彩色桌面出版系统使目前印前处理工艺高度数字化，因此人们也常把彩色桌面出版和后来推出的计算机直接制版(CTP)、计算机直接印刷等技术统称为数字印前技术。随着技术的不断发展，印前制版方法和所用设备不断更新，但无论其如何变化，都是经历了图像的获取、分色、加网、晒版(数字印刷不需要晒版)的工序。

7.2.1　印前图文信息的获取

数字印前系统的输入部分完成图像原稿的数字化输入并形成数字文件、图形的输入和制作、文字录入等操作内容。其中，文字输入与计算机排版相同，图形的输入与制作由计算机相关软件完成，在此不作详述。图像的输入、获取目前主要依靠扫描仪和数码相机来实现，也可借助于计算机相关软件进行创建。

扫描仪(scanner)是最常见的印前输入设备，按照结构可分为平台扫描仪和滚筒扫描仪两类。平台扫描仪在扫描时，要求原稿呈平面状放置，并采用 CCD 感光器件，其外形如图 7.11(a)所示。滚筒扫描仪采用的光电转换器件为光电倍增管(PMT)，该器件只能逐个像素地扫描输入光信号并进行放大，故滚筒扫描仪的光学系统是针对单个像素扫描的结构设计的，因而其光学分辨力远高于要满足在一条线上同时准确聚焦的平台扫描仪的光学系统，滚筒扫描仪的外形如图 7.11(b)所示。

扫描图像时，最重要的是设定好扫描分辨率，这对扫描图像的质量影响很大。如果分辨率设置得太低，扫描的图像质量很差，图像往往变得粗糙，以致图像边缘出现锯齿状。如果分辨率设置得太高，会使原稿中不必要的细节如画面上的斑点以及图像周围的其他背景都会突显出来，还会使扫描图像占据的存储空间过大，影响后续图像的处理速度。因此，应正确设置扫

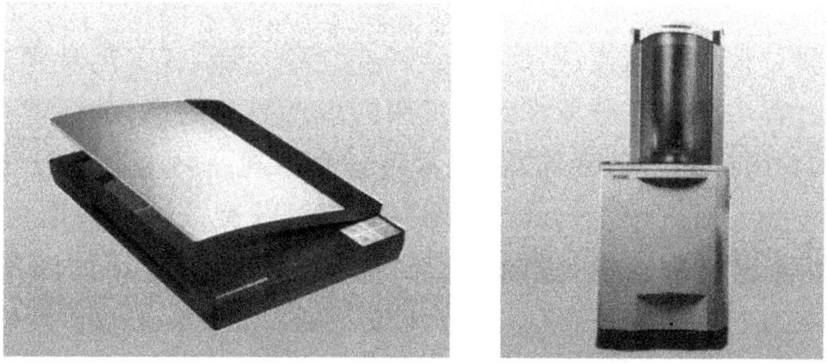

a. 平台扫描仪　　　　b. 滚筒扫描仪

图7.11 印刷企业常用的两种类型的扫描仪

描图像的分辨率，保证得到清晰的扫描图像。例如，某扫描图像拟采用普通胶印进行印刷，图像的加网线数可为150 lpi；扫描时图像不作缩放即缩放率为100%，则该图像的扫描分辨率适合采用300 dpi(点/英寸)。

除扫描仪外，数字化摄入设备还包括数字照相机(DC)和数字摄像机(DV)。目前的智能手机内置的拍照、摄像模块也具有超高的分辨率，采样能力越来越强，也常被用于印前数字化输入。以上数字设备可以直接拍摄任何自然景象或实物，并按数字格式存储文件，且都具有标准接口与计算机相连，通过联接转换软件可以将拍摄的数字图像和影像数据转换成计算机中的图像文件和影像文件，便于进行后续编辑处理。

7.2.2 图文信息处理

数字印前系统对图文信息处理的主要任务是：对输入的图像、图形、文字按照印刷工艺要求进行处理并完成组版，输出符合印刷要求的图文合一的整页图文信息。按照页面元素组成，印前图文信息处理具体可包括图像处理、文字处理和图形处理。

1. 图像处理

印前图像处理是指采用一定的技术手段，对图像施加某种变换和处理，从而达到预想的符合印刷工艺需要的目的。对图像的处理可以在扫描仪驱动软件和后端的图像处理专门软件中进行。印前工艺最常进行的图像处理可以分为修正处理、分色处理、编辑(创意)处理、加网处理等类别。常用的处理软件有Adobe公司推出的经典软件Photoshop。

修正处理主要包括：①层次的修正，可在Photoshop中采用黑白场定标、曲线调节、灰度值调节等方法；②颜色修正，可采用选择性校色法、色相/饱和度处理、色彩平衡等方法；③清晰度增强，可采用“虚光蒙版”(USM)、锐化等方法。

2. 图形处理

图形处理是指对所输入的图形数据利用一定的软硬件工具进行加工和处理，以获得符合要求的图形数据。在印前图文信息处理系统中，对图形处理的主要内容包括：根据所输入的图形内容利用一定的绘图软件进行跟踪描绘，以获得更高质量的图形数据，对图形数据的存储格式作一定的变换，以适应实际处理需要以及对图形进行复制、缩放、旋转等编辑处理。常用的处理软件有CorelDRAW、Illustrator、Freehand等。

3. 图文组版

图文组版就是将处理后的图像、图形和录入的文字按照印刷工艺及客户要求的排式进行组合。如果在组版过程中没有充分考虑到后工序的生产要求的话，就可能会使印刷出来的产品成为废品。例如，为考虑裁切精度问题，通常将彩色印刷品的出血量设置为 3 mm，而包装盒的出血量一般设置为 5 mm 或 7 mm。如果在组版时没有按这个标准去做的话，就可能使裁切、啤盒等后工序的出错率提高，造成不必要的损失。目前常用的印前组版软件有美国 Adobe 公司的 InDesign、Illustrator 等。此外，CorelDRAW、FreeHand 等软件也常被用于组版，我国国产的方正飞腾、华光超捷等软件也有较多的应用。

除以上处理外，专业的印前处理内容还包括陷印(trapping)、出血(bleeding)、折手(imposition)、拼大版等。

7.2.3 印前图文信息的输出

完成图像、图形、文字的组版后形成的一个版面(页面)就构成了版面描述数据。一张单独的图片，将其用图像数据描述即可，但如果有几张图片，这些图片又要保持一定的位置关系，就必须有一些数据来说明这种关系，再加上图形和文字，它们之间的关系就更复杂了。因此，需要采用一些特定的页面描述语言对版面的内容信息进行描述，其中最常见的为 PostScript(简称 PS)语言，也可采用 HTML 语言进行页面描述。

组版软件所生成的页面描述格式(PS 语言)通常非常复杂，而目前印刷企业使用的彩色桌面出版系统中大部分页面输出设备都是"光栅输出设备"，该类设备的基本特点就是输出设备使用"机器点"(如打印机的打印点、激光照排机的曝光点)来输出所有的图文。因此，需要将页面描述格式转换为机器点输出格式，转换的过程称为光栅化处理，具备该功能的输出软件及相应的硬件称为光栅图像处理器(RIP)。

经过 RIP 解释和拼大版后，所得到的数字大页面文件需要在记录介质上进行输出。目前的输出方式主要分两种：一是输出到菲林胶片并进行晒版的过程，称为 CTF(computer to film，计算机直接制胶片/菲林片)流程；另一是直接输出到印版并进行上机印刷的过程称为 CTP(computer to plate，计算机直接制版)流程。

1. CTF 流程

计算机直接制胶片(CTF)被称为传统的作业流程，也是目前包装印刷最常见的印前工作流程。在该流程中，经过 RIP 以后的记录有页面点阵信息的文件被传送到激光照排机，在此完成菲林片的曝光并出片，此时的菲林上已经晒(记录)有半色调网点的图文。接下来，进入基于菲林片的拼大版和晒版、显影、烤版等步骤以完成印版的晒制。在将印版安装到印刷机进行正式印刷生产之前，为了检测印前工序的质量，同时也为印刷生产提供参考样，需要进行打样操作以得到打样稿。根据打样稿确认印版可以用于印刷生产并经客户签字同意付印之后，进入正式印刷生产环节。图 7.12 为 CTF 流程的全过程示意图。

2. CTP 流程

计算机直接制版(CTP)是当代印刷工业的一次重大技术革命，其采用一种数字化印版成像过程，取消了传统作业流程中使用的菲林及与菲林相关的设备和操作步骤，因而减少了中间过程的质量损耗和材料消耗(省略制软片工序，节省了软片及化学药剂费用、场地及劳动力

图 7.12 CTF 流程示意图

等),大大提高了制版的效率。

随着 CTP 技术和原辅材料的成熟,其适用的范围更广。目前,市场上的直接制版机可以适合大、小幅面的印刷尺寸,单、双色和四色彩印,报纸印刷和商业印刷(含包装印刷)等多种情况的需要,使用起来非常灵活。

对于包装印刷企业而言,从实际成本来看,CTP 版材价格比传统预涂感光版(PS 版)的价格贵一倍以上,CTP 设备的折旧度是传统制版设备的数倍,因此其整体成本提高了一倍多。但对于包装印刷尤其是食品包装印刷企业而言,直接成本固然重要,但保证良好的质量,为客户提供更多的服务和便利条件以稳住客户更为关键。CTP 技术除了能为生产企业缩短生产周期,比如,可使包装彩盒的印刷生产周期由 10 d 压缩到两三天外,CTP 还能提高包装印刷品的精美度,特别适合包装彩盒印刷业务占多数的企业。对于销售包装的包装彩盒而言,在要求精美的同时,对误差有严格的要求,而 CTP 技术不但可以修改尺寸方面的误差,还能修正文字和颜色。

近年来,采用数字化工作流程成为印刷企业迈进智能制造时代的主要特征,而 CTP 则是该流程的“标配”。CTP 技术虽然被认为终将替代 CTF 技术,然而,CTP 与 CTF 在包装印刷领域仍将长期共存,因为使用菲林的 CTF 仍具有成本优势,且技术人员甚至现有的设备普遍习惯了基于 CTF 的印版;同时,CTF 制版过程仍然可以提供一定的弹性作手工修改,如错字或局部换版等。而 CTP 却是一步到位的利用制版机直接在版材上成像,所有成像的数据不容有失,否则需要把全张版面重新输出。也就是说,相对于 CTF,CTP 要有更严格的一套可靠的数字化工作流程,来妥善处理由设计者到印刷机之间的生产工序。数码打样则是该流程中的重要组成部分,而它的成熟又会为 CTP 的普及铺平道路。

7.2.4 打样

打样是包装印刷生产流程中一个不可缺少的工序,是联系印前(制版)与印刷的关键环节,也是包装印刷生产中进行质量控制和管理的一个重要手段,对控制印刷质量、减少印刷风险与成本极为重要。目前,包装印刷中彩色打样的方式主要有机械打样和数码打样。

1. 机械打样

机械打样又称传统打样,是一种模拟印刷操作流程进行的打样方式,其流程大致为:先将照排输出的菲林片晒制成打样用的印版,再将印版安装到打样机上并按合适的色序进行彩色套印,输出彩色样张。传统打样在一定程度上与印刷的环境很接近,从这个角度看,传统打样有其独特的优势。如打样用的纸张、油墨、版材需要与印刷用的材料相统一,打样色序与印刷色序相统一,打样环境如温度和湿度等与印刷基本相同,这些成为目前广大包装印刷企业仍然采用这种打样方式的原因。显然,传统机械打样需要专门制版和印刷,且一般只适于胶印打样用,工序多,周期长,费用高。对于凹印、柔印工艺,以及逐步普及的 CTP 则不便采用这种打样方法。

2. 数码打样

数码打样技术是近年来数字印前领域的热门技术之一。所谓数码打样，就是把彩色桌面系统制作的页面(或印张)数据，不经过任何形式的模拟手段，直接经彩色打印机(喷墨、激光或其他方式)输出样张，以检查印前工序的图像、页面质量，为印刷工序提供参照样张，并为用户提供可以签字付印的依据。值得注意的是，数码打样技术不是简单的打印输出彩色样张，而是通过复杂的色彩管理软件，使输出的样张能再现与之配套的印刷样张，包括纸张、油墨和印刷适性等多方面的匹配和相似。

事实上，传统制版(CTF)、印刷工艺流程中也可以采用数码打样方式。数码打样既不同于传统打样机的圆压平印刷方式，也不同于印刷机的圆压圆印刷方式，而是以印刷品颜色的呈色范围和与印刷内容相同的 RIP 数据为基础，采用色域空间较大的彩色打印来匹配色域空间较小的印刷方式，以实现印刷色彩的再现。它能够满足平印、凹印、凸印(含柔印)、孔印等各种印刷方式的要求，并能根据用户的实际印刷状况来制作样张，解决了打样与后续实际印刷工艺不能匹配，给印刷带来困难的问题。

与传统打样相比，数码打样具有以下优点：①设备投资少，占地面小，环境要求低；②节省人力资源，降低成本费用，对操作人员经验依赖小；③速度快，质量稳定，重复性强，成本低；④幅面选择范围广；⑤适应性广，特别适合于 CTP 直接制版、凹印和柔印等不能打样或不易打样的工艺。既能模拟各种印刷方式的效果，又能与 CTP 及数字印刷机的数字设备结合，真正实现自动化的工作流程。但是，数码打样在适用性方面目前尚存在一些问题：①在专色表现方面普遍存在困难；②数码打样一般采用调频网点或者无网点的染料升华技术，这与印刷机操作者所熟悉的传统打样稿的传统网点完全不同，他们往往需要一段时间去适应和接受数码打样的结果。

目前，在包装印刷领域主要应用的数码打样方式有喷墨打印、色带打印、热升华等方式，各种打样方式都在一定程度上满足不同的要求，但都很难做到全面满足包装打样的需求，包装印刷领域的数码打样还有很大的发展空间。但是，数码打样技术因其独特的优势，定会在包装印刷领域进一步推广，为包装印刷质量的提高，为满足更快、更好的社会需求做出应有的贡献。

7.3 平版印刷技术

包装印刷市场的规模庞大，各种印刷方式各显其能。其中，平版印刷(主要指胶印)因其工艺和设备发展完善，配套的原辅材料也趋于成熟，印刷质量好，成本低等优点，在国内外印刷市场中占据主导地位。在包装印刷领域，从较长的时间来看，平版印刷所占的比例会因其他印刷方式(凹印、柔印)的增加而降低，但其仍然会占主要地位。

7.3.1 平版印刷与食品包装

平版印刷(lithography，planography)采用的印版的图文部分和空白部分的空间位置几乎在同一平面上。印刷时，利用的是油(油墨)水(润版液)相斥原理，对印版既供油墨又供润版液，版面图文部分有选择性地吸附油墨并排斥润版液，空白部分由于先吸附有润版液并可排斥油墨来进行印刷的。如图 7.13 所示，印刷过程中，在装载有印版和承印材料(如纸张)的印刷机滚筒之间增加了一个橡皮滚筒，间接地将印版上图文部分的油墨转移到承印材料表面形成印刷品，因此又名“胶印”(offset printing)。

平版印刷(胶印)是目前较为成熟的一种印刷工艺，也是食品包装印刷的主要方式之一，特别是在食品金属罐、纸包装盒、预印瓦楞纸箱领域占主导地位。胶印擅长于网目调版的印刷，从印前制版的扫描、分色、灰平衡控制、非彩色结构的利用，到印刷过程中的水墨平衡控制、印刷压力调节及印刷测控条(如布鲁纳尔测控条)的使用等，均有一套规范化、数据化的方法。

食品包装材料中常见的塑料、纸和金属材料，均适合采用平版印刷。对于塑料薄膜类包装材料，采用平版印刷存在许多局限性，因此实际较少采用。对于纸类包装材料的印刷，采用平版印刷具有独特的优势，因此其承印物绝大部分是纸类(纸、纸板)材料。常见的采用平版印刷工艺生产的纸材料食品包装印刷品有厚纸包装、纸包装、商标、标签等。此外，目前的胶印机在印刷功能上不断改进，比如经改进和加装部分部件后，可以用来印刷瓦楞纸箱，作为食品的外包装或销售包装；经改进和加装 UV 干燥装置，就可以印刷 UV 印件。随着胶印用水性油墨的成功应用，因其对人体无毒、环保，对胶印在食品包装印刷中的应用又是一个大的推进。

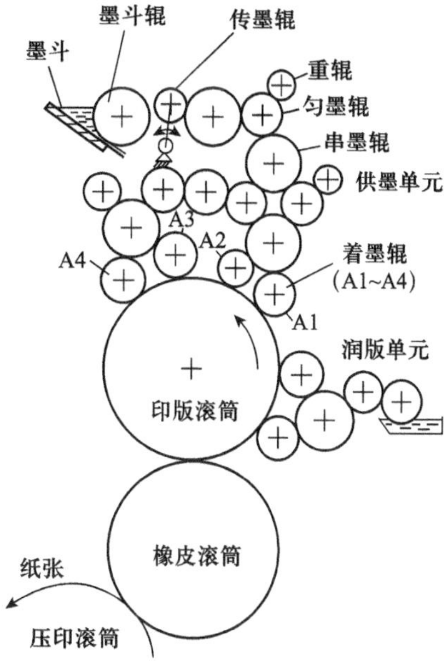

图 7.13 典型的平版胶印过程示意图

7.3.2 平印印版的类型及制作

按照版材和制版工艺过程的不同，可将平印印版分为石版、蛋白版、珂罗版、平凹版、多层金属版、即涂感光版和预涂感光版等类型，目前最广泛采用的平印印版为预涂感光版，即 PS 版。随着 CTP 技术的成熟和推广，越来越多的包装印刷企业开始接受并采用 CTP 版。无论是 PS 版还是 CTP 平印版，其表面的图文部分和非图文部分几乎在一个平面上，且图文部分为亲油疏水表面，非图文部分为版基。下面简要介绍 PS 版以及 CTP 版的制版工艺。

1. PS 版及其制版工艺

PS 版(pre-sensitized plate)一般选用压延性好的金属铝(含铝达 99%)为版基，厚度为 0.5 mm、0.3 mm、0.15 mm 等规格。铝版经过电解粗化、阳极氧化、封孔等表面处理，在版基表面形成细密均匀的砂目(图 7.14)，然后再在版面上涂布重氮感光层，制成预涂版。使用 PS 版晒版时，可省去从磨版到烤版等一系列工序，直接与菲林片密接曝光、显影等即可，具有操作简单、耐印力强、性能稳定、质量好等优点。

按照感光层的感光原理和制版工艺，可将 PS 版分为阳图型(P 型)PS 版和阴图型(N 型)PS 版。目前，我国多采用阳图型 PS 版，其耐印力强、价格低廉。阳图型 PS 版的制版工艺过程为：原稿→菲林片→曝光→显影→除脏→修版→烤版→涂显影黑墨、上保护胶，除脏、修版、烤版、涂显影黑墨、上胶等加工处理，统称为 PS 版的后处理。

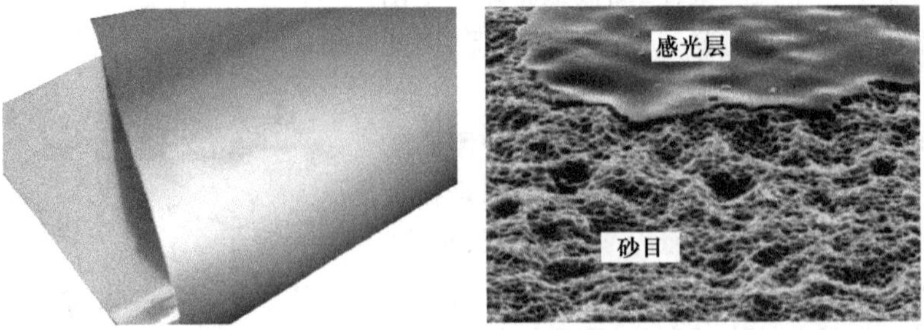

a　　　　　　　　b

图 7.14　PS 版(a)与 PS 版的砂目结构(b)

2.胶印 CTP 版及其制版工艺

CTP 即计算机直接制版,是将计算机制作好的图文,通过计算机控制的激光束直接输出到印版的新型制版工艺技术。该技术省去了分色菲林片及晒版等繁杂的工艺过程,并可在普通胶印机上印刷,大大提高了制版的效率,如图 7.15 所示。

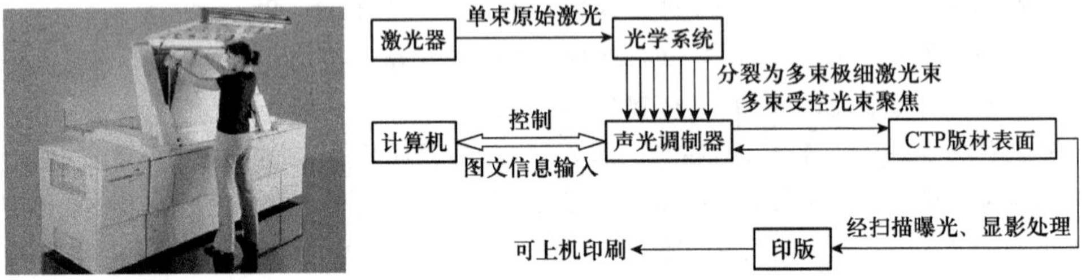

a　　　　　　　　b

图 7.15　典型的 CTP 直接制版机及其工作过程示意图

随着 CTP 技术的成熟,许多包装印刷企业越来越倾向于在其印前工序中使用 CTP 流程。CTP 技术的关键在于 CTP 版材,不同的版材对应不同的直接制版机。胶印 CTP 版材也是预先涂布的。根据成像原理,CTP 版材分为热敏版和光敏版两大类,其中热敏版根据感热原理又分为热分解型、热交联型和热聚合型等;光敏版又分为银盐扩散、光聚合型等。

7.3.3　平版印刷油墨

由于典型的平版印刷(胶印)过程中有润版液(主要为水)的参与,故要求平版印刷(胶印)油墨必须具有较强的抗水性,以防止油墨过度乳化。由于胶印采用橡皮布间接传递油墨,通常转移到胶印品上的墨层厚度很薄,因此要求油墨具有较强的着色力,颜料的分散度和含量相对较高,以保证胶印品的颜色鲜艳、准确。同时,胶印机采用的长墨路供墨系统,要求油墨具有较高的黏度,其他流变性能如黏着性、触变性以及干燥性也应符合胶印要求。

用于包装印刷的胶印油墨的品种繁多。分类标准不同,胶印油墨的类型也不同。按照胶印机进行划分,可分为单张纸胶印油墨、轮转机胶印油墨和无水胶印油墨(在我国很少采用,不作介绍)。对于胶印油墨的具体产品,据统计,目前较发达国家主要以胶印亮光快干型油墨、非热固型胶印轮转油墨等为主导产品,其次是紫外线干燥型油墨、红外线干燥型油墨、合成纸胶印油墨、印铁油墨、无水胶印油墨及各种胶印用特种油墨。

1. 单张纸胶印油墨

单张纸胶印油墨绝大部分采用树脂型连结料，一般可分为普通型、亮光型、快干型和亮光快干型油墨，其差别在于普通型光泽较差，固着速度慢，但价格低廉；亮光型的光泽好，但固着较慢；快干型的固着速度快，能避免粘脏，但光泽较差；亮光快干型则综合了亮光型和快干型的特点，能达到亮光快干的良好平衡。单张纸胶印目前主要采用亮光快干型油墨，其连结料是树脂型，承印材料主要为胶版纸和铜版纸。油墨印到承印材料表面，先依靠连结料中的高沸点煤油的渗透达到快固着，再进一步发生氧化聚合反应在承印物表面结膜干燥。

2. 轮转胶印油墨

轮转胶印机的印刷速度很快，因此对油墨性能有特殊的要求，比如应具有很好的流动性能、较低的黏度、较高的干燥速度等。轮转胶印油墨根据其固化方式，可分为渗透干燥型、热固型、辐射固化型等类型的油墨。

3. 平版印铁油墨

国内食品金属罐、盒大部分采用马口铁材料，通常将马口铁表面印刷称为印铁，其印刷方式大多属于平版胶印的范畴。马口铁皮为非吸收渗透性，且印后产品并非最终成品，而是需要根据用途进行耐腐蚀涂装及表面加工成型等。对于食品包装用的铁罐、盒的印刷，还应考虑到食品包装在杀菌时的高温及其他因素的影响，因此要求印铁油墨除了具有胶印油墨的一般印刷适性外，还必须具备包装适性如耐热性、耐溶剂性、耐加工成型性（主要指应具有非常好的附着牢度）、耐蒸煮性等。同时，印铁油墨还应该符合食品卫生相关标准。

7.3.4　平版印刷机

对于包装印刷尤其是食品包装印刷而言，采用的平版印刷机目前主要指胶印机，按照承印物供应的形态又分为单张纸胶印机和卷筒纸胶印机两类。

1. 单张纸胶印机

单张纸胶印机的主要构造如图 7.16 所示，机身由给纸机构、印刷机构和收纸机构三大部分组成。图 7.16 所示为单色胶印机，其印刷机构只包含一个色组。对于包装印刷而言，一般采用多色（如 4 色、6 色）套印，机器包含多个（如 4 个、6 个）色组。胶印机印刷时，印版安装在印版滚筒表面，承印材料传递在压印滚筒表面，橡皮布安装在橡皮滚筒表面，各滚筒机构参见图 7.13。为了使印版的表面形成图文部分吸附油墨，非图文部分吸附润版液的特征，应先对印版供水（润版液），再对印版供墨，在适当的印刷压力条件下，印版上图文部分吸附的油墨先转移到橡皮布表面，接着转移到承印材料表面形成印刷图文。

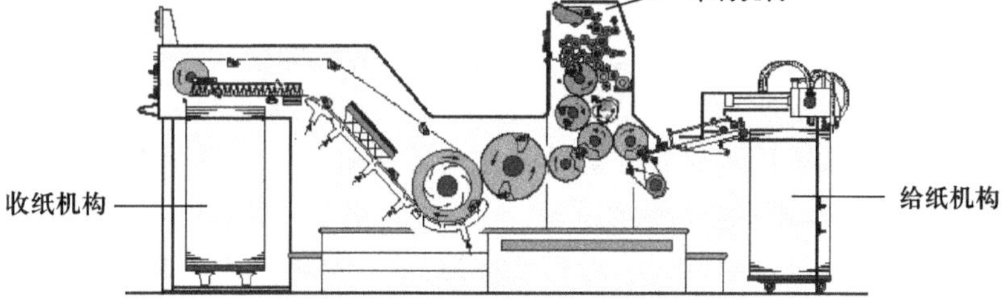

图 7.16　单张纸胶印机的构造简图

2. 卷筒纸胶印机

卷筒纸胶印机的印刷原理同单张纸胶印机，主要构造部件与单张纸胶印机基本相同，只是为了适合其高印刷速度、承印材料形态的要求而采用的特殊设计构造，在此不作详述。

在多色胶印机领域，目前我国包装印刷工业大部分依赖进口，国产设备占的市场份额较低。其中，国际著名的胶印机品牌公司有德国的海德堡(Heidelberg)、曼罗兰(Man Roland)、高宝(KBA)(图 7.17)，以及日本的三菱(Mitsubishi)、小森(Komori)等厂家。近年来，我国内地的胶印机制造技术也有了明显的提高，如北人集团、上海印包、中景集团、营口冠华等胶印机生产企业一直致力于不断改进其原有产品，并不断研发新产品。

图 7.17　三款国际著名品牌公司的单张纸胶印机

7.4　凸版、柔性版印刷技术

与平版印刷一样，凸版印刷也属于传统的印刷工艺，其技术基础好、投资小，适于小批量、小幅面、特殊规格品种的包装印刷；对纸张、油墨等印刷材料要求不苛刻，适应范围广；能在较大范围内调节印刷压力和控制墨量，以得到理想的印刷质量。在包装印刷应用领域，目前主要采用铜锌版凸版印刷工艺(用于烫金、压凸等)，传统的文字铅排工艺已被淘汰。

柔性版印刷是新型凸版印刷工艺的代表，也是凸版印刷最主要的形式，广泛用于包装、报刊、书籍等印刷领域并呈不断扩张的趋势。柔印的承印物非常广，如瓦楞纸板、包装纸板、塑料、金属箔片、餐巾纸、卫生纸、面巾纸等均适合采用该印刷方式。

7.4.1　凸版、柔性版印刷与食品包装

凸版印刷(typographical printing)是一种直接印刷方式，采用的印版图文部分的空间位置高于非图文部分的空间位置，且图文部分位于同一个平面或者同一半径的圆周上。印刷时，图文部分吸附有油墨，而非图文部分则没有油墨。在印刷压力的作用下，附着在图文部分的油墨转移到纸张等承印材料表面，形成印张。根据凸版印刷机的构造，可将凸版印刷分为平压平、圆压平和圆压圆式，图 7.18 所示为典型的(圆压圆式)凸版印刷过程。凸版印刷主要分为刚性凸版印刷(或称普通凸印，采用铜锌版等金属版材)、柔性版印刷两种类型，在没有特别指明的情况下，一般所说的凸版印刷即指刚性凸印。

柔性版印刷(flexographic printing)最初被称为"苯胺印刷"，柔性版印刷采用的印版为柔软的橡胶或感光树脂材料，故称为柔性版，其图文部分的空间位置凸起，高于非图文部分。柔

性版印刷的过程如图 7.19 所示。印刷时，油墨先传递到一个叫"网纹辊"的部件表面，并配合刮墨刀刮除多余的油墨，油墨通过网纹辊再传递到柔性版表面，此时，印版的图文部分吸附油墨，非图文部分没有油墨。在印刷压力的作用下，柔性版表面图文部分吸附的油墨转移到承印材料表面，形成柔印图文。柔性版印刷因具有生产效率高、印刷适应性（主要指承印材料）广、印刷方便灵活、成本低、利于环保等优点，被证实为一种"最优秀、最有前途"的印刷方式，目前在欧美（尤其是美国）已非常发达。柔印在美国印刷业中所占的比例不断上升，已成为仅次于平版印刷的第二大印刷方式。在西方国家的包装印刷行业中柔印已占主导地位，且呈上升趋势。近年来，随着柔印和其他配套技术的成熟，柔印在我国的包装印刷行业中也受到了广泛的关注并得到了大力发展。

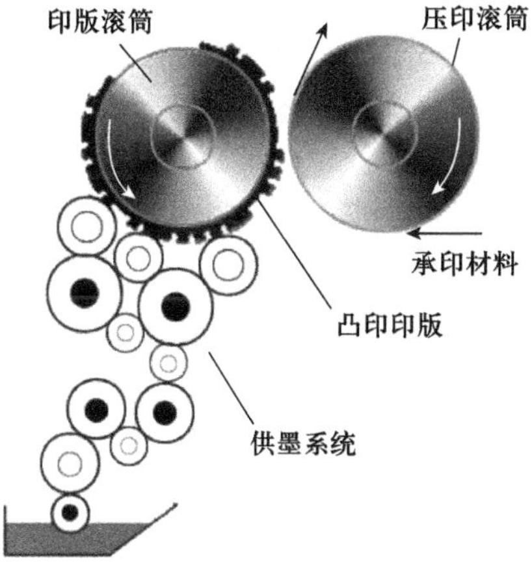

图 7.18　典型的凸版印刷过程示意图

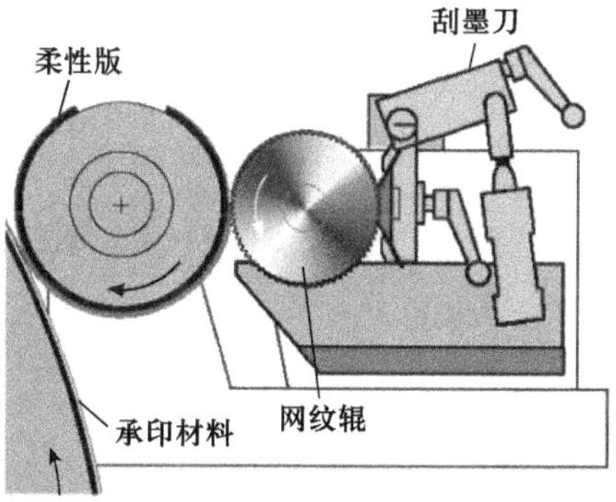

图 7.19　柔性版印刷过程示意图

普通凸版印刷在食品包装中的应用主要是印刷各种商标、纸包装容器、铝箔纸等，也常用于印刷香烟包装，以及用于印后加工如电化铝烫印、压凸以及配合其他印刷方式形成组合印刷工艺进行防伪印刷；柔性版印刷由于其独特的灵活性和经济性，使用环保型的水性油墨，易达到食品包装印刷品卫生标准，同时因具有印刷机构简单等优点，在食品包装中的应用范围不断扩展，现常用于瓦楞纸、软包装材料和不干胶标签等方面的印刷以及牛奶盒、饮料盒、利乐包、快餐店的餐盘垫纸等印刷。

7.4.2　凸印、柔印印版的制作

1. 普通凸印印版的制作

普通凸版印刷目前采用的印版主要有铜锌凸版和电子雕刻凸版。

铜锌版是将准备好的正阴图菲林片晒到涂布有感光层的铜或锌版材上，经过紧膜、显影后，接着用三氯化铁或硝酸腐蚀空白部分使之凹下以低于图文部分，形成浮雕一样的图文的印版。主要工艺过程是：菲林片的准备→版材的准备→晒版→腐蚀→整版→打样。

铜锌版的制版工序较为复杂，版材笨重，且制作环境对操作人员不利，目前主要用于印后烫金版的加工；电子雕刻凸版则是利用电子雕刻机在版材上进行雕刻，形成凸版，制版简便、快捷。

2. 柔性印版的制作

柔性印版大致经历了从橡皮版到感光树脂柔性版的发展过程。

橡皮版最初的制作方式是手工雕刻橡皮版，后来发展成为采用模铸的方式制成的铸造橡皮版，并一直沿用至今。这种柔性印版可制成各种厚度，可用于卷筒纸、纸板、多层复合袋、折叠纸、瓦楞纸板等包装材料的印刷。

感光树脂柔性版在目前的柔性版印刷中使用最为广泛，其版材主要是用橡胶系树脂，这种柔性版广泛应用于食品包装中的标签和不干胶、瓦楞纸箱、折叠纸盒、纸杯，以及食品软包装、纸袋的商标等的印刷。按照曝光前感光胶的形态，可将感光树脂柔性版分为液体感光树脂版和固体感光树脂版。其中，液体感光树脂版的制版工艺大致包含：铺流→曝光→显影冲洗→干燥→后曝光。固体感光树脂柔性版的晒版是在专用的柔性版晒版机（图 7.20）中完成的。使用菲林软片的传统制版工艺流程是：原稿→电子分色或照相分色→正阴图菲林片→背面曝光→主曝光（正面曝光）→显影冲洗→干燥→后处理→后曝光→防粘处理。

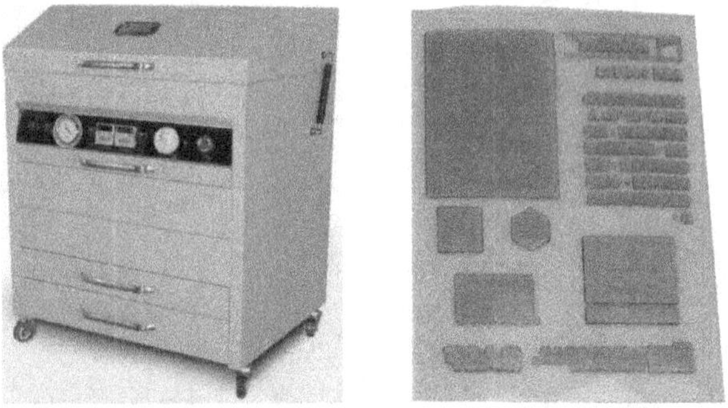

a　　　　b

图 7.20　柔性版晒版机(a)与柔性印版(b)

近年来，数字柔性版技术也取得了很大的进步，在欧美一些发达国家的技术已经很成熟，我国数字柔性版技术的发展速度也较快。

数字柔性版技术的代表是柔性版直接制版（CTP），它是指利用激光或其他光源，对柔性版材进行曝光或者烧蚀，制作出柔性印版的技术。生产实践证明，柔印 CTP 技术使柔性印版的质量得到改善，显著地提高了印刷品的整体质量；能够降低印刷成本，尤其是短版活印刷；使印刷机的设置更快且更加容易，大大减少了印刷机的停机时间。目前，数字柔性版在食品包装中的商标、软包装、高质量瓦楞纸箱后印和预印领域的应用较为广泛。

7.4.3　凸版、柔性版印刷油墨

凸版印刷油墨按印刷机种类和印刷品的用途可分为铅印油墨、铜版油墨、凸版轮转油墨、柔性版油墨、书刊油墨、彩色凸版油墨等。其中，柔性版印刷油墨的应用最为广泛，大部分集中在包装印刷领域。在欧美一些发达国家，绝大部分的食品包装印刷应用柔性版印刷及柔性版印刷油墨，如各种塑料薄膜、金属箔类、纸板、装饰包装纸、玻璃布、牛皮纸等。在使用时，包括了那些直接印刷的基质（即表印），以及制成复合结构的基质（即里印）。在我国，柔性版印刷油墨也在不断扩大其应用领域和市场占有份额，因为该油墨在许多不同基质上基本都能达到良好的印刷质量。下面主要介绍柔性版印刷油墨。

柔性版印刷的供墨采用的是网纹辊(金属或陶瓷材质)传墨,为短墨路供墨系统,且采用具有弹性、可屈挠的柔性印版。因此,为了保证印刷油墨的转移,要求柔印油墨具有较低的黏度。同时,还要求其具有快干性的特点,而这非常适合于食品包装用的塑料薄膜等非吸收性材料的印刷。

柔印油墨由溶剂、树脂连接料和着色剂组成,包含的种类有水基型、醇型、溶剂型和UV(紫外线)干燥油墨。

1. 水基型柔印油墨

水基型柔印油墨主要适用于具有吸收性的基质表面,如纸张、纸板,包括牛皮纸、瓦楞纸的包装箱、多层纸袋等的印刷,现在又发展到塑料薄膜和箔类表面的印刷。水基墨的最大特点是采用水作为主要溶剂,为了调整油墨的黏度和干燥速度,通常加入乙醇或异丙醇作为辅助溶剂。水基型柔印油墨具有无毒、无味,绿色环保等特征,非常适用于食品包装印刷,并符合现代印刷的发展趋势。

2. 溶剂型柔印油墨

溶剂型柔印油墨主要应用于非吸收性材料表面的印刷,如塑料薄膜、铝箔和复合材料等。溶剂型柔印油墨的连结料是一种由树脂添加剂和溶剂组成的混合剂。按照混合物的不同,溶剂型油墨又有染料油墨和颜料油墨之分。染料油墨可用于印刷纸包装物及涂蜡的冰棍纸、糖果纸和面包纸等,不适合印刷薄膜,因为染料容易渗入薄膜内。颜料油墨按照所采用的树脂和溶剂的不同,又分为纸张颜料油墨、尼龙(PA)薄膜油墨、聚烯烃薄膜油墨、聚酯(PET)薄膜油墨、聚氯乙烯(PVC)薄膜油墨、铝箔油墨等,以适应不同材料的包装印刷。

3. 醇型柔印油墨

醇型柔印油墨主要应用于牛皮纸、包装纸和纸板等吸收性材料表面的印刷,也有应用于塑料薄膜的印刷。

醇型柔印油墨是将醇溶性树脂溶于醇系溶剂中,再与醇系溶剂、溶纤剂和色料混合而成。醇溶性树脂有改性马来酸树脂、环氧树脂、聚酰胺树脂、硝化棉、虫胶等;醇系溶剂为甲醇、乙丙醇、正丙醇、正丁醇等,以及添加一些酯类溶剂和溶纤剂,以提高树脂的溶解性和干燥性,进而提高油墨的印刷适性。醇型油墨具有良好的流动性和干燥性,用它印刷的墨层色彩鲜艳、附着牢固、光泽度好、稳定性高。

4. UV柔印油墨

使用UV柔印油墨的柔性版印刷工艺表明,不管承印物特性如何,UV油墨的印刷质量都优于水基型油墨和溶剂型油墨。此外,UV柔印油墨安全可靠,无溶剂排放、不易燃、不污染环境,在食品包装印刷领域有着较为广阔的市场。它不仅适合于柔性版高速、多色一次连续印刷各种特性的食品包装承印材料,而且特别适合印刷非吸收性的承印材料,如镀膜产品和塑料薄膜产品等。

7.4.4 凸版、柔性版印刷机

凸版印刷机是历史最久远的印刷机,目前主要有平压平、圆压平和圆压圆三种型式。平压平凸版印刷机的特点是装置印版的版台(装版台)和压印机构均为平面形,该型式的凸印机印刷总压力大,速度低,印刷质量不高,印刷幅面不大,一般只能生产4开以下规格的印刷品。

圆压平凸版印刷机的主要特点是装版台为平面形，压印机构为圆形滚筒。该型式的凸印机比平压平凸印机的印刷效率高、印刷幅面大、印刷压力小。圆压圆凸版印刷机又称轮转凸版印刷机，主要特点是装版台和压印机构均为圆形滚筒。该型式的凸印机运行平稳、印刷速度高，有利于进行双面、多色印刷。

柔性版印刷机是一种特殊形式的凸版印刷机，为卷筒型轮转印刷机。机器主要包含 4 个部分，即解卷给料部分、印刷部分、干燥部分及复卷收料部分。此外，现代柔印机一般还装配有张力控制、边位控制、套准控制、印品观察等测控装置及机械状态监测与故障诊断系统。为了扩大适用范围，在有的柔印机上还装备了上光、覆膜、烫金、分切、模切、打孔、丝印及凹印单元等装置，成为柔印联合生产线。

根据柔性版印刷机的机组排列形式，通常可将柔印机分为层叠式、卫星式和机组式三种类型。其中：①层叠式柔性版印刷机，是在主机的两侧，将各色机组相互重叠起来进行印刷。每一单色机组均有独立的压印滚筒，各机组都由主机齿轮链条传动。该结构的柔印机可以进行双面印刷，可连线制袋、裁切、复合等印后加工。但套印精度差，不适宜印刷伸缩性较大或较薄的承印材料；②卫星式柔性版印刷机，各印刷色组共用一个压印滚筒，承印材料在压印滚筒上一次性完成多色印刷。该结构的柔印机套印准确，印刷精度高，但一般只能进行单面印刷；③机组式柔性版印刷机，各色机组相互独立且呈水平排列，结构模块化的优势得到充分体现，能与丝印、凹印、模切、上光、烫印等加工单元进行联机。该结构的柔印机可进行双面印刷，适用于纸张、纸板、瓦楞纸等硬质材料，烟包、不干胶标签等附加值较高之产品，以及卷筒纸印刷。以上三种结构的柔性版印刷机机身外形如图 7.21 所示。

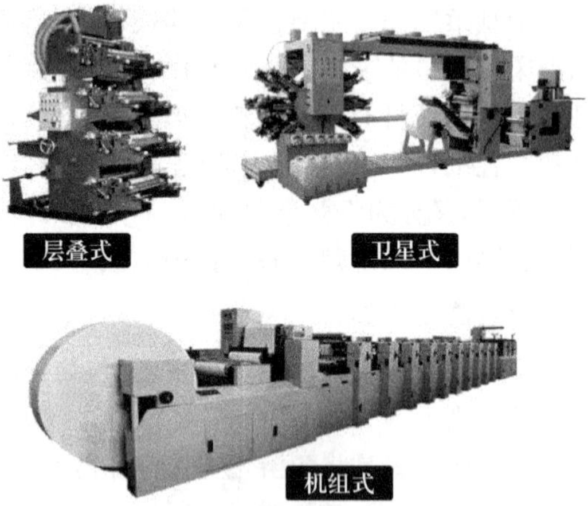

图 7.21　三种结构的柔性版印刷机

7.5　凹版印刷技术

凹版印刷也是传统的印刷工艺之一。由于具有墨层厚实、墨色饱和均匀、色泽鲜艳明亮、承印材料范围广、综合加工能力强、设备维护保养及维修方便等诸多优点，凹版印刷成为高质量包装印刷的主流方式之一。凹印技术的进步与成熟，以及凹版制版成本的不断降低，凹版印刷机的价格逐步下调，进一步提升了凹版印刷在包装印刷领域的市场份额。此外，与柔性版水性油墨一样，目前的凹印水性油墨能够满足高速、高精度凹版印刷的要求，且符合卫生和环保的要求。因此，凹印在食品包装中的应用前景将更为广阔。

7.5.1　凹版印刷与食品包装

凹版印刷(gravure printing)也是一种直接印刷方式，其特点是印版上图文部分的空间位置凹下，形成深浅不同的着墨孔；非图文部分的空间位置凸起，且在同一个平面或同一半径的圆周上。凹版印刷的过程如图7.22所示。印刷时，印版滚筒的一部分浸渍在墨槽里，油墨润湿印版表面，并填充在着墨孔内，再用刮墨刀除去印版表面的油墨，剩下的只有吸附在着墨孔中的油墨（即图文部分吸附油墨）。在印刷压力的作用下，着墨孔内的油墨转移到承印材料表面，形成印张。相对于其他印刷方式而言，凹版印刷的压力大，采用的印版表面为不同深浅或大小的网穴（着墨孔）结构，能真实地再现原稿效果，印刷品层次丰富、清晰，墨层厚实，墨色饱和度高，色泽鲜艳明亮，质感强。此外，凹版印刷采用金属滚筒印版，耐印力非常高，印刷速度非常快，适合的承印材料非常广。凹印设备具有强大的综合加工能力，大型凹印机还可附加上光、覆膜、涂布、模切、分切、打孔等单元，实现复合、模切等工序的连线加工，特别适合大批量长版活的印刷。

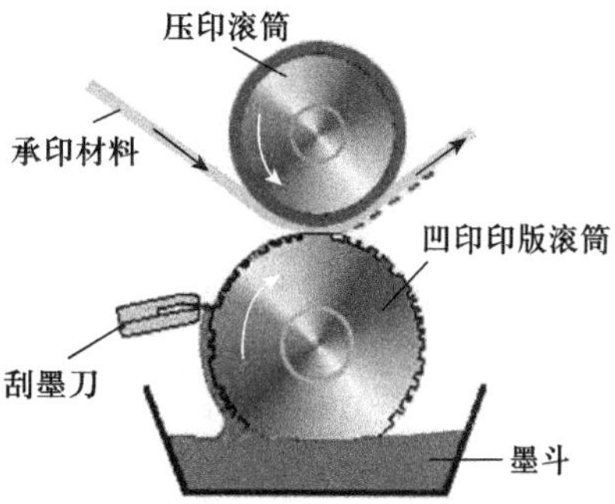

图7.22　凹版印刷过程示意图

对于食品包装而言，软包装（主要是塑料及其复合类软包装，如塑料袋、塑料盒、纸塑、铝塑及镀铝膜等）是最广泛采用的包装形式之一，在美国等一些发达国家的软包装主要采用柔性版印刷工艺。对于我国的软包装印刷，因柔印尚处于发展阶段，目前绝大部分仍采用凹版印刷，凹版印刷广泛适用于食品塑料软包装中的PVDC、PET、PE、PA、PP、BOPP等多种薄膜及复合膜类材料的印刷。常见的采用凹版印刷工艺生产的食品包装有方便面、奶粉、茶叶、小食品（休闲食品等）、饮料、糖果、蒸煮袋、腌制蔬菜及肉类制品、冷冻鱼虾、味精、各种调味品以及食盐包装等。

对于纸类食品包装，凹版印刷同样占有相当重要的地位，比如用于烟、酒、高档食品等产品的包装和商标的印刷。对于这些要求较高的包装印刷，凹版印刷的优势得到充分发挥。啤酒标凹版印刷也处于快速发展中，其分色、调墨、套印、模切等操作全部由电脑控制，其印刷质量和加工精度比胶印有过之而无不及。

对于饮料、食品、啤酒和乳品等的外包装瓦楞纸箱而言，采用凹印预印工艺进行印刷是一个主要的方式。该工艺的过程是，使用大型机组式凹版印刷机在卷筒纸上（预先）印刷，收料后将其作为纸箱面纸在瓦楞纸板生产线上制成瓦楞纸板，再模切成型。凹印预印工艺生产的彩色瓦楞纸箱图案精美、色彩饱满，观赏性强，且具有高抗压强度、耐磨损、防潮等特点，非常适合作为食品包装的外包装（运输包装）用。

如图7.23为采用凹版印刷工艺生产的食品塑料软包装及食品包装的标签。

a. 凹印软包装　　b. 凹印标签

图7.23　凹版印刷在食品包装上的应用举例

7.5.2 凹印印版的类型及制作

与其他印版不同的是，凹版的图文是直接制作在印版滚筒上的，因此凹版印版通常又被称之为凹版滚筒。无论哪种类型的凹版制版法，都是在滚筒表面进行制版。在印版滚筒表面制作印刷图文之前，须对滚筒表面进行适当的加工处理，如在钢辊表面采用电镀法镀镍、镀铜等处理，以满足凹版制版和凹版印刷的要求。凹印印版根据制版方式的不同可分为雕刻凹版和腐蚀凹版两大类。其中，雕刻凹版又可分为手工雕刻、机械雕刻和电子雕刻 3 种类型；腐蚀凹版又分为照相凹版(photogravure)、加网凹版和道尔金式凹版 3 种，如图 7.24 所示。

a. 照相凹版　　b. 加网凹版　　c. 道尔金式凹版

图 7.24　3 种类型的腐蚀凹版

下面简要介绍雕刻凹版的制作工艺：

雕刻凹版按照雕刻手段的不同，目前主要有手工雕刻、机械雕刻、电子雕刻凹版等类型。其中，用于(食品)包装印刷的雕刻凹版主要采用电子雕刻。

电子雕刻凹版的制作是采用电子雕刻的方式，在电子雕刻系统中，利用机械雕刻刀或是高能射线束(激光、电子束)，直接在处理后的滚筒表面雕刻出凹陷的网穴。根据雕刻内容的提供形式，可将电子雕刻凹版分为有软片电子雕刻制版和无软片电子雕刻制版两种。图 7.25 所示为电子雕刻机的雕刻凹版。

图 7.25　电子雕刻机雕刻凹版

有软片电子雕刻是指雕刻的内容是以菲林软片的方式提供的。有软片电子雕刻机在工作时，装有菲林软片的扫描滚筒在扫描头前方旋转，扫描头将记录原稿密度的光信号转换为电信号，再通过电磁转换转变为机械能，驱动雕刻刀在滚筒表面进行切割，从而雕刻出相应的网点。随着彩色桌面出版系统的普及应用，有软片电子雕刻已逐渐被无软片电子雕刻所取代。

无软片电子雕刻采用的是完全数字化的凹版制版系统，原稿信息是以数字信息的形式在印前系统中处理，电子雕刻机完全作为输出设备进行直接制版。系统在制版时，无须依赖菲林软片作为信息媒介，也无须扫描单元的信息输入支持，所有的原稿信息都以数字化的形式传递到电子雕刻机上进行直接雕刻制版(凹印 CTP)。

7.5.3 凹版印刷油墨

一般地，凹版印刷油墨根据组分可分为水基型凹印油墨和溶剂型凹印油墨。对于食品包装而言，水基型凹印油墨因其无毒、无污染、无刺激性等环保、安全特性，理应成为其表面装潢印刷的首选油墨类型。

对于水基型凹印油墨和溶剂型凹印油墨，承印材料不同，所选用的这两类油墨的成分也会有所差别。因此，根据承印材料，在食品包装印刷中采用的凹印油墨可分为塑料凹印油墨、纸张凹印油墨、铝箔凹印油墨等类型。

1. 塑料凹印油墨

塑料凹印油墨按照印刷的部位一般可以分为表印塑料凹印油墨和里印塑料凹印油墨（复合包装油墨）两类。

表印塑料凹印油墨是将油墨直接印在经过表面处理的塑料薄膜表面上；里印塑料凹印油墨专门用于复合薄膜包装材料，油墨层夹在两层塑料薄膜之间，从里面透过薄膜显示出所印刷的图案文字。里印油墨一般是印在透明度很高的 PP、PET 薄膜或玻璃纸的反面，然后与 PE 薄膜或其他材料复合。与里印油墨相比，表印油墨因印刷在塑料薄膜表面，必须具有很好的耐刮牢度和光泽度；而里印油墨夹在两层薄膜之间，不会被直接摩擦和刮伤，光泽度的好与坏几乎一样。

复合软包装是食品包装常见的形式，因此里印油墨的使用最为普遍。用于复合包装的里印油墨可分为两类：①轻型复合包装油墨，主要用于印刷 BOPP 膜，然后挤出复合 PE 膜制成方便面、小食品等的包装袋；②耐蒸煮复合包装油墨，主要用于印刷 PET、NY 膜、干式复合铝箔、CPP 膜制成的高温蒸煮肉、禽、海产品等软罐头的食品包装。

2. 纸张、铝箔凹印油墨

纸张和铝箔材料在食品包装应用广泛，纸张、铝箔与塑料的表面印刷性能不同，适合的油墨成分也应有差异。纸张表面由于没有塑料薄膜平滑，且纸张具有吸收性，因此纸张凹印油墨应满足纸张的印刷适性要求。铝箔材料主要应用在（啤酒）标签、糖果纸等食品包装上。铝箔食品包装的生产，由于要注意到分切等后加工工序，因此铝箔凹印油墨应具有传印性、颜色鲜艳度、光亮度、爽滑度、柔软性和印品分切性好等优点。

7.5.4　凹版印刷机

凹版印刷机的自动化程度高，操作方便，适用于多色印刷，其出色的印刷质量受到行业内的一致好评，是众多包装印刷企业必备的印刷生产线，具有广阔的应用前景。

在结构上，凹版印刷机采用的都是圆压圆式的轮转机，故通常将凹版印刷机称为轮转凹印机（rotary photogravure press）。根据不同的分类标准，凹印机有不同的类型。如按照印刷色数分，可分为单色凹印机和多色凹印机；按照用纸的形状，可分为单张纸凹印机和卷筒纸凹印机。无论哪种类型的凹印机，基本上都是由给纸机构、印刷机构、供墨机构、干燥机构和收纸机构组成。

目前，凹版印刷正朝着多用途、多色、高速、自动化、联动化和环保型的方向迈进。国际上，凹印新技术的研发始终围绕着最终产品的灵活性、高质量和经济性的要求展开，新一代高度自动化、省力、高效的凹版印刷机已成为市场的主流。现阶段，我国的先进凹版印刷生产线主要依靠进口，包括印刷、复合、分切和制袋等配套设备。国外著名的凹印机制造厂商主要有瑞士的博斯特、法国的尚邦、美国的史蒂文森、意大利的赛鲁迪以及澳大利亚的全印等。我国国产的凹印机生产技术近年来也取得了引人瞩目的进展。国产的凹印机绝大多数为卷筒纸凹印机，主要制造企业有陕西北人印刷机械有限公司、中山松德包装机械有限公司等。国产凹印机的应用领域相当广泛，在食品包装中最主要的应用是软包装印刷，近年来在折叠纸盒（如烟包、无菌食品包装)印刷以及瓦楞纸箱预印等领域的应用也得到了迅速发展。图 7.26 所示为我国国产的某型号多色凹版印刷机。

图 7.26 我国国产的凹版印刷机

7.6 丝网印刷技术

丝网印刷是最常见的孔版印刷(porous printing)方式。孔版印刷与前文介绍的平版、凸版、凹版印刷一道被称为传统的四大印刷方式,该印刷方式的特点是印版图文部分由能透过油墨的网孔构成,印刷时,在一定印刷压力的作用下,油墨可透过网孔漏印到承印材料表面。孔版印刷的承印材料范围非常广泛,包括包装印刷材料中的纸张、纸板、瓦楞纸、塑料、金属材料、玻璃等;且对承印物的形态要求低,既可在平面上印刷,也可以在各种规则或不规则曲面上印刷。孔版印刷包括誊写版、镂孔花版、喷花和丝网印刷等种类。

7.6.1 丝网印刷与食品包装

丝网印刷(screen printing)简称为丝印或网印,其特点是将丝织物、合成纤维织物或金属丝网绷在网框上,采用一定的方法制得丝印印版后,印版的表面呈现两类不同的区域:一部分为通孔网孔,可以透过油墨,为图文部分;另一部分网孔被胶层堵住,不能透过油墨,为空白部分。丝网印刷的过程如图 7.27 所示。印刷时,在刮板与丝印印版之间的印刷压力作用下,油墨通过图文部分的网孔并转移到承印材料表面,形成印张。

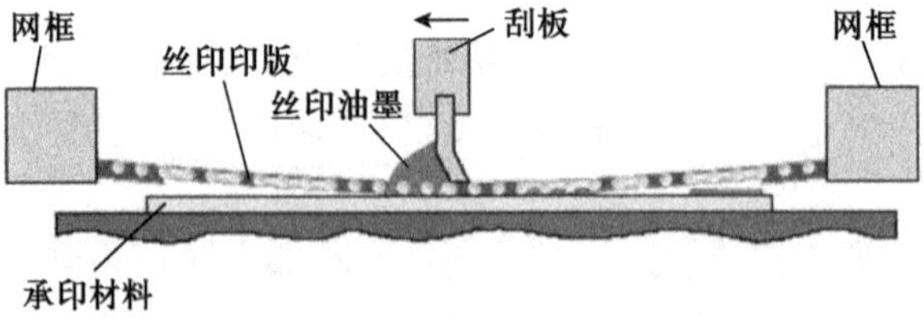

图 7.27 丝网印刷过程示意图

丝网印刷可按其印版类型、印刷机品种、油墨性质及承印材料类型分为许多种类。就其印刷方式而言,可分为平面丝网印刷、曲面丝网印刷、轮转丝网印刷(此 3 种方式属于由印版对印件进行直接印刷,一般只限于印刷一些具有规则几何形体的承印物)、间接丝网印刷(丝印图像不直接印在承印物上,而先印在平面上,再用一定方法转印到承印物上)和静电丝网印刷(利用静电引力使油墨从丝印版面转移至承印面的方法,为一种非接触式的印刷方式)等类型。

丝网印刷具有墨层厚、图文层次丰富、立体感强、承印材料范围广等优点。此外，丝网印刷的高度灵活性使其能够在各种包装制品表面进行印刷，实现多种特殊效果，因此丝网印刷技术在包装及食品包装行业内很受欢迎。

在各类食品包装如糖果、饮料、饼干、小食品的包装盒、罐、瓶、袋的指定平曲表面的装潢印刷中，丝网印刷都有其用武之地。在塑料包装领域，丝网印刷既可在塑料薄膜上印刷以制作食品软包装，也可在塑料包装容器上进行印刷；在纸类包装领域，由于网印图案的墨层厚实、立体感强，可大大提高包装的档次，因此在酒、营养品以及高档食品等彩色纸盒包装中的应用日益增多；在金属包装领域，主要应用于各种饮料罐、食品罐等；在玻璃包装领域，多应用于各种液体包装，如饮料、矿泉水以及各种啤酒、白酒、葡萄酒等；在陶瓷包装领域，直接网印法和间接网印法都有广泛的应用，如一些酒类的高级包装。

近年来，丝网印刷技术的进步，进一步推动了其在食品包装中的应用。随着各种功能性油墨尤其是 UV 油墨生产技术的不断开发、进步，新的网印工艺凭借自身的独特优势，在(高档类)食品包装装潢中备受青睐。目前应用最多的有仿金属蚀刻、冰花纹理、折光等网印工艺，所印制的酒、礼品、高档食品包装盒，色彩艳丽、典雅华贵，深受消费者的喜爱。

此外，丝网印刷在食品包装中的应用还体现在与其他印刷工艺进行组合印刷方面。网印与其他工艺的组合，可以弥补其他印刷方式的不足，增强包装印刷品的装潢及艺术效果，大大提高了产品的质量和档次，吸引消费者，对食品的销售起到了很好的促进作用，例如采用网印与柔性版或平版胶印的组合印刷方式。特别是印刷精度极高的轮转网印单元与柔性版印刷机进行联机组合，可在承印材料上获得金、银等金属效果和浮凸、磨砂、折光、冰花等效果，大大提升了食品(主要为高档类食品)包装的销售吸引力。

如图 7.28 所示为采用丝网印刷(或网印组合印刷)工艺生产得到的食品、酒类包装。

局部磨砂　　彩盒包装　　丝印水晶

图 7.28　丝网印刷在食品、酒类包装中的应用

7.6.2　丝印印版的类型及制作

丝印印版由两部分组成，丝网和网框。丝网是丝印印版的版基，也是感光胶或感光膜的支撑体；网框是支撑丝网的框架，使丝网牢固黏合在网框上，并保持一定的张力。根据丝网、网框材质的不同，丝印印版有不同的类型。

1. 丝印印版的类型

按丝网材质的不同，可将丝网分为绢丝网、尼龙丝网、涤纶丝网和不锈钢丝网四种类型，各自的制版适性和应用范围如表 7.1 所示。除以上四种常见丝网外，目前丝印行业还推出了一些特殊的丝网材料，如镀镍涤纶丝网（适用于精细图文印刷）、压平丝网（适用于 UV 固化油墨印刷）、防静电丝网等类型。

表 7.1 常见丝网材料性能对比及应用范围

性能	绢丝网（蚕丝丝网）	尼龙丝网	涤纶丝网（聚酯丝网）	不锈钢丝网
耐热性	中	差	差	优
弹性	良	优	优	一般
尺寸精度	一般	一般	良	优
应用范围	目前较少应用	广泛应用，适宜大面积广告印刷	广泛应用，适宜精度要求高的精细印刷品	少数精密印刷时使用

按网框材质的不同，可将丝印网框分为木质网框和金属网框，其中金属网框又分为钢网框、铝网框和不锈钢网框等类型。木网框制作简单，成本低廉，使用方便，但容易受环境湿度影响，尺寸稳定性差，故一般只适合精度要求低的小批量印刷，不适合用于多色套印。金属网框一般采用中空结构，各金属材料的性能决定了各自网框的特点和应用。其中，中空铝网框因具有制作轻便、强度高、尺寸稳定、精度高、耐水和溶剂性强等优点，应用最为广泛。

2. 丝印印版的制作

丝印印版不同于其他印版，它是由丝网和网框共同组成的。因此，丝印印版制作前，首先要将丝网以一定的张力绷紧并固定于网框上，作为丝印印版图文的载体，该操作过程称为绷网工艺，如图 7.29 所示。丝网张力的大小及绷网质量的好坏直接影响丝印印版的质量，最终影响印刷质量。尤其是对于彩色包装印刷而言，要求各色印版的绷网张力必须基本一致，才能保证彩色套印的准确。根据采用的设备不同，绷网工艺可分为手工绷网、机械绷网和气动绷网等类型。绷网的操作方式一般有直接绷网法和间接绷网法。

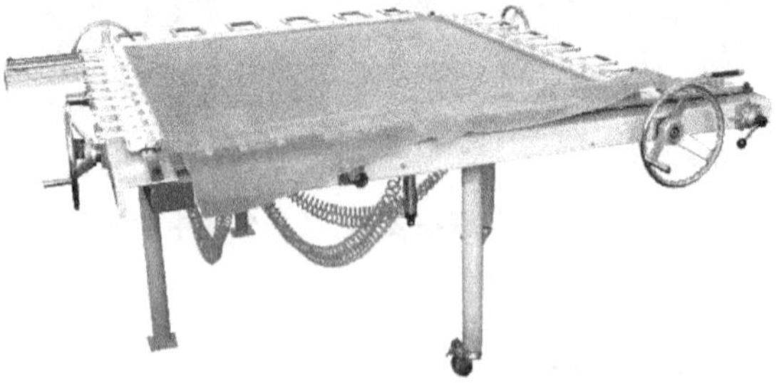

图 7.29 丝印印版的绷网

绷网工艺完成后，接下来进行正式制版。丝印印版的制作方法目前主要有手工制版法、金属版制版法和感光制版法 3 类。其中，手工制版法是最初始的丝印制版法，完全采用手工操作，其分辨率差，但较经济；金属版制版法主要用于需用到金属印版的圆网丝印及某些精密电路或网点丝印中；感光制版法也称为照相制版法，它是利用感光材料见光发生物理或化学变化的特点，通过晒版的方式制成版膜，即得到丝印印版。感光制版法由于制版质量高、速度快、耐印率高而成为现代丝网印刷中应用最广泛的制版方法。

感光制版法根据涂布感光胶或贴膜工艺方法的不同，又分为直接制版法、间接制版法和直间制版法，这3种方法各自的性能对比如表7.2所示。

表7.2 3种常见的感光制版法对比

比较项目	直接法	间接法	直间法
操作过程	涂感光胶于丝网版的两面→晒版→显影→修整	晒感光膜片→固化→显影→贴膜→干燥→去片基→修整	贴膜→干燥→去片基→晒版→显影→修整
操作特点	反复涂胶，费时	操作复杂	以贴代涂，简便
耐机械力	很好	差	好
线条光洁性	差	很好	好
分辨力	0.15 mm	0.1 mm	0.1 mm
耐印率	100 000	5 000	50 000
制版速度	慢	较快	快
价格	廉	贵	中等
适印性	可印不平整面	仅印平整面	可印不平整面

随着新材料的开发，以及制版技术、设备的发展，丝印制版技术还产生了一些新的制版法，如喷绘法丝网直接制版（采用数字喷墨成像的丝网直接制版技术）和激光丝网制版法等。

7.6.3 丝网印刷油墨

丝网印刷具有的高度灵活性使其承印材料非常广泛，对于包装印刷而言，可以有纸张、纸板、塑料、金属、陶瓷、玻璃等，且允许它们为平面形或者曲面形。网印能在这些材料表面实现多种特殊印刷效果。不同的承印材料，应选用不同的丝网印刷油墨类型与之匹配，如纸类丝印油墨、塑料类丝印油墨、金属类丝印油墨、陶瓷类丝印油墨和玻璃类丝印油墨。对于包装印刷尤其是食品包装而言，丝网印刷油墨正朝着快干、无毒、无污染的方向发展。发展较快的有水基型丝印油墨、UV丝印油墨和UV水性丝印油墨。其中，UV水性油墨是在UV油墨技术基础上，结合了水性油墨的特点，使产品在印刷适性、尺寸稳定性、网版清洗方面比100%的UV油墨更为优秀，尤其适合大幅面丝网印刷用。

此外，为提高包装及其附加物（如商标）的印刷装潢效果，提升包装的销售、防伪等功能，近年来丝网印刷工业还陆续推出了一些特殊的功能性油墨，如发泡油墨、液晶油墨、荧光油墨、香料油墨、闪光油墨、转印油墨等。包装印刷时，可根据包装的特定要求适当选择这些功能性油墨。

7.6.4 丝网印刷机

丝网印刷机最初为手动式印刷机，结构简单，印刷质量较低。目前，用于包装印刷的丝网印刷机已经进入了精密印刷的领域，其结构已向高精度、自动化方向发展，印刷产品也向高质量的方向发展。

丝网印刷机按不同的分类方法，可分为多种类型。例如，按印刷色彩的多少可分为单色印刷机和多色印刷机；按自动化程度可分为手动式丝网印刷机、半自动式丝网印刷机、全自动式丝网印刷机和联动式丝网印刷机；按丝印印版和承印平台的不同可分为平网丝网印刷机和圆网丝网印刷机。与其他印刷方式不同的是，丝网印刷机还可分为平面丝网印刷机和曲面丝网印刷机。各种类型的丝网印刷机性能特点有所不同，使用范围及印刷精度也有所差异。

圆网丝网印刷机属于高档印刷机，可分为圆网平台式丝印机和滚筒（轮转）式丝印机。圆网丝印机多为全自动型，套印精度高，印刷速度快，适用于大批量精美的印刷业务。国际知名的圆网全自动丝印机品牌公司主要有日本樱井（Sakurai）、美诺（Mino），德国的 SPS 等。图7.30 所示为日本樱井公司推出的几种型号的全自动滚筒式丝网印刷机。目前，我国丝网印刷机的进口仍然呈增长趋势，主要用于烟包、酒包、高档食品（补品）等要求具有特殊效果的大批量精美包装印刷。我国内地生产这类高端丝印机的代表性企业有上海三印机厂、上海丝彩特、深圳臻兴等。

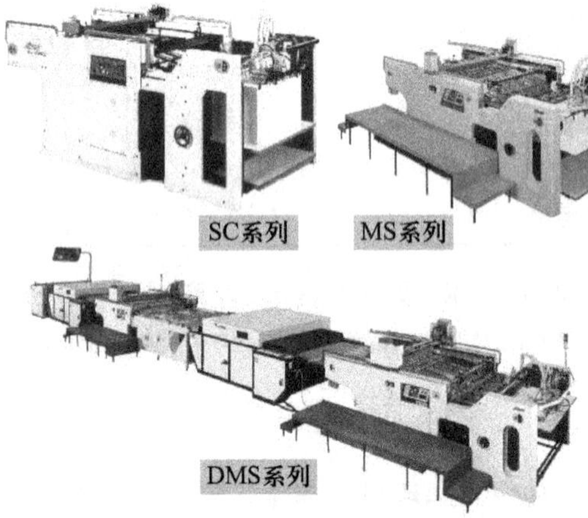

图 7.30 几种型号的全自动滚筒式丝网印刷机（日本樱井公司）

7.7 食品包装常用的印后加工技术

与其他包装一样，食品包装的装潢印刷质量离不开包装印刷工艺过程中的每一道工序。平版胶印、凸印（含柔印）、凹印、丝印中的新技术和新材料，如最新的数字化印前设备与工艺，高速、高印刷质量的多色印刷机及其技术，技能水准高超的操作人员，以及高性能、环保、健康型的印刷油墨和承印材料等，是得到精美的食品包装印刷品的先决条件。但是，经历印前和印刷工艺后得到的只是包装印刷的半成品，必须用性能优良的印后加工设备对其进行整饰或成型加工，才能成为真正的包装印刷精品。因此，优质、精美的包装印刷产品，是在良好的印前与印刷技术与工艺应用之后，最终在印后加工技术与工艺应用中完美地体现出来。

7.7.1 印后加工与食品包装

印后加工（postpress）是印刷工艺系统工程中印前、印刷、印后三大工序之一，是使经过印刷机印刷出来的印张根据不同的规格和要求，采用不同的办法，获得最终所要求的形态和使用性能的生产技术的总称。对于包装印刷产品，印后加工是保证其质量并实现增值的重要手段，很多都是通过印后加工技术来大幅度提高包装的品质并增加其特殊功能的。从某种意义上讲，印后加工是决定包装印刷品成败的关键。成功的印后加工能创造出新的包装产品，开拓新市场；成功的印后加工还可以提高产品的价值，弥补包装印刷品的不足，为客户提供将来可行的新构想。

相比于其他产品包装，食品包装的销售功能和防护功能有更高的要求，因此印后加工在食品包装中的地位举足轻重。包装印刷的快速发展带动了上光、模切、烫印、糊盒等包装印后加工工艺的发展，包装印后加工的种种解决方案又提高了食品包装的附加值。例如，在食品包装印刷品(纸类)上进行印后上光处理不仅可以将印刷品点缀得多姿多彩，而且可以赋予食品包装印刷品一些非凡功能，如防水、防潮、保护印刷图文、增加纸品牢度等，这些正是食品包装所需要的。又如，对食品包装印刷品进行印后热烫印处理再叠印不透明或透明的彩色油墨，可以实现迷人的效果，为食品包装设计者提供了无穷的设计方案；进行印后全息烫印制作的标识可轻易识别，且较难仿制，在高档食品(或酒类、营养品、补品)的纸盒包装上作为防伪包装技术的应用越来越广泛。

食品包装材料的种类繁多，适合的印后加工处理方式也丰富多样。随着人们生活水平的提高和供给侧结构改革的深入推进，对食品包装的要求也越来越高；另一方面，市场竞争在进一步扩大，为了能在货架上突显产品，提升食品包装的销售力，在食品包装印后加工过程中，广泛使用上光、模切、烫金、覆膜等包装印后加工工艺已成为众多从事食品包装生产(印刷)企业竞相青睐的手段。如图 7.31(又见彩图 7.31)所示为采用一定印后加工处理后货架上的食品包装。总之，在食品包装印刷品上进行适当、适度的印后加工，可一定程度上起到保护食品的外包装、延长外包装使用寿命的作用，还可以展示食品、激发消费者的购买欲、促进销售，并能提高食品及其包装的美感，给人以视觉上和精神上的享受，提升其附加值。

图 7.31　印后加工与食品包装

7.7.2 常见的包装印后加工技术及工艺

一般地，按照加工的目的，可将包装印刷品的印后加工分为三大类：①对包装印刷品表面进行美化的表面整饰加工，如为提高印刷品光泽度而进行的上光或覆膜加工，为提高其立体感而采用的凹凸压印或水晶立体滴塑加工，为增强其闪烁感的折光、烫箔加工等；②使包装印刷品获得某些特定功能的功能性加工，如使印刷品有防质变、防潮、防磨损、防虫等防护功能；③使包装印刷品具有一定规格形状的成型加工，如包装容器的模切压痕、黏合、热合、钉合加工等。

下面简要介绍几种常见的包装印后加工技术及工艺。

1. 覆膜

覆膜主要用于纸类食品包装材料的印后加工，是指将塑料薄膜(如聚丙烯薄膜)涂上黏合剂，与纸印刷品经加热、加压后使之黏合在一起，形成纸塑合一的印刷品加工技术。经过覆膜的食品包装印刷品，由于表面覆了一层薄而透明的塑料薄膜，表面更加平滑光亮，提高了食品包装表面的光泽度和牢度，图文更加鲜艳，富有立体感，同时还为食品包装起到了防水、防污、耐磨、耐折、耐化学腐蚀等作用。

覆膜工艺按照所采用的原材料及设备的不同，可分为即涂覆膜和预涂覆膜两种。其中，预涂覆膜工艺是将黏合剂预先涂布在塑料薄膜上，经烘干收卷后，在无黏合剂涂布装置的覆膜设备上进行热压，完成覆膜的过程。预涂覆膜工艺因覆膜设备不需要黏合剂加热干燥系统，简化了覆膜工艺，操作简便且无环境污染，覆膜产品的透明度极高，具有广阔的应用前景和推广价值。

覆膜的工艺流程为：工艺准备→安装塑料薄膜滚筒(放卷)→涂黏合剂→烘干、续纸→设定工艺参数(烘道温度和热压温度、压力、速度)→试覆膜→抽样检查→正式覆膜→分切→复卷。

2. 上光

上光在食品包装装潢印刷中的应用非常普遍，是指在包装印刷品表面涂敷或喷、印上一层无色透明的涂料，经流平、干燥、压光以后，在印刷品的表面形成薄而均匀的透明光亮层的印后加工方法。从某种意义上说，上光是一种液相覆膜。经过上光处理后的食品包装印刷品，因涂料在其表面流平而成为光滑的表面，增加了表面平滑度，使之呈现出更强的光泽，且能够保护包装上的印刷图文。

上光工艺通常可根据上光涂料的类型分为氧化聚合型涂料上光、溶剂挥发型涂料上光、光固化型涂料上光和热固化型涂料上光。上光工艺也可按印刷品的上光需要分为全幅上光、局部上光、消光和艺术上光；按上光工序是否独立可分为脱机上光和联机上光(在线上光)。

上光工艺一般包括上光涂料的涂布和压光两个步骤。上光涂料的涂布是指采用一定的方式，在印刷品的表面均匀地涂布上一层上光涂料的过程。常用涂布方式有喷刷涂布、印刷涂布和上光涂布机涂布三种。压光是指采用压光机对印刷品上的上光涂层进行的操作，目的是为了提高上光涂层的平滑度和光泽度，赋予其理想的镜面效果。许多精细的包装印刷品，在上光涂布后通常都需要进行压光处理。

3. 模压加工

模压加工是常见的包装印后加工形式之一，在食品包装印后加工中通常用于容器(尤其是纸盒、箱)成型功能加工方面,可分为模切、压痕、凹凸压印等加工工艺。模压加工在我国广东等地区又称啤盒。

模切工艺是用模切刀根据包装容器结构设计要求的图样组合成模切版,在压力作用下,将包装印刷品轧切成所需形状和切痕的成型工艺。压痕工艺是利用钢线,通过压印,在包装印刷品上压出痕迹或留下供弯折的槽痕。在进行模切压痕操作前,首先应根据包装容器结构设计的要求制作好模切压痕版(模压版),然后再装入模压机进行模压加工。图 7.32 所示为包装印后加工常用的模压版。对于食品包装而言,完成装潢印刷后,必须经过模压工序才能从平面的印张变成结构规范、新颖,折叠挺括,可用于包装食品的容器。

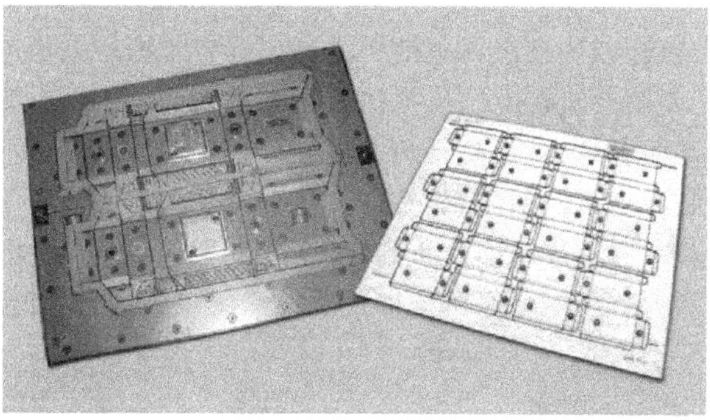

图 7.32　模压版

4. 压凹凸

压凹凸也称凹凸压印,广泛应用于包装印后加工,如包装纸盒、装潢用瓶盖、标签、不干胶等的表面立体整饰造型艺术处理。该技术运用深浅结合、粗细结合的艺术表现手法,在包装印刷品的表面制作出立体造型图案、文字,产生同光强度下不同明度的丰富色彩,为包装增加了艺术效果。目前,在高档食品包装上可运用高精细凹凸造型制作技术,因其难以仿造,故能体现该类食品及其包装的特色,并具有很好的防伪效果。图 7.33 所示为采用凹凸压印加工后的效果举例。

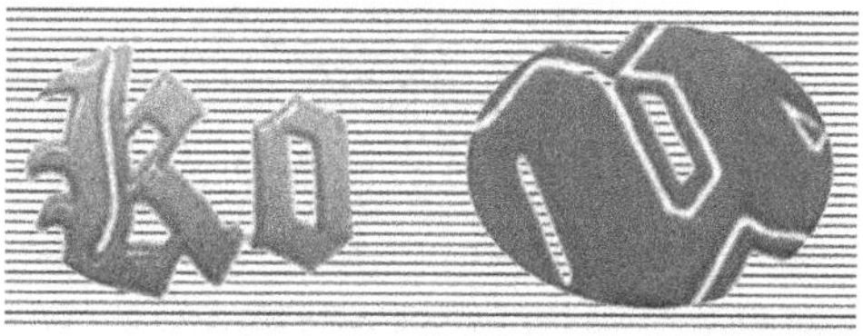

图 7.33　凹凸压印效果

凹凸压印加工需要制作两块配合精度很高的印版:凹版(阴版)和凸版(阳版、垫版)。凹版一般选用强度高的金属材料,并采用化学腐蚀、雕刻等方法在其上制作出所需要的精细图文。凹版制作好后,还应制作一块与凹版图文相反的凸版,其材料可采用石膏,但目前大多采用高分子材料。在我国许多地区,凹凸压印仍以手工输纸、利用平压印机进行压印加工为主。

5. 烫印

将金属箔(电化铝箔)或颜料箔,通过热压转移到包装印刷品或其他包装物表面上的加工工艺,称为烫箔,俗称烫金或烫印,目前通常指的是电化铝烫印。图 7.34 所示为常见的电化铝箔。

随着包装行业的迅速发展,现代高科技如激光技术、全息照相技术、激光电化铝箔、数字化传输技术等新技术在包装印后加工中的应用,使目前的烫印技术发展成为一种高效率、低成本

图 7.34　电化铝箔

的包装印刷品印后表面整饰方法和市场营销手段。在包装印刷品上采用电化铝烫印后的图文有着油墨和其他工业化印刷方法都无法比拟的独特的金属色彩、光泽视觉效果。当采用金银电化铝进行烫印时,其富丽堂皇、精致高雅的装潢点缀了包装印刷品表面,其光亮程度大大超过了印金和印银,使包装具有高档的质感。因此,对于食品包装尤其是高档类食品包装而言,采用烫印工艺可在其包装、标签等表面赋予高级、精致的金属色彩,极大地提升了食品包装的销售功能。图 7.35 所示为采用电化铝烫印加工后的月饼包装盒和喜糖袋包装。

图 7.35　电化铝烫印在食品包装上的应用举例

烫印工艺目前已从常规的电化铝箔平面烫印发展为全息定位烫印、立体烫印、冷烫金、扫金等多种操作形式,均有其各自的特点和用途。无论哪种方法,其操作工艺的一般流程是:烫印前的准备工作(含烫料、烫印版的准备)→装版→垫版→烫印工艺参数的确定→试烫→签样→正式烫印。

6. 其他包装印后加工方式

前面介绍的覆膜、上光、模压、烫印工艺均是针对包装印刷品的表面整饰加工。由于食品包装材料种类繁多,包装的结构样式也越来越个性化,因此,食品包装印后加工的形式也丰富多样。在表面整饰加工中,还可采用滴塑加工、折光加工、辊轧加工等。对于食品包装而言,因内装物为食品,通常需要包装具有防潮、防质变等功能,因此需要在印刷后采用适当的功能性加工处理(如涂蜡处理)。

食品包装常用的软包装,绝大部分采用的是复合包装材料。软包装的装潢印刷通常是在卷筒状的承印材料表面进行,如果是透明薄膜,从背面可看到图案,有时需加印一层白色涂料,或采用里印工艺。里印是塑料复合包装印刷特有的工艺,在印刷设备上已趋向多样化、多功能化和系列化。例如,目前国内引进的各式塑料包装凹版印刷生产线,已将吹塑、印刷、复合、分切、制袋等多道工序联动起来。当塑料薄膜采用柔印时，柔性版印刷机大多与干式复合机组成联合生产线。食品软包装采用的复合包装材料的复合工艺主要有湿式复合法、干式复合法、挤压复合法、热熔复合法和多层挤出复合法等。

对于包装印刷品而言，印后加工的最后加工工序为包装容器（制品）的成型加工。常见的成型加工有制袋和糊盒等工序，目前基本上都能在专用的印后设备中自动化地完成上述操作。

7.7.3　包装印后加工新技术及发展方向

包装工业的日新月异，加之人们生活水平的提高，对包装印后加工技术不断提出更高的要求。事实上，在现有成熟的印后加工体系的基础上，行业内不断推出新的加工设备、材料及技术，进一步提升了包装的美学功能和防护功能，对于食品包装而言，还改善了食品包装的卫生安全状况。

在覆膜、上光加工领域，不断开发并采用新的符合人体健康和食品卫生的材料。例如，覆膜采用的环保型黏合剂，具有良好的环境保护功效。上光采用的水性上光油、UV 上光油和珠光颜料上光。其中，水性上光油以水为溶剂，无毒无味，对人体无危害，对环境无污染，且具有良好的上光性能和效果，因而非常适合食品包装印刷品的加工；UV 上光油因采用紫外线固化，无溶剂挥发，利于环保，且光泽度高，适合高档纸盒包装的上光；珠光颜料上光是将一种具有色泽和半透明性、有部分遮盖力的片晶状结构的颜料均匀涂布到印刷品的表面，能在包装印刷品上产生一种特有的专色光泽效果——珠光效果，在高档食品包装的折叠纸盒和标签印刷领域有着良好的应用前景。在烫印领域，利用全息烫印技术进行的防伪容易识别，且较难仿制，在食品的高档纸盒包装上的应用越来越广泛。相对于目前常用的平压平烫印和圆压平烫印，新型圆压圆全息烫印设备和技术的烫印精度高，且能节约烫印箔料，将会成为该领域的发展方向。

今后，包装印后加工技术将继续朝着多样化和自动化方向发展。

（1）“多样化”主要体现在包装印刷品的表面整饰多样化和包装成型多样化。表面整饰多样化是指在包装印刷品上通过广泛采用多种整饰工艺，如 UV 上光、压光、覆膜、凹凸压印、烫印、打孔、喷字等，最终提高包装的光泽性、耐磨性、耐腐蚀性和防水性等；包装成型加工多样化是指在包装容器（或制品）的加工中，组合采用多种包装成型工艺，如模切压痕、烫印、折叠糊盒、开窗、复合、分切等，满足迅速增长的包装市场多品种、高质量、短周期的需求。

（2）“自动化”是指广泛采用自动化、连续化的设备和工艺，从根本上提高最终包装产品的质量和生产效率。对于包装印刷品的表面整饰和包装容器（或制品）的成型加工，将推进印刷与印后多种工艺（如上光、模切等）有效地联机生产，以提高生产效率，保证包装印刷品加工的精确性要求，并可节约劳动力。

因此，可以预测，今后的食品包装印刷生产与印后加工的质量将更高、效率将更快、卫生性和环保性将更好，食品包装的个性化和销售性能将有更大的提升空间。

思政案例

印刷术为我国古代的四大发明，发展源远流长

印刷术，以及印刷最常采用的承印材料——纸的发明，均为我国享誉史册的古代四大发明，为人类文明的传播和进步发挥了极大的作用，至今对人类的生活并在经济、社会活动中起到重要的作用。马克思曾在《机械、自然力和科学的运用》中写道："火药、指南针、印刷术——这是预告资产阶级社会到来的三大发明。火药把骑士阶层炸得粉碎，指南针打开了世界市场并建立了殖民地，而印刷术则变成了新教的工具，总的来说变成了科学复兴的手段，变成对精神发展创造必要前提的最强大的杠杆。"英国汉学家麦都思指出："中国人的发明天才，很早就表现在多方面"。中国人的三大发明[航海罗盘(司南)，印刷术，火药]，对欧洲文明的发展，提供异乎寻常的推动力。因此，作为中国人，我们以我们祖先的勤劳和智慧而感到骄傲自豪，也应当以我们祖国拥有为人类文明的进步做出巨大贡献的印刷术、造纸术等四大发明而自信于世界民族之林。

印刷技术源远流长，从发明初期以记事、宗教传播为主，到后来政治宣教、文化传播、有价证券、包装装潢、智能制造等多种用途领域，其本身的技术体系也随着时代的变迁而不断升级换代。时至今日，我们能够享受五彩缤纷的物质世界(比如超市货架上琳琅满目的包装)和精神世界(比如书店精美的书籍画册)，得益于印刷技术的不断进步。印刷技术从刚开始的手工雕刻，到北宋毕昇改进为活字印刷，再到后来的机械化、数字化、智能化印刷，从单一的文字印刷到如今的彩色桌面出版印刷系统，各色精美的静态图形图像、变色图案、动态图案，甚至传感器、芯片等都可以通过印刷技术生产出来，这里体现了劳动人民的智慧和对美好印刷品质孜孜追求的工匠精神，广大青年学子当努力将其学习和传承下去。

然而，我们也必须认识到，印刷术虽为我国最先发明，但在近现代的机械化和数字化技术尤其是装备的发展过程中，主要由西方国家主导，导致我国先进的印刷设备和相关技术至今主要依赖于进口。因此，我国目前虽为包装印刷大国，但要成为包装印刷强国仍有待于国内从业人员的自强不息，希望青年一代当不忘初心、自信自强，为推动我国包装印刷的创新发展贡献自己的智慧和力量。

思考题

1. 食品包装印刷工艺有几类？各有什么特点？
2. 什么是包装印后加工技术？一般分为几类？
3. 包装印后加工新技术及发展方向是什么？

参考文献

[1]曹华，曹园. 最新印刷品表面整饰技术. 北京：化学工业出版社，2004.

[2]陈永常. 现代印刷技术. 北京：化学工业出版社，2003.

[3]陈正伟. 印刷包装材料与适性. 北京：化学工业出版社，2006.

[4]金杨. 数字化印前处理原理与技术. 北京：化学工业出版社，2016.

[5]金银河. 包装印刷. 北京:化学工业出版社,2003.
[6]齐晓堃. 印刷工艺学. 北京:中国轻工业出版社,2007.
[7]魏瑞玲. 印后原理与工艺. 北京:印刷工业出版社,1999.
[8]魏先福. 印刷原理与工艺. 北京:中国轻工业出版社,2011.
[9]徐锦林. 印刷工程导论. 北京:化学工业出版社,2006.
[10]许文才. 包装印刷及印后加工技术的新发展. 包装工程,2002(06):101-106.
[11]周震. 印刷油墨. 北京:化学工业出版社,2006.

第 8 章

食品包装安全与测试

本章学习目的与要求

1. 了解各国食品包装的法律、法规,包装物质的迁移与包装安全性的关系;
2. 熟悉包装和风味间的相互作用;
3. 掌握包装泄漏的检测方法。

8.1　食品包装相关标志

8.1.1　食品标签标准

食品标签由预包装食品容器上的文字、图形、符号和一切说明物等构成，是食品最主要和必要的信息之一。食品标签涉及的内容，要求通俗易懂，用词科学，表达准确；不得与包装容器分开，不得在流通环节中变得模糊甚至脱落。食品标签是依法保护消费者合法权益的重要途径。其他一些特殊信息如冷藏食品的时间-温度标签在保护消费者利益和保持产品质量上有重要的作用。

1.食品标签通用标准

国家标准《预包装食品标签通则》(GB 7718—2004)，规定食品标签上必须包含如下的基本信息内容：

①食品名称。

②配料清单，特殊需要的食品，如婴幼儿食品、营养强化食品、特殊营养食品等，必须按产品标准要求增加成分表。如果说明书强调添加了某种或数种有价值、有特性的配料，应标示所强调的配料的添加量。

③净含量及固形物重量。

④生产商名、地址。

⑤日期标记和储藏指南，注明保质期或保存期。

⑥质量(品质)等级。

⑦产品标准代号。

⑧商标。

⑨其他表示内容：辐照食品或转基因食品。

但容器表面积小于 10 cm^2 时，除香辛料外，可免除②⑤⑨项的内容要求。辐射防腐包装食品或出口食品的标签按国家有关规定处理。

2.其他特殊食品标签

国家标准《预包装特殊膳食用食品标签通则》(GB 13432—2004)，适用于销售婴幼儿食品、营养强化食品、调整营养素食品(如低糖食品、低钠食品、低谷蛋白食品)的标签。特殊营养食品是指通过改变食品的天然营养素的成分和含量比例以适应某些特殊人群营养需要的食品。特殊营养食品的标签，除必须遵循 GB 7718—2004 的规定外，还增加了一些其他的原则，如必须标明产品在保质期内所能保证的热量数值和营养素含量；不得暗示食用该食品可不经医务人员、营养专家或者其他有关人员的指导；不能标注对某种疾病有“预防”或“治疗”作用，“延年益寿”“祖传秘方”等用语，不得冠以药物名称等；除 GB 7718—2004 的规定外，还强制标示使用方法和适宜人群、能量和营养素。

保证消费者得到感官质量和安全的产品的一个重要发展是应用时间-温度标签或指示条，即 TTI(time-temperature integrators/indicators)，它是用于单个产品的自黏性的小标签。TTI 标签可以指示温度误差或产品从生产到零售陈列所经受时间-温度过程的积累。

TTI 标签的工作原理是将温度变化传感为机械、化学或酶的不可逆反应变化，这种变化反应是可以看得见的机械变形、色泽变化。从 TTI 标签上可见的反应变化得到所处储藏条件的信息。20 世纪 80 年代，仅有 3 家公司的 TTI 标签成功地在食品的配售上得到商业应用：Lifelines TTI 标签、3MTTI 标签、I-Point 标签。

3. 国外食品标签简介

世界各国特别是发达国家，对食品标签的要求越来越严格。我国出口食品因标签不合格遭退货的情况时有发生，给我国出口企业造成很大的经济损失。

美国的新食品标签法对食品标签的内容有严格的规定，要求标注包装的质量、总热量、来自脂肪的热量、总脂肪量、胆固醇量、总碳水化合物量、膳食纤维量、维生素 C 量、钙及铁含量等多项内容。

法国的认证合格农产品的食品标签体系包括法国原产地命名标签，是用于保证该产品是在特定地区由特定工艺生产而成，产品与地域紧密联系；红色标签，是用于保证该产品在口感和质量方面为同类产品中的优质产品，产品的生产全过程受到严格监控；有机产品标签，是用于保证该产品的生产方式是纯天然的，不使用任何化学元素，遵循平衡原理；认证合格产品标签，是用于保证该产品具备某些特性，其生产方式遵循特定的规定，并受控于监控机构。

在爆发欧盟疯牛病危机之后，欧盟委员会在 2000 年 7 月 17 日制定的 Regulation1760/2000 目的就是采用可追溯原则建立识别和登记活牛，给牛和牛肉产品加上标签的系统。该方法是在每头牛的耳朵上加上终生保持的耳签，并原则上附上牛的身份信息，要求标注牛的出生地、育肥地和屠宰地，形成了覆盖整个食品生产环节的“从农场到餐桌”的标签环节。

8.1.2 绿色食品及绿色食品标志

绿色食品是无污染的安全、优质、营养类食品。在当今注重高品质生活的社会，绿色食品越来越受到欢迎。绿色食品的标准有 4 条：

①产品或产品原料的产地必须符合绿色食品的生态环境标准。

②农作物种植、畜禽饲养、水产养殖及食品加工必须符合绿色食品的生产操作规程。

③产品的标签必须符合农业部制定的《绿色食品标志设计标准手册》中的有关规定。

④凡具有绿色食品生产条件的单位与个人，均可作为绿色食品标志使用权的申请人。

绿色食品标志（以下简称绿标）是由农业部在国家工商行政管理局商标局正式注册的质量证明商标，其商标专用权受国家商标法保护。企业产品欲使用绿标，必须按照规定向标志的注册人——中国绿色发展中心申请，由该中心认定其资格，颁发标志使用证书及编号后方可使用。绿标使用权自批准之日起 3 年之内有效。

绿标编号形式如下：

LB……………………………××……………………………×××××

绿色标志代码　　　　　　产品类型　　　　　　　　产品代号

《农业部绿色食品产品管理暂行办法》中还规定绿色食品出厂时，必须印制专门的标签，其内容必须符合国家 GB 7718—1994 标准外，还应标明主要原料产品的卫生质量等主要指标。农业部还制定了绿色食品 CI 计划（企业的识别系统）。绿色食品标志由上方的太阳、下方的叶片和中心的蓓蕾图案构成，见图 8.1。

在绿色标志使用时都要求加贴绿色食品标志防伪标签，其使用管理如下：

①许可使用绿色食品标志的产品必须加贴绿色食品标志防伪标签。

②绿色食品标志防伪标签只能使用在同一编号的绿色食品产品上。非绿色食品或与绿色食品防伪标签编号不一致的绿色食品产品不得使用该标签。

③绿色食品标志防伪标签应贴于食品标签或其包装正面的显著位置，不得掩盖原有绿标、编号等绿色食品的整体形象。

④企业同一种产品贴用防伪标签的位置及外包装箱封箱用的大型标签的位置应固定，不可随意变化。

图 8.1　绿色食品标志

8.1.3　条形码

商品条形码是商品进入国内市场的"身份证"，也是商品国际市场的"共同语言"。

目前国际上常用的条码有美、加组织统一编码委员会编制的 UPC 码（Universal Product Code）和欧洲条码系统 EAN 协会编制的国际物品编码 EAN 码（European Article Number）。EAN/UPC 码我国又称为中国商品条码，是国际通用商品条码在我国的具体表现形式，通用于全世界。

EAN 系统包括商品包装上的条码本身和检测条码的电子扫描器（或者阅读器）两方面，而条形码由一组规则排列的条和空格以及对应的字符组成。

商品销售包装的 EAN 码分为标准式和简式。我国常用的商品通用条码为标准式。图 8.2 是标准式商品通用条码，由 30 个条与 29 个空格和下方对应的 13 位数字符组成的代码表示，即由 3 位国家代码、4 位厂商代码、5 位商品代码和 1 位校验代码构成。各部分代码使用的说明如下：

图 8.2　标准式商品通用条码图例

①国家代码，由国际物品编码协会分配。中国代码为"690""691"。

②厂商代码，由中国物品编码中心分配，占 4 位数字。

③商品项目代码，占 5 位数，代表单项商品，由厂家编定。

④校验码，占 1 位数，是为了防止误读而设置。

简化 EAN 码用 EAN-8 或 EAN-8 码或 EAN 缩短码表示，即前三位是国别代码、后四位是产品代码、最后一位是校验码。EAN 缩短码主要应用于包装体积很小的商品，其表面无法容纳 EAN-13 标准码时才使用，并须该国的编码组织判断决定。

为了提升食品的安全水平，欧盟、美国等发达国家和地区要求出口到当地的农产品均必须可跟踪和可追溯，传统的条形码已经不能够完全满足市场需求。以苏州的水产品出口为例。苏州素有"人间天堂""鱼米之乡"的美誉，然而，中国加入世贸组织后，农产品的出口屡屡受限。食品安全问题已成为制约我国农产品出口创汇以及提高国际竞争力的瓶颈。苏州检验检疫局与江苏太湖湖管会开始从源头对活水生动物的质量实施监控，对养殖场实施注册登记管理制度，从投苗、饲料、用药、水质等全程实施监督管理，较好地提高了出口农产品质量，并在其后首创了国内二维条形码技术。

所谓二维条形码/移动通信技术在国际上是一项成熟的防伪技术，手机短信系统的作用是通过手机短信形式将识别出的二维条形码信息发送到短信系统，通过网络数据库进行验证，获取有关信息，并反馈一条短信告知工作人员该二维条形码标签的有效性，防止不法企业伪造二维条形码标签。

如果说一维条形码是商品的身份证，那么二维条形码则是商品便携的数据库。该技术大大减少了假冒产品的出现，将条形码的作用推至一个更高的高度。

8.1.4 包装印刷

食品包装的印刷对食品安全及与人体直接接触时皮肤的安全有着重大的影响，尤其是印刷所用的油墨材料。

曾经有对我国的大部分印刷油墨产品做过的实验分析表明，有的劣质印刷油墨产品甲苯等溶剂残留竟高达 151 mg/m^2(我国对食品包装的要求为溶剂残留总量≤10 mg/m^2)，“可溶性”铅含量高达 430 mg/kg(欧盟等发达国家对印刷油墨、涂料等产品“可溶性”铅含量限量≤25 mg/kg)。虽然我国已开始大力提倡使用醇溶性印刷油墨和水性印刷油墨，但因其成本、印刷工艺、印刷速度以及印刷质量等问题尚不能很好解决，因此，溶剂型印刷油墨仍为我国食品包装的主流产品。

欧盟、美国等国家制定了有关食品接触材料、玩具等产品上印刷油墨卫生安全方面的法律及标准。美国食品和药品管理局规定，如果一种物质按照常规分析不会作为食品组分，那么它就不会作为添加剂进行评价。同时规定，根据物质的毒性不同以及包装对象不同，迁移量的标准为 10～50 ppb(ppb 为十亿分之一)。欧盟法律要求每千克食品中，塑料包装材料向其接触物的迁移量不得超过 1 mg。在《欧盟食品接触材料安全法规使用指南》中关于印刷油墨，欧洲理事会的专家委员会已经拟定了一份技术性文件，并有意将印刷油墨加入受特定指令控制的材料和制品目录中。

我国食品包装的印刷油墨产品还没有颁布相关的法规和标准，各种印刷油墨标准要求仅仅停留在对其物理指标(如着色力、细度、黏度、附着牢度等)的规范，对有可能对人身健康和环境造成伤害或污染的卫生安全性能未作任何规定。这样就很容易使得食品安全受到包装印刷材料的影响。商家喜欢用彩色包装纸包装无色或天然色的食品，以增加其鲜艳度和装饰性。虽然彩色油墨的一面在食品的外侧，但由于彩色油墨印刷后是叠捆在一起的，每一张包装纸都接触了下一张的油墨，使彩色无印刷面也被油墨玷污。即使是浸了石蜡的彩色蜡纸也会由于涂蜡的不均匀，而使彩色油墨仍有可能与食品表面直接接触。所以在印刷油墨安全方面，我国还任重而道远。

思政案例

包装条形码在食品安全信息查询中的应用

人们去商场选购商品时，总是以商品的材质、款式、功能和色彩等“物理形态”和商品相关的信息如说明书、质保书等来判断并做出选购决定。随着“绿色食品”“安全食品”观念逐渐深入人心，人们在选购食品时，对其质量安全的溯源信息提出了新要求。特别是当“新冠病毒”的肆虐之痛还记忆犹新时，人们的“公共卫生”“食品安全”的意识比以往任何时候都表现得更为强烈。

2020年初上海的华联、联华、农工商等14家超市，由星辉蔬菜、海丰米业、绿利食品、农工商肉联厂等7家龙头企业生产的100多种农副产品，将贴上“食用农产品质量安全条码”。消费者只需将安全条码放到多媒体查询机前扫描，立刻能看到该产品的生产档案：从产品的生产地、生产者到加工地的情况，从认证信息到药物残留、检疫检测的结果等，都写得清清楚楚。

条码技术历经近半个世纪的发展，如今早已继商标之后，成为每个商品上特有的标志。通过对每个环节的控制，每一块田地，每一个笼舍都成了被管理的对象。食品厂、苗圃、牧场将每一批精心培育的放心菜、新鲜蔬果、优良肉蛋奶都编上了号码，贴上了条码，进入零售体系，每个环节都能受到跟踪，让产品生产的每个环节都有了自己特有的信息。通过条码上信息的汇总和统计，农民将每一季的收成，企业将每一批的产品，全链条的安全质量都控制在手中。好产品就坏不了，劣质的也逃不掉。信息追踪，质量控制，信心保证。

从包装条形码在食品安全信息溯源的实例，可看出产品的质量安全与信誉至上的理念亘古不变，历久弥新。

（百度文库 https://wenku.baidu.com/view/ef1045ef195f312b3169a543.html）

8.2 包装的法律与法规

食品包装最核心的问题是保证食品的卫生与安全。既要符合一般商品包装的标准和规范，又要符合与食品卫生和安全有关的标准与法规。

8.2.1 食品包装材料

1.欧盟对于包装材料的法律法规

最早对食品包装材料进行安全性研究和评价的是欧盟。欧盟对于食品接触用包装材料的质量控制主要靠总迁移量（OML）和特定迁移量（SML）指标来控制。欧盟指令以及欧盟标准EN 11861—15:2002规定了总迁移量（OML）的测定方法。特定迁移量（SML）指标是通过风险评估实验确定的每天允许摄入量（ADI）来确定，计算公式为：SML＝ADI×60（mg/kg）。在欧盟的各成员国又分别有各自相应的法律法规来进行规定。在法国有一种通过质量标签的方式，通过红色标签、特殊工艺证书、生态农业产品标签和产地冠名标签，这样的方式可以直观地让消费者放心使用。另外，欧盟的其他成员国也各自建立了有关包装材料的法律，如匈牙利，任何符合欧盟法规的包装材料可在匈牙利境内自由买卖，但地方市场上使用的包装材料仍需经匈牙利国家食品安全卫生部的检测认可后才可以使用。斯洛伐克是欧盟指令（EEC）国家中唯一使用广泛性食品包装法规的国家，该法规列出了所有允许使用的单体名称及聚合物添加剂名称和聚合物的颜色；法规参考欧盟法规及CEN标准制定，依据目前规定，在斯洛伐克进行包装材料交易前必须向卫生署认可的实验室送交样品、详细成分说明及适用范围；实验室会予以审查并提交报告给卫生署做最后的裁决。

由此可见，对于进口的包装材料虽然各国对食品包装材料的要求与法律法规不同，但是都要向各国的有关部门提交申请，同时提交样品并对其测定与审批。尤其是对于塑料和纸类这两个方面的包装要求限制特别严格，因为这两种材料中本身都含有一定的有害物质，且这两种材料的使用比较广泛，附着物质容易迁移，因此聚氯乙烯塑料在欧盟的包装舞台上渐渐销声匿迹。

2. 美国对于包装材料的法律法规

1958年，FDA(美国食品药物管理局)颁布了有关食品包装的法规，其中规定，包装材料的组成部分与直接添加到食品中去的食品添加剂一样，必须符合食品添加剂的有关规定。美国对食品添加剂的法律法规是指美国联邦法规规定食品接触材料必须符合美国食品及药品管理局(FDA)的规定，在包装材料的使用过程中要通过提交食品添加剂申请来得到法律的认可与保护。包装材料一经批准，它就必须遵守食品法中关于与食品性能的材料相关的正确生产方法规定，即良好操作规范。但是在与食品接触的包装材料中有3种物质不属于食品添加剂，可以不受FDA所颁布的法规限制：有理由证明不可能成为食品组分的物质；其安全性已经得到普通认定的物质(GRAS)；事先已被核准使用的物质。

FDA根据法律也已经确认，凡由功能性阻隔材料与食品隔开而不与食品接触的物质不属于食品添加剂，因而使用的时候不受任何法律限制。

在1997年美国制定的FDA现行法令的309部分修正了联邦食品、药物和化妆法案的409部分，设立了FDA管制的食品接触材料和食品接触物品组成成分——食品接触物质。进一步规定了食品包装中的物质迁移等于或者小于0.5 ppb，该食品包装是合格的，可以从食品添加剂申请中要求免责。

3. 日韩对于包装材料的法律法规

日本作为世界上的工业大国，其食品卫生法规定，禁止生产、销售、使用可能含有对人体健康有害物质的食品容器、包装材料。但是除了食品卫生法以外，日本更多的是通过相关行业协会的自我管理。仅食品包装用塑料材料，日本就制定了《基于食品卫生法的塑料包装容器的卫生规格》等不同的法律来对不同的材料作不同的规定。

韩国政府对食品包装材料的管理和评价由韩国食品药品管理厅承担，根据韩国食品卫生法制定食品包装材料和容器的标准。在《食品法典》中集中规定了食品容器、包装材料的各项标准，而且还包含了在生产过程中限制、禁止使用的具体物质的标准。由于韩国的食品包装材料质量评价体系源于日本，对于某些有害人体健康物质的含量指标韩国与日本几乎相同。

4. 中国对于包装材料的法律法规

随着我国经济发展和国际贸易需要，我国相继制定、修订并颁布实施了许多食品包装相关的标准和法规。

1983年7月1日试行至1995年10月30日正式公布实施的《中华人民共和国食品卫生法》(以下简称《食品卫生法》)，以及1997年正式颁布实施的《食品卫生行政处罚办法》，用以整顿规范食品市场。然而随着阜阳“大头娃娃”劣质奶粉事件、“苏丹红”事件、PVC保鲜膜致癌事件、含孔雀石绿水产品、雀巢奶粉碘含量超标、食品包装袋苯超标、福寿螺事件、猪肉瘦肉精超标等一系列食品安全事故频发，食品安全被提到了一个前所未有的高度。2009年6月1日，国家制定的《食品安全法》正式实施，同时《食品卫生法》废止。

《食品安全法》主要内容包括食品安全监管体制、食品安全风险监测和评估、食品安全标准、食品生产经营、食品检验、食品进出口、食品安全事故处置、监督检查、法律责任几大板块。《食品安全法》有一些重要的变化，如建立全程监管体系、统一食品国家标准、明星代言要担责、损一罚十、民事赔偿优先、强调领导负总责、无免检食品、保健食品监管更严、“问题食品”召回制度、建立风险评估监测制度、食品添加剂使用更加规范等。

自 2009 年《中华人民共和国食品安全法》颁布以来，国家相继对原有的食品包装国家标准进行了修订和更新。特别是 2015 年 4 月 24 日新修订的《食品安全法》颁布以后，经“食品安全国家标准审评委员会”审查通过，2016 年 10 月 19 日发布了《食品安全国家标准食品接触材料及制品通用安全要求》(GB 4806.1—2016)等 53 项食品安全国家标准。

8.2.2　食品包装印刷

1. 美国食品包装印刷法律法规

包装的印刷与包装材料的性质有很大的关系，其关系到印刷用剂的稳定性，是否会发生迁移，是否会污染食品。美国在这方面是将印刷用剂通过食品添加剂的形式进行规定，这样很大程度地限定了印刷用剂的使用范围。关于着色剂在食品包装材料中的使用，美国的有关食品添加剂中进行了详细的规定。

2. 中国食品包装印刷法律法规

中国对于印刷这方面的法律并不是很多，而且也不精确，只是简单地概括了印刷用剂中有害物质的限制用量。

世界上很多国家对食品包装印刷用剂的规定并不是十分规范，因为食品包装印刷主要是对食品外包装进行印刷，而食品包装材料的安全使用可以直接影响到印刷用剂的迁移量的大小和程度。

8.2.3　食品包装标志

1. 美国食品包装标志法律法规

美国是世界上最先提出标志法律的国家，早在 1966 年就颁布了《公平包装和标签法》，在以后的发展中，又颁布了很多法律，用以规范和完善在标志这方面的规定和限制。在美国的联邦法和州法中都有规定。2006 年 1 月 1 日，美国实施了新的食品标志法，规定很多常见的食品都要标明是否含有花生、黄豆、大麦等可能引起过敏的物质，即使是微含量过敏原，同样要标注明确。这样可以使消费者在购买食用过程中知道过敏原含量是否足以引发过敏反应，使得法律更人性化。

2. 欧盟食品包装标志法律法规

欧盟在这方面要求也是非常严格的。在欧盟市场上销售的食品必须在包装的正面清楚地标明 6 类营养成分单位含量，即热量、蛋白质、饱和脂肪、碳水化合物、糖和盐，并说明所含这六类营养成分的总量占人体每天建议摄入量的比例。还要求食品标志必须做到易辨认、清楚和准确。

3. 中国食品包装标志法律法规

在过去的这些年里，我国也颁布了《食品标签通用标准》和《特殊膳食用食品营养标签》两个标准用来规定和限制食品包装的标志。但是这两个规定只是初步建立了我国食品标志法规，和发达国家相比还有很大的差距，而且各部法规的衔接能力不是很好，有很多的漏洞，实用性不是很强。因此，我国积极制订了新的《食品标志管理规定》。

国家质检总局最新颁布的《食品标志管理规定》于 2008 年 9 月 1 日起正式施行。主要从标志内容和标志形式两方面进行了规范。与以前的规定相比，增加了对食品产地、分装者、警示说明、最小销售单元等标志标注要求。《食品标志管理规定》要求，食品出现医学临床证明对特殊群体易造成危害的；经过电离辐射或者电离能量处理过的；属于转基因食品或者含法定转基因原料的；按照法律、法规和国家标准等规定，应当标注其他中文说明的都必须在其标志上进行中文说明。同时食品名称或说明中标注了“营养”“强化”字样的，就应该在标志中标注该食品的营养素和热量。

《食品标志管理规定》还要求，食品标志应当清晰地标注食品的生产日期和保质期。如果食品的保质期与储藏条件有关，应当标注食品的特定储藏条件。乙醇含量10%以上(含10%)的饮料酒、食醋、食用盐、固态食糖类可以免除标注保质期。日期的标注方法应当符合国家标准规定或者采用“年、月、日”表示。

8.2.4 对于食品过度包装

由于工业化的不断进展，世界对包装的不断重视，导致了一个不健康的商业现象——过度包装。包装的价值远远高出物品所应该对应的包装价值，甚至高出物品本身的价值，最明显的例子就是月饼。过度包装不但误导了消费者，还污染了环境，浪费了资源。欧美和我国在这方面都没有明确的法律条文，这使得很多不法生产商有机可乘。

8.2.5 绿色食品包装

随着社会的不断进步，人们生活水平的不断提高，环境的不断恶化，使人们意识到包装产品的危害，因此各国相继提出了“绿色包装”这个概念。其中，以“人”为本是绿色包装的首要条件，就是要求包装对人体健康没有危害。另外提出绿色包装对环境不会造成污染，在使用过程中低消耗、可回收、再利用、再循环和可降解等要求，在这方面，欧美国家都制定了相关的法律。1981 年，丹麦制定了《包装容器回收利用法》，美国在 1988 年就有 21 个州颁布了相关法律法规，欧盟 1992 年颁布了相应的法律法规。德国早在 1999 年就制定修改了《生产责任者义务条例》，其中规定了每个生产部门都应该限制使用塑料包装材料。2000 年，欧盟要求在市场上清除一切不能重复使用或不能降解再生的包装材料。

我国自 1979 年以来，先后颁布了《中华人民共和国环境保护法》《固体废弃物防治法》《水污染防治法》《大气污染防治法》等 4 部专项法和 8 部资源法，用来管理包装对环境的影响，要求更大限度地使用绿色包装。随着奥运会在北京的举行，我国对食品包装的法律法规的完善及施行效果更为重视，使得包装市场更为规范化，同时绿色包装的概念也深入人心。

总体来说，不同的国家有不同的关于包装的法律法规，这和各个国家的工业发展水平有着相当大的关系。中国工业的不断发展，和世界各国的贸易不断往来，将对我国制定相关法律有着很大的促进作用。

思政案例

东莞市名屋有限公司食品包装标志违法案例

2019 年 5 月，东莞市食药监局发布东莞市名屋有限公司食品包装标志违法的案例报道。2017 年 8 月，东莞市名屋有限公司被发现生产的“名屋核桃酥”过程中仅添加“核桃香精”而没有添加核桃或核桃产品，食品名称标识与食品的真实属性不相符，不符合国家标准《预包装食品标签通则》(GB 7718—2011)的规定，违反了《食品安全法》相关规定，食药监局依据《食品安全法》第一百二十五条第一款第(二)项的规定于 2017 年 9 月 7 日对该公司进行处罚。2018 年 1 月，东莞市名屋有限公司又被发现生产“香蕉牛奶金橘味沙琪玛”过程中仅添加“香蕉牛奶香精”而未添加香蕉、牛奶或其制品，且在包装标签上标示“香蕉”图片，食品名称标识与食品的真实属性不相符，食药监局于 2018 年 3 月 20 日对该公司进行处罚。2018 年 6 月，东莞市名屋有限公司再次被发现生产“香蕉牛奶沙琪玛”过程中仅添加“香蕉牛奶香精”而未添加香蕉、牛奶或其制品，食品名称与食品的真实属性不相符，食药监局依据《食品安全法》第一百二十五条第一款第(二)项和第一百三十四条：“食品生产经营者在一年内累计三次因违反本法规定受到责令停产停业、吊销许可证以外处罚的，由食品药品监督管理部门责令停产停业，直到吊销许可证。”的规定，2018 年 9 月 4 日对该公司处以没收违法所得、罚款和责令停产停业。从东莞市名屋有限公司食品包装标志的违法案例可看出，食品包装弄虚作假，违法违规，将受到法律的严惩，诚信经营才是企业发展的根本。需要深入开展《食品安全法》的宣传教育，坚持全面依法治国，推进法治中国建设。

(根据搜狐网 https://www.sohu.com/a/345436897_818426 相关内容整理)

8.3　包装物质的迁移与包装安全性

现代包装技术的应用，在延长食品的保存期、保持食品品质、提高食品的美观和商品价值方面发挥着重要作用。但是，包装过程中使用了诸如塑料、橡胶、纸、金属、玻璃、陶瓷和搪瓷等种类繁多的包装材料，在一定程度上也增加了食品的不安全因素。近年来，食品中农兽药残留、重金属、生物毒素等已引起全世界的普遍关注和重视。

包装材料直接和内装食物接触，很多材料成分可迁移到食品中，这种现象可在各种包装材料中发生，并可能造成不良后果。我国曾发生用电木碗蒸饭造成集体食物中毒的事故。竹、木、纸、布等包装材料及容器的主要特点是表面不光洁、质地疏松、渗水性强，因而增加了微生物污染食品的机会，尤其是纸包装中的造纸助剂、荧光增白剂、印刷油墨中的多氯联苯等都对食品造成化学污染，金属、陶瓷、搪瓷等包装材料，主要是有害金属溶出后，移入盛装的食品中；塑料、橡胶等包装材料主要残留的单体、添加剂及裂解物等可迁移进入食品中，造成食品污染。

8.3.1　纸及其制品

纸及其制品具有许多优点，如加工性能良好，印刷性能优良，具有一定的机械性能，便于复合加工，卫生安全性好，且原料来源广泛，容易工业化生产，品种多样，成本低廉，重量较轻，便于运输，废弃物可回收利用，无白色污染等。因此，在现代化的包装工业体系中占有非常重要的地位。在一些发达国家，纸及其制品占整个包装材料总量的 40%～50%，在我国约占 40%。常用的食品包装用纸有牛皮纸、羊皮纸和防潮纸等。常用的纸板有黄纸板、箱纸板、瓦楞纸板、白纸板等。牛皮纸主要用于外包装；羊皮纸可用于奶油、糖果、茶叶等食品的包装；防潮纸又称涂蜡纸，有良好的抗油脂性和热封性，主要用于新鲜蔬菜等食品的包装。

纸容器是以纸或纸板等纸复合材料制成的纸袋、纸盒、纸杯、纸箱、纸桶等容器。主要用于销售包装和运输包装。纸袋是用纸或纸复合材料加工而成的容器。纸盒是一种半硬性纸包装材料。为保证食品安全，防止包装材料带来的污染，与食品的接触面需加衬里等，也有的涂覆 PE(聚乙烯)。用纸、塑料、铝材料复合纸板制成可折叠纸盒，密封性能好，其材料由 PE/纸/

PE/Al/PE 构成，常见的形状有屋顶长方形、平顶长方形、正四面体等，主要用于牛奶与果汁等饮料的无菌包装。

纸复合罐选用了高性能的纸板、金属薄层衬里及树脂薄膜，提高了复合罐的密封性能。复合罐抗压性及气密封性比马口铁罐差，且不能用蒸汽灭菌，多用于粉状、颗粒状干食品或浓缩果汁、酱类的包装。

纸桶也称纸板桶或牛皮纸桶，容器一般在 220 L 以下，最大装量 100 kg，常用于粉状食品、化工原料等的包装。纸桶比金属桶轻，虽然可在桶外壁进行防水处理，但仍不适于户外存放或长期置于自然环境中。

1. 纸中有害物质的来源

纯净的纸是无毒的。但由于原料受到污染，或经过加工处理，纸和纸板中通常会有一些杂质、细菌和某些化学残留物，从而影响包装食品的安全性。纸中有害物质的来源主要有以下几个方面：造纸原料中的污染物；造纸过程中添加的助剂残留；彩色颜料污染；纸表面杂质及微生物污染等。

2. 纸对食品安全的影响

包装纸对食品安全的影响与制纸原料、添加物、油墨等有关。

(1)制纸原料　制纸原料主要有木浆、草浆、棉浆等，木浆最佳。由于作物在种植过程中使用农药等，在麦秆、稻草等制纸原料中含有害物质，有的还掺有一定比例的回收废纸。虽然回收废纸经脱色可将油墨染料脱去，但铅、镉、多氯联苯等有害物质仍留在纸浆中。因此，制作食品包装用纸不应使用回收废纸作原料。

(2)添加物　制纸中所用的添加物有亚硫酸钠、硫酸铝、氢氧化钠、次氯酸钠、松香、防毒剂等，这些物质的残留将对食品造成污染，因此应防止其在纸中残留。此外，为了使纸增白，往往在纸中添加荧光增白剂，这种增白剂是一种致癌物，应禁止在食品包装纸中添加。

(3)油墨　一般工业印刷用油墨中含有铅、镉、甲苯、二甲苯等有害物质，不能用于食品包装印刷油墨。但是，目前我国还没有食品包装专用油墨，工业印刷用油墨的大量使用，使食品包装纸的油墨污染十分严重。如一些高级食品包装采用的锡纸，重金属铅含量都超过了卫生允许指标。为了防止油墨对食品造成的污染，一方面要加强对油墨配方的审查，选用安全的颜料和溶剂；另一方面要对印刷设备和工艺进行改革，使印刷面不能直接接触食品。

食品用纸包装典型产品安全问题见表 8.1。

表 8.1　食品用纸包装典型产品安全问题

(操恺，2015)

纸包装产品	主要安全问题
食品包装纸	砷、重金属铅、大肠菌群、致病菌、荧光性物质
涂布纸	多环芳烃、砷、铅、大肠菌群、致病菌、荧光性物质
复合纸	二苯甲胺、砷、重金属铅、大肠菌群、霉菌、荧光性物质
其他植物纤维类	铅、大肠菌群、霉菌、致病菌、荧光性物质
纸容器	渗油渗水、负重性能、荧光性物质、大肠菌群、致病菌
纸浆模塑餐具	蒸发残渣、高锰酸钾消耗量
纸杯	杯身挺度、渗漏性能、脱色实验、荧光性物质、致病菌

8.3.2 塑料制品

塑料以原料来源丰富、成本低廉、重量轻、运输方便、化学稳定性好、易于加工、装饰效果好以及良好的保护作用等特点，成为食品销售包装最主要的包装材料，体现了现代食品包装形式丰富多样、流通使用方便的发展趋势，但塑料包装用于食品也存在着一些安全性问题。

1. 塑料中有害物质的来源

塑料中有害物质的来源主要有以下几个方面：一是树脂本身有一定的毒性；二是树脂中残留的有毒单体、裂解物及老化产生的有毒物质；三是塑料包装容器表面的微尘杂质及微生物污染；四是塑料制品在制作过程中添加的稳定剂、增塑剂、着色剂等带来的危害；五是塑料回收料再利用时附着的一些污染物和添加的色素可造成食品的污染。

塑料以及合成树脂都是由很多小分子单体聚合而成的，未聚合的小分子单体，当与食品接触时，有可能向食品中迁移。用于塑料合成中的低分子物质或添加剂很多，如防腐剂、抗氧化剂、杀虫剂、热稳定剂、增塑剂、着色剂、润滑剂等，它们容易从塑料中迁移，如果事先不采取措施加以控制，很容易污染被包装食品。

2. 塑料制品对食品安全的影响

(1)聚乙烯　聚乙烯塑料本身是一种无毒材料，它属于聚烯烃类长直链烷烃树脂。聚乙烯塑料的污染物主要包括聚乙烯中的单体乙烯、添加剂残留以及回收制品污染物。其中乙烯有低毒，但由于沸点低，极易挥发，在塑料包装材料中残留量很低，加入的添加剂量又非常少，基本上不存在残留问题，因此，一般认为聚乙烯塑料是安全的包装材料。但低分子量聚乙烯溶于油脂使油脂具有蜡味，从而影响产品质量。聚乙烯塑料回收再生制品存在较大的不安全性，由于回收渠道复杂，回收容器上常残留有害物质，难以保证清洗处理完全，从而造成对食品的污染。有时为了掩盖回收品质量缺陷，往往添加大量涂料，导致涂料色素残留污染食品。因此，聚乙烯回收再生品不能用于制作食品的包装容器。

(2)聚丙烯　聚丙烯是由丙烯聚合而成的一类高分子化合物。它主要用于制作食品塑料袋、薄膜、保鲜盒等。一般认为聚丙烯是安全的，其安全性高于聚乙烯塑料。聚丙烯的安全性问题主要是回收再利用品，与聚乙烯相类似。

(3)聚氯乙烯　聚氯乙烯本身是一种无毒聚合物，但其原料单体氯乙烯具有麻醉作用，可引起人体四肢血管的收缩而产生痛感，同时还具有致癌和致畸作用，它在肝脏中可形成氧化氯乙烯，具有强烈的烷化作用，可与DNA结合产生肿瘤。因此，聚氯乙烯塑料的安全性问题主要是残留的氯乙烯单体、降解产物以及添加剂的溶出造成的食品污染。单体氯乙烯对人体安全限量要求小于1 mg/kg(以体重计)。我国国产聚氯乙烯树脂单体氯乙烯残留量可控制在3 mg/kg以下，成品包装材料已控制在1 mg/kg以下。

聚氯乙烯塑料有软质和硬质之分，软质聚氯乙烯塑料中增塑剂含量较大，用于食品包装安全性差，通常不用于直接的食品包装，常用于生鲜水果和蔬菜包装。硬质聚氯乙烯塑料不含或含极少增塑剂，它们安全性好，可直接用于食品的包装。

(4)聚苯乙烯　聚苯乙烯是由苯乙烯单体聚合而成的。聚苯乙烯本身无毒、无味、无臭，不易生长霉菌，可制成收缩膜、食品盒等。其安全性问题主要是单体苯乙烯及甲苯、乙苯和异丙苯等的残留。残留量对大鼠经口的LD_{50}(半致死量)：苯乙烯单体5.0 g/kg，乙苯3.5 g/kg，甲苯 7.0 g/kg。苯乙烯单体还能抑制大鼠生育，使肝、肾重量减轻。残留于食品包装材料中的苯乙烯单体对人体最大无作用剂量为 133 mg/kg，塑料包装制品中单体残留量应限制在 1% 以下。

(5)聚偏二氯乙烯　聚偏二氯乙烯是由偏氯乙烯单体聚合而成的，它具有极好的防潮性和气密性，化学性质稳定，并有热收缩性等特点。聚偏二氯乙烯薄膜主要用于制造火腿肠、鱼香肠等灌肠类食品的肠衣。聚偏二氯乙烯中可能有氯乙烯和偏二氯乙烯残留，它属中等毒性物质。按 GB 15204—1994 规定，氯乙烯和偏二氯乙烯残留分别低于 2 mg/kg 和 10 mg/kg。

(6)丙烯腈共聚塑料　丙烯腈共聚塑料是一类含丙烯腈单体的聚合物，已广泛应用于食品容器和食品包装材料。但丙烯腈的动物毒性试验表明：动物急性中毒表现为兴奋、呼吸快而浅、喘气、窒息、抽搐，甚至死亡。口服丙烯腈单体还可造成循环系统、肾脏损伤和血液生化物质的改变。不同的国家所做试验中丙烯腈残留量不尽相同，所以制定的残留量标准也不一样。日本规定聚丙烯腈中单体丙烯腈溶出量小于 0.05 μg/mL。目前，我国还没有食品中丙烯腈单体残留量标准。

(7)聚碳酸酯树脂　聚碳酸酯树脂是分子链中含有碳酸酯的一类高分子化合物的总称。目前只有双酚 A 型的芳香族聚碳酸酯树脂可以用作食品包装材料和容器。双酚 A 型的芳香族聚碳酸酯树脂以双酚 A 与碳酸二苯酯为原料，经酯交换和缩聚而成。聚碳酸酯树脂无味、耐油、不易污染，因此，主要用于制造食品的模具、奶瓶及用于具有抗冲击和一定透明度要求的食品容器和食品加工设备等。

聚碳酸酯树脂本身无毒，但双酚 A 与碳酸二苯酯进行酯交换时有中间体苯酚产生。苯酚不仅具有一定的毒性，而且还会产生异味，影响食品的感官性状。我国规定食品包装材料和容器用的聚碳酸酯树脂和成品中游离苯酚含量应控制在 0.05 mg/L 以下，而且不宜接触高浓度乙醇溶液。

(8)复合薄膜　复合薄膜是塑料包装发展的方向。它具有以下特点：可以高温杀菌，食品保存期长；密封性能良好，适用于各类食品的包装；防氧气、水、光线的透过，能保持食品的色、香、味，如采用铝箔层，则增加印刷效果。然而，复合薄膜所采用的塑料等材料应符合卫生要求，并根据食品的性质及加工工艺选择合适的材料。复合薄膜的突出问题是黏合剂。目前采用的黏合方式有两种：一种是采用改性聚丙烯直接复合，它不存在食品安全问题；另一种是采用黏合剂黏合，多数厂家采用聚氨酯型黏合剂，但这种黏合剂中含有甲苯二异氰酸酯(TDI)，用这种复合薄膜袋装食品经蒸煮后，就会使 TDI 迁移至食品并水解产生具有致癌性的 2,4-二氨基甲苯(TDA)。此外，复合薄膜各层间应黏合牢固，不应有剥离现象。

8.3.3 塑料添加剂

塑料添加剂对于保证塑料制品的质量非常重要，主要有以下几种：

(1)稳定剂　稳定剂是防止塑料制品在空气中长期受光的作用，或长期在较高温度下降解的一类物质。稳定剂主要有硬脂酸锌盐、铅盐、钡盐、镉盐等，但铅盐、钡盐、镉盐对人体危害较大，食品包装材料一般不用这类稳定剂。锌盐稳定剂在许多国家都允许使用，其用量规定为 1%～3%。

(2)增塑剂　增塑剂可以增加塑料制品的可塑性。增塑剂主要有邻苯二甲酸酯类、磷酸酯类等。其中，邻苯二甲酸酯类应用最广，毒性较低；磷酸酯类增塑剂中的己二酸二锌酯耐低温性较好。

(3)其他　着色剂主要为染料及颜料;润滑剂主要是一些高级脂肪酸、高级醇类或脂肪酸酯类;抗氧化剂一般为BHA(丁基羟基茴香醚)和BHT(二丁基羟基甲苯);抗静电剂有烷基苯磺酸盐、α-烯烃磺酸盐等,毒性均较低。

典型的塑料包装材料的化学迁移物及其检测方法见表8.2。

表8.2　典型塑料包装材料的化学迁移物及其检测方法

(王利兵,2011)

迁移物类别	迁移物	应用范围	检测方法
聚合物单体	双酚A	饮用水桶和奶瓶用PC	溶剂提取-液相色谱结合荧光检测;固相萃取-柱前衍生化结合GC-MS;酶联免疫快速检测方法
	苯乙烯	方便面碗PS	固相微萃取结合顶空GC-FID或GC-MS
	乙烯、氯乙烯	—	顶空GC-FID或GC-MS
挥发性有机物	乙酸乙酯、乙醇、正戊烷、异丙醇、正庚烷、正丙醇、丙酮、苯	—	顶空GC-FID或GC-MS
	乙二醇	利乐包装内膜用PE;纯净水瓶和食用油桶用PET	溶剂萃取结合GC-FID检测
裂解物	二苯基硫脲、异氰硫基苯、苯胺、二苯脲	瓶垫用PVC	GC-FID或GC-NPD检测
稳定剂	环氧大豆油	PET、PE、PVC、PS	盐酸-吡啶法测定环氧量;固相萃取法结合GC-MS或HPLC-MS/MS测定含量
抗氧化剂	BHA、BHT、Irganox1076、Irganox1010	聚氯乙烯(PVC)	快速溶剂萃取结合HPLC-荧光法检测
增塑剂	DEP、DIBP、DBP、DEHP、DINP、DINA	牛奶利乐包装内膜用PE;纯净水瓶或食用油桶用PET;瓶垫用PVC	溶剂提取或固相萃取法结合GC-MS或LC-MS/MS测定
污染物	酚类物质	回收料再利用材料	溶剂萃取-柱前衍生结合GC-MS检测
着色剂	重金属,如镉、铅等	回收料再利用材料	火焰或石墨炉原子吸收或氰化物发生原子荧光
微生物	表面洁净度	PET、PE、PC、PS、PVC	ATP快速检测

8.3.4　金属制品

金属包装容器主要是以铁、铝等金属板、片加工成型的桶、罐、管等以及用金属箔(主要为铝箔)制作的复合材料容器,此外还有银制品、铜制品和锌制品等。金属制品作为食品容器,生产效率、流通性、保存性等各方面在食品包装材料中都占有重要地位。

(1)铁质食品容器　铁质制作的容器在食品中的应用较广,如烘盘及食品机械中的部件。铁质容器的安全性问题主要有两个方面:一是白铁皮(俗称铅皮)镀有锌层,接触食品后锌会迁移至食品;二是铁质工具长期接触食品会使铁等金属迁移至食品中。

(2)铝制食品容器　目前,铝制容器作为食具已经很普遍,日常生活中用的铝制品分为熟铝制品、生铝制品、合金铝制品 3 类。它们都含有铅、锌等元素。据报道,一个人如果长期每日摄入铅 0.6 mg 以上,锌 15 mg 以上,就会造成慢性蓄积中毒,甚至致癌。同时,过量摄入铝元素也将对人体的神经细胞带来危害,如炒菜普遍使用的生铝铲属硬性磨损炊具,会将铝屑过多地通过食物带入人体。因此,在铝制食具的使用上应注意,最好不要将剩菜、剩饭放在铝锅、铝饭盒内过夜,更不能存放酸性食物。因为,铝的抗腐蚀性很差,酸、碱、盐均能与铝起化学反应析出或生成有害物质。应避免使用生铝制作炊具。在食品中应用的铝材(包括铝箔)应该采用精铝,不准采用废旧回收铝作原料。这主要因为回收铝来源复杂,常混有铅、镉等有害金属及其他有毒物质。

铝的毒性表现为对脑、肝、骨、造血和细胞的毒性。研究表明,透析性脑痴呆与铝有关,长期输入含铝营养液的病人易发生胆汁淤积性肝病。铝中毒时常见的是小细胞低色素贫血。我国规定在食品包装材料和容器中精铝制品和回收铝制品的铅溶出量应分别低于 0.2 mg/L 和 5 mg/L,锌、砷、镉分别控制在 1 mg/L、0.04 mg/L、0.02 mg/L。

(3)不锈钢食品容器　随着科学技术的发展,不锈钢食具以它精美、华丽、耐热、耐用等优点,日益受到人们的青睐。不锈钢的基本金属是铁,由于加入了大量的镍元素,能使金属铁及其表面形成致密的抗氧化膜,提高其电极电位,使之在大气和其他介质中不易被锈蚀。但在受高温作用时,镍会使容器表面呈现黑色,同时由于不锈钢食具传热快,温度会短时间升得很高,因而容易使食物中不稳定物质如色素、氨基酸、挥发物质、淀粉等发生糊化、变性等现象,还会影响食物成型后的感官性质。这里值得提醒的是,烹调食物发生焦煳,不仅使一些营养素遭到不同程度的破坏,使食物的色香味欠佳,而且能产生致癌物质。如在咖啡豆中的致癌物质并不多,但在炒焦后致癌物质可增加 20 倍,所以炒焦的豆类最好挑出不吃。

使用不锈钢还应注意另一个问题,就是不能与乙醇(酒精)接触,以防镉、镍游离。不锈钢食具盛装料酒或烹调使用料酒时,料酒中的乙醇可将镍溶解,容易导致人体慢性中毒。

我国罐头食品中的铅溶出量不超过 1 mg/kg,锡不超过 200 mg/kg,砷不超过 0.5 mg/kg。对铝制品容器的卫生标准规定为 4%乙酸浸泡液中,锌溶出量不大于 1 mg/L,铝溶出量不大于 0.2 mg/L,镉溶出量不大于 0.02 mg/L,砷溶出量不大于 0.04 mg/L。为防止食品对金属包装内外壁的腐蚀和金属包装有害物质向食品中的迁移,常常在有些金属容器的内外壁涂上一层耐酸、耐油、耐碱的防腐蚀涂料。外壁涂料主要是为防止外壁腐蚀,以及起到装饰和广告的作用。外壁涂料应符合罐装食品加工及安全要求,涂料及油墨不得污染食品。内壁涂料可防止内容物与金属直接接触,避免电化学腐蚀,提高食品货架期,但涂层中的化学污染物也会在罐头的加工和贮藏过程中向内容物迁移造成污染。这类物质有 BPA(双酚 A)、BADGE(双酚 A-二缩水甘油醚)、NOGE(酚醛清漆甘油醚)及其衍生物。其中双酚 A 环氧衍生物是一种环境激素,可通过罐头食品进入体内,造成内分泌失衡及遗传基因变异。涂层金属包装的卫生安全问题主要来源于其表面涂覆的食品级涂料中游离酚、游离甲醛及有毒单体的溶出等,其详细成分见表 8.3。

表 8.3　涂层金属包装安全问题

（操恺，2015）

涂层材质	主要安全问题	涂层材质	主要安全问题
环氧酚醛	游离酚、游离甲醛	聚酰胺树脂涂料	重金属铅
聚四氟乙烯	游离氟离子、游离甲醛	过氯乙烯涂料	砷、重金属、氯乙烯单体
漆酚涂料	游离酚、游离甲醛		

8.3.5　玻璃

玻璃是一种历史悠久的包装材料，它的种类很多，根据所用的原材料和化学成分不同，可分为氧化铝硅酸盐玻璃、铅晶体玻璃、钠钙玻璃、硼硅酸玻璃等。

在发达国家，玻璃制品的人均消费量每年为 70 多 kg，而我国人均消费量每年不到 10 kg。在发达国家，玻璃装饮料十分流行，因为安全、新鲜，所以价格高于易拉罐饮料，这与我国正好相反。用玻璃瓶盛放液态调味料也是很好的选择。玻璃因其稳定的品质不会与油、醋等调料发生化学反应产生影响人们健康的有害物质。用玻璃容器调制凉菜、水果沙拉也是不错的选择。而玻璃品种繁多，作为食品容器，最好选择无色透明的玻璃容器制品。

玻璃的着色需要用金属盐，如蓝色需要用氧化钴，茶色需要用石墨，竹青色、淡白色及深绿色需要用氧化铜和重铬酸钾等。玻璃是一种惰性材料，与大多数内容物不发生化学反应，是一种比较安全的包装材料。玻璃的安全性问题主要是从玻璃中溶出的迁移物，如在高脚酒杯中往往添加铅化合物，加入量一般高达玻璃的 30%，这有可能迁移到酒或饮料中，对人体造成危害。此外，在玻璃制品的原料中，二氧化硅的毒性虽然很小，但应注意二氧化硅原料的纯度。

8.3.6　橡胶制品、陶瓷和搪瓷

橡胶可分为天然橡胶与合成橡胶两大类。橡胶制品常用作奶嘴、瓶盖、高压锅垫圈及输送食品原料、辅料、水的管道等。天然橡胶是以异戊二烯为主要成分的天然长链高分子化合物，本身既不分解也不被人体吸收，一般认为对人体无害，但由于加工的需要，加入的多种助剂，如促进剂、防老剂、填充剂等，给食品带来了不安全的问题。合成橡胶是由单体聚合而成的高分子化合物，影响食品安全性问题主要是单体和添加剂的残留。

在对橡胶的水提取液作较为全面分析中，可以发现有 30 多种成分，其中 20 种具有毒性。这些成分包括硫化促进剂、抗氧化剂和增塑剂等。橡胶制品在使用时，这些单体和助剂有可能迁移至食品，对人体产生不良影响。橡胶加工时使用的无机促进剂用量较少，因而较安全。有机促进剂如甲醛类的乌洛托品能产生甲醛，对肝脏有毒性；秋兰母类、胍类、噻唑类、次氯酰胺类对人体也有危害。填充剂也是一类不安全因子。

搪瓷器是将瓷釉涂覆在金属坯胎上，经过焙烧而制成的产品，搪瓷的配方复杂。陶瓷器是将瓷釉涂覆在由黏土、长石和石英等混合物烧结成的胚胎上，再经焙烧而成的产品。搪瓷、陶瓷容器的主要危害来源于制作过程中在坯体上涂的彩釉、瓷釉、陶釉等引起的。釉料主要是由铅、锌、镉、锑、钡、钛、铜、铬、镉、钴等多种金属氧化物及其盐类组成，它们多为有害物质。当使用搪瓷容器或陶瓷容器盛装酸性食品（如醋、果汁）和酒时，这些物质容易溶出而迁入食品，甚至引起中毒，如铅溶出量过多。陶瓷器卫生标准是以 4%乙酸浸泡后铅、镉的溶出量为标准，

标准规定镉的溶出量应小于0.5 mg/L。搪瓷器卫生标准是以铅、镉、锑的溶出量为控制要求，标准规定铅小于1.0 mg/L，镉小于0.5 mg/L，锑小于0.7 mg/L。

8.3.7 容器内壁涂料

食品容器、工具及设备为防止腐蚀、耐浸泡等常需在其表面涂一层涂料。目前，我国允许使用的食品容器内壁涂料有聚酰胺环氧树脂涂料、过氯乙烯涂料、有机硅防粘涂料、环氧酚醛涂料等。

(1)聚酰胺环氧树脂涂料　聚酰胺环氧树脂涂料属于环氧树脂类涂料。环氧树脂一般由双酚A(二酚基丙烷)与环氧氯丙烷聚合而成。聚酰胺作为聚酰胺环氧树脂涂料的固化剂，其本身是一种高分子化合物，未见有毒性报道。聚酰胺环氧树脂涂料的主要问题是环氧树脂的质量(即环氧树脂的环氧值)、固化剂的配比以及固化度。固化剂配比适当，固化度越高，环氧树脂向食品中迁移的未固化物质越少。按照GB 9686—1988的规定，聚酰胺环氧树脂涂料在各种溶剂中的蒸发残渣应控制在30 mg/L以下。

(2)过氯乙烯涂料　过氯乙烯涂料以过氯乙烯树脂为原料，配以增塑剂、溶剂等助剂，经涂刷或喷涂后自然干燥成膜。过氯乙烯树脂中含有氯乙烯单体，氯乙烯是一种致癌的有毒化合物。成膜后的过氯乙烯涂料中仍可能有氯乙烯的残留，按照GB 7105—1986的规定，成膜后的过氯乙烯涂料中氯乙烯单体残留量应控制在1 mg/kg以下。过氯乙烯涂料中所使用的增塑剂、溶剂等助剂必须符合国家的有关规定，不得使用高毒的助剂。

(3)有机硅防粘涂料　有机硅防粘涂料是以含羟基的聚甲基硅氧烷或聚甲基苯基硅氧烷为主要原料，配以一定的助剂，喷涂在铝板、镀锡铁板等食品加工设备的金属表面，具有耐腐蚀、防粘等特性，主要用于面包、糕点等具有防粘要求的食品工具、模具表面，是一种比较安全的食品容器内壁防粘涂料。一般也不控制单体残留，主要控制一般杂质的迁移。按照GB 11676—1989规定，蒸发残渣应控制在30 mg/L以下。

(4)环氧酚醛涂料　环氧酚醛涂料为环氧树脂与酚醛树脂的共聚物。一般喷涂在食品罐头内壁。虽经高温烧结，但成膜后的聚合物中仍可能含有游离酚和甲醛等未聚合的单体和低分子化合物。与食品接触时可向食品迁移，按照GB 4805—1994的规定，环氧酚醛涂料中游离酚的含量应低于3.5%。

思政案例

雅图仕——绿色印刷科技之路

作为首批国家印刷复制示范企业，鹤山雅图仕印刷有限公司(简称“雅图仕”)是当之无愧领军者。雅图仕是利奥纸品集团(香港)有限公司旗下的一家港商独资企业，经过20余年的不断自主创新、稳健经营，已是全球最大的提供一条龙服务解决方案的印刷企业之一，产品远销欧、美、澳洲等地。2012年，雅图仕更是凭借25.83亿元的年销售额位居“2012中国印刷企业100强”排行榜第二。

多年来，雅图仕始终注重环保和可持续发展，一系列的“绿色”举措在雅图仕遍地开花。绿色印刷指对生态环境影响小、污染少、节约资源和能源的一种印刷方式，包括印刷的生产设备、原辅材料、生产过程及出版物、包装装潢等印刷品，涉及印刷产品生产全过程。在印刷前环节，雅图仕早在2002年就已采用CTP(computer to plate，计算机直接到印版)制版工艺代替传统制版工艺，在源头上减少了化学药水的使用以及因此而产生的污染。此外，还积极采用数码打样、远程软打样及油墨配色系统等先进技术，在提高生产效率的同时，减少了纸张、油墨等原材料的浪费。在印刷环节，除了引进先进的印刷设备、采用环保纸张和油墨、采购免处理版材及免酒精润版液外，雅图仕还对印刷装置、工艺等进行持续改造与创新，如在印刷机上安装自动清洗橡皮布装置，不但缩短了因清洗橡皮布而造成的停机等待时间，而且可减少25%的洗车水用量。此外，雅图仕也在不断通过采用柔性版印刷来减少VOC（volatile organic compounds，挥发性有机化合物）的排放，从而减少对环境的影响。在印刷后环节，雅图仕也在不断积极改进。2008年以来，就全部转用水性胶黏剂，并采用水性覆膜技术，由于水性覆膜技术所用材料为丙烯酸类胶黏剂，无须再添加天拿水等挥发溶剂，因此可杜绝产品复合过程中静电火灾事故的发生，从而保障了生产安全；同时，还在印后环节安装了活性炭过滤系统，可将排风口的VOC浓度降低50%～80%。

凭借着这些"绿色"举措，雅图仕于2011年顺利成为全国60家首批通过绿色印刷认证的企业之一，这使得雅图仕的安全环保的产品获得更多客户的认可，进一步推动产品在绿色印刷工艺、原材料及设备上的研发与创新，提升了市场竞争力，实现经济和社会效益双丰收。

从雅图仕的绿色印刷科技之路的故事，可看出"绿水青山就是金山银山"，绿色与发展已然不再是对立的两个话题，环保责任是包装企业未来长足发展的基石。

（冯庆民等，2012）

8.4 包装与风味间的相互作用

包装体系中各成分间的相互作用是指被包装的食品、包装材料与外部环境三者间的相互作用，是质量与能量的交换过程。

包装体系中的质量传递过程通常是指渗透、迁移和吸收。渗透过程包含2个基本机制：通过包装膜的分子扩散和来自/进入内部/外部气体环境的吸收/解吸。迁移是指包装材料中的某些物质（或化合物）进入被包装产品中的过程。迁移物的种类、数量、迁移速度等与被包装的食品、包装材料与外部环境密切相关。限于篇幅，在此以塑料包装材料为例。

在研究相互作用时，聚合物包装材料中的化合物向食品中的迁移是首要问题，包括聚合物包装材料（如单体、低聚物、溶剂）、添加剂（如增塑剂、色素、UV稳定剂、抗氧化剂）和油墨的渗滤溶解物等。另一个问题是包装材料对产品中一些组分的吸收或吸附作用。产品组分向包装材料组织中的渗透会造成产品香气的损失、阻隔材料机械性能的变化以及产品感官品质的下降。包装体系中组分迁移的基本驱动力是化学势能。通常认为，透过包装材料的质量传递是一个多级过程。首先，分子碰撞聚合物表面，接着它们被吸收并溶解到聚合物中。在聚合物薄膜里，分子"跳跃"或呈无规则的扩散，凭借分子自身的动能使它们从一个空穴移到另一个空穴。分子的运动取决于聚合物膜内的空穴多少，这些空穴是因热量不均引起聚合物中大链段相互滑移而形成的。这种无规则扩散的结果是形成从接触高浓度或高渗透压的聚合物膜一侧向接触低浓度或低渗透压的聚合物膜一侧的绝对运动。最后一步是在薄膜下表面的分子的解吸和蒸发作用。吸收过程包含上述过程的前两步，也就是吸收和扩散，而渗透则包括全部3个过程。

8.4.1 影响风味吸收的因素

产品与包装材料的相容性是风味的吸附或风味物质的吸收最重要的问题之一。塑料包装材料对被包装物香气物质的吸收很早就被人们所知，世界各国科研人员对此现象进行了广泛的研究。

聚合材料的化学及物理结构对风味化合物吸附起着重要作用。其中玻璃态转化温度、结晶度和空穴是影响风味吸收的重要因素。

(1)玻璃态转化温度(T_g)　聚合物材料在不同温度下会呈现玻璃态、橡胶态(又称高弹态)、黏流态等几种物态。聚对苯二甲酸乙二醇酯(PET)、聚碳酸酯(PC)和聚乙烯石脑油(PEN)是最具代表性的玻璃态聚合物，它们的 T_g 都高于常温。在室温下，玻璃态聚合物的键链坚硬，对于低浓度风味物质的扩散系数很小。聚烯烃类中的聚乙烯(PE)和聚丙烯塑料(PP)属于橡胶态聚合物，其 T_g 低于常温。在室温下，橡胶态聚合物对风味物质有较高的扩散系数，在这种结构中，能够很快达到稳态渗透。除空穴较大的聚合物外，玻璃态转化温度较高的硬链化聚合物其渗透性通常较低。

(2)空穴　聚合物的空穴是指分散在固态聚合物中的分子"空闲"容积。渗透分子很容易沿着这些空间通过。通常来说，在结构上存在低对称性或长侧链的聚合物其空穴和渗透性较高。

(3)结晶度　聚合物大分子在空间有规则地排列聚集形成的聚合体称结晶型聚合物，其中分子排列规则的区域称晶区。晶区与聚合物总体质量的百分比为聚合物结晶度。所有的聚合物或多或少都有部分是无定形的，在这些无定形区域，聚合物大分子链次序混乱。一般结晶区域密度比无定形区域大得多，很多渗透物实际上无法渗透过去。因此，在聚合物中，扩散主要发生在无定形区域，在此区域沿着聚合物主链会有轻微的振动。这些轻微的布朗运动能够使部分聚合物链互相分离，导致"空穴"的出现，通过这些"空穴"，渗透物分子扩散进入聚合物。故聚合物中结晶度越高，其吸收作用就越小。

(4)风味物质的浓度与混合物　聚合物材料吸收风味化合物的量直接与吸收剂的浓度成比例。不同的风味化合物之间的相互作用，也可能会影响到聚合物食品包装材料对小分子化合物的吸收。与单一风味物质的系统相比，混合物中一些风味化合物的吸收率较低。这可能是各化合物之间对于聚合物空穴的竞争或是溶液中化合物溶解性的改变引起溶液与聚合物间相分离的变化。

(5)极性　聚合物与风味化合物的极性相近，风味化合物就比较容易被吸收进聚合物膜内。聚烯烃类聚合物的亲脂性较强，可能对脂肪、油类和香气等非极性物质的包装产品不利，因为它们有可能会被吸收并保留在包装材料内。而聚酯类聚合物极性比聚烯烃类强，对非极性物质的吸引力较小。

(6)分子大小和结构　相对于大分子来说，分子越小，数量越多，吸收越迅速。由大分子合成的聚合物，因新空穴的出现，具有较强的吸收能力。一般来说，含有同一官能团的化合物，其吸收能力随分子链上碳原子数目的增加而增强。当分子增大的影响超过了聚合物中化合物溶解性增加的影响，将导致溶解系数下降。

(7)温度　根据阿伦尼乌斯方程，气体和液体对于聚合物的渗透性随温度的升高而增加。较高温度条件下，风味吸收作用增强的可能原因有：提高了风味分子的动能；改变了聚合物的结构，如膨胀或降低结晶度；改变了挥发性成分在水相中的溶解性。

(8)相对湿度　对一些聚合物来说，潮湿的环境对它们的阻隔性能有很大影响。由于水的亲合性，水蒸气的存在加速了聚合物中气体和水蒸气的扩散。通常来说，对于亲水性薄膜，如聚乙烯醇(EVOH)和多数聚酰胺类，由于聚合网络结构所要求的动能提高，水的增塑效应将通过增加扩散而使渗透性增强。被吸收的水分并不影响聚烯烃类和另外一些聚合物的渗透性，如 PET 和无定形的尼龙，它们的氧渗透性随着湿度的增加只有轻微的降低。因为在许多包装中湿气无法避免，所以湿气对包装的影响不容忽视。环境的相对湿度通常高于 50%，而生鲜食品包装内部的相对湿度则接近 100%。

8.4.2 食品基质的作用

包装食品的质量和货架期，在很大程度上取决于聚合物膜的理化特性及储藏期内食品组分与包装的相互作用。

食品基质中的组分对于确定塑料包装材料吸收风味物质的量十分重要。Fukamaehi 等(1996)研究了聚乙烯膜对乙醇溶液中风味化合物的吸收行为。低密度聚乙烯(LDPE)膜对于均匀的挥发性成分(长度为 4～12 碳链的酯类、醛类和醇类)混合物的吸收量，在乙醇体积分数为 5%～10%时达到最大值，随着乙醇体积分数的提高而迅速降低。EVOH 膜也呈现出相似的吸收行为，在乙醇体积分数为 10%～20%时吸收量达到最大。Nielsen 等(1992)研究了 LDPE 对橄榄油中风味物质的吸收，发现这种塑料能够大量地吸收橄榄油及油中的风味物质。醇和短链酯在油/聚合物体系中的分配系数比在水/聚合物体系中的要高，而醛和长链酯在油/聚合物体系中的分配系数却比在水/聚合物体系中的要低。

风味物质在食品的油或脂肪相中的释放速度会比在水相中慢些。这主要原因在于：油脂中的传质阻力比水中的高；油/水乳剂中的风味化合物先是从油脂中释放到水相中，再由水相释放到顶部空间的。Kinsells(1989)报道了风味化合物与食品组分间相互作用的几个机理。在脂质体系中，风味化合物释放的速率受溶解度和分配速率的控制；对于多聚糖，大部分是通过非特异性吸收和内含物的形成而与风味化合物相互作用；在蛋白体系中，吸收、特殊键合、圈闭、包裹、共价键合都可以保留风味化合物。

研究表明，油脂和脂肪酸也能够被聚合物吸收，导致其氧渗透性的提高和多层复合包装材料的分离。Nielsen 等(1992)发现，同是采用 LDPE 包装，相对于加到水溶液中，将苹果香气化合物加到并储藏在纯橄榄油中，香气成分损失得更多一些，这可能是香气成分、聚合物和溶液的极性不同的缘故。因此，油脂对风味化合物(感官特性、强度、挥发性等)和包装材料的特性都有重要影响。

碳水化合物也会影响到 LDPE 对风味化合物的吸收。在有果胶和羧甲基纤维素存在的情况下，LDPE 对柠檬烯和低浓度癸醛的吸收速率将会下降。增加黏性可以减缓基质中风味化合物向 LDPE 中的扩散。

8.4.3 包装材料的作用

塑料能广泛地用于食品包装的主要原因就是它们的柔性、形状及大小多样性、热稳定性和良好的阻隔性。虽然 PE 具有较好的热稳定性、较低的成本和较低的透湿性，但其透气性差，做食品包装材料时，PE 多与铝箔和纸层叠制复合包装材料。PET 具有良好的机械性能、高透明度和相对低的透气性而 PC 坚韧、牢固和透明，在最近几十年里，PET 和 PC 在食品包装中的使用日益频繁。

与玻璃不同，塑料不是惰性材料，它允许水、气体、风味、单体和脂肪酸等化合物因渗透、迁移和吸收作用，而在食品产品、包装及环境三者之间进行传递。塑料包装的食品质量和货架期在很大程度上取决于聚合体膜的理化特性以及储藏期内食品组分与包装材料的相互作用。一些研究表明，塑料包装材料能够吸收大量的香气化合物，导致香气浓度损失和风味失衡。吸收作用也可能会间接地影响到食品质量，影响途径如引起多层包装材料的层间开启和改变塑料包装材料的阻隔性能和机械性能。对许多包装食品的货架期来说，包装材料的透氧性是一个重要因素。有关被吸收的化合物对包装材料的透氧性影响方面的文献很少。Hirose 等(1988)报道，由于吸收了 *d*-柠檬烯，LDPE 的透氧性有所增加。Johansson 和 Leufven(1994)研究了油菜籽油对不同的聚合物包装材料阻氧性的影响。他们发现，即使是在油菜籽油储藏长达 40 d 以上，无定形聚合物的 PET 仍保持有良好的阻氧性。而当与油菜籽油接触 40 d 以后，聚烯烃类(PP 和 HDPE)材料的氧气传递速率(OTR)升高，原因在于聚合物基质出现了膨胀。但是，氧气传递速率的上升与油脂吸收量的增加并不成正比例关系。

Van Willige 等(2002)研究了 LDPE、PP、PC 和 PET 这几种包装材料的透氧性对于它们吸收几种风味化合物(柠檬烯、癸醛、己烷基醋酸和 2-甲基庚基酮)行为的影响。研究结果表明，在风味化合物被吸收后，PP 和 LDPE 的透氧性都有所增加。在吸收过程中，分子将被吸收到通常存在于无定形区域的空穴内。扩散和聚合物分子链的逐渐松弛，通过降低交联力，甚至促进聚合物的膨胀，控制吸收速率。这将进一步提高扩散速率，进而影响松弛。

被吸收的水分对乙烯醇(EVOH)和多数聚酰胺等一些亲水性聚合物的渗透性也有着相仿的影响。一般认为，在相对湿度较高的情况下，被吸收的水分子将与聚合物基质中的羟基结合，从而弱化聚合物分子间的氢键。结果是交链距离增加，空穴扩大，从而使氧气和其他气体的扩散更为容易。亲水性聚合物基质中水的存在不仅仅会影响到渗透物的吸收和扩散方式，而且由于水的增塑效应，还能够导致聚合物玻璃态转化温度(T_g)降低，使透氧性大幅度增加。单一风味化合物的吸收会造成 PP 的膨胀，即会增加聚合物空穴。橡胶态聚合物(LDPE 和 PP)的应力松弛时间较短，对于趋于改变物理条件的应力，它们的响应非常迅速。而玻璃态聚合物(PC 和 PET)的应力松弛时间较长，渗透(分子)就可能潜藏在空穴内，因而，固有扩散迁移率的差异很大。

8.4.4 风味调整与感官质量

风味化合物吸收的一个主要问题就是它影响食品的质量。在这一领域，针对果汁开展的研究较多。利乐砖和康美包这两种 LDPE 多层薄膜复合包装都是果汁常用的无菌包装。研究表明，LDPE 这种包装材料能够吸收大量的风味化合物。因此，食品工业经常在食品中过量添加风味化合物，以保证此类产品在货价期内的口感和风味能被消费者接受。

Moshonas 和 Shaw(1989)报道，将商业无菌包装的橙汁在 21℃和 26℃储藏 6 周后，感官评价人员对于风味的评分明显下降。由于吸收和潜在的异味化合物增加的共同作用会造成柠檬烯的损失，而柠檬烯的损失又引起风味发生了可察觉变化。Mannheim 等(1987)发现，用 LDPE 多层复合薄膜包装的橙汁和葡萄汁的货价期比用玻璃瓶罐装的短得多。他们还观测到了抗坏血酸的损失和更为严重的褐变现象，发现柠檬烯的含量下降了 40%，其他挥发性成分并没有进行分析检测。在 25℃下储藏 10 周后，味道就开始出现变化。Sharma 等(1990)报道，对于水果片(橙子和柠檬)及饮料(杧果、橙子和蓝葡萄)，PE 和 PP 的接触并未造成产品感官质量的可察觉变化。Pieper 等(1992)分别用玻璃瓶和 LDPE 多层复合薄膜包装橙汁，并在

4℃下储藏24周，结果发现，LDPE包装材料吸收了50%的柠檬烯和少量的醛、醇，但是对橙汁的感官质量没有产生明显的影响。这个结果可能与较低的储藏温度有关。Sadler等(1995)报道，在4.5℃下将橙汁储藏3周后，根据LDPE、PET和EVOH对风味化合物的一般和选择性吸收来看，没有证据证明风味的吸收与橙汁感官特性的变化有直接关系。Matin等(1992)将橙汁与LDPE和一种离聚物(热溶胶)直接接触，在25℃下存放24 h，聚合物吸收了70%以上的柠檬烯。但是，气相色谱-气味检测(GCO)的分析结果却说明柠檬烯只具有很低的香气活性。而且，聚合物并没有实质性地改变橙汁中的活性香气成分。

Van Willige等(2003)研究了同一模拟体系(含辛烷、癸烷、乙烷基丁酸和2-甲基庚基酮)和还原橙汁中3种不同的包装材料(LDPE、PET和PC)的风味化合物吸收现象，其中的感官评价由27个评审员组成的感官评定小组完成。在这一模拟体系中，朱栾倍半萜(valencene)几乎全部被LDPE所吸收，吸收稍少的是癸烷、己基乙酸、辛烷和甲基庚基酮。PC和PET吸收的风味化合物要少得多，与LDPE相反，它们吸收的朱栾倍半萜最少，而癸醛最多。来自橙汁中的柠檬烯很容易被LDPE吸收，而香叶烯、朱栾倍半萜、萜烯和癸醛的吸收量则较少。只有3种来自橙汁中的风味化合物会被PC和PET吸收，而且吸收量很小，它们是柠檬烯、香叶烯和癸醛。虽然仪器分析的结果显示，与空白样品相比采用聚合物包装的样品中风味化合物含量明显减少，这说明聚合物吸收了大量的风味化合物，但是感官评价小组并未察觉出风味化合物被吸收而给产品带来的差别。Van Willige(2000)认为，聚合体包装材料的风味化合物吸收不是造成食品产品储藏过程中可感知风味变化的主要原因，很有可能是其他机制起到了更重要的作用，如化学降解导致产生异味的化合物的出现。

Sizer等(1988)指出，储藏温度仍然是延缓风味化合物损失和达到满意的货价期及品质最为重要的因素。因此，考虑到包装材料对风味化合物的吸收速率和吸收量随温度的升高而增加，关于风味化合物吸收对产品感官质量影响的研究应该在室温(也就是无菌包装产品的常规储藏条件)下进行。此外对于相近的包装，应采用评价特性相近的整个包装体系的同一个感官评定方法，如透氧性(应是玻璃—玻璃，而不是玻璃—纸板)。

思政案例

走进洽洽的透明工厂

近年来，坚果凭借其丰富的营养和香脆的口感，逐渐成了很多人日常自用及过节送礼的必备之选。在众多坚果品牌中，安徽洽洽食品股份有限公司(简称“洽洽食品”)是一家以传统炒货、坚果为主营，集自主研发、规模生产、市场营销为一体的现代休闲食品企业。为了让广大消费者对洽洽食品安全性放心，洽洽组织过多次透明工厂直播，让来自世界各地的消费者，透过手机和电脑屏幕了解洽洽从原料采摘到生产包装全过程的每一个细节，既包括原料产地、坚果生产线，也涵盖了产品出货的洽洽电商全球立体仓储中心等，覆盖整个产业链，对原料、运输、储存、制造、工艺、包装等环节进行实时呈现，让消费者近距离观看和了解。

俗话说“外行看热闹，内行看门道”，普通消费者看到的是洽洽透明工厂全方位的监控，但隐藏在这些画面背后的，是洽洽对坚果新鲜的极致要求。2019年11月，洽洽在坚果保鲜标准大会上首发每日坚果六大新鲜标准，也一直严格按照该标准保障洽洽食品安全。六大新鲜标准：一，在源头上，采用原产地直采的方式采摘当季鲜果；二，在运输时采用低温冷链，温、湿度全程监控；三，在原料存储上，全年采用低温恒湿条件存储，温度控制在0～10℃之间，湿度控制在65%以下；四，生产过程在设定的温湿度条件下进行，所有的坚果都接受低温烘烤，减少营养物质流失；五，包装环境恒温恒湿，包装过程控温控湿、控空气接触时限；六，采用奶粉级保鲜包装，同时阻湿、阻光，在最大限度内保证坚果的新鲜。如此严格的保鲜标准，在每一个环节都最大限度地保证了洽洽食品安全。

要保证达到严苛的六大新鲜标准，就要有高技术的现代化设备做后盾，洽洽在这方面有着超强的硬实力。洽洽食品与瑞士布勒公司共同开发的专业立体烘焙设备，能够做到8段控温、低温烘烤，防止脂肪劣变，激发坚果酥脆口感，在加工过程中保证了洽洽食品安全性和新鲜度。坚果智能数粒机，通过智能数粒系统，根据营养均衡黄金配比自动精准分配与控制每袋坚果和果干的配比、重量，做到分配均匀、营养均衡。还有充氮包装系统，通过吸氧剂＋干燥剂＋充氮包装三重保障，让产品中的含氧量不超过1%，坚果更加新鲜美味，进一步保证了洽洽食品安全。

洽洽食品对坚果质量安全的自信，源自洽洽多年来对产品质量的精益求精和技术革新的不断追求。有了现代化设备和标准化生产流程的加持，洽洽食品将提供安全、新鲜、美味的坚果休闲食品，与消费者分享每一份健康与快乐。

从走进洽洽的透明工厂的故事可看出，只有做人做事精益求精，务实笃行，在未来的领域中才能取得长足的发展。

（百度 https://baijiahao.baidu.com/s?id=1643917622405915327&wfr=spider&for=pc）

（凤凰网 https://finance.ifeng.com/c/7yqRwY7Rd5z）

8.5 包装袋的密封性与泄漏检测

包装袋的密封性是保持无菌食品和自发气调包装食品等产品高质量必不可少的条件。随着对自发气调包装产品的质量保证重视程度不断提高，检验食品包装袋的密封性成为必需。最显而易见的包装袋密封性问题是出现封口不严，尤其是柔性塑料包装袋比传统的刚性金属包装袋更容易发生机械损伤。因此，食品生产者对研制能够检测任何包装的非破坏性泄漏检测器颇感兴趣。

非破坏性泄漏检测器用于包装线上包装缺陷的在线检测，属于包装过程控制的一部分。贯穿于从厂家到消费者整个销售线最为有效的非破坏性包装泄漏检测方法，就是在包装上永久性地附加一个泄漏指示卡。泄漏是影响产品货架期的关键因素，因此要选择合适的泄漏检测卡和泄漏指示卡，关键问题是必须了解泄漏。

8.5.1 泄漏与食品安全及质量的关系

在选择包装泄漏检测方法之前，必须了解不同类型包装和不同产品所需的密封性，包括保质期内产品不发生微生物或化学破坏所允许的最大泄漏量，以及泄漏检测方法能检测到的最小泄漏量。

许多研究表明，严格条件下，模型包装袋和工业生产包装用无菌包装袋上直径约10 μm的泄漏孔洞即可导致微生物污染。然而，对于充气自发气调包装，造成食品加速变质的临界泄漏孔洞直径，会因产品和包装方法不同而有明显差异。据报道，MAP猪肉片的质量，有微小泄漏（孔洞直径<169 μm，深3 mm）的袋优于密封完好的袋。另一方面，最近有些研究显示，直径30 μm和55 μm（孔洞深3 mm）的小泄漏却分别使醋渍生鲜鸡胸和生鲜虹鳟以及比萨饼品质加速下降。表8.4整理了不同的包装食品变质的最重要因素及临界泄漏孔洞直径。

表 8.4　不同包装食品和临界泄漏有关的腐败因素

(崔建云等译,2006)

项目	无菌和灭菌食品	即食食品	烘焙食品	干燥食品
腐败因子	微生物及氧化	微生物及氧化	氧化、霉菌及湿度	氧化、湿度
临界泄漏直径/μm	5～25	30～50	50	>130

8.5.2　包装过程中的包装泄漏检测

1.检测方法

食品包装和封口的密封性检测通常采用破坏性人工检测方法,如生物检测、电解试验、染色渗透试验和气泡试验等。破坏性检测的主要不足是无法检测每一个包装产品,而且检测起来耗工费时。因此,可以检测所有生产包装,具有全自动、可靠性高特点的100%在线非破坏漏洞检测器能够为企业带来丰厚利润。这种包装检测器将作为一个实时控制设备,在产品和破坏性检测两个方面降低包装损失,从而降低总的生产成本,而且,零售商和消费者将不会再因漏袋和产品变质而抱怨和退货。塑料食品包装袋的研究已经引起了大量学者的注意,研究涉及气密性要求研究以及开发新的非破坏检测方法和非破坏性检测方法工业化安全性评估。在线非破坏性检测设备应该满足下列要求:对所有生产线上的次品包装都能够全部识别和剔除;能够快速泄漏检测;对产品没有损害;容易使用和维修;合理的购置和运转费用。大多数柔性和半刚性包装袋非破坏性泄漏检测系统都基于一种刺激-应答技术:刺激包装的手段可以是超声波、压力、氦气、二氧化碳或氢气等示踪气体;而应答可能是声波/射线反应、包装胀缩、压力变化或检测示踪气体(表8.5)。最近几年申请了大量适合检测食品或药品包装密封性的新型非破坏性检测方法专利。

表 8.5　工业上非破坏性检测食品包装泄漏的方法

(崔建云等译,2006)

检测刺激	检测应答	应用
外部压力	包装变形、压力减小	顶隙空间包装
外部真空度	包装变形、压力减小、示踪气体(H_2、CO_2 等)	顶隙空间包装
内部压力	挤压变形、包装变形	顶隙空间包装
内部真空度	包装变形	所有包装
机器显示	图像变化	箔片包装

示踪气体检测方法具有很高的灵敏度,但是,目前用来检测存在顶隙的柔性和半刚性包装最多的方法可能是检测压力变化。工业上压力差异检测方法基本原理有:①用压缩空气和真空分别检测包装袋外测试室内压力升高或降低的变化。②检测由机械力或者热量引起的包装袋内部压力的降低。尽管自动化非破坏性压差泄漏检测器已经在工业上得到广泛应用,但是评估研究发现,这种检测器并不能可靠地检测出能够造成有害微生物侵入的泄漏。

2.新型气体示踪法在线检测系统

气体示踪泄漏检测方法的灵敏度非常高,最为常用的示踪气体为氦气,未来有可能使用更为经济的二氧化碳气体作为示踪气体。

由 VTT 新开发的泄漏检测系统是以氢气作为示踪气体的。这种新型氢气检测器具有很高的灵敏度和效率，而且检测速度快。特别适合于 MAP 的泄漏检测。例如，试验证明，至少对于充气包装上直径为 30 μm 孔洞，这种检测器在 1s 内就能够可靠地检测出来。使用这种方法检测时，含有氢气示踪气的包装进入一个专门设计的检测室；接着对检测室抽真空，由于包装内外压力差的增加，包装袋膨胀；微量氢气就会从包装漏洞处向外泄漏，然后流经一个管道，管道内对着气流方向设置有一个氢气传感器；传感器与检测器相连，当传感器探测到氢气后，立即将其转换成电信号传给氢气检测器。

氢气作为泄漏检测的示踪气体有许多突出优点。首先，常温常压下，氢气是一种无色、无臭、无味、无毒气体。泄漏检测器的氢气最低检测浓度低于引燃浓度(空气中氢气浓度<5%)。不过，泄漏检测器灵敏度及检测速度与包装顶隙内示踪气体的浓度成正比关系。低于 0.5% 的示踪气体浓度依然可用于检测包装上很小的泄漏。即使是常规的空气中的氢气只有 0.5 ppm 也能用于精密的泄漏检测，也就是说，氢气用于检测次品包装泄漏的最低检测限非常低。与之相比，示踪气体二氧化碳和氮气最低检测浓度分别为 300 ppm 和 500 ppm，氢气是所有气体中最轻的气体，所以降低了在漏洞检测区本底气体污染的危险。例如，二氧化碳气体比空气重，可能聚集在漏洞检测区导致测量误差危险。

8.5.3 销售过程中包装泄漏指示卡

因为无呼吸作用气调食品包装的特点是低氧气浓度(2%)及高二氧化碳浓度(20%～80%)，包装的泄漏会导致内部氧气浓度大幅度增加和二氧化碳浓度降低。如果包装有泄漏情况发生，就有可能导致微生物的生长，这意味着某些情况下二氧化碳可能在包装袋内积聚。最糟糕的情况是，尽管有泄漏和微生物生长，但包装袋内二氧化碳浓度依然会保持在很高的水平。因此，MAP 泄漏指示卡应该依赖于探测氧气浓度而不是检测二氧化碳浓度。

1. 可目测氧气指示卡

目前，工业用氧气敏感型包装指示卡主要用来确保正常的氧气吸收机能。生产脱氧剂的厂家已经研制出这种指示卡。比如，日本三菱石油化工株式会社为氧气吸收体的发展作出了很大贡献，并首先把粉剂脱氧剂投入商业化生产，商标名为“Ageless”。“Ageless-Eye”香粉袋内装有片剂氧气指示卡，通过这种形式确保“Ageless”吸收体的正常工作。生产厂家声称，在 25℃及氧气浓度为 0 的环境中 2～3 h，片剂指示卡将从蓝色变成粉红色，当再与氧气接触 5 min 后，片剂指示卡就会又变回蓝色。日本的 Toppan Printing 等其他公司，也在积极研究开发氧气指示卡。

典型的目测氧气指示卡是由一种氧化还原染料构成的，即其中含有一种还原化合物和一种碱性化合物。除了这些主要成分外，指示卡中还加入了溶剂(最典型的是水或者酒精)和填充剂(如沸石、硅胶、纤维素材料、聚合物等)。指示卡可以做成片状，可以作为印刷涂层，也可以轧制成聚合膜。当指示卡上的氧化还原染料被氧化时，我们就可以观察到染料的颜色发生变化。指示卡上最常用的染料为亚甲基蓝，其还原态呈白色，而氧化态呈蓝色。用于氧气指示卡的染料还有 2,6-二氯吲哚酚和 N,N,N′,N′-四甲基-*p*-苯二胺。氧气指示卡中要加入还原性化合物，用来还原染料。并且使之在包装过程中一直处于还原态。氧气指示卡常用的还原化合物有还原糖，也有的使用射线还原过的无机盐。指示卡中添加碱性化合物是为了保持

pH 大于 7，以防止染料的氧化速度过快。经常使用的有氢氧化钠、氢氧化钾、氢氧化钙和氢氯化镁等无机化合物。Krumhar 和 Karel(1992) 介绍了另外一种制作目测氧气指示卡的方法，他们研究出了两步颜色反应。在第一步反应中，氧气敏感物质被氧化，生成一种酸或者过氧化物。接着，这种物质将会引起体系中特殊着色剂的颜色发生变化。Ahvenainen 等(1998) 和 Gardiol 等(1998) 介绍了氧化酶型氧气指示卡。

2. 不可目测氧气指示卡

除了纯可目测氧气指示卡以外，有些其他体系也可视为氧气指示卡，不过需要配置外部设备。但是，这些体系都有一个粘在包装上的内部指示卡，可被认为属于非破坏性指示卡。Reininger 等(1997) 首先提出了把经氧气处理过的发光染料用作食品包装指示卡的概念。这种光学方法可用于氧气浓度定量测定，而且不会破坏待测样品。Maurer(1997) 提出了借助紫外照射或者电场将氧气转化为臭氧(O_3)的体系，其中，利用淀粉/碘化钾试纸对于臭氧进行测定。

TNO 开发出了一种更新的方法——光学氧气传感法。此法测定的理论基础是把荧光猝灭固定在经散湿处理的聚合体上的金属有机物荧光染料。待染料被受激脉冲激活后，发出的荧光强度跟氧气浓度成正比。据报道，这种染料对氧气非常敏感，而且在不到 1s 时间内就能完成测定。上述体系可以用来测定气体中的氧气和溶解在水中的氧气。单从理论而言，这种方法也可以应用于在线检测。但是，必须等到包装完成后空气中的氧气从漏洞进入包装后才能进行测定。

3. 氧气指示卡的适用范围和限制条件

在 MAP 中，氧气指示卡的灵敏度并非越高越好。因为敏感的指示卡也可能会与在包装时残留在 MAP 袋中的氧气(一般<1.0%)反应。指示卡在制备和包装过程中进行输送，这需要无氧环境，如果其过于灵敏就会使得这些操作变得很困难。由于大多数氧气指示卡颜色变化所需的氧气体积分数约为 0.1%，因此这些指示卡都不能用于 MAP 和类似 MAP 的包装漏洞指示。据说，MAP 中氧气指示卡颜色变化时含有酸性二氧化碳，但现在还没有足够的证据证明这一说法。许多取得专利的氧气指示卡的颜色变化反应都可逆，而且在一般氧气浓度下颜色就能变化。然而，如果指示卡是用于控制包装泄漏，那么就不需要指示卡颜色反应可逆。因为，氧气通过漏洞进入包装后会被微生物消耗掉。微生物生长接着很可能会破坏包装密封性。最坏的情况是包装袋完整无损，即便产品已经腐败，指示卡的颜色仍然没有变化。

芬兰技术研究中心(VTT)研制了一种专门为检测 MAP 漏洞而设计的可目测氧气指示卡。这种指示卡以一种氧气敏感染料为基础，适合控制 MAP 产品品质。此外，除了含有氧气敏感性物质外还含有一种能吸收氧气的物质，因此可以延长产品的货架期。这种漏洞指示卡不会和 MAP 内的残留氧气反应，因为指示卡中含有能调节残留氧气浓度的吸氧物质，并且指示卡涂附在聚合物膜上，而聚合混合物能够保护指示卡在包装过程中不被氧化。

4. 二氧化碳指示卡

在 MAP 中，二氧化碳作为保护气体被广泛应用。Raija Ahvenainen(2006) 提出，在包装后第 12 天里，二氧化碳气体溶入产品，顶隙二氧化碳浓度降低，而且最终浓度甚至只有起始时候的 1/2。在此阶段后 1～2 d，顶隙二氧化碳浓度再显著降低，则是包装泄漏的明显征兆。但是，微生物的新陈代谢也会产生二氧化碳气体。而且，包装顶隙二氧化碳气体聚集量可以当作微生物生长标志。包装上有漏洞(二氧化碳浓度降低)常常会导致微生物生长(二氧化碳浓度增加)。所以,最坏的情况是即使有漏洞存在和发生微生物腐败,二氧化碳浓度仍然保持不变。由于这两方面的原因,用二氧化碳指示卡作为漏洞指示卡显然没有氧气指示卡可靠。

Balderson 和 Whitwood(1995)在他们的专利中描述了一种适合 MAP 的可逆的二氧化碳指示卡。这种指示卡由 5 种指示带组成。这些指示带都含有由指示卡阴离子和亲脂性有机四元阳离子构成的二氧化碳灵敏指示卡。每个指示带都专门设计,当二氧化碳浓度低于某个限度时,指示带就会发生颜色变化(如 25%、20%、15%、10%或 5%)。二氧化碳浓度靠 1 个或多个指示带的颜色改变来指示。SealedAir 公司(1998)已经生产了一种适合 MAP 并且可目测的二氧化碳指示卡。

5. 安全方面

置于包装顶隙的内部指示卡不言而喻的要求是必须绝对安全。

8.5.4 包装漏洞检测发展趋势

包装密封性是保持无菌食品和 MAP 食品高质量的必备条件。一方面,对产品质量保证重视程度不断增加使得检测食品包装和封口密封性成为必要。另一方面,人们正在努力开发新的包装材料和包装技术,以使包装失败风险最小。

现在在线非破坏性包装泄漏检测系统没有得到广泛应用,主要是因为昂贵的费用以及缺乏发现所有不合格包装的可靠性/灵敏度。需要新型的、可靠的、经济实用的体系来检测包装漏洞。一个候选的方案就是用氢气作为示踪气体,另一个候选方案可能是氧气指示标签或者把染料印刷在包装材料上,在一定范围内可自动识别。

今天,欧洲智能包装漏洞检测系统已经局限于时间-温度指示器的检测。然而,越来越多食品厂家在寻找额外的产品销售和安全性质。智能漏洞检测器市场,如"质量标签费"会增加产品和品牌形象的附加值。可目测的指示器很多情况下都是很理想的,但是将来可能会出现包含更多复杂不可目测信息的智能包装技术,并且这些不可目测信息能在一定范围被识别。泄漏检测标签可能被做成碎片,而先进的油墨技术也可能把印刷电路应用到泄漏检测。安全标志和射电频率识别/跟踪标记是最早的电子标签例子。未来发展的另外一条趋势是发展各式各样的光学识别系统。

思考题

1. 有关食品包装标准的国际性标准化组织有哪些?
2. 什么是包装物质的迁移?如何减少有害物质的迁移量?
3. 影响风味物质吸收的因素有哪些?
4. 包装泄漏检测方法有哪些?说明其基本原理。

参考文献

[1]Raija Ahvenainen. 现代食品包装技术. 催建云,任发政,郑丽敏,等主译. 北京:中国农业大学出版社,2006.

[2]董同力嘎. 食品包装学. 北京:科学出版社,2015.
[3]李大鹏. 食品包装学. 北京:中国纺织出版社,2014.
[4]李良. 食品包装学. 北京:中国轻工业出版社,2017.
[5]任发政,郑宝东,张钦发. 食品包装学. 北京:中国农业大学出版社,2009.
[6]王志伟. 食品包装学. 北京:化学工业出版社,2008.
[7]杨福馨. 食品包装学. 北京:印刷工业出版社,2012.
[8]章建浩. 食品包装 . 北京:科学出版社,2009.